高等教育“十三五”规划教材

计算机在材料科学中的应用

（第二版）

主　编　展晓元　张如良
主　审　崔洪芝

中国矿业大学出版社

内容简介

本书根据目前材料科学与工程学科的发展特点，以及开展科学研究的需求，系统介绍了计算机软件在材料科学中的应用情况。全书共分5章，其中第1章主要介绍科技文献检索及科技论文写作；第2章主要介绍正交实验设计与实验结果分析；第3章主要介绍 Origin Pro 8.0 科技作图；第4章主要介绍X射线衍射分析方法；第5章主要介绍化学结构的可视化。

本书作为材料科学与工程专业本科生及研究生的专业基础课程教材，也可供从事材料科学研究的科研人员参考。

图书在版编目(CIP)数据

计算机在材料科学中的应用/展晓元，张如良主编. —2版. —徐州：中国矿业大学出版社，2018.10

ISBN 978-7-5646-4172-6

Ⅰ. ①计… Ⅱ. ①展… ②张… Ⅲ. ①计算机应用—材料科学 Ⅳ. ①TB3—39

中国版本图书馆 CIP 数据核字(2018)第230638号

书　　名　计算机在材料科学中的应用

主　　编　展晓元　张如良

责任编辑　杨　洋

出版发行　中国矿业大学出版社有限责任公司

（江苏省徐州市解放南路　邮编 221008）

营销热线　(0516)83885307　83884995

出版服务　(0516)83885767　83884920

网　　址　http://www.cumtp.com　**E-mail**:cumtpvip@cumtp.com

印　　刷　江苏淮阴新华印刷厂

开　　本　787×1092　1/16　**印张** 18.25　**字数** 456千字

版次印次　2018年10月第2版　2018年10月第1次印刷

定　　价　32.00元

前　言

在材料科学的研究工作中，从查找文献、设计实验、实验结果分析，到数据处理、形成科学报告或论文，都与计算机密不可分。本书立足于材料科学与工程一级学科，按照材料科学研究工作开展的一般规律和材料类本科生、研究生对计算机教学内容的基本要求，对计算机在材料科学中应用领域的知识点进行有侧重的介绍，在必要的理论描述与分析的基础上，突出了材料科学研究工作中最常用的软件及应用情况。

本书主要特色：

(1) 内容系统，重点突出。按照材料科学研究的一般规律，把每一个环节所需要的计算机软件和应用知识全面、系统地介绍给读者，同时对材料科学中的常用计算机软件进行重点介绍。

(2) 结构严谨，知识新颖。内容循序渐进，由浅入深，各章节之间相互独立又紧密联系；相关知识紧密结合国内外计算机软件的新版本，既不盲目追求最新，又能突出材料科学领域所需要的计算机软件应用的新方法、新技术。

(3) 理论描述和实际应用相结合。理论知识介绍简明易懂，并在一定的理论描述基础上，介绍计算机在材料科学研究过程的应用实例，激发学生的学习兴趣。

(4) 求同存异，适应面广。既考虑了材料科学与工程学科各个研究方向的共性，又兼顾了材料科学研究领域的广泛性和各学科之间的相互渗透给计算机在材料科学中的应用所带来的复杂性和特殊性。

本书由山东科技大学展晓元和张如良主编。其中，第 2 章、第 4 章由山东科技大学展晓元、丁建旭编写；第 1 章、第 5 章由山东科技大学张如良、刘蕾、孙海清编写；第 3 章由山东科技大学韩野、济宁学院卢志华编写；山东大学王艳东参与了第 1 章第 2、3 节的编写；全书由山东科技大学崔洪芝主审。

本书主要结合编者在材料科学研究过程中的教学、科研实践和对计算机软件的理解，并参考文献资料编写而成。书中大部分内容已经过多年的教学使用，书的最后列出了主要参考文献，由于条件限制，可能未将所有参考文献一一列出，在此对所有参考文献的作者表示衷心的感谢！在本书编写过程中，得到了山东科技大学的大力支持，研究生王杰参加了部分资料的整理和绘图工作，在此一并表示感谢！

由于计算机在材料科学研究领域的应用非常广泛，且计算机技术的发展日新月异，软件版本更新速度很快，计算机在材料科学应用中的新方法、新应用不断出现，加之编者学识所限，书中难免有不当之处，敬请读者批评指正。

编　者
2015 年 11 月

目　录

第 1 章　文献检索及科技论文写作

每一门学科都包含着大量的概念，这些概念构成了学科知识的基本单元。它们是人们用来理解和认识该学科的工具，是进一步展开深入研究的基础。随着信息时代的到来，信息、知识及文献等成为高频率使用的词汇，弄清这些概念，不仅有利于我们更好地理解文献检索的含义，更有助于我们建立一个完整的概念体系。

信息是一个意义极为广泛的概念，不同的学科从不同的角度对这个概念有着不同的理解，普遍认可的定义为：信息是指应用文字、数据或信号等形式通过一定的传递和处理，来表现各种相互关系的客观事物在运动中所具有的特征性内容的总称。信息并非物质本身，而是物质发出的、体现它存在和运动状态的信号。人类认识世界的过程，就是不断从外界取得信息和加工信息的过程。

知识是信息的一部分。它是人脑意识的产物，是人类通过信息对自然界、生物界和人类社会存在形式和运动规律的多次反复思考形成的认识，它是被人们理解和认识并经过大脑重新组合而形成的系列化的信息。这个信息已经不是原来意义上的信息，而是经过人脑思维加工后的产物。

文献是指记录知识的一切载体。凡是人类用文字、图形、符号、声频及视频等作为记录手段，将知识记录在任何物质之上，使之具有存储和传播知识功能的一切载体都统称为文献。文献有三个基本要素：一是含有知识信息；二是要有记录知识的物质载体；三是记录知识信息的符号和技术。这三个要素缺一不可，一摞白纸，再厚也不是文献；口述的知识，不经记录，再多也不是文献；存在于人脑的知识也不能称之为文献。

文献在科学和社会发展中起着至关重要的作用，它是科学研究和技术研究结果的最终表现形式，是在空间、时间上传播情报的最佳手段，是确认研究人员对某一发现或发明优先权的基本手段，是衡量研究人员创造性劳动效率的重要指标，是研究人员自我表现和确认自己在科学中地位的手段，是促进研究人员进行研究活动的重要激励因素，是人类知识宝库的组成部分，是人类的共同财富。

1.1　文献检索基础知识

1.1.1　文献的分类

(1) 按文献载体分类

文献根据载体的不同分为印刷型、缩微型、机读型和声像型。

① 印刷型——文献的最基本方式，包括铅印、油印、胶印、石印等各种资料。优点是可直接、方便地阅读。

② 缩微型——以感光材料为载体的文献，又可分为缩微胶卷和缩微平片，优点是体积

小,便于保存、转移和传递,但阅读时须用阅读器。

③ 计算机阅读型——主要通过编码和程序设计,把文献变成符号和机器语言,输入计算机,存储在磁盘上,阅读时再由计算机输出。它能存储大量文献,可按任何形式组织这些文献,并能以极快的速度从中取出所需的文献。

④ 声像型——又称直感型或视听型,是以声音和图像形式记录在载体上的文献,如唱片、录音带、录像带、科技电影、幻灯片等。

(2) 按出版形式及内容分类

根据不同出版形式及内容可以分为图书、连续性出版物、特种文献。

① 图书——凡篇幅达到 48 页以上并构成一个书目单元的文献称为图书。

② 连续性出版物——包含期刊、报纸、年度出版物。

③ 特种文献——专利文献、标准文献、学位论文、科技报告、会议文献、政府出版物、档案资料、产品资料等。

(3) 按内容性质和加工情况分类

根据文献内容、性质和加工情况可将文献区分为零次文献、一次文献、二次文献、三次文献。

① 零次文献——未经加工出版的手稿、数据、原始记录等文件。

② 一次文献——以作者本人的研究成果为依据而创作的文献,如期刊论文、研究报告、专利说明书、会议论文等。

③ 二次文献——对一次文献进行加工整理后产生的一类文献,如书目、题录、简介、文摘等检索工具。

④ 三次文献——在一、二次文献的基础上,经过综合分析而编写出来的文献,人们常将这类文献称为“文献研究”的成果,如综述、专题评述、学科年度总结、进展报告、数据手册等。

1.1.2 文献的检索语言

文献的检索语言是指用于各种检索工具的编制和使用,并为检索系统提供一种统一的、作为基准的、用于信息交流的符号化或语词化的专用语言。检索语言因其使用的场合不同,具有不同的名称,例如在存储文献的过程中用来标引文献,称为标引语言;用于索引文献则称为索引语言;用于检索文献过程中的则称为检索语言。检索语言按原理可分为 4 大类:

① 分类语言——将表达文献信息内容和检索课题的大量概念,按其所属的学科性质进行分类和排列,成为基本反映通常科学知识分类体系的逻辑系统,并用号码(分类号)来表示概念及其在系统中的位置,甚至还表示概念与概念之间关系的检索语言。国内一般采用的是中图分类号。

② 主题语言——经过控制的,表达文献信息内容的语词。主题词需规范,主题词表是主题词语言的体现,主题词表中的词可作为文献内容的标识和查找文献的依据。

③ 关键词语言——从文献内容中抽出来的关键的词,这些词作为文献内容的标识和查找目录索引的依据。国内对于关键词尚未制定相应的规范,国外期刊已经在投稿要求或者作者须知里面进行了明确规范。

④ 其他语言——或称为自然语言,指文献中出现的任意词。

1.1.3 文献的检索途径

(1) 著者途径

许多检索系统备有著者索引、机构(机构著者或著者所在机构)索引,专利文献检索系统有专利权人索引,利用这些索引从著者、编者、译者、专利权人的姓名或机关团体名称字顺进行检索的途径统称为著者途径。

(2) 题名途径

一些检索系统中提供按题名字顺检索的途径,如书名目录和刊名目录。

(3) 分类途径

按学科分类体系来检索文献。这一途径是以知识体系为中心分类排检的,因此,比较能体现学科系统性,反映学科与事物的隶属、派生与平行的关系,便于我们从学科所属范围来查找文献资料,并且可以起到"触类旁通"的作用。从分类途经检索文献资料,主要是利用分类目录和分类索引。

(4) 主题途径

通过反映文献资料内容的主题词来检索文献。由于主题词能集中反映一个主题的各方面文献资料,因而便于读者对某一问题、某一事物和对象作全面系统的专题性研究。通过主题目录或索引,即可查到同一主题的各方面文献资料。

(5) 引文途径

文献所附参考文献或引用文献,是文献的外表特征之一。利用这种引文而编制的索引系统,称为引文索引系统,它提供从被引论文去检索引用论文的一种途径,称为引文途径。

(6) 序号途径

有些文献有特定的序号,如专利号、报告号、合同号、标准号、国际标准书号和刊号等。文献序号对于识别一定的文献,具有明确、简短、唯一性的特点,依此编成的各种序号索引可以提供按序号自身顺序检索文献信息的途径。

(7) 代码途径

利用事物某种代码编成的索引,如分子式索引、环系索引等,按特定代码顺序进行检索。

(8) 专门项目途径

按文献信息所包含的或有关的名词术语、地名、人名、机构名、商品名、生物属名、年代等的特定顺序进行检索,可以解决某些特别的问题。

1.1.4　文献的检索方法

目前常用的检索方法包含普查法、追溯法、分段法(或循环法)、跟踪法。

(1) 普查法

普查法包含顺查法、倒查法和抽查法。

① 顺查法——以课题的起始年代为起点,按照时间的顺序由远到近地查找文献。例如,已知某课题的起始年代,现在需要了解其发展的全过程,就可以用顺查法从最初的年代开始,逐渐向近期查找。能够比较系统、全面地反映某一项课题研究的发展过程,不易漏检,但是其工作量大、效率低。

② 倒查法——一种由近及远,从新到旧逆时间顺序查找文献的方法。此方法一般用于近期的研究课题,可以最快地获得最新资料。但是容易漏检,可以通过查综述的方法进行完善。

③ 抽查法——针对学科或课题发展的特点,选择有关该课题的文献信息最可能出现或最多出现的时间段(发展较快、研究热门、发表论文较多),利用检索工具进行检索的方法。可以在较少的检索时间内就能获得较多的文献。

(2) 追溯法

追溯法是指依据文献间的引用关系,获得检索结果,包含引用追溯法和被引用追溯法。

① 引用追溯法——利用文献后面所列的参考文献,逐一追查原文(被引用文献),然后再从这些原文后所列的参考文献目录逐一扩大文献信息范围,一环扣一环地追查下去的方法。这种方法较切主题,但较片面性、漏检率高、文献较陈旧。

② 被引用追溯法——通过追踪该文章被引用的情况,来获取该领域的研究现状和发展趋势。这种方法较切主题,知识较新,但同时也存在着片面性、漏检率高的缺点。

(3) 分段法

分段法指交替使用普查法和追溯法的一种方法,能够取长补短,相互配合,获得更好的检索结果,又称为综合法、循环法或交替法。

(4) 跟踪法

经过一定检索实践后,用户可获得相当有用的检索结果,可收集到该研究领域中发表论文数量多且质量高的作者姓名,再使用作者姓名继续检索该专家的所有文献,从中挑选需要的部分,并定期跟踪该专家的最新研究成果。

1.1.5 文献的检索技术

(1) 逻辑检索

利用布尔逻辑算符进行检索词或代码的逻辑组合,是现代信息检索系统中最常用的一种技术。常用的布尔逻辑算符有三种,逻辑或"OR"、逻辑与"AND"、逻辑非"NOT"。

① 逻辑与"AND",检索结果中必然出来所有的检索词。例如,查找纤维和碳纳米管的信息,检索结果中必须同时包含检索词纤维和碳纳米管(图 1-1)。

② 逻辑或"OR",检索结果中必须出现任一检索词,当检索词有多重同义词或者拼法时,运用逻辑或"OR"检索。例如查找纤维和碳纳米管的信息,检索结果中可以包含检索词纤维,也可以包含碳纳米管(图 1-2)。

③ 逻辑非"NOT",检索结果中不应该出现包含某一检索词。例如,运用检索符号逻辑非"NOT"查找纤维和碳纳米管的信息,检索结果中只可以包含检索词纤维,不可以包含碳纳米管(图 1-3)。

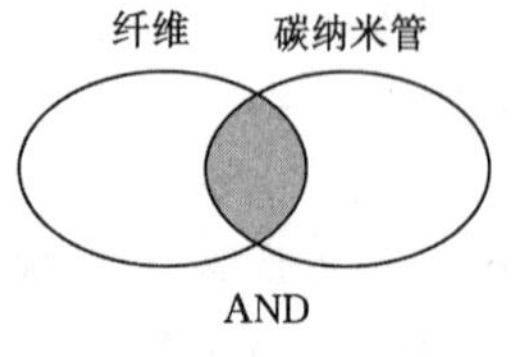

图 1-1 逻辑与

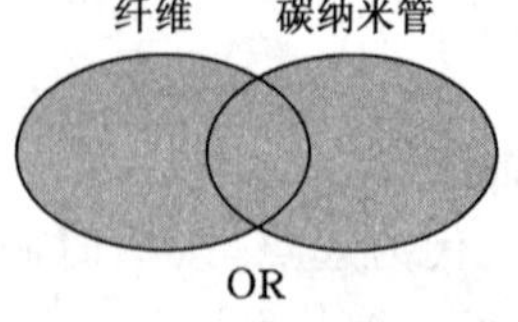

图 1-2 逻辑或

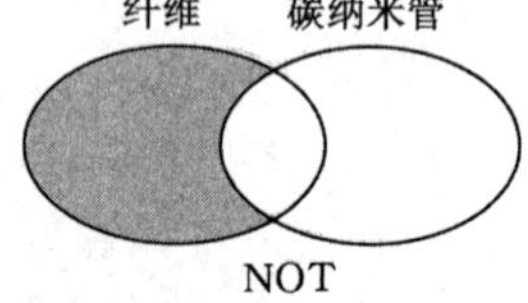

图 1-3 逻辑非

(2) 截词检索

截词检索是计算机检索系统中应用非常普遍的一种技术。由于西文的构词特性,在检索中经常会遇到名词的单复数形式不一致;同一个意思的词,英美拼法不一致;词干加上不同性质的前缀和后缀就可以派生出许多意义相近的词等,这时就要用到截词检索。截词有多种用途:

① 词尾截断可得到该单词所提及的所有词语(单数和复数)。

② 词间切断或通配符:可找到该单词的所有变化形式或不同拼法。

③ 一个字符,* =0 个、1 个或多个字符,例如表 1-1。

表 1-1　截词检索示例

词间截断(通配符)		右端截断	
Lap * roscop *	Laparoscopic	Diseas *	Disease
	Laproscopic		Diseases
	Laparoscopy		Diseased

(3) 限定检索

字段限定检索是指限定检索词在数据库记录中的一个或几个字段范围内查找的一种检索方法。在检索系统中,数据库设置的可供检索的字段通常有两种:表达文献主题内容特征的基本字段和表达文献外部特征的辅助字段。常用的限定字段见表 1-2。

表 1-2　常用的限定字段

基本检索字段	辅助检索字段
题名(TI)	作者(AU)
文摘(AB)	出版年代(PY)
主题词(DE)	期刊名称(JN)
标识词(ID)等	文献类型(DT)等

(4) 位置检索

位置检索也叫全文检索、邻近检索。全文检索就是指利用记录中的自然语言进行检索,词与词之间的逻辑关系用位置算符组配,对检索词之间的相对位置进行限制的技术方法。按照两个检索词出现的顺序和距离,可以有多种位置算符。而且对同一位置算符,检索系统不同,规定的位置算符也不同。

相比而言,布尔逻辑运算符有时难以表达某些检索课题确切的提问要求;字段限制检索虽能使检索结果在一定程度上进一步满足提问要求,但无法对检索词之间的相对位置进行限制;位置检索可以不依赖主题词表而直接使用自由词进行检索:

以美国 DIALOG 检索系统使用的位置算符为例,介绍如下。

① "(W)"算符——"W"含义为"with",这个算符表示其两侧的检索词必须紧密相连,除空格和标点符号外,不得插入其他词或字母,两词的词序不可以颠倒。"(W)"算符还可以使用其简略形式"()"。例如,检索式为"fiber (W) resin"时,系统只检索含有"fiber resin"词组的记录。

② "(nw)"算符——"(nw)"中的"w"的含义为"nWord",表示此算符两侧的检索词必须按此前后邻接的顺序排列,顺序不可颠倒,而且检索词之间不允许有其他的词或字母,但允许有空格或连字符号。例如:laster (1W) print 检索出包含"laser printer"、"laser and printer"的记录。

③ “(N)”算符——“(N)”中的“N”的含义为“near”，这个算符表示其两侧的检索词必须紧密相连，除空格和标点符号外不得插入其他词或字母，两词的词序可以颠倒。

④ “(nN)”算符——“(nN)”表示允许两词间插入最多为 n 个其他词，包括实词和系统禁用词。

⑤ “(F)”算符——“(F)”中的“F”的含义为“field”。这个算符表示其两侧的检索词必须在同一字段(例如同在题目字段或文摘字段)中出现，词序不限，中间可插任意检索词项。

⑥ “(S)”算符——“(S)”中的“S”算符是“Sub-field/sentence”的缩写，表示在此运算符两侧的检索词只要出现在记录的同一个子字段内(例如，在文摘中的一个句子就是一个子字段)，此信息即被命中。要求被连接的检索词必须同时出现在记录的同一句子(同一子字段)中，不限制它们在此子字段中的相对次序，中间插入词的数量也不限。例如“fiber(W)composite(S)resin”表示只要在同一句子中检索出含有“fiber composite 和 resin”形式的均为命中记录。

(5) 加权检索

加权检索是某些检索系统中提供的一种定量检索技术。加权检索同布尔检索、截词检索等一样，也是文献检索的一个基本检索手段，但与它们不同的是，加权检索的侧重点不在于判定检索词或字符串是不是在数据库中存在、与别的检索词或字符串是什么关系，而是在于判定检索词或字符串在满足检索逻辑后对文献命中与否的影响程度。

(6) 聚类检索

聚类是把没有分类的事物，在不知道应分几类的情况下，根据事物彼此不同的内在属性，将属性相似的信息划分到同一类下面。

1.1.6 文献的检索手段、步骤和效果评价

(1) 检索手段

目前，文献检索采用的手段主要包含：

① 手工检索——利用印刷型检索书刊检索信息的过程。这种方法回溯性好，没有时间限制，不收费，但费时，效率低。

② 光盘检索——利用光盘存储媒介，进行检索信息的过程。这种方法运行速度快、成本低、检索效果好、下载方便、安全性能高；但使用范围有限、更新周期长、需要不断换盘等。

③ 网络信息检索——即网络信息搜索，是指互联网用户在网络终端通过特定的网络搜索工具或是通过浏览的方式，查找并获取信息的行为。

④ 联机检索——借助通讯线路，通过终端设备同检索系统联机所进行文献与数据检索。

这种计算机系统一般设有较多的数据库，而一个数据库可以包括几十万、几百万条文献的书目、款目或科技数据。每检索一个课题只需数十秒钟，检索到的题录、文摘或数据还可立即在终端上显示和打印出来。联机检索的实现，对于图书馆传统的收集、查找与提供资料的方式来说，是一次革命。世界上已投入运行的联机情报系统很多，国际上较大的检索系统有 100 多个，数据库有 3 000 多个。

(2) 文献的检索步骤

文献的检索是一项实践性很强的活动，需要经常性的实践，逐步掌握信息检索的规律，从而迅速、准确地获得所需文献。一般来说，文献检索可分为以下步骤：① 明确查找目的与

要求；② 选择检索工具；③ 确定检索途径和方法；④ 根据文献线索，查阅原始文献。

(3) 文献的检索效果评价

目前，对于检索效果的评价主要通过查全率和查准率来评价。

① 查全率——检索出的相关信息量与该系统信息库中存储的相关信息量的比率。

② 查准率——检出的相关信息量与检出信息总量的比率。

1.2　国外三大检索系统

SCI（科学引文索引，Science Citation Index）、Ei（工程索引，The Engineering Index）、ISTP（科学技术会议录索引，Index to Scientific & Technical Proceedings），ISR（科技评论索引，Index to Scientific Reviews）是世界著名的四大科技文献检索系统，是国际公认的进行科学统计与科学评价的主要检索工具，其中以 SCI 最为重要，国内科研人员和信息工作者常利用的是前三种。

近年来，我国被三大索引收录的论文数量逐年增长，三大索引因其收录文献广泛、学术参考价值高、检索途径多、查找方便和创刊历史悠久而备受科研人员及科研管理部门的青睐，科研管理部门及高等院校逐渐将科员人员的学术成果是否被三大索引检索作为评价部门或个人科研成果和学术水平的重要依据。

1.2.1　科学引文索引

SCI 是由美国科学信息研究所（Institute for Scientific Information）1961 年创办出版的引文数据库，运用科学的引文数据分析和同行评估相结合的方法，综合评估期刊的学术价值，覆盖了数理化、生命科学、环境、材料、农、林、医、天文、地理等自然科学各学科的核心期刊。SCI 现在发行的互联网上 Web 版数据库平台为 Web of Science（图 1-4），由汤森路透公

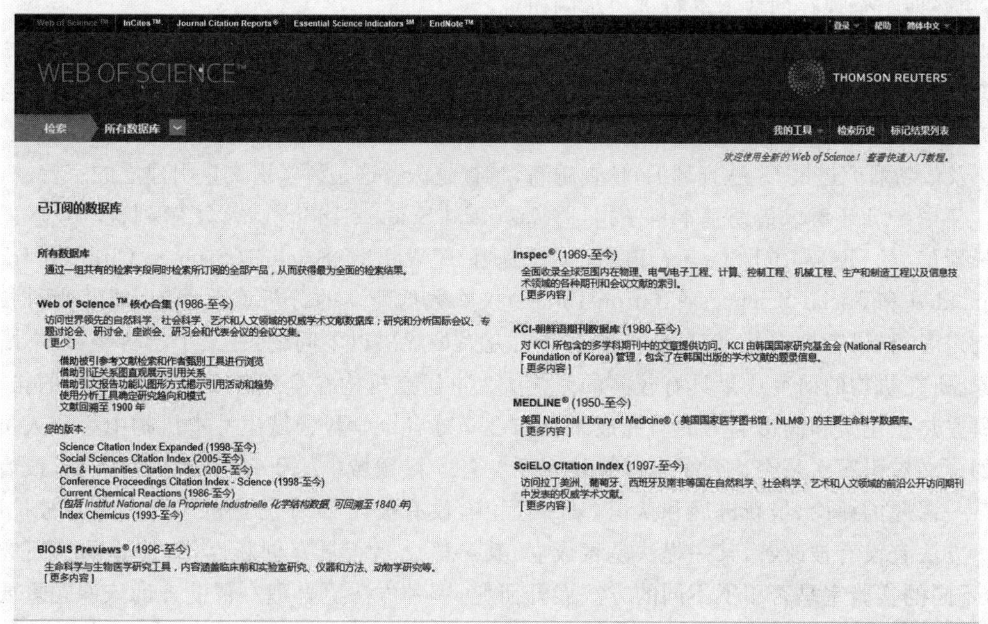

图 1-4　Web of Science 平台

司出版。Web of Science 是一个基于 Web 而构建的整合的数字研究环境，通过强大的检索技术和基于内容的连接能力，将高质量的信息资源、独特的信息分析工具和专业的信息管理软件天衣无缝地整合在一起，兼具知识的检索、提取、分析、评价、管理与发表等多项功能，从而大大扩展和加深了信息检索的广度与深度，加速科学发现与创新的进程。

Web of Science 以 Web of Science 核心合集（著名的三大引文索引 Science Citation Index Expanded，Social Sciences Citation Index，Arts & Humanities Citation Index）为核心，凭借独特的引文检索机制和强大的交叉检索功能，有效地整合了学术期刊（Web of Science 核心合集，Current Contents Connect）、发明专利（Derwent Innovations Index）、化学反应（Current Chemical Reactions，Index Chemicus）、学术专著（Book Citation Index）、学术分析与评价工具（Journal Citation Reports，Essential Science Indicators）、学术社区（Science Watch. com）及其他多个重要的学术信息资源（BIOSIS Previews，INSPEC，FSTA，Medline 等），提供了自然科学、工程技术、生物医学、社会科学、艺术与人文等多个领域中高质量、可信赖的学术信息。

在功能上，Web of Science 提供了强大的知识发现与管理工具，包括跨库跨平台的 Cross Search、独特的引文检索、主题检索、化学结构检索、基于内容与引文的跨库交叉浏览、检索结果的信息分析、定题跟踪 Alerting 服务、检索结果的信息管理等，帮助研究人员迅速深入地发现自己所需要的信息，把握研究发展的趋势与方向。

（1）SCI 的特点

① 独特的检索体系

SCI 是一种强大的文献检索工具。它不同于按主题或分类途径检索文献的常规做法，而是设置了独特的“引文索引”，索引功能帮助了世界各地的科技人员获取最需要的文献信息，方便各地的科技工作者掌握本领域或即将探索领域的研究数据，从而减轻了不必要的劳动，更好地结合现存的数据进行进一步的研究。

引文索引提供了一种全新的文献检索手段，即将一篇文献作为检索词，通过收录其所引用的参考文献和跟踪其发表后被引用的情况来掌握该研究课题的来龙去脉，从而迅速发现与其相关的研究文献。通过文献间的引用和被引用关系，了解某一学术问题或观点的起源、发展、修正及最新研究进展。“越查越旧，越查越新，越查越深”，这是科学引文索引建立的宗旨。

使用 SCI 还可以借助基本科学指标（Essential Science Indicators）了解到科学技术发展的最新信息。Essential Science Indicators 是基于 Web of Science（Science Citation Index Expanded 和 Social Sciences Citation Index）权威数据建立的分析型数据库，能够为科技政策制定者、科研管理人员、信息分析专家和研究人员解决以下问题：在某个学科领域中，哪些国家、研究机构的研究成果具有较高的影响力？本研究机构在全球各个学科领域中的排名？有哪些热点论文和高影响力的研究成果分布在全球各个学科领域中？本机构中科研人员发表的论文被引频次是否达到了全球平均水平？各学科领域中的研究前沿有哪些？有没有关于某一课题的评论、最新进展和认识，某一理论有没有被证实，某方面的工作有没有被扩展，某一方法有没有被改善，某一提法是否成立，某一概念是否具有创新性，即使是同一研究领域，不同的实验室是否用了不同的方法展开研究，哪种方法更合理？帮助查询该课题重要文献的全文，该研究领域中高影响力学者的信息，文献中实验相关的事实性数据，研究成果如何向某种学术期刊投稿发表等。

② 学术水平的评价标准

SCI 有助于评价科学著作的价值和生命力、科学工作者的能力及其研究工作所产生的社会效果。世界上大部分国家和地区的学术界将其收录的科技论文数量，看作一个国家的基础科学研究水平及其科技实力指标之一。科研机构被 SCI 收录的论文总量，反映整个机构的科研，尤其是基础研究的水平；每年一次的 SCI 论文排名成为判断一个学校科研水平的一个十分重要的标准。个人的论文被 SCI 收录的数量及被引用次数，反映他的研究能力与学术水平。SCI 目前已成为衡量国内大学、科研机构和科学工作者学术水平的最重要的甚至是唯一标准。

期刊引证报告(Journal Citation Reports，简称 JCR)是一个综合性、多学科的期刊分析与评价报告。它客观地统计 Web of Science 收录期刊所刊载论文的数量、论文参考文献的数量、论文的被引用次数等原始数据，再应用文献计量学的原理，计算出各期刊的影响因子、立即影响指数、被引半衰期等反应期刊质量和影响的定量指标。JCR 提供了以下两种版本：JCR Science Edition：涵盖来自 83 个国家或地区，约 2 000 家出版机构的 8 500 多本期刊，覆盖 176 个学科领域。JCR Social Science Edition：涵盖来自 52 个国家或地区 713 家出版机构 3 000 多本期刊，覆盖 56 个学科领域。

(2) Web of Science 检索

Web of Science 的基本检索界面比较简单，如图 1-5 所示。此外，Web of Science 还有“高级检索”和“被引参考文献检索”，如图 1-6 和图 1-7 所示。利用 Web of Science 检索文献的步骤如下：

图 1-5　Web Of Science 基本检索界面

① 确定检索的数据库。Web of Science 默认检索其包含的所有数据库，也可以设定检索的数据库，通过数据库选择的下拉菜单进行确定。

② 确定检索的语言和技术。包括确定检索字段，检索字段出现的位置，如果检索的课题比较复杂，还可以添加另一字段，并选择检索字段之间的逻辑关系。

③ 确定检索的限制条件。比如时间跨度、出版物、检索语言等。

图 1-6　Web Of Science 高级检索界面

图 1-7　Web Of Science 被引参考文献检索界面

(3) 检索示例

① 根据检索的主题进行文献检索

我们要查询石墨烯(Graphene)的制备方法(Preparation method)。在检索字段里面输入“Graphene”,然后创建另一个字段,并输入“Preparation method”,两字段的关系为“AND”,选择“主题”模式,其他限定条件为数据库默认(图 1-8),然后点击“检索”,得到图 1-9的检索结果。在图 1-9 的检索结果中,我们得到 7 344 条记录,记录以每屏 10 条记录按

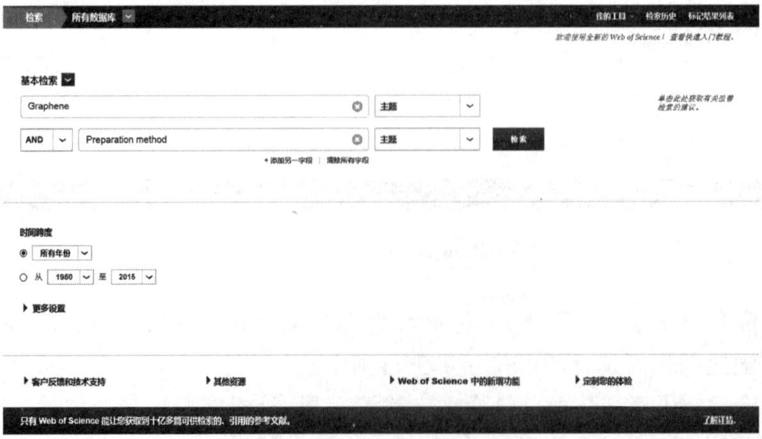

图 1-8　主题检索

照出版的时间降序排列(其他的排序方式见图 1-10);如果检索结果比较多,还可以进一步“精炼检索结果”限定检索范围,以期望达到检索目的;点击“创建引文报告”,对检索到的文献被引用情况进行统计(图 1-11);引文报告是默认文献按“被引用数量”降序排列的,从引文报告可以看到,检索到的文献每年出版数量和被引用的情况,每篇文献被引用的次数和每年引用的次数,一般情况下被引用多的文献是质量较高的文献。

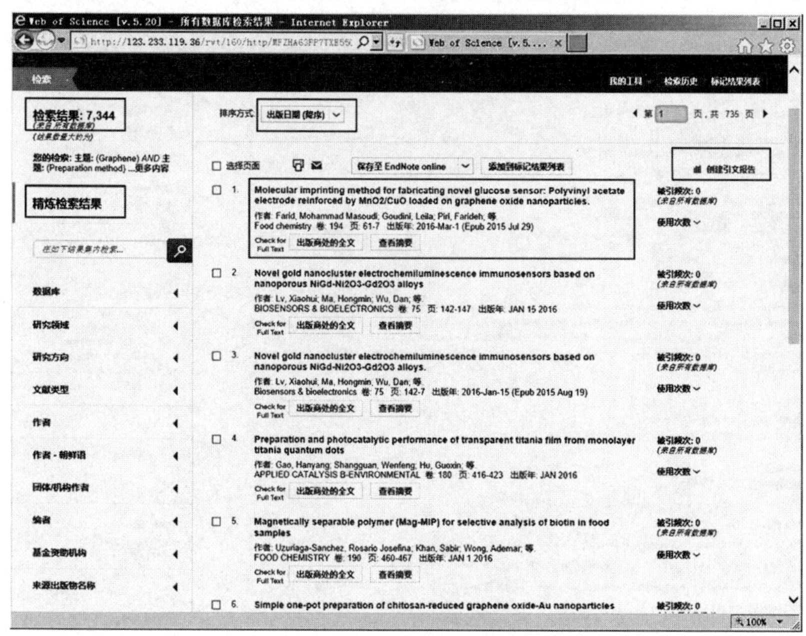

图 1-9　文献检索结果

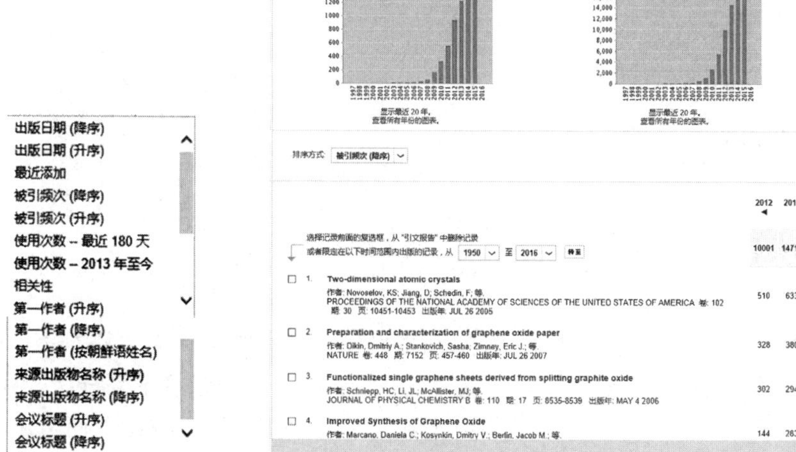

图 1-10　检索结果排序方式

图 1-11　引文报告

检索结果中的每条检索记录都包含文献的题名、作者、期刊名、出版的年、卷、期、起始页码，还包括是否可以查到全文，查看摘要等(图 1-9)。点击其中一篇文献，可以看到更加详细的信息，如图 1-12 所示。

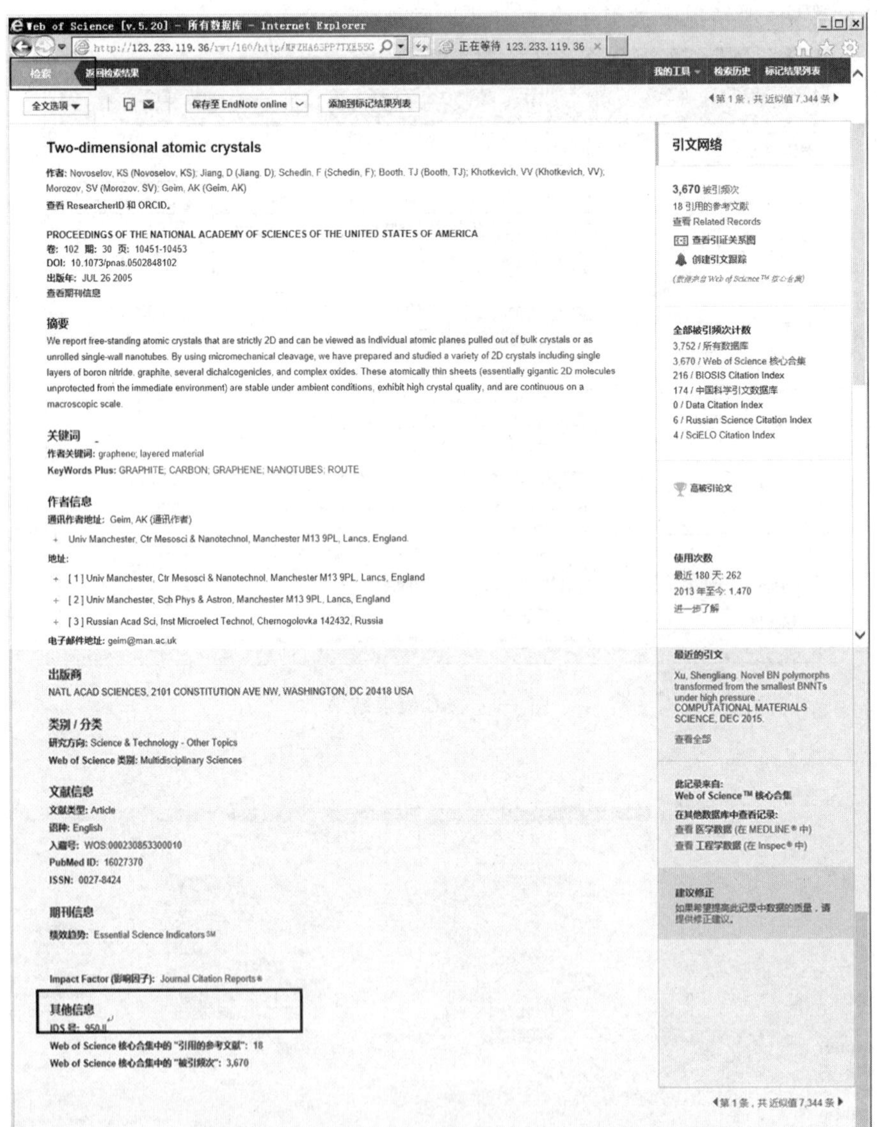

图 1-12　文献详细信息

点击“全文选项”出现图 1-13 所示快捷菜单，从中可以选择索取文献全文的方式。点击“出版商处的全文”，可以获得检索到文献的全文，如图 1-14 所示。如果看不到全文，会有提示没有权限，则选择“Check for Full Text”，则出现如图 1-15 所示的页面，此页面给出了文献的详细信息，在提示的位置填入“Email”“姓名”等信息，可以通过所在图书馆获取全文(需要图书馆提供此服务)。

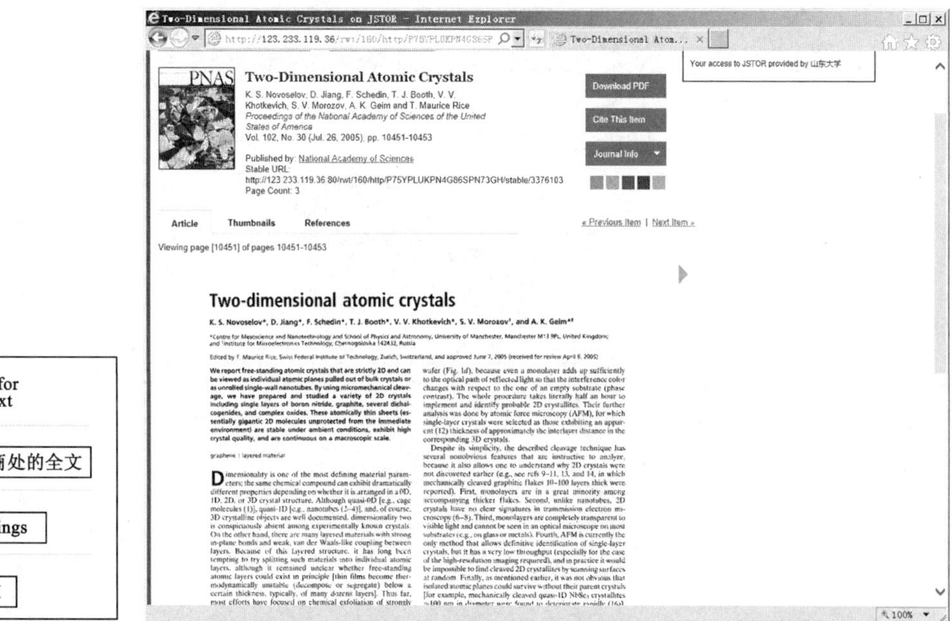

图 1-13　查看全文　　　　　　　　　　图 1-14　文献全文

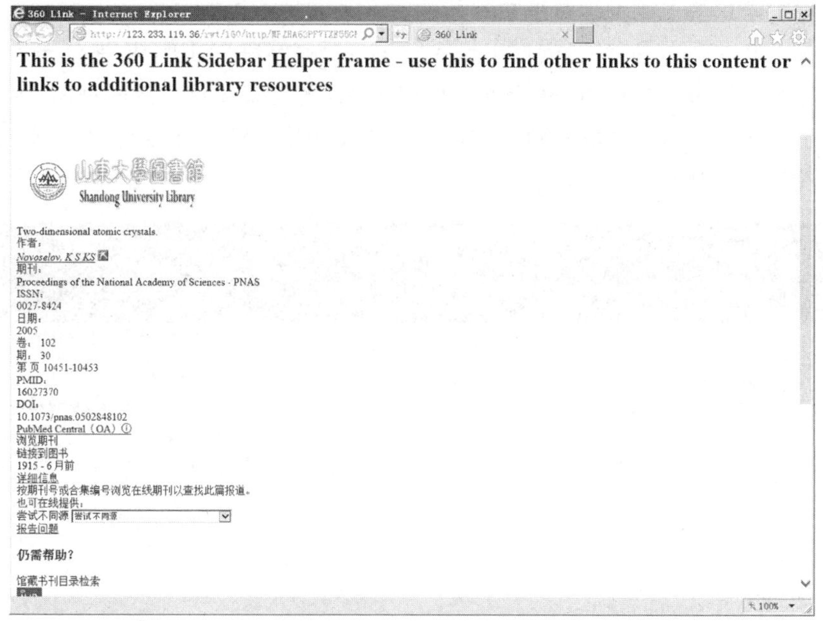

图 1-15　通过图书馆索取原文

点击图 1-9 中的引证报告"Journal Citation Reports",则出现图 1-16 所示的窗口,该窗口给出检索文献所在期刊的影响因子"Impact Factor"情况,从近几年来该期刊影响因子的变化和大小,能够间接反映该期刊的水平和影响力,"Impact Factor"也同样适用于检索到的文献的评价。

② 根据作者进行文献检索

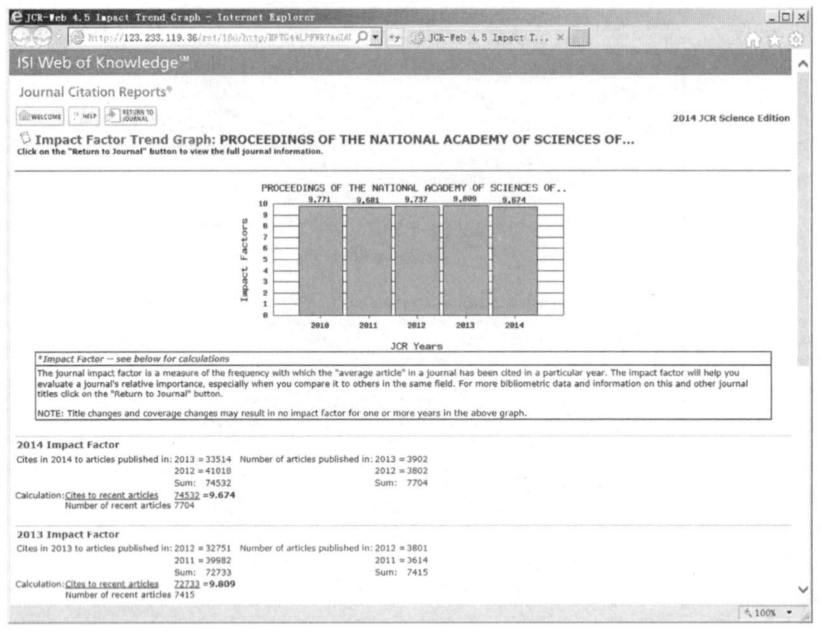

图 1-16　期刊引证报告

例如,查询哈尔滨工业大学黄玉东教授的文章及其被引用情况等。

在 Web of Science 页面的检索框中输入“huang yd”字段,并限定检索范围为“作者”,检索地址为 “harbin”(图 1-17),点击“检索”,得到图1-18的检索结果。点击页面(图 1-18)的右上角“创建引文报告”,然后可以看到该作者近几年发表论文情况,以及所发表论文中其他作者及贡献情况(图 1-19)。

图 1-17　文献检索窗口

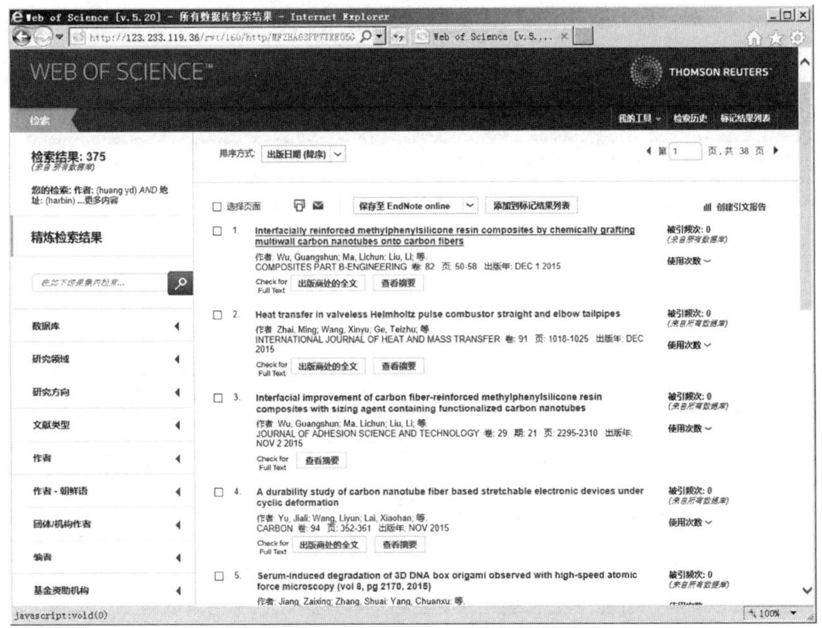

图 1-18　文献检索结果

图 1-19 引文报告中，我们可以看到作者发表论文的情况以及每篇论文被引用情况，总的引用情况以及平均引用情况。

在图 1-19 中选择其中的一篇文章，点击篇名，将显示文献的摘要等记录信息，如图 1-20 所示。在界面上点击相关的链接，可以看文献的全文、被引用情况、引用的文献、相关研究方向的文献等，这样方便跟踪研究，了解该作者课题的研究动向。

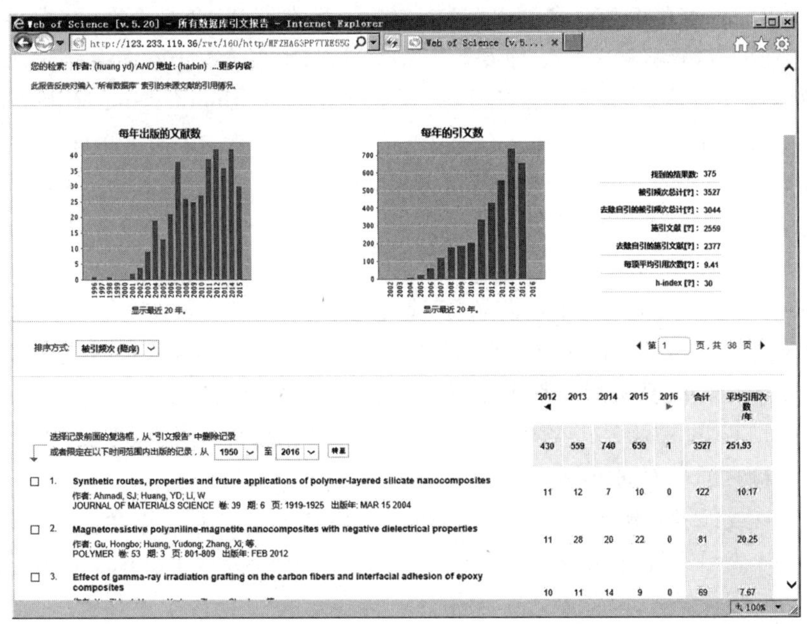

图 1-19　引文报告

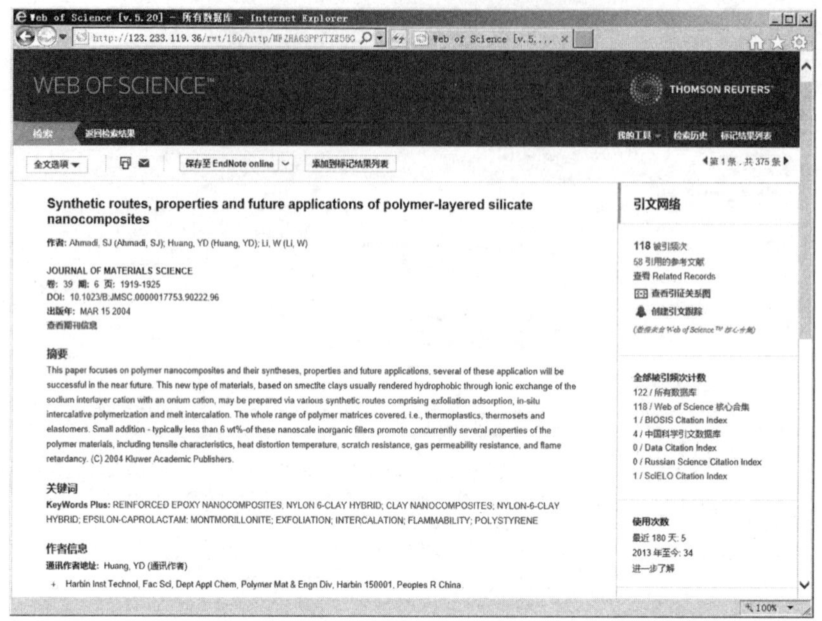

图 1-20　文献被引用的详细信息

1.2.2 工程索引

工程索引(The Engineering Index,简称 Ei)创刊于 1884 年,现由 Elsevier Engineering Information Inc. 公司出版。Ei 是世界工程领域内最权威的文献检索工具之一,所收录的文献是经过严格挑选的有关工程科学和工程技术领域的文献资料,不涉及纯基础理论方面的文献资料和专利文献,涵盖了世界上应用科学和工程技术领域的主要文献。Ei 的数据来源于世界上 50 多个国家的 5 100 多种出版物,包括工程类期刊、会议论文、技术报告、科技图书、年鉴和标准出版物等,涵盖 175 种专业工程学科,目前包含 1 100 多万条记录,每年新增 50 余万条文摘索引信息。1995 年推出了基于 Web 界面的 Engineering Village,2003 年升级为 Engineering Village 2。Engineering Village 2 作为 Ei 第二代综合的检索平台,它除了提供核心数据库 Compendex 外,还可进行 USPTO、Esp@cenet、Scirus 等的检索。工科类的 SCI 期刊基本上同时被 Ei 收录。

(1) Engineering Village 检索

Engineering Village 的页面上设置了快速检索(Quick Search)、高级检索(Expert Search)、叙词检索(Thesaurus Search)三种方式(图 1-21)。检索字段主要包括以下几种:

① All fields:指 Ei 数据库全部著录项目,该字段为系统默认字段。

② Subject/Title/Abstract:检索将在文摘、标题、标题译文、主题词表、标引词、关键词等字段进行。检索词可为词、词组或短语。

③ Author(或编者):作者指论文作者,输入时姓在前名在后。作者名后可以使用截词符,如:Gato S * 表示系统将就 Gato S. ,Gato S. A. ,Gato Sanmid,Gato Smith 等作者进行检索。

④ Author affiliation:Ei 数据库中,20 世纪 70 年代以前机构名称用全称表示,80 年代使用缩写加全称,90 年代用缩写。

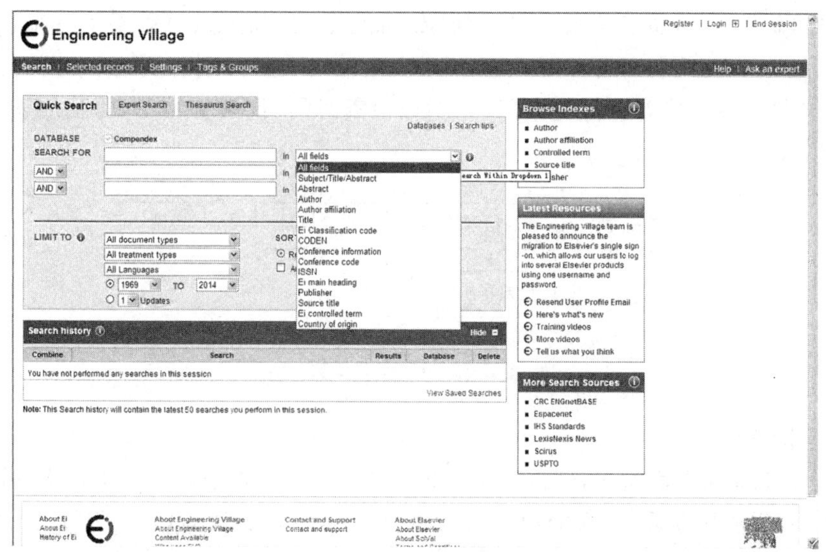

图 1-21　Engineering Village 检索界面

⑤ Publisher：可以直接浏览出版者索引。

⑥ Serial title：包括期刊、专著、会议录、会议文集的名称。

⑦ Title：文章的标题。检索时可以输入词、词组或短语，标题是其他语种，需译成英文。

⑧ Ei controlled term：受控词来自 Ei 叙词表，它从专业的角度将同一概念的主题进行归类，因此使用受控词检索比较准确。

检索文档(Document type)包括期刊论文、会议论文、会议论文集、图书章节、书评、报告章节、报告评论、学位论文、1970 年以前专利；

检索文档的类型(Treatment type)包括应用研究、人物传记、经济研究、试验研究、综合评论、史学研究、文献综述性研究、管理研究、数值研究、理论研究；

检索限定包括文件类型限定、处理类型限定和语言限定，是一种有效的检索技巧，使用此方法用户可得到更为精确的检索结果。

(2) 检索字段输入规则

检索字段书写大小写均可，在输入框中按顺序键入。

① 可以使用逻辑算符“AND”、“OR”、“NOT”。通过采用布尔运算符“AND”连接术语，以缩小检索范围(得到只有包含所有这些术语的检索结果)；可采用布尔运算符“OR”连接术语，以扩大检索范围(得到包含这些术语中任何一个的检索结果)；可采用布尔运算符“NOT”，从检索中删除术语。例如：为了检索作为建筑物一部分的 Windows(窗口)，而不是 Microsoft Windows(视窗操作系统)，可输入 windows NOT Microsoft。

② 可以使用截词符(*)表示，放置在词尾。如：comput * 可以将 computer、computerized、computation、computational、computability 等作为检索词。

③ 精确短语检索。进行精确短语检索时，词组或短语需用引号或括号标引。例如：“international space station”或{international space station}。运算符()表示检索过程中的运算顺序，如：Relevance AND (Aalbersberg OR Cool)。

(3) 检索步骤

使用 Ei 检索，步骤如下所示：选择数据库(Select database)，可以采用下拉式菜单进行选择，然后输入字段(检索词或者短语)到检索文本框中，也可以使用检索字段进行辅助，例如作者、作者单位等。接着进行检索限制，例如检索时间、检索文档等，最后点击 Search 按钮执行检索，如图 1-22 所示。

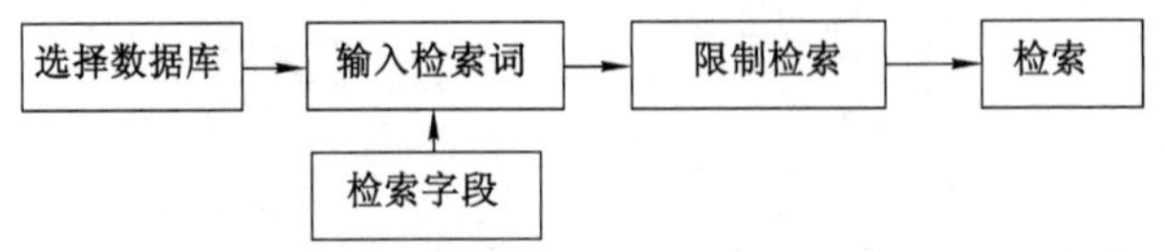

图 1-22　Ei 检索步骤

① 快速检索

如果三个文本框中均输入，Quick Search 总是先合并检索前两个文本框中的词，然后再检索第三个文本框中的词。a AND b OR c，检索的顺序为(a AND b) OR c，a OR b AND c 检索的顺序为(a OR b) AND c，a OR b NOT c 检索的顺序为(a OR b) NOT c。

此外，系统自动执行词干检索(除作者字段)。如输入 management 后，系统会将 managing、manager、manage、managers 等检出。取消该功能，需点击"Auto stemming off"，如图 1-23 所示。

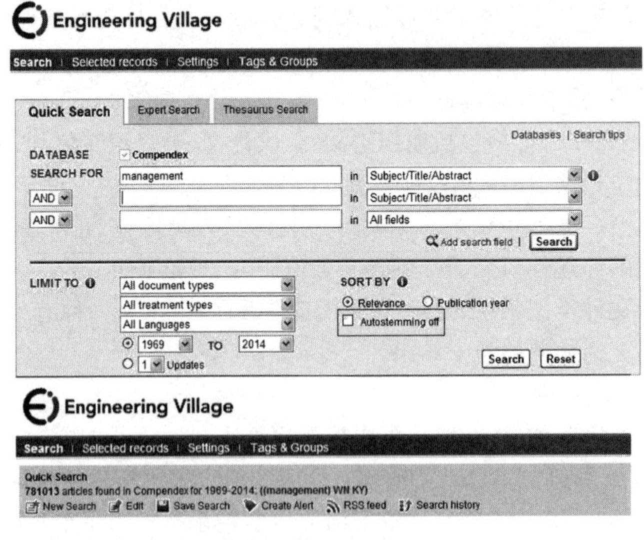

图 1-23　快速检索页面

例如，对"纳米复合水凝胶"文献在 Ei 中检索，检索词为 nanocomposites Hydrogen 或 nano-composites Hydrogen。对此，检索字段设为：Subject/Title/Abstract，检索式为：Subject/Title/Abstract＝nanocomposites Hydrogen or nano-composites Hydrogen (图 1-24)，检索结果如图 1-25 所示。

② 专业检索

与快速检索相比，专业检索集成了高级的布尔逻辑算符，包含更多的检索选项，检索的页面如图 1-26 所示。

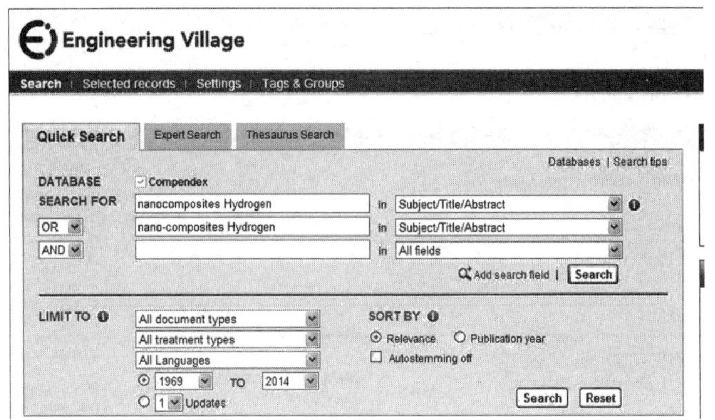

图 1-24　设置检索字段

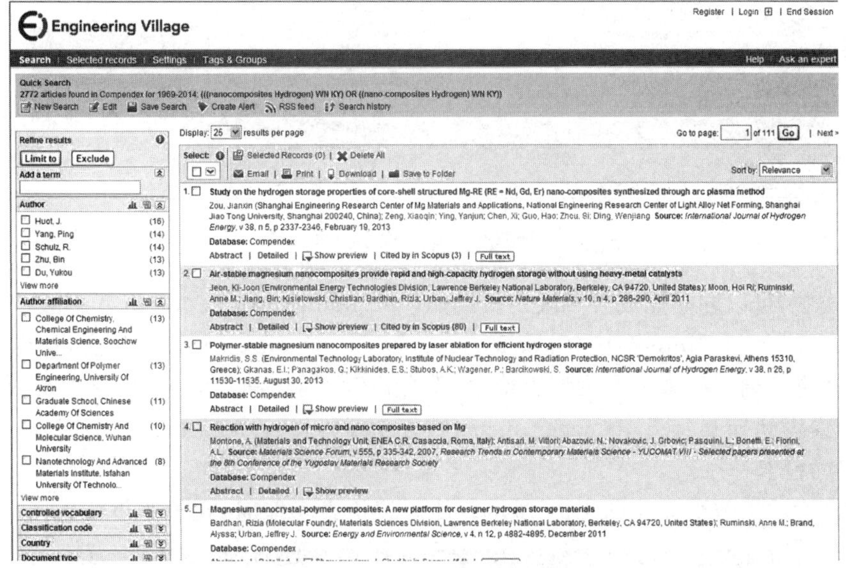

图 1-25　快速检索结果

专业检索中有一独立的检索框，用户采用“within”命令（wn）和字段码，可以在特定的字段内进行检索，例如 composites wn fiber AND (surface) wn CNTs。

采用布尔运算符（AND，OR，NOT）连接检索项目，例如输入 Gilbert，Barrie wn AU AND Analog Devices wn AF，则检索出由 Analog Devices（AF—作者单位）的 Barrie Gilbert（AU—作者）编写的文献。

检索的顺序：可使用括号指定检索的顺序，括号内的术语和操作优先于括号外的术语和操作。也可使用多重括号。例如：(((International Space Station OR Mir) AND gravitational effects) wn ALL) AND (French wn LA or Russian wn LA or English wn LA)。基于此，检索结果含有 International Space Station 或 MIR，且所有的结果均含有 gravitational effects 及所有的文献为法语、俄语或英语。

使用专业检索时，应在检索词后加入字段说明，否则系统默认在全字段检索。高级检索输入格式为：“Bers，D＊” wn AU，{X-ray spectrometry} wn ST。

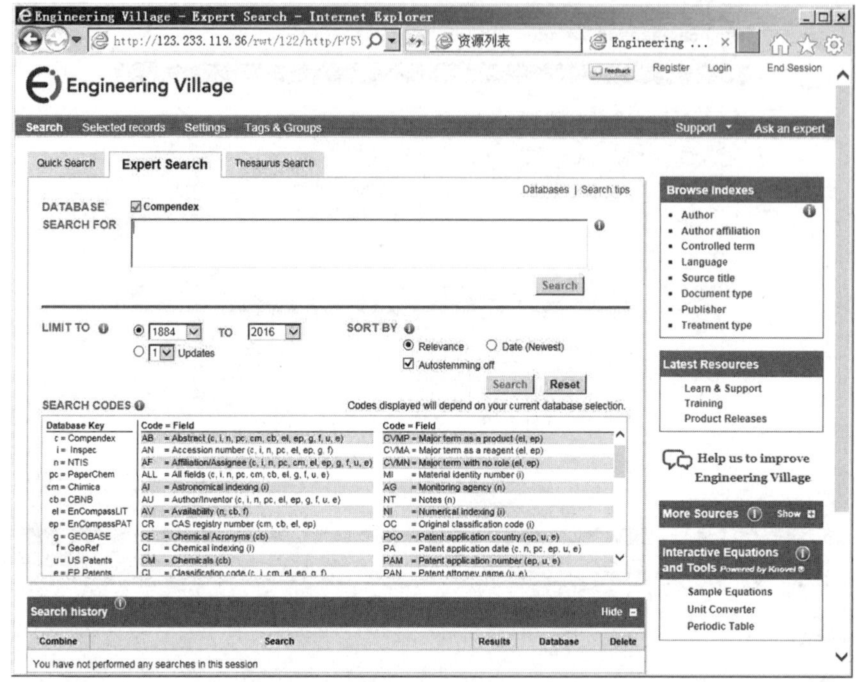

图 1-26　专家检索页面

检索式中，可以同时完成各种限定。例如，“liu liqun or liu li-qun or liu LQ” wn au and wuhan university af，“international space station”and French wn LA，注意，在专业检索中系统不自动进行词干检索。若做词干检索，需在检索词前面加上“ $ ”符号。如：$ management 可检索得到 managed，manager，managers，manageing，management 等词。

③ 叙词检索

叙词检索的工作页面如图 1-27 所示。使用该检索功能时，在检索框中输入检索词后，

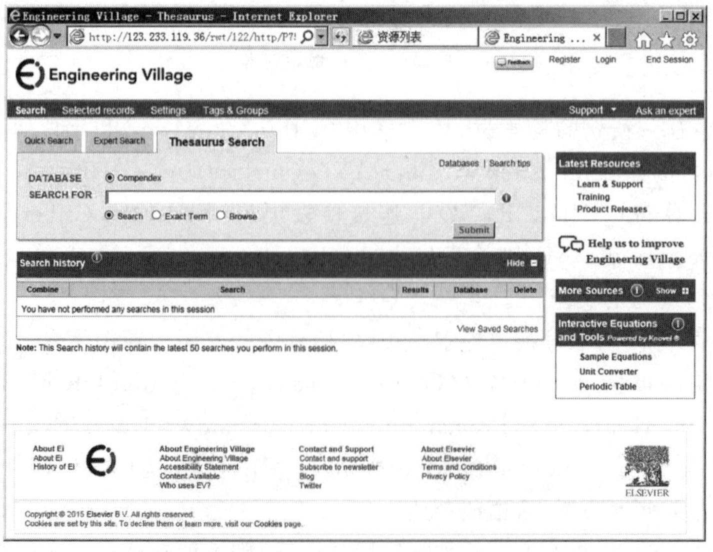

图 1-27　叙词检索页面

点击“submit”，就会在受控词中进行检索。例如，输入“carbon fiber”，点击“submit”后，就会提示有 8 个与碳纤维相关的记录，选中需要的字段后提交“search”，就会进入到检索页面，得到限制后文献检索的信息，如图 1-28 和图 1-29 所示。

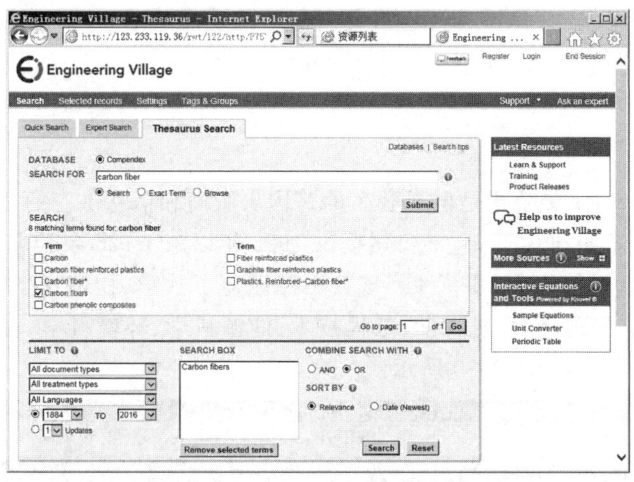

图 1-28　输入检索字段

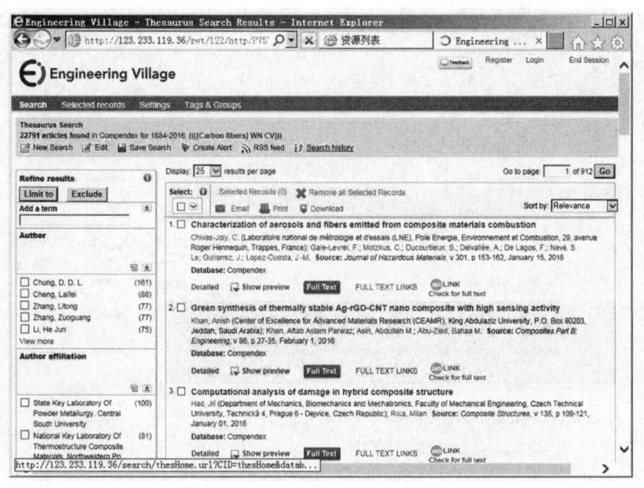

图 1-29　叙词检索结果

1.2.3　会议论文索引

《科学技术会议录索引》(The Index to Scientific & Technical Proceedings，简称 ISTP)，由美国科学信息研究所(Institute for Scientific Information，简称 ISI)编辑出版，创刊于 1978 年。ISTP 在会议录的选用上有其严格的标准，将近 75%～90%的著名的、重要的会议文献在 ISTP 中有报导，内容涉及基础科学、工程技术及应用科学领域。

ISTP 网络版就是“Conference Proceedings Citation Index(简称 CPCI)”，通过这一数据库可以了解会议论文的被引用情况，从而跟踪研究的最新进展。目前 ISTP 网络版与 SCI 在同一检索平台(图 1-4)，故两者的使用方法相同，就不再作过多叙述。

1.3 国外主要数据库

材料类常用的文摘型网络数据库，主要有荷兰的爱思威尔(Elsevier)、美国的化学学会(ACS)、英国的皇家化学学会(RSC)以及 Springer link。

1.3.1 Elsevier

(1) 简介

荷兰 Elsevier Science 公司是世界著名的跨国出版商和信息供应商，它出版的期刊是世界公认的高质量学术期刊。Elsevier 公司提供 1995 年以来 1 726 余种电子期刊全文数据库服务，其中被 SCI 收录的共有 1289 种。该数据库涵盖了数学、物理、化学、天文学、医学、生命科学、商业及经济管理、计算机科学、工程技术、能源科学、环境科学、材料科学、社会科学等众多学科，其检索页面如图 1-30 所示。

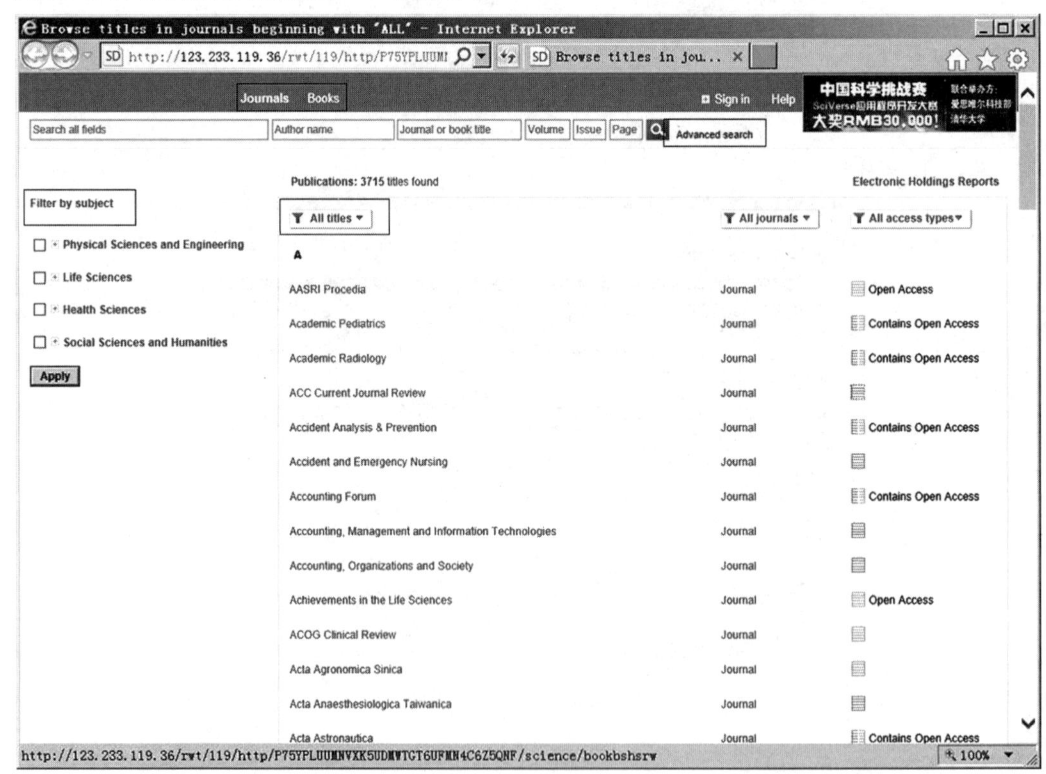

图 1-30 Elsevier 检索页面

(2) 文献检索

在 Elsevier Science 页面上进行检索时，默认为快速检索，可以直接在页面上方输入框输入作者、期刊名称、图书名称等字段进行检索。在页面的左侧"Filter by subject"复选框，可以对检索的范围按照学科方向进行限定；页面中间为数据库收录的期刊按照字母排序的超链接，可以直接进入到该期刊。

但需要注意：① 期刊名可以输入全称，但必须写对，差一个字母也检索不到；② 期刊名为缩写形式时，注意格式，中间不能带“.”。

在检索输入框中输入“carbon fiber”，其他字段数据库默认，得到如图 1-31 所示的检索结果，页面左边“Refine filters”提供了若干复选框，用于缩小检索的范围；页面中间“Download PDF's”，用来下载当前页面下的文献全文（图 1-32），个别文献只有摘要“Abstract only”，点击该文献，数据提示其他获得文献的渠道，如图 1-33 所示。

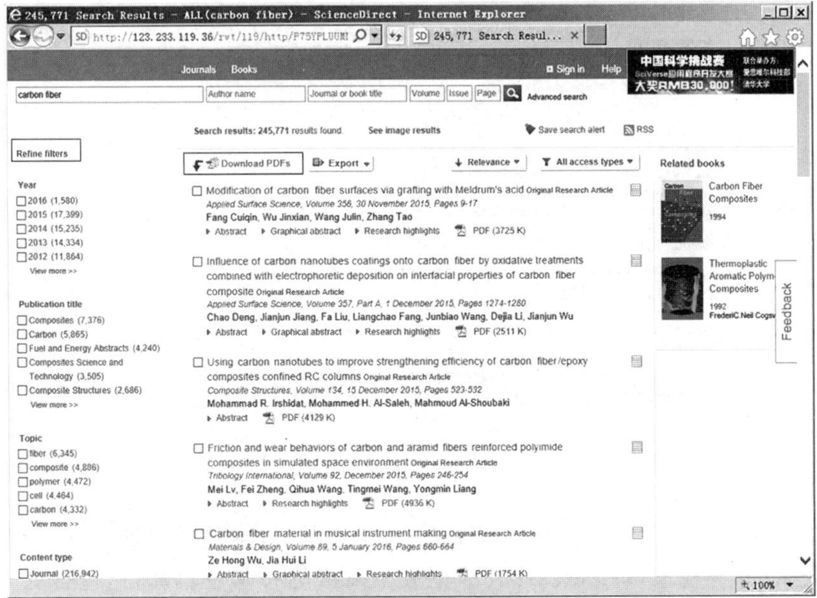

图 1-31　快速检索结果

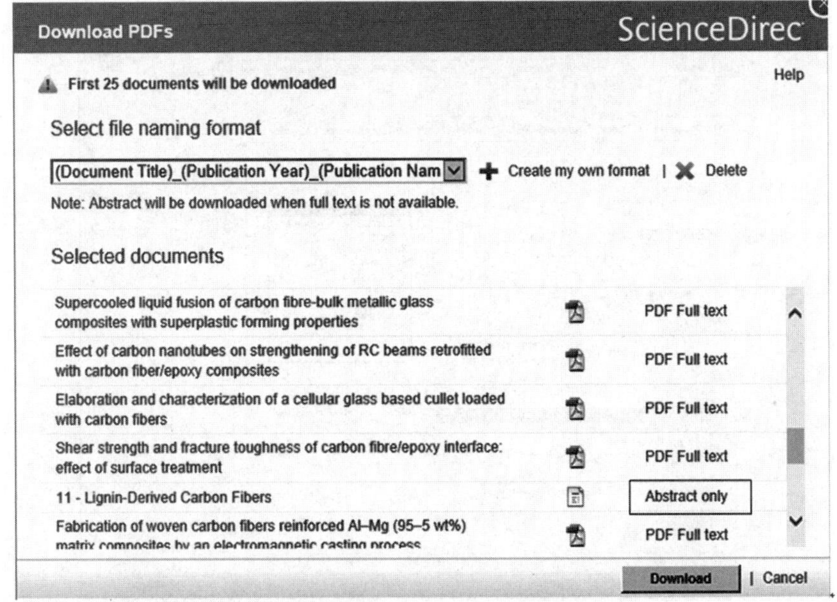

图 1-32　文献全文下载页面

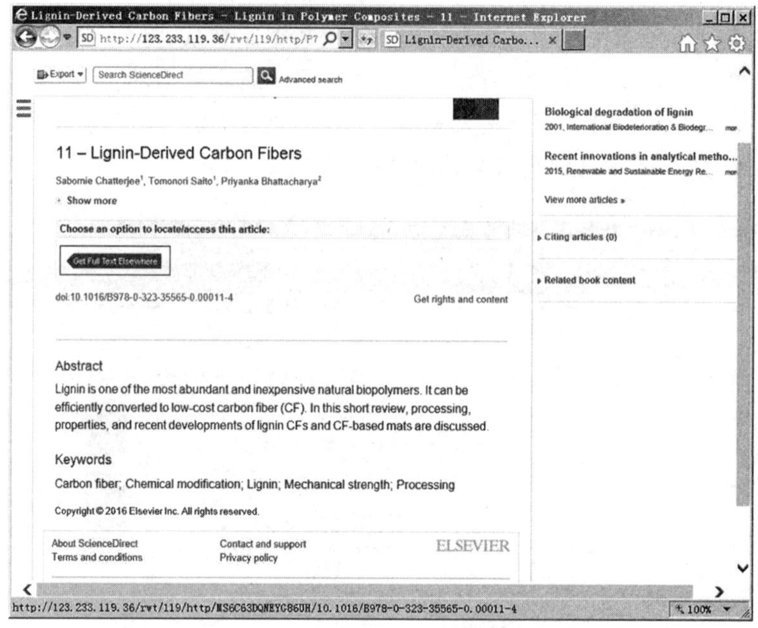

图 1-33　检索到的文献

高级检索(Advanced Search)的页面如图 1-34 所示，检索条件更加丰富，能够迅速查到所需要的文献；专业检索(Expert Search)集成了高级的布尔逻辑算符，包含更多的检索选项，检索的页面如图 1-35 所示。

图 1-34　高级检索页面

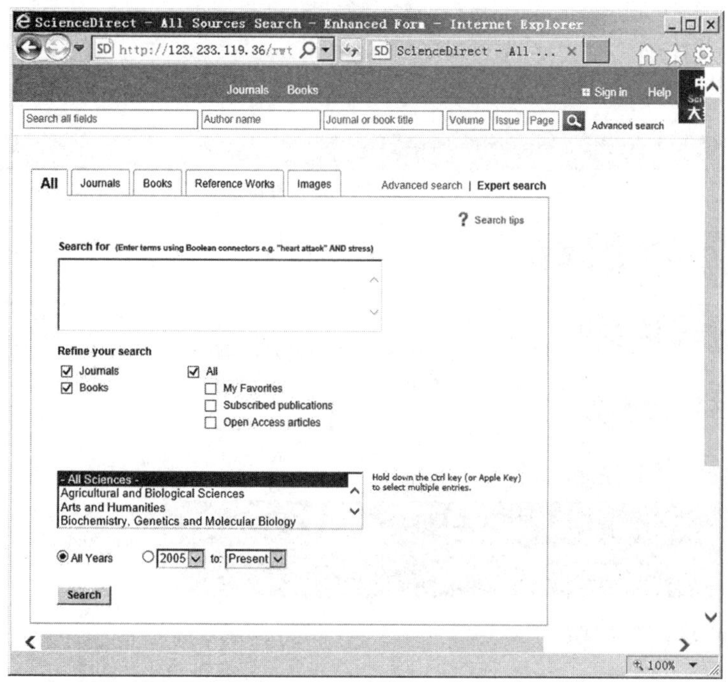

图 1-35 专业检索页面

(3) 检索结果处理

各种检索方法的检索结果相同,如图 1-31 所示,提供了多种选择:

① 点击文献题名,可以进入到网页格式的全文,在该页面可以查看文章内容,并且该页面也提供了下载链接以及引用和被引用情况分析(图 1-33);

② 点击文章题名下面的 PDF 链接,可以直接下载 PDF 格式的全文;

③ 点击网页格式全文右面的"Recommended articles"按钮,会提供这个研究方向或者是相近的研究,方便查看。

1.3.2 American Chemical Society

(1) 简介

美国化学会(American Chemical Society,简称 ACS)成立于 1876 年,已成为世界上最大的科技协会之一。ACS 的期刊被 ISI"Journal Citation Report"(JCR)评为"化学领域中被引用次数最多的化学期刊"。ACS 电子期刊数据库目前包括 35 种期刊,含 3D 彩色分子结构图、动画、图表等。涵盖了有机化学、分析化学、应用化学、材料学、分子生物化学、环境科学、药物化学、农业学、材料学、食品科学等 24 个学科领域。与材料相关的期刊有:Biochemistry、Chemical Reviews、Chemistry of Materials、Langmuir、Macromolecules、Nano Letters、Crystal Growth & Design、Organic Letters、Organic Process Research & Development、Organometallics 等。其检索页面如图 1-36 所示。

(2) 文献检索

① 浏览检索

ACS 检索页面左下方为 ACS 所有的期刊和杂志,按照名称的首字母排列。点击所需要查看的杂志的名称,能看到该杂志的最新一期的目录,从目录可以看到刊载论文的题名、

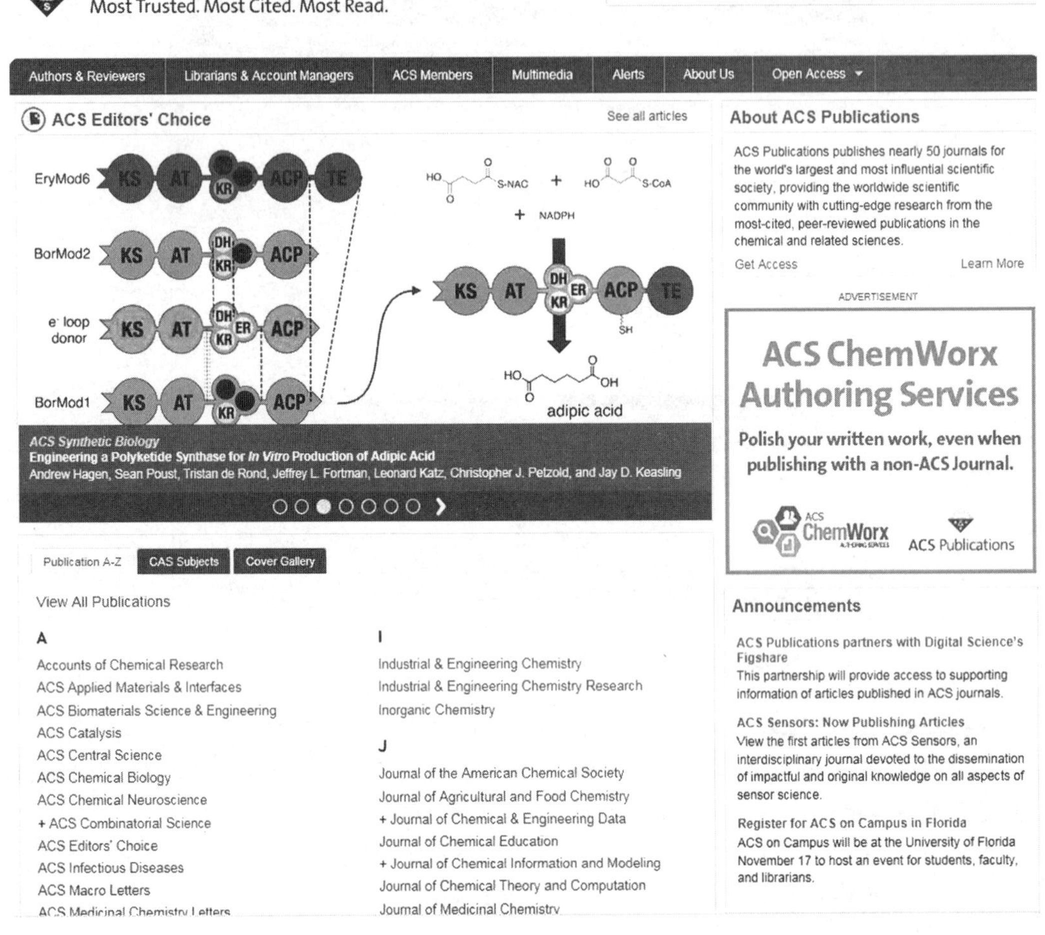

图 1-36　ACS 检索页面

作者、论文中的图表，以及查看摘要、获取全文的链接，如图 1-37 所示。

② 快速检索

快速检索主要分三种方式，如图 1-38 所示。

“Search”：使用右边的下拉菜单选定进行检索项目的位置：“Anywhere”、“Title”、“Author”、“Abstract”，在检索框中输入字段进行检索；

“Citation”：如果知道文献所在的期刊名、卷号和开始页，可以使用这种方式检索；

“DOI”：如果知道文献的数字目标标识符(DOI)，可以使用这种方式检索。

③ 高级检索

所有检索字段中都可用布尔逻辑运算符 AND(或者＋、&)、OR、NOT(或者－)进行检索词之间的逻辑组合检索。通配符适用，但通配符不能用在词首，也不能在引号中使用。勾选“Enable stemming”将启用自动取词根功能，扩展检索范围，如图 1-39 所示。

如果限定在特定的期刊，或者限定在特定的学科，点击选择栏“Modify Selection”，在弹出的窗口中进行选择，如图 1-40 所示。要将检索限定在特定的时间段，使用左边的时间段栏或者右边的日期范围栏作出相应选择。

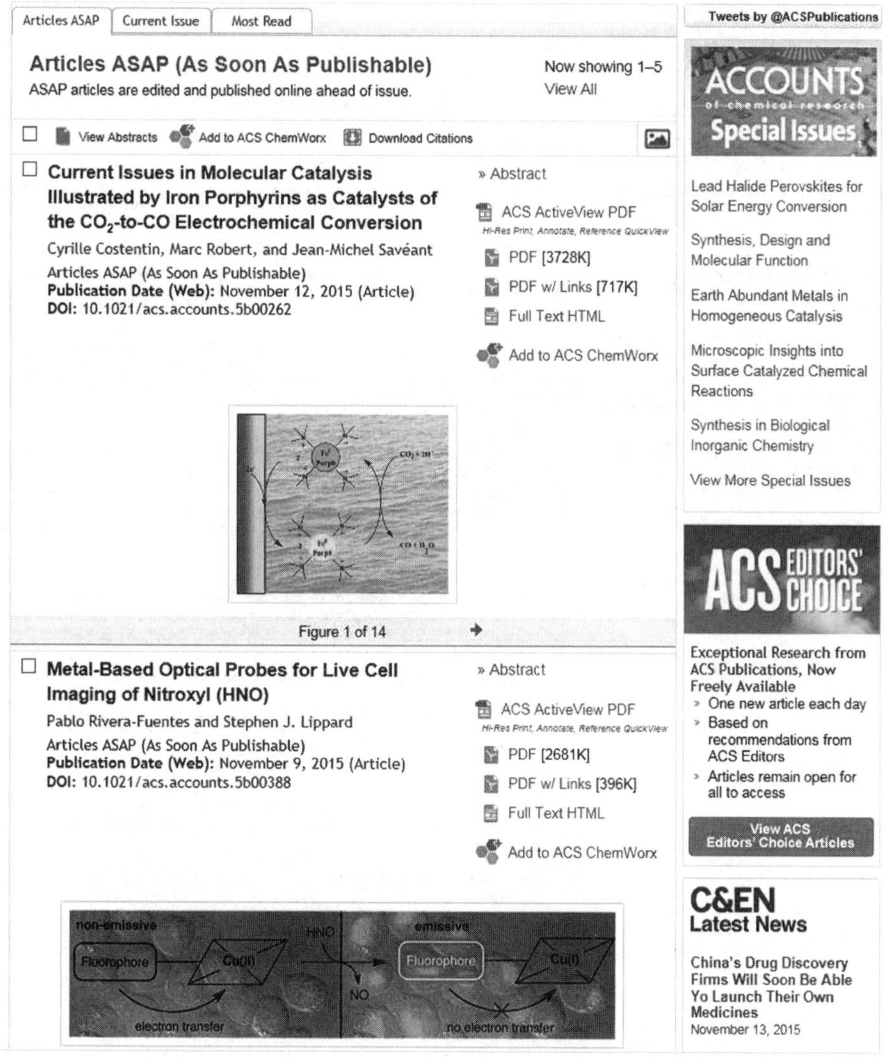

Articles ASAP
Current Issue
Most Read
Articles ASAP (As Soon As Publishable)
ASAP articles are edited and published online ahead of issue.
Now showing 1–5
View All
View Abstracts
Add to ACS ChemWorx
Download Citations
Current Issues in Molecular Catalysis Illustrated by Iron Porphyrins as Catalysts of the CO2-to-CO Electrochemical Conversion
Cyrille Costentin, Marc Robert, and Jean-Michel Savéant
Articles ASAP (As Soon As Publishable)
Publication Date (Web): November 12, 2015 (Article)
DOI: 10.1021/acs.accounts.5b00262
» Abstract
ACS ActiveView PDF
Hi-Res Print, Annotate, Reference QuickView
PDF [3728K]
PDF w/ Links [717K]
Full Text HTML
Add to ACS ChemWorx
Figure 1 of 14
Metal-Based Optical Probes for Live Cell Imaging of Nitroxyl (HNO)
Pablo Rivera-Fuentes and Stephen J. Lippard
Articles ASAP (As Soon As Publishable)
Publication Date (Web): November 9, 2015 (Article)
DOI: 10.1021/acs.accounts.5b00388
» Abstract
ACS ActiveView PDF
Hi-Res Print, Annotate, Reference QuickView
PDF [2681K]
PDF w/ Links [396K]
Full Text HTML
Add to ACS ChemWorx
non-emissive
Fluorophore
Cu(II)
electron transfer
HNO
NO
emissive
Fluorophore
Cu(I)
no electron transfer
Tweets by @ACSPublications
ACCOUNTS
of chemical research
Special Issues
Lead Halide Perovskites for Solar Energy Conversion
Synthesis, Design and Molecular Function
Earth Abundant Metals in Homogeneous Catalysis
Microscopic Insights into Surface Catalyzed Chemical Reactions
Synthesis in Biological Inorganic Chemistry
View More Special Issues
ACS EDITORS' CHOICE
Exceptional Research from ACS Publications, Now Freely Available
» One new article each day
» Based on recommendations from ACS Editors
» Articles remain open for all to access
View ACS Editors' Choice Articles
C&EN
Latest News
China's Drug Discovery Firms Will Soon Be Able Yo Launch Their Own Medicines
November 13, 2015

图 1-37　浏览检索结果页面

Search
Citation
DOI
Subject
Advanced Search
Search text
Anywhere
Title
Author
Abstract
Search
Select a Journal or Book
Volume:
Page:
Go
Digital Object Identifier (DOI)
10.1021/
Go

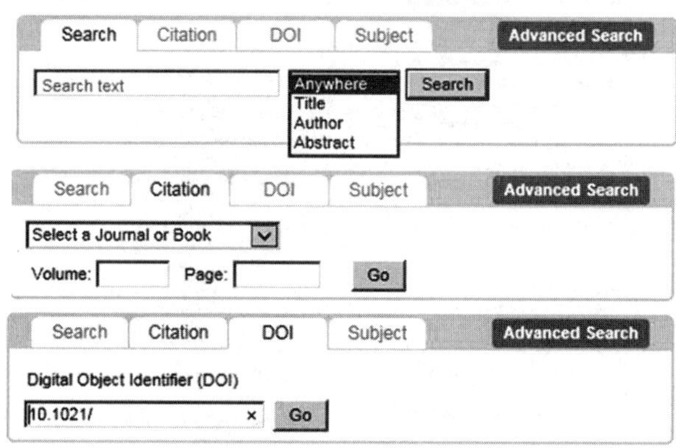

图 1-38　快速检索设置

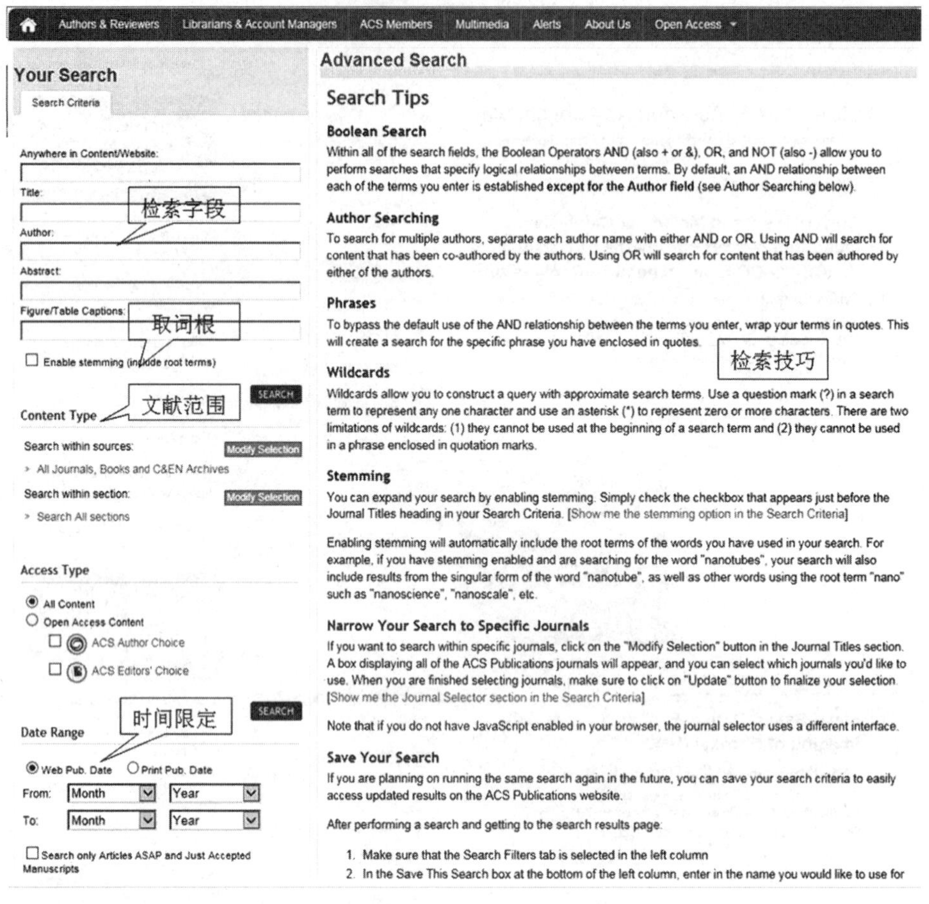

图 1-39　ACS 高级检索设置

Content Source Filter　Cancel

Select which content series you would like to search within, and click the "Update" button.

Update　Select All | Deselect All

- Accounts of Chemical Research
- ACS Applied Materials & Interfaces
- ACS Biomaterials Science & Engineering
- ACS Catalysis
- ACS Central Science
- ACS Chemical Biology
- ACS Chemical Neuroscience
- ACS Combinatorial Science
- ACS Infectious Diseases
- ACS Macro Letters
- ACS Medicinal Chemistry Letters
- ACS Nano
- ACS Photonics
- ACS Sensors
- ACS Sustainable Chemistry & Engineering
- ACS Synthetic Biology
- Analytical Chemistry
- Biochemistry
- Bioconjugate Chemistry
- Biomacromolecules
- Biotechnology Progress
- Chemical & Engineering News Archive
- Chemical Research in Toxicology
- Chemical Reviews
- Chemistry of Materials
- Crystal Growth & Design
- Energy & Fuels
- Environmental Science & Technology
- Environmental Science & Technology Letters
- Industrial & Engineering Chemistry
- Industrial & Engineering Chemistry Research
- Inorganic Chemistry
- Journal of the American Chemical Society
- Journal of Agricultural and Food Chemistry
- Journal of Chemical & Engineering Data
- Journal of Chemical Education
- Journal of Chemical Information and Modeling
- Journal of Chemical Theory and Computation
- Journal of Medicinal Chemistry
- Journal of Natural Products
- The Journal of Organic Chemistry
- The Journal of Physical Chemistry
- The Journal of Physical Chemistry A
- The Journal of Physical Chemistry B
- The Journal of Physical Chemistry C
- The Journal of Physical Chemistry Letters
- Journal of Proteome Research
- Langmuir
- Macromolecules
- Molecular Pharmaceutics
- Nano Letters
- Organic Letters
- Organic Process Research & Development
- Organometallics
- ACS Symposium Series (ACS Book Series)
- Advances in Chemistry (ACS Book Series)

CAS Section Filter　Cancel

Select CAS Section you want to search, click "Update" and then "Search"

Update　Select All | Deselect All

Select a CAS section from the 5 main topical divisions below:

- Applied
  - Air Pollution and Industrial Hygiene
  - Apparatus and Plant Equipment
  - Cement, Concrete, and Related Building Materials
  - Ceramics
  - Electrochemical, Radiational, and Thermal Energy Technology
  - Essential Oils and Cosmetics
  - Extractive Metallurgy
  - Ferrous Metals and Alloys
  - Fossil Fuels, Derivatives, and Related Products
  - Industrial Inorganic Chemicals
  - Mineralogical and Geological Chemistry
  - Nonferrous Metals and Alloys
  - Pharmaceutical Analysis
  - Pharmaceuticals
  - Propellants and Explosives
  - Unit Operations and Processes
  - Waste Treatment and Disposal
  - Water
- Biochemistry
- Macromolecular
- Organic
- Physical, Inorganic, and Analytical

图 1-40　期刊和学科限定

提交检索要求后，检索结果页面会显示出原文列表(图 1-41)。默认的显示方式为：与检索要求最匹配的文章显示在页首。还可以利用右边的下拉菜单选择其他检索结果排序方式：日期、相关度、期刊名称、作者名称。从检索的目录可以看到刊载论文的题名、作者、论文中的图表以及查看摘要、获取全文的链接。

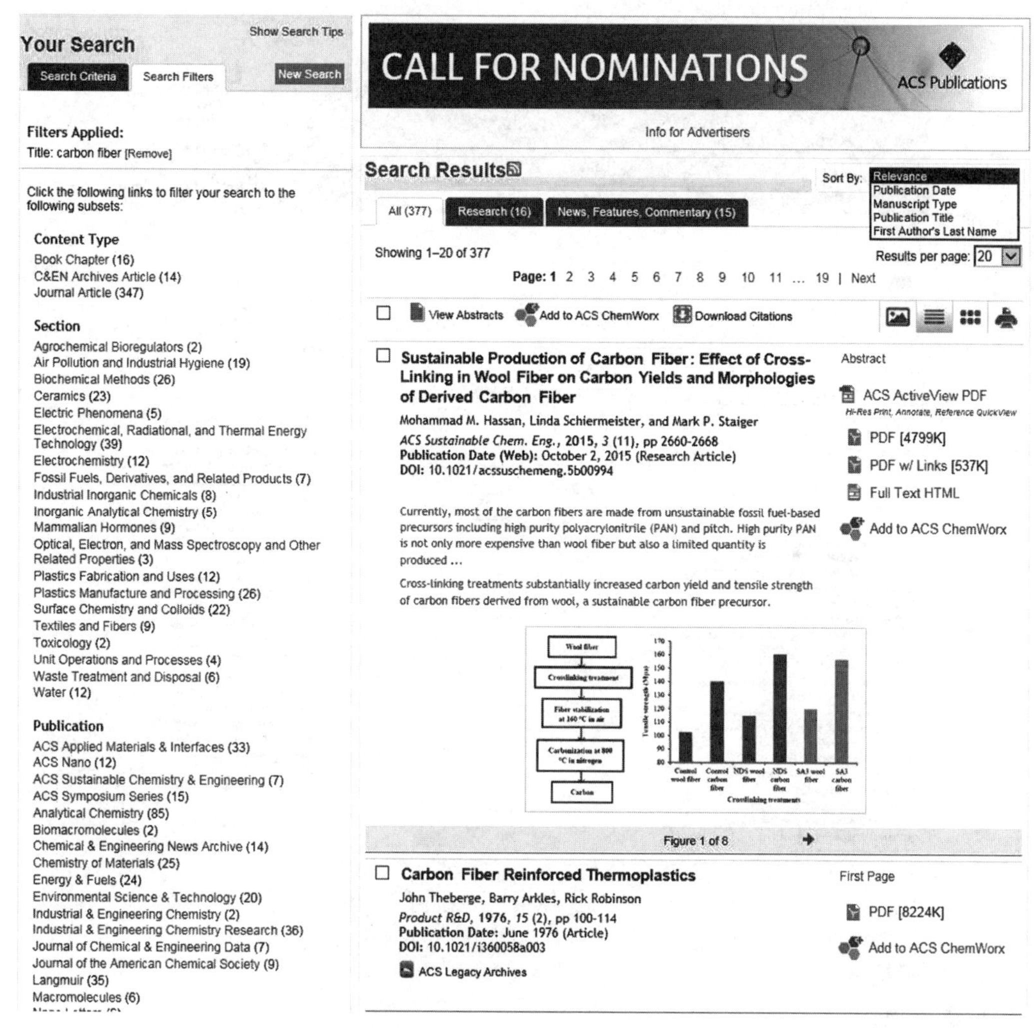

图 1-41　ACS 高级检索结果

1.3.3 Royal Society of Chemistry

(1) 简介

英国皇家化学学会(Royal Society of Chemistry，简称 RSC)成立于 1841 年，是由约 4.6 万名化学研究人员、教师、工业家组成的专业学术团体，是世界上存在时间最长的科学学术团体。目前可检索英国皇家化学学会出版的 25 种电子期刊的全文内容。包含的学科：Analytical Chemistry(分析化学)，Physical Chemistry(物理化学)，Organic Chemistry(有机化学)，Inorganic Chemistry (无机化学)，Nanoscience(纳米科学)，Biomolecular(生物分子)，Food Science/Nutrition(食品科学/营养)，Materials and Polymers(材料/高分子)，Applied and Industrial(应用/工业化学),Env. Chem.,Safety and Toxicology(环境/安全/毒物学)。

与材料相关的期刊有:Chemical Society Reviews,Chemical Communications,Journal of Materials Chemistry,Organic & Biomolecular Chemistry 等。其检索页面如图 1-42 所示。

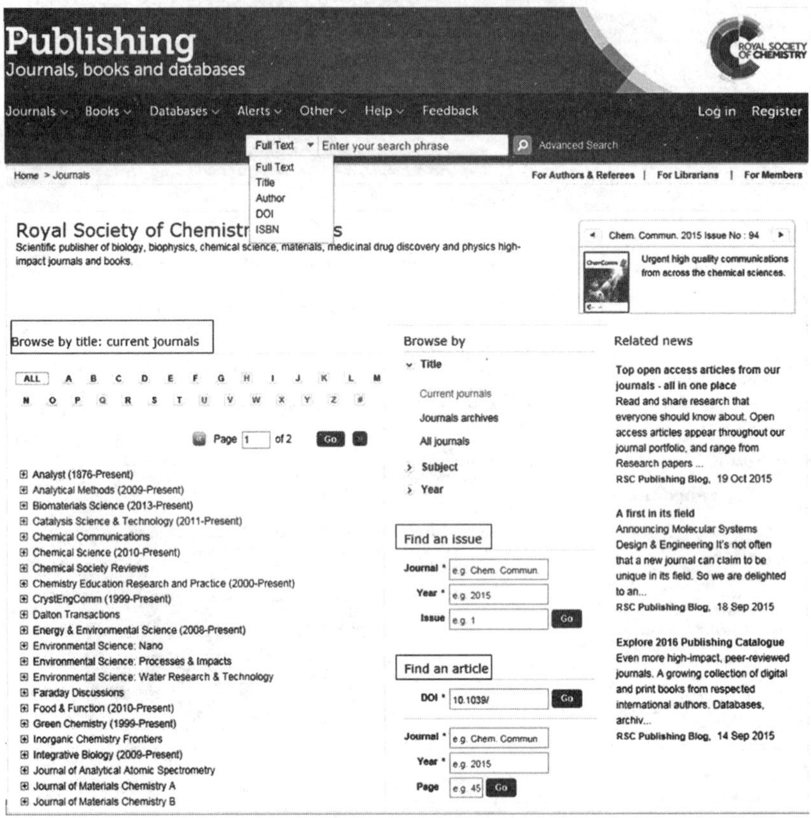

图 1-42 RSC 检索页面

(2) 文献检索

① 浏览检索

RSC 检索页面左下方为 RSC 所有的期刊和杂志,按照名称的首字母排列。点击所需要查看的杂志的名称,能看到该杂志的最新一期的目录(图 1-43),从目录可以看到刊载论文的题名、作者、论文中的图表以及查看摘要、获取全文的链接;同时页面的右边提供了在本期刊内进行检索的方式,如"Full Text"、"Title"、"Author"、"DOI"、"Year"、"Issue"等。

② 快速检索

快速检索主要分三种方式。

"Search"——使用左边的下拉菜单选定进行检索项目的位置:"Full Text"、"Title"、"Author"、"DOI"、"IBBN",在检索框中输入字段进行检索;

"Find an issue"——如果知道文献原文的期刊名、出版年、卷号可以使用这种方式检索;

"Find an article"——如果知道文献的 DOI、期刊名、出版年和开始页,可以使用这种方

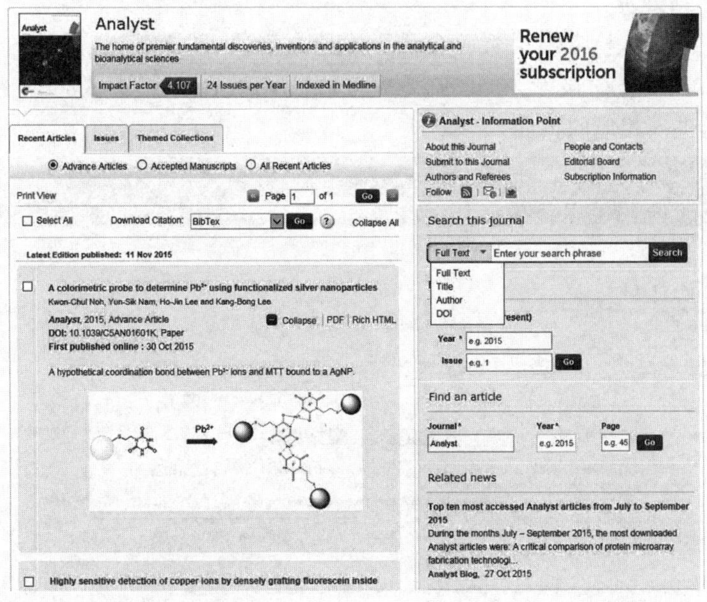

图 1-43　浏览检索结果页面

式检索。

③ 高级检索

若是不知道具体文章题名等信息，将检索限定在特定的时间段，使用关键词组合进行高级检索。下边的栏目允许按照作者、文献题名、DOI、日期等进行详细检索。检索页面如图 1-44 所示。

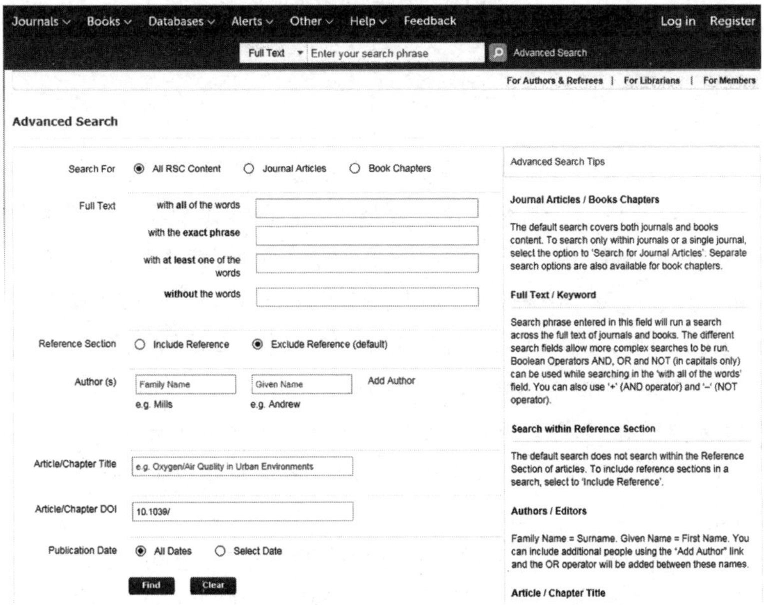

图 1-44　高级检索页面

（3）检索结果处理

提交检索要求后，检索结果页面会显示出原文列表（图 1-45）。默认的显示方式为：与检索要求最匹配的文章显示在页首。访问原文，请点击文献题名或者后面“PDF”、“HTML”链接，进入相应的页面。

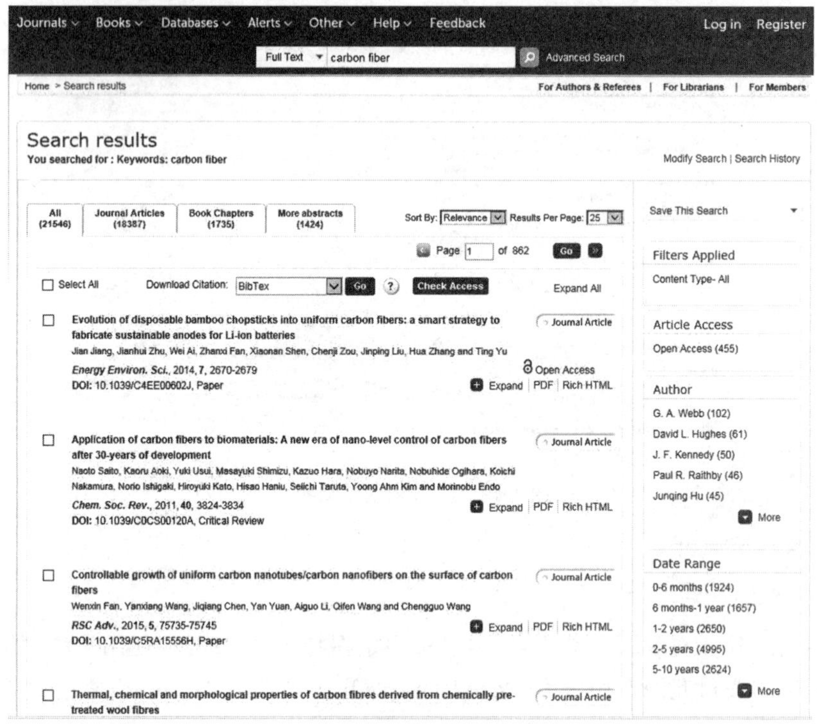

图 1-45 检索结果页面

1.3.4 Springer Link

（1）简介

德国施普林格（Springer-Verlag）是世界上著名的科技出版社，该社通过“Springer Link”系统发行电子图书并提供学术期刊检索服务。目前共出版有 530 余种期刊，其中 498 种已有电子版。“SpringerLink”电子期刊（全文）的学科覆盖：生命科学（Life Science，134 种）、化学（Chemical Sciences，52 种）、地球科学（Geosciences，61 种）、计算机科学（Computer Science，49 种）、数学（Mathematics，80 种）、医学（Medicine，221 种）、物理与天文学（Physics and Astronomy，58 种）、工程学（Engineering，61 种）、环境科学（Environmental，42 种）、经济学（Economics，32 种）和法律（Law，12 种）等，其中大部分期刊是被 SCI 和 Ei 收录的核心期刊，是科研人员的重要信息源。SpringerLink 的检索页面如图 1-46 所示。

（2）文献检索

SpringerLink 文献检索系统可以通过浏览和检索两种方法获取文献。

① 浏览：分为按出版物字顺浏览，按学科主题浏览两种。浏览页面如图 1-47 所示。找到相应的出版物名称，点击该出版物，可以在该出版物页面进行检索。

② 检索：分简单检索、高级检索两种。逻辑算符、截词符、位置算符三种检索技术均适

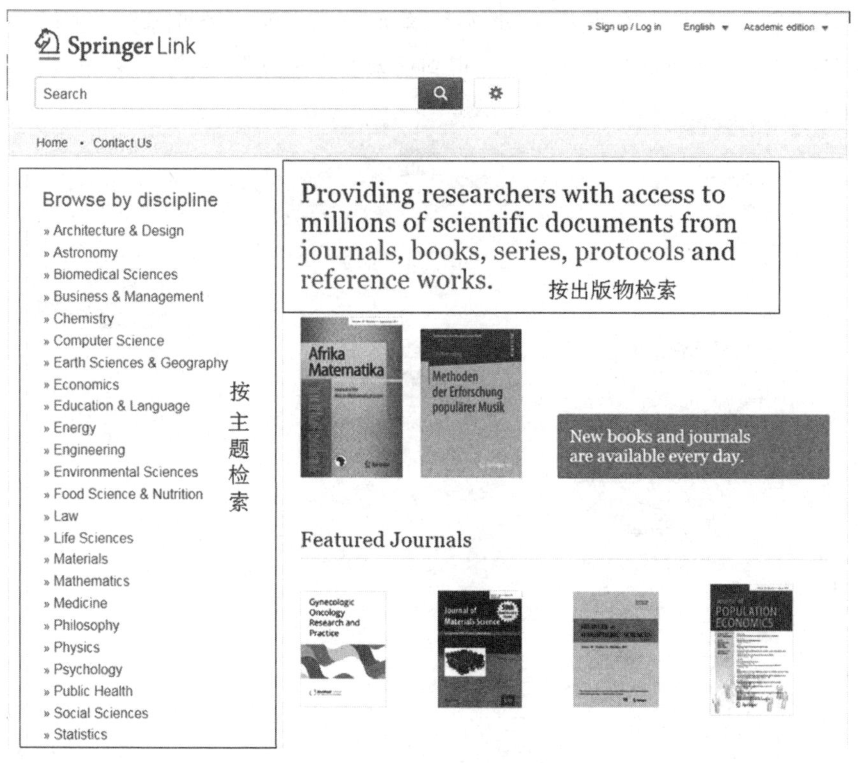

图 1-46　SpringerLink 的检索页面

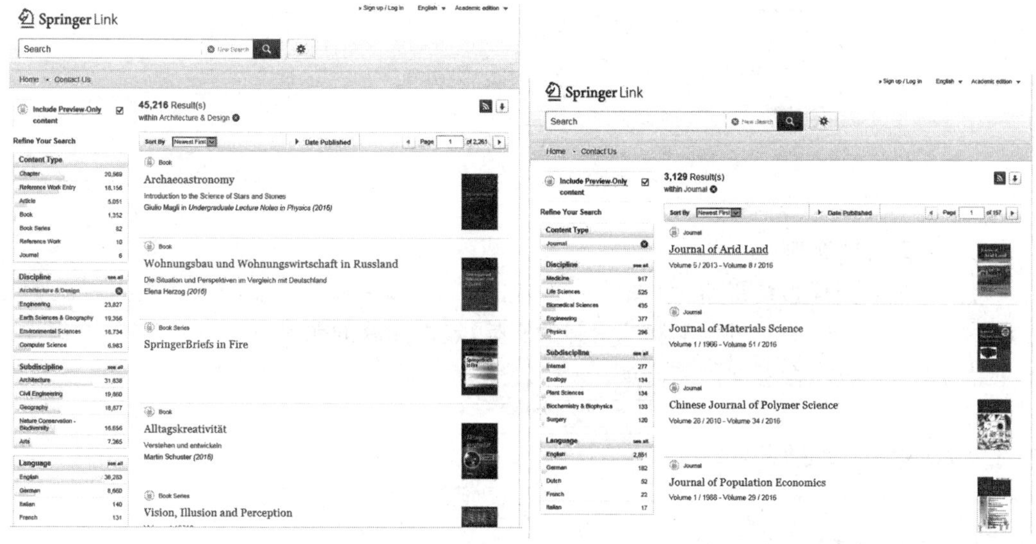

图 1-47　浏览页面

用于 Springer Link 数据库。

简单检索：在页面的检索框内输入检索词字段，执行检索就可以得到检索的文献资源，如图 1-48 所示。

高级检索：在页面的检索框内输入检索词字段，可以在时间上进行限定，选择"between"或者"in"，然后执行检索就可以得到检索的文献资源，如图 1-49 所示。

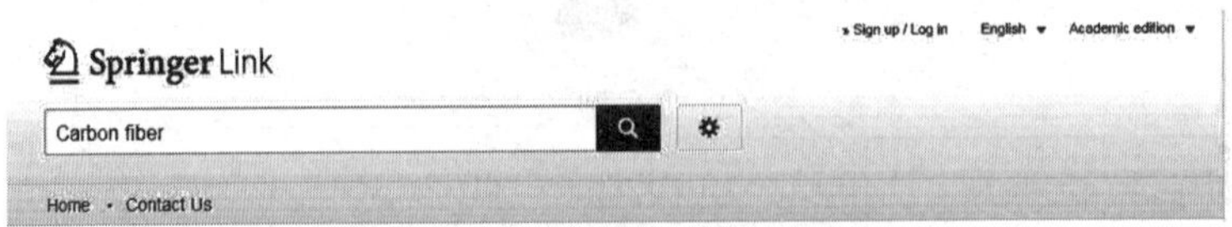

图 1-48　简单检索

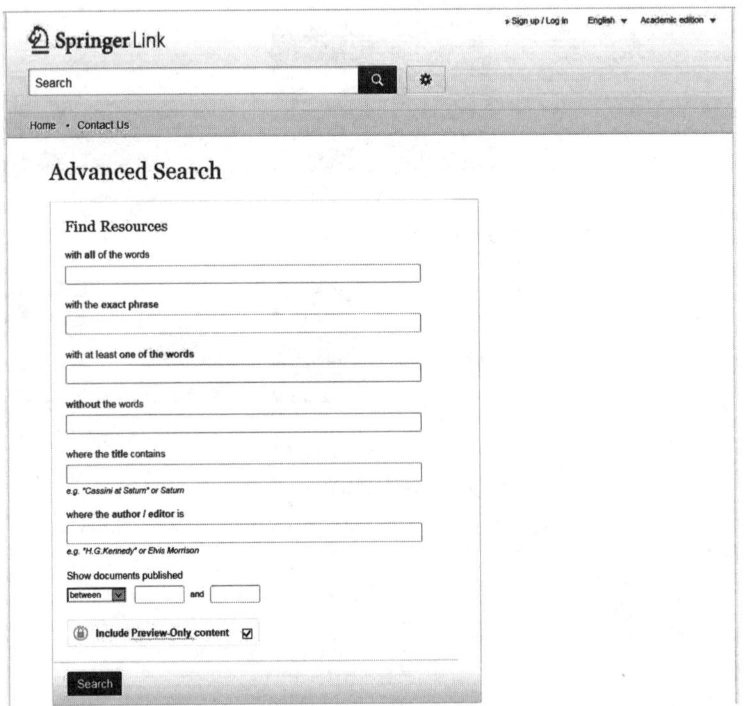

图 1-49　高级检索

(3) 检索结果处理

检索后进入到检索结果页面(图 1-50)，点击"Look inside"，可以进入到网页格式的全文；点击"Download PDF"可以下载检索到的文献；点击文献的题名，可以在打开的页面中查看文章的作者、摘要、参考文献等信息。

1.4　中文全文数据库

1.4.1　中国期刊全文数据库

(1) 数据库简介

中国期刊全文数据库(CJFD)是中国知识基础设施工程(China National Knowledge Infrastructure，简称 CNKI 工程)的一部分。CJFD 是目前世界上最大的连续动态更新的中国期刊全文数据库，收录 1994 年至今约 8 200 种期刊全文，并对其中部分重要刊物回溯至

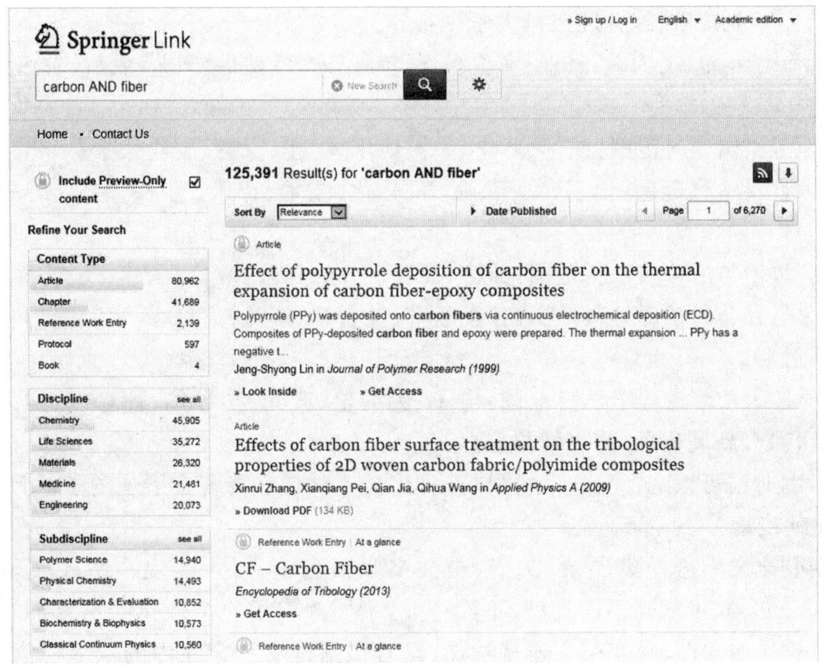

图 1-50　文献检索结果

创刊。CJFD 包含期刊、硕博论文、会议、报纸、图片、年鉴、专利、标准、法规、古籍、工具书等。其中主要的几个数据库：

① 中国期刊全文数据库(1994 年至今，部分刊物回溯至创刊)：收录国内公开出版的 7 400种核心期刊与专业特色期刊的全文，积累全文文献 1 550 万篇，每年递增 150 万篇。

② 中国优秀博/硕士论文全文数据库(1999 年至今)：收录全国 300 多家博硕士培养单位的优秀博硕士学位论文。

③ 中国重要会议论文全文数据库(2000 年至今)：收录我国 2000 年以来国家二级以上学会、协会、高等院校、科研院所、学术机构等单位的论文集，年更新约 100 000 篇文章。

④ 中国年鉴全文数据库(1912 年至今)：中国年鉴全文数据库是目前国内最大的连续更新的动态年鉴资源全文数据库。内容覆盖基本国情、地理历史、政治军事外交、法律、经济、科学技术、教育、文化体育事业、医疗卫生、社会生活、人物、统计资料、文件标准与法律法规等各个领域。

⑤ 中国重要报纸全文数据库(2000 年至今)：收录 2000 年以来中国国内重要报纸刊载的学术性、资料性文献的连续动态更新的数据库。

(2) 数据库专栏目录

根据文献所涉及的学科知识属性，将它们分别编入 126 个专题数据库的各相应知识单元。各专辑名称及覆盖学科范围如下所示：

① 理工 A 辑学科范围：数学、力学、物理、天文、气象、地质、地理、海洋、生物、自然科学综合(含理科大学学报)；

② 理工 B 辑学科范围：化学、化工、矿冶、金属、石油、天然气、煤炭、轻工、环境、材料；

③ 理工 C 辑学科范围：机械、仪表、计量、电工、动力、建筑、水利工程、交通运输、武器、

航空、航天、原子能技术、综合性工科大学学报；

④ 农业辑学科范围：农业、林业、畜牧兽医、渔业、水产、植保、园艺、农机、农田水利、生态、生物；

⑤ 医药卫生辑学科范围：医学、药学、中国医学、卫生、保健、生物医学；

⑥ 文史哲辑学科范围：语言、文字、文学、文化、艺术、音乐、美术、体育、历史、考古、哲学、宗教、心理；

⑦ 经济政治与法律辑学科范围：经济、商贸、金融、保险、政论、党建、外交、军事、法律；

⑧ 教育与社会科学辑学科范围：各类教育、社会学、统计、人口、人才、社会科学综合（含大学学报哲社版）；

⑨ 电子技术及信息科学学科范围：电子、无线电、激光、半导体、计算机、网络、自动化、邮电、通讯、传媒、新闻出版、图书情报、档案。

在检索的时候可以选择全选，也可以选择多个专辑或选择多个下位的子栏目。

(3) 文献检索

中国期刊全文数据库集题录、文摘、全文文献信息于一体，实现一站式文献信息检索(One-step Access)，可满足不同类型、不同行业、不同规模用户个性化的信息需求。数据库具有知识分类导航功能，具有引文连接功能，设有包括全文检索在内的众多检索入口，用户可以通过某个检索入口进行初级检索，也可以运用布尔算符等灵活组织检索提问式进行高级检索，还可用于个人、机构、论文、期刊等方面的计量与评价。其主页面如图 1-51 所示。

图 1-51　中国期刊全文数据库首页

① 初级检索——初级检索中设有全文、主题、篇名、作者、单位、关键词、摘要、参考文献、中图分类号、文献来源。初级检索是系统默认的方式，该方法的特点是方便、快捷、效率高，但查询结果有很大的冗余。步骤为：a. 限定检索范围（包括时间、期刊和学科范围）；b. 选择检索字段；c. 输入检索词；d. 点击“检索”按钮，进行检索。

② 二次检索——在前一次检索结果基础上的再次检索，这样可逐步缩小检索范围，提高查准率。

例如，检索“碳纳米管改性碳纤维”，首先输入“碳纤维”进行初级检索，检索结果如图1-52所示，然后在检索页面上检索词一栏再输入“碳纳米管”，然后点击“检索”按钮右边的“结果中检索”，就可以得到“碳纳米管改性碳纤维”文献资料。在检索结果页面上可以看到文献题目、作者、来源、发表时间以及到目前被下载次数和引用次数等信息，如图 1-53 所示。

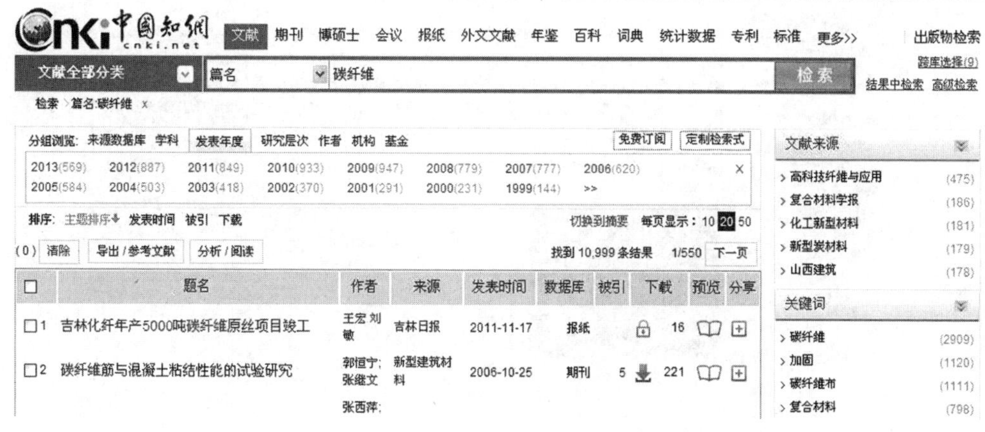

图 1-52　初级检索结果

图 1-53　二次检索

在图 1-53 所示的检索的结果中，有多种查询检索文献的方式，比如按来源数据库、学科、发表年度、作者、基金等方式。查询到所需要的信息进行保存，则需点击题目，则会进入到检索结果阅读页面(图 1-54)，里面提供作者、作者单位、关键词、摘要、基金、到目前被下载次数、引用次数等信息。此外，此页面提供文献“CAJ”和“PDF”两种下载格式，若是硕博士论文，则会提供分页下载、分章下载、正本下载、在线阅读等几种模式。

同时，该页面还提供了相似文献，相关研究结构，相关文献作者，文献分类导航等信息，如图 1-55 所示。

③ 高级检索——高级检索能进行快速有效的组合检索，检索结果命中率高。高级检索

上浆剂分子量对碳纤维表观性能及其界面性能影响研究

推荐 CAJ下载 | PDF下载 | CAJViewer下载 不支持迅雷等下载工具。 免费订阅

材料科学与工艺,
Materials Science and Technology,
编辑部邮箱,
2011年03期
[给本刊投稿]
[目录页浏览]

【作者】张如良；黄玉东；刘丽；苏丹；

【Author】ZHANG Ru-liang1,2,HUANG Yu-dong2,LIU Li2,Su Dan2(1.College of Information Engineering,Jimei University,Xiamen 361021,China; 2.Harbin Institute of Technology Harbin 150001 China)

【机构】集美大学信息工程学院；哈尔滨工业大学；

【摘要】研究了不同分子量的上浆剂对碳纤维表观状态及其界面性能的影响,并采用了AFM,SEM等表面分析技术研究了上浆后碳纤维表面形貌.AFM,SEM证实了S-1表面没有小颗粒存在,沟槽较均匀,而S-2表面的沟槽较深,S-3表面的沟槽较浅,且表面都有小的颗粒.XPS证实了S-1表面含有O元素含量最高,表面极性官能团较多.上浆剂分子量对制备的复合材料的界面性能和耐湿热老化性能有较大的影响,分子量适中的上浆剂HIT-7上浆处理后的碳纤维及其复合材料的性能最优.

【关键词】上浆剂；碳纤维；分子量；复合材料；

【文内图片】

碳纤维上不同分子

【基金】国家自然科学基金51073047;长江学者奖励计划

【分类号】TB332 【被引频次】3 【下载频次】296

图 1-54　文献窗口

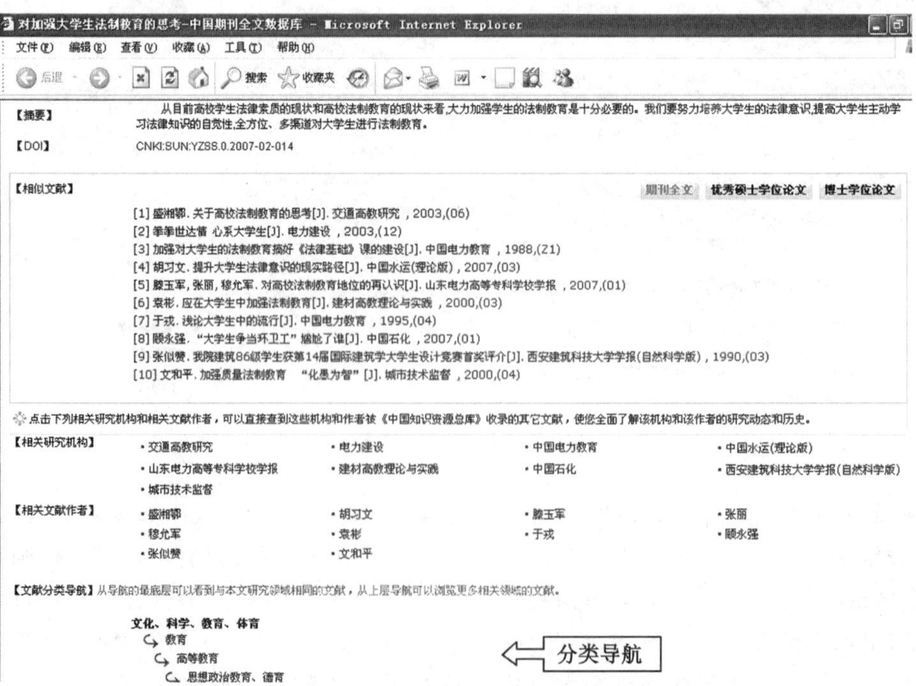

图 1-55　文献窗口

的优点是查询结果冗余少和查准率高，适合于多条件的复杂检索。要进入“高级检索”界面，可在页面导航区点击“高级检索”按钮即可。高级检索的检索步骤为与初级检索步骤基本一样，只是多了确定检索词之间的逻辑关系（并且、或者、不包含）一项。高级检索也可以进行“结果中检索”二次检索，提高检索准确率。同时在检索词、文献来源及作者单位等方面都提供了“模糊”和“精确”两种选择。其检索页面如图 1-56 所示。

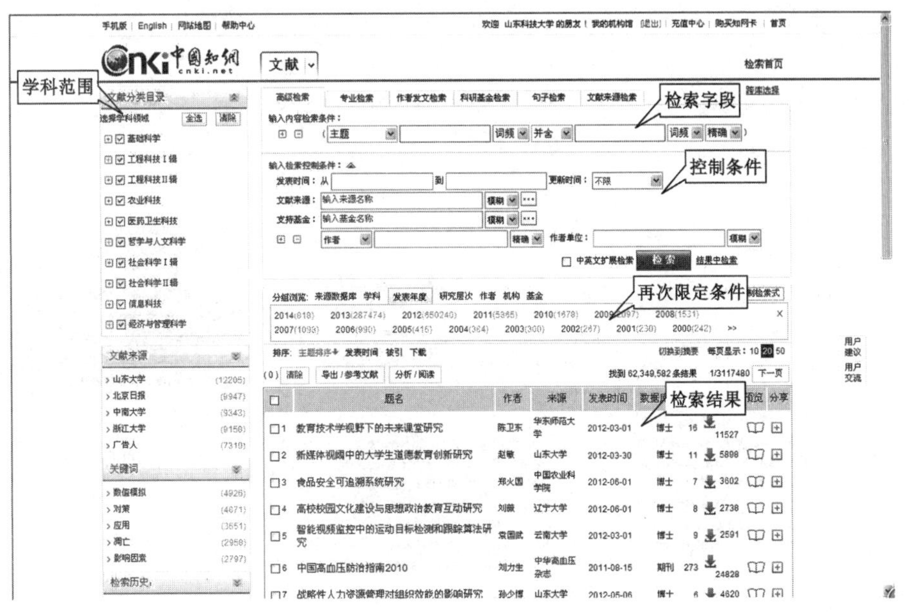

图 1-56　高级检索页面

1.4.2　万方数据库

万方数据资源系统（ChinaInfo）是以中国科技信息研究所（万方数据集团公司）的全部信息资源为依托建立，涵盖期刊、会议纪要、论文、学术成果、学术会议论文的大型网络数据库；是和中国知网齐名的中国专业的学术文献数据库。万方数据资源系统内容涉及自然科学和社会科学各个专业领域，以科技信息为主，集经济、商务信息、金融、社会、人文信息为一体的网络化信息服务系统，1997 年 8 月开始在互联网上提供服务。其主页面如图 1-57 所示。

（1）数据库简介

万方数据资源系统包括学术期刊、学位论文、会议论文、专利技术、中外标准、科技成果、政策法规、地方志、机构、科技专家等子库。

① 学术期刊——期刊论文是万方数据知识服务平台的重要组成部分，集纳了多种科技、人文和社会科学期刊的全文内容，其中，绝大部分是进入科技部科技论文统计源的核心期刊。内容包括论文题名、论文作者、来源刊名、论文的出版时间、中图分类法的分类号、关键字、所属基金项目、数据库名、摘要等信息，并提供全文下载。

② 学位论文——学位论文收录了国家法定学位论文收藏机构（中国科技信息研究）所提供的自 1980 年以来我国自然科学领域各高等院校、研究生院及研究所的硕士研究生、博士及博士后论文。内容包括：论文题名、作者、专业、授予学位、导师姓名、授予学位单位、馆

图 1-57　万方数据资源系统首页

藏号、分类号、论文页数、出版时间、主题词、文摘等信息。

③ 会议论文——会议论文收录由中国科技信息研究所提供的国家级学会、协会、研究会组织召开的各种学术会议论文，每年涉及 1 000 余个重要的学术会议，范围涵盖自然科学、工程技术、农林、医学等多个领域。内容包括：数据库名、文献题名、文献类型、馆藏信息、馆藏号、分类号、作者、出版地、出版单位、出版日期、会议信息、会议名称、主办单位、会议地点、会议时间、会议届次、母体文献、卷期、主题词、文摘、馆藏单位等，为用户提供最全面、详尽的会议信息，是了解国内学术会议动态、科学技术水平、进行科学研究必不可少的工具。

④ 外文文献——外文文献包括外文期刊论文和外文会议论文。外文期刊论文是全文资源，收录了 1995 年以来世界各国出版的 12 634 种重要学术期刊，部分文献有少量回溯。每年增加论文约百万余篇，每月更新。外文会议论文是全文资源，收录了 1985 年以来世界各主要学协会、出版机构出版的学术会议论文，部分文献有少量回溯。每年增加论文约 20 余万篇，每月更新。

⑤ 专利文献——收录了国内外的发明、实用新型及外观设计等专利 290 多万项，内容涉及自然科学

各个学科领域，是科技机构、大中型企业、科研院所、大专院校和个人在专利信息咨询、专利申请、科学研究、技术开发以及科技教育培训中不可多得的信息资源。

⑥ 中外标准——综合了由国家技术监督局、建设部情报所、建材研究院等单位提供的

相关行业的各类标准题录。包括中国标准、国际标准以及各国标准等。其更新速度快，保证了资源的实用性和实效性。目前已成为广大企业及科技工作者从事生产经营、科研工作不可或缺的宝贵信息资源。

⑦ 科技成果——收录国内的科技成果及国家级科技计划项目。内容由中国科技成果数据库等十几个数据库组成，收录的科技成果总记录约 50 万项，内容涉及自然科学的各个学科领域。

⑧ 地方志——也称为“方志”。地方志书是由地方政府组织专门人员，按照统一体例编写，综合记载一定行政区域内一定历史时期的政治、经济、文化及自然资源的综合著作，也有少数地方志是由地方单位或民间组织编纂的。万方数据方志收集了 1949 年以后出版的中国地方志。

⑨ 政策法规——主要由国家信息中心提供，信息来源权威、专业，对把握国家政策有着不可替代的参考价值。收录自 1949 年新中国成立以来全国各种法律法规约十万条，内容不但包括国家法律法规、行政法规、地方法规，还包括国际条约及惯例、司法解释、案例分析等，关注社会发展热点，更具实用价值，被认为是国内最权威、全面、实用的法律法规数据库。

⑩ 机构——收录了国内外企业机构、科研机构、教育机构、信息机构各类信息。

企业信息包括企业名称、负责人姓名、注册资金、固定资产、营业额、利税、行业 SIC、行业 GBM 等基本信息，详细介绍了企业经营信息，包括商标、经营项目、产品信息、产品 SIC、产品 GBM 以及企业排名，尤其全面收录了企业的联系信息，包括行政区代号、地址、电话、传真、电子邮件、网址等。

科研机构信息包括机构名称、曾用名、简称、负责人姓名、学科分类、研究范围、拥有专利、推广的项目、产品信息等，尤其收录了科研机构的联系信息，包括行政区代号、地址、电话、传真、电子邮件、网址等。

教育机构信息包括机构名称、负责人姓名、专业设置、重点学科、院系设置、学校名人等信息以及详细的联系信息，包括行政区代号、地址、电话、传真、电子邮件、网址等。

信息机构信息包括机构名称、负责人姓名、机构面积、馆藏数量、馆藏电子资源种类等信息以及详细的联系信息，包括行政区代号、地址、电话、传真、电子邮件、网址等。

⑪ 科技专家——收录了 7 000 余条国内自然科学技术领域的专家名人信息，介绍了各专家的基本信息、受教育情况及其在相关研究领域内的研究内容及其所取得的进展，为国内外相关研究人员提供检索服务，有助于用户掌握相关研究领域的前沿信息。

(2) 检索功能

① 快速检索——在检索页面内输入检索词“碳纤维”，选定子库，进行检索，如图 1-58 所示。

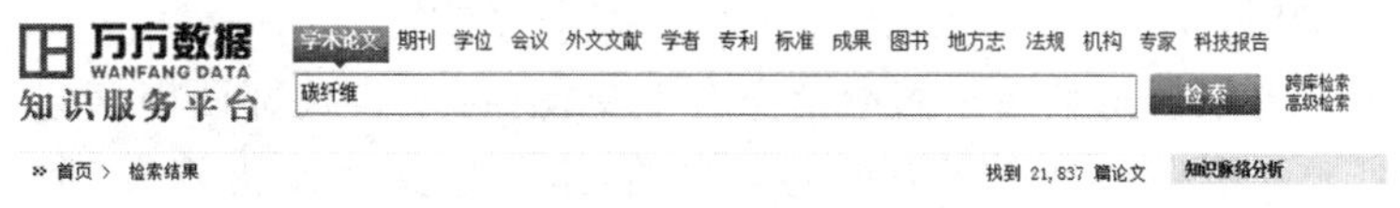

图 1-58　快速检索

检索结果如图 1-59 所示，进一步限定检索范围(包括出版时间、学科分类、论文类型等)，输入检索词，点击“在结果中检索”按钮，可以进行二次检索。

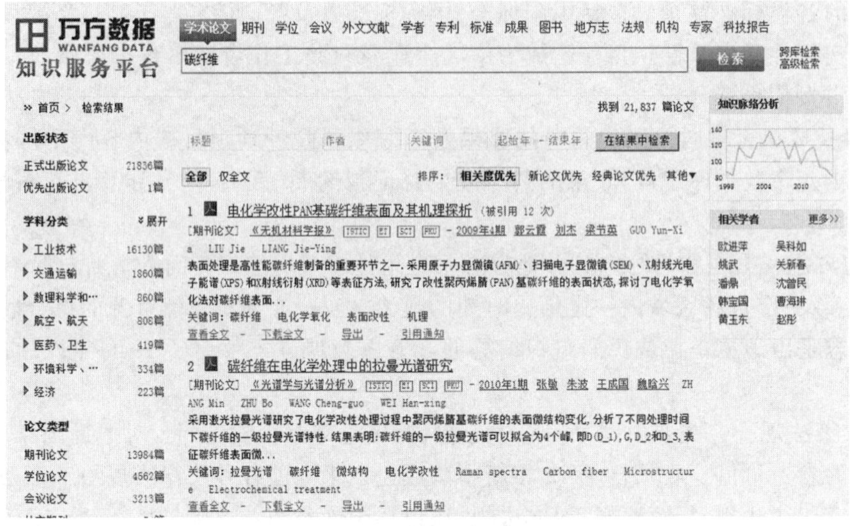

图 1-59 检索结果

② 高级检索——高级检索的页面如图 1-60 所示，对检索字段进行组合检索，提高检索结果命中率。高级检索的检索步骤与快速检索步骤基本一样，也可以在结果中进行二次检索，进一步提高检索准确率。

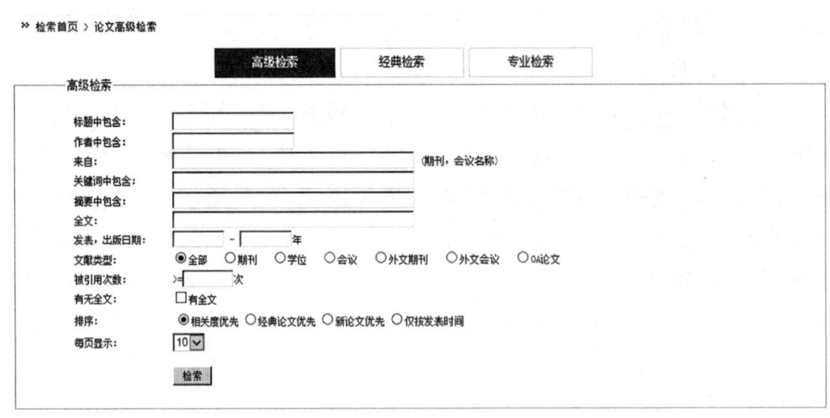

图 1-60 高级检索页面

1.4.3 维普数据库

重庆维普资讯有限公司隶属于西南信息产业集团(国家科技部西南信息中心)，前身是中国科技情报所重庆分所数据库研究中心。目前，维普数据库收录了 12 000 余种期刊，包含 1 810 种核心期刊，超过了 5 000 万篇文献总量，收录的文献从 1989 年至今(部分期刊追溯到创刊年)，中心网站日更新，年增 260 余万篇。涉及社会科学、自然科学、工程技术、农业科学、医药卫生、经济管理、教育科学和图书情报等学科。其中文科技期刊数据库是国内唯一动态连续揭示科学发展的趋势，提供科学绩效分析文献计量工作，是国内科技查新领域使用最频繁的中文期刊全文数据库，是国内最大的文摘和引文数据库。

(1) 数据库特点

① 提供五种文献检索方式：基本检索、传统检索、高级检索、期刊导航，检索历史。

② 同义词检索：以《汉语主题词表》为基础，参考各个学科的主题词表，通过多年的标引实践，编制了规范的关键词用代词表(同义词库)，实现高质量的同义词检索，提高查全率。

③ 复合检索：例如要检索作者"张三"关于林业方面的文献。只需利用"a=张三 * k=林业"这样一个简单的检索式即可实现。

④ 个性化的"我的数据库"功能：使用者注册后，可以通过"我的数据库"功能，进行期刊定制、关键词定制、分类定制、保存检索历史以及查询电子书架等操作。

⑤ 丰富的检索功能：可实现二次检索、逻辑组配检索、中英文混合检索、繁简体混合检索、精确检索、模糊检索，可限制检索年限、期刊范围等。

⑥ 全面的期刊范围选择：提供全部期刊、重要期刊、核心期刊、Ei 来源期刊、SCI 来源期刊、CA 来源期刊、CSCD 来源期刊、CSSCI 来源期刊等 8 个期刊范围可供选择。根据用户不同检索需求，保证更准确的查询结果。

(2) 数据库检索

维普咨询平台页面(图 1-61)进行了分类处理，有期刊文献检索、文献引证检索、科学指标分析、高被引析出文献、搜索引擎服务，但相应的栏目需要购买相应的权限。

图 1-61　维普咨询平台页面

① 期刊文献检索——期刊文献检索是目前中文最大最全的数字期刊文摘及全文库。该检索分为基本检索、传统检索、高级检索、期刊导航、检索历史五个方面。

基本检索的页面：简单快捷的中文期刊文献检索方式，如图 1-62 所示。

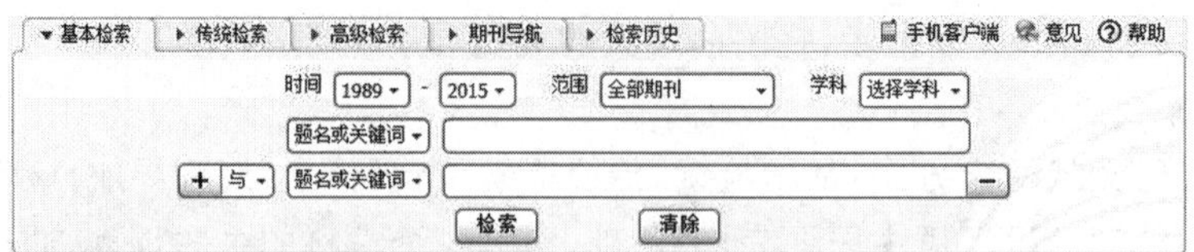

图 1-62　基本检索页面

传统检索:《中文科技期刊数据库》老用户查新检索风格,如图 1-63 所示。

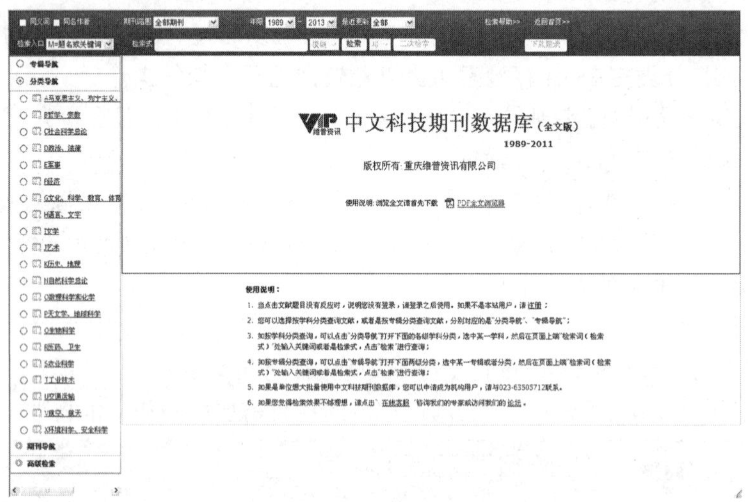

图 1-63　传统检索页面

高级检索:多检索条件、逻辑组配合检索,支持一次输入复杂检索式,查看命中结果,如图 1-64 所示。

图 1-64　高级检索页面

期刊导航:多渠道快速定位期刊,可以做年、卷、期的内容浏览及相关期刊或文献的漫游,如图 1-65 所示。

图 1-65　期刊导航页面

检索历史：支持用户个性化的使用习惯及检索条件的再组配。

② 文献引证追踪——期刊文献引用分析平台，快速获取主题线索。分为：基本检索、作者索引、机构索引、期刊索引，如图 1-66 所示。

图 1-66　文献引证追踪页面

基本检索：简便快捷的一步式引文检索方式 。

作者索引：提供关于作者的期刊文献产出及被引情况分析汇编，在作者层面做引文分析统计；

机构索引：提供关于机构的期刊文献产出及被引情况分析汇编，在机构层面做引文分析统计；

期刊索引：提供关于期刊的发文及被引情况分析汇编，在期刊层面做引文分析统计。

③ 科学指标分析——具体分析指标见图 1-67。

④ 搜索引擎服务——提供基于 Google、Baidu 引擎个性化的期刊文献搜索延伸服务，如图 1-68 所示。

图 1-67　科学指标分析页面

图 1-68　搜索引擎服务页面

1.5　其他常用的数据库资源

其他常用的文献数据库资源包括图书、专利、会议论文、博硕论文数据库、化学信息数据库、化学常数数据库等。

1.5.1　专利

专利通常有三种含义:专利权、专利发明、专利文献。

专利权指专利权人对发明创造享有的专利权,即国家依法在一定时期内授予发明创造者或者其权利继受者独占使用其发明创造的权利,具有独占性、时间性、地域性,这里强调的是权利。专利发明是受到专利法保护的发明创造。专利文献指的是具体的物质文件,专利局颁发的确认申请人对其发明创造享有的专利权的专利证书或者记载发明创造内容的信息文献。

专利的种类在不同的国家有不同规定,我国专利法中规定:发明专利、实用新型专利和外观设计专利,需要注意的是专利号一定是 ZL 开头。香港专利法规定有:标准专利(相当于大陆的发明专利)、短期专利(相当于大陆的实用新型专利)、外观设计专利;在部分发达国家中的分类:发明专利和外观设计专利。

专利按持有人所有权分为有效专利和失效专利。有效专利指专利申请被授权后仍处于有效状态的专利。要使专利处于有效状态,首先,该专利权还处在法定保护期限内,其次,专利权人需要按规定缴纳了年费。失效专利指专利申请被授权后,已经超过法定保护期限或专利权人未及时缴纳专利年费而丧失了专利权。失效专利对所涉及的技术的使用不再具有约束力。

(1) 中国专利数据库

目前,从网络上获取中国专利信息的途径较多,能够直接浏览到专利说明书全文的网站主要有国家知识产权局(http://www.sipo.gov.cn)、中国知识产权网(http://www.cnipr.com)、中国专利信息网(http://www.patent.com.cn)、中国知网等数据库(从图书馆进入)。

国家知识产权局的专利检索系统如图 1-69 所示。在该页面,可以通过专利申请号、公开号、申请人、发明人、发明名称进行检索,也可以根据输入感兴趣的字段,数据库自动识别检索,比如输入“碳纳米管”,检索结果如图 1-70 所示。在检索页面上出现了相关的专利,点击就可以查看专利的详细信息。

专利检索及分析
Patent Search and Analysis of SIPO
首页 Home
专利检索 Patent Search
专利分析 Patent Analysis
服务信息 Service
专利运用 Communication
站内检索
常规检索
表格检索
药物专题检索
检索历史
文献收藏夹
多功能查询器
批处理管理
批量下载库
专利检索
碳纳米管
检索
◉自动识别 ○检索要素 ○申请号 ○公开（公告）号 ○申请（专利权）人 ○发明人 ○发明名称

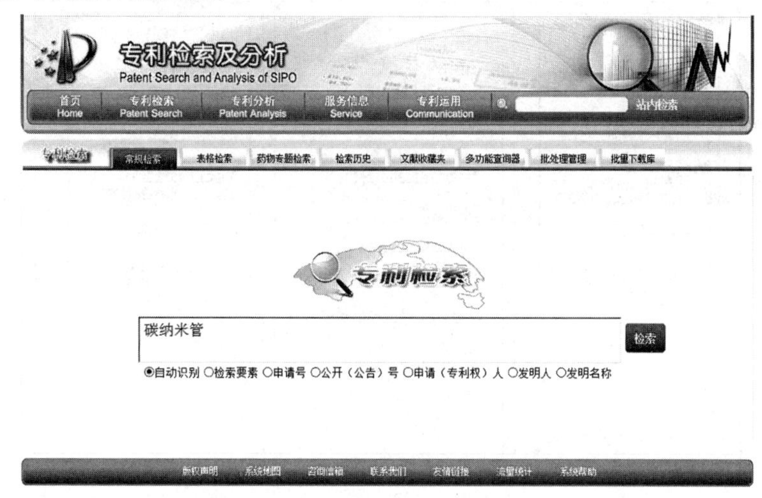

图 1-69　国家知识产权局的专利检索系统页面

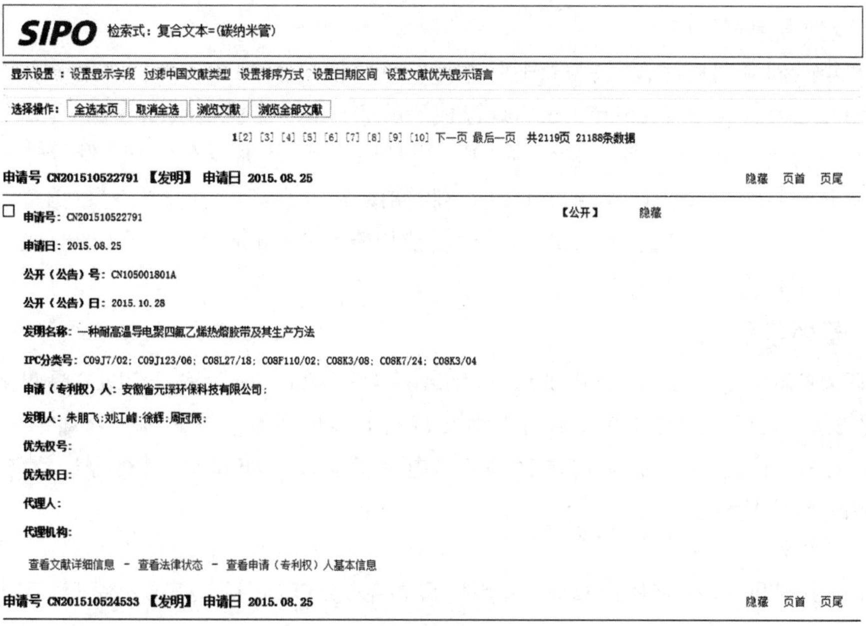

SIPO 检索式：复合文本=(碳纳米管)
显示设置：设置显示字段 过滤中国文献类型 设置排序方式 设置日期区间 设置文献优先显示语言
选择操作：全选本页 取消全选 浏览文献 浏览全部文献
1[2] [3] [4] [5] [6] [7] [8] [9] [10] 下一页 最后一页 共2119页 21188条数据
申请号 CN201510522791 【发明】 申请日 2015.08.25
隐藏 页首 页尾
申请号：CN201510522791
【公开】
隐藏
申请日：2015.08.25
公开（公告）号：CN105001801A
公开（公告）日：2015.10.28
发明名称：一种耐高温导电聚四氟乙烯热熔胶带及其生产方法
IPC分类号：C09J7/02；C09J123/06；C08L27/18；C08F110/02；C08K3/08；C08K7/24；C08K3/04
申请（专利权）人：安徽省元琛环保科技有限公司；
发明人：朱朋飞；刘江峰；徐辉；周冠辰；
优先权号：
优先权日：
代理人：
代理机构：
查看文献详细信息 - 查看法律状态 - 查看申请（专利权）人基本信息
申请号 CN201510524533 【发明】 申请日 2015.08.25
隐藏 页首 页尾

图 1-70　专利检索结果

(2) 美国专利数据库

美国专利与商标局(The US Patent and Trademark Office,简称USPTO)至今已有200余年历史。USPTO专利数据库(http://www.uspto.gov/patft/)包括专利全文数据库和专利文摘数据库,收录自1790年以来至最近一周的所有美国专利。USPTO专利数据库分为PatFt(授权专利库)和AppFt(专利申请库)两部分,两个数据库均提供快速检索、高级检索、专利号检索三种方式,如图1-71所示。

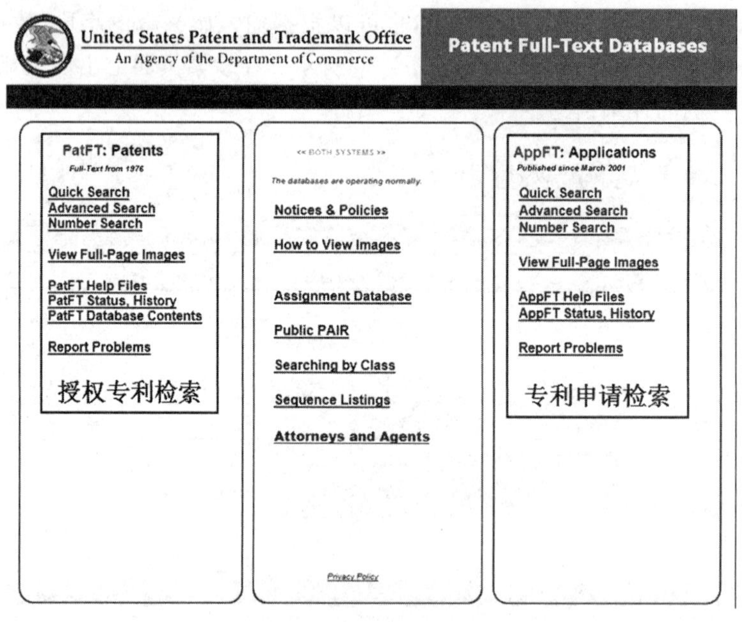

图1-71　美国专利数据库

(3) 欧洲专利数据库

1998年欧洲专利局联合各成员国的国家专利局创建了Internet上使用esp@cenet专利文献库(http://ep.espacenet.com),现已成为检索各国(特别是欧洲各国)专利说明书的最佳工具。esp@cenet数据库可检索到EPO成员国专利、欧洲专利(EP)、世界专利(WO)、日本专利(PAJ)及世界范围(Worldwide)专利,如图1-72所示。在该专利数据库主页上左侧提供了三种专利检索方式:Smart Search(智能检索)、Advanced Search(高级检索)、Classification Search(分类号检索)。

1.5.2　国外学位论文

PQDD博硕士论文数据库(ProQuest Digital Dissertation,简称PQDD)是世界著名学位论文数据库,收录了欧美1 000多所大学文、理、工、农、医等领域的200万篇论文,是目前世界上最大和最广泛使用的学位论文数据库,内容覆盖理工和人文、社科等广泛领域,其检索页面如图1-73所示。

(1) 论文检索

PQDD共提供14个字段的检索,常用字段包括:关键词(keyword)、题目(Title)、文摘(abstract)、作者(author)、导师(advisor)、学校(school)、学科(subject)、年代(year)、语种(language)、学位(degree)、国际标准书号(ISBN)和出版物号码(Publication number)等。

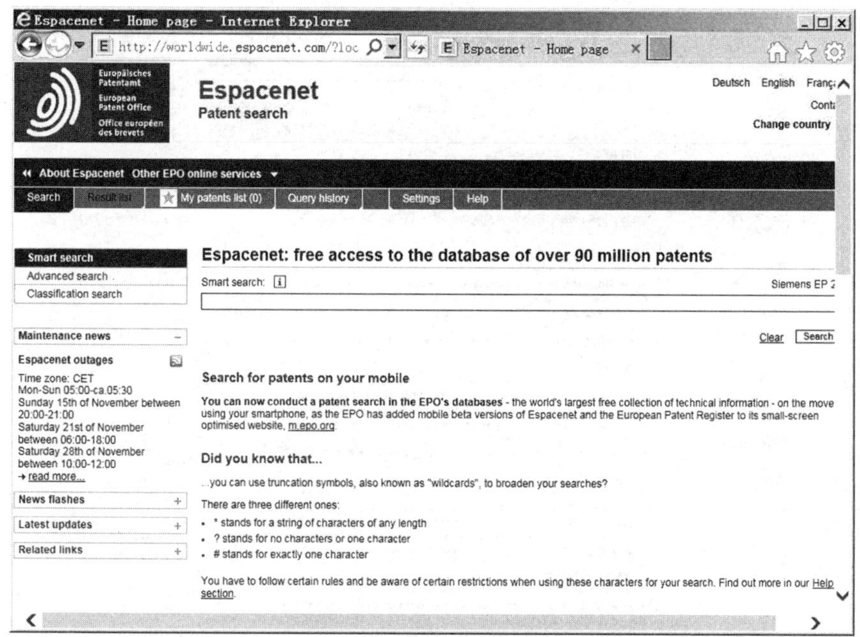

图 1-72　欧洲专利数据库

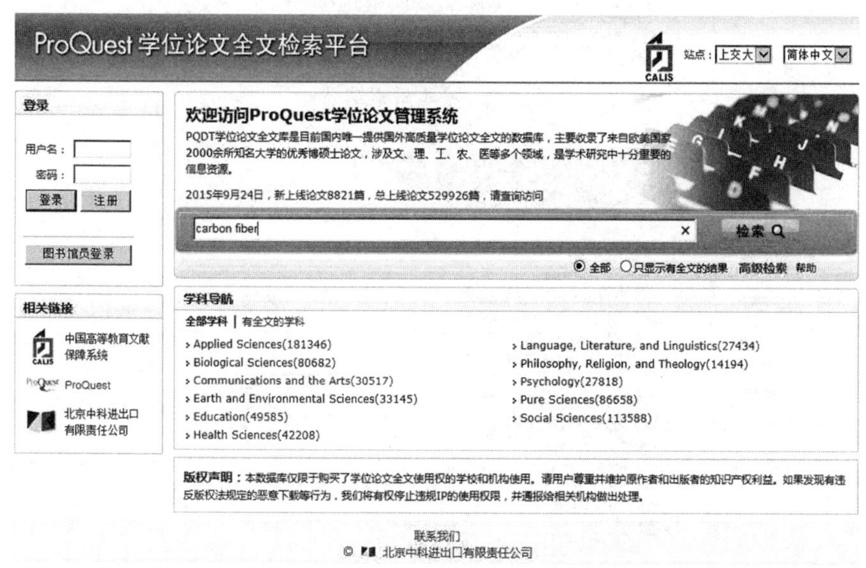

图 1-73　PQDD 博硕士论文数据库

数据库可以运用布尔逻辑算符、截词符、位置算符、嵌套检索、二次检索等检索技术。

基本检索：对于一般性的题目或者是关键字检索来说，只需在文本框中输入检索内容即可。检索字段可运用布尔逻辑算符、截词符、位置算符、嵌套检索等检索技术。允许在上一次检索的结果里，进行二次检索，例如检索“Carbon fiber”的结果如图 1-74 所示。

高级检索：在高级检索页面(图 1-75)中，输入检索词，并在文本框右侧的下拉菜单中进行选择，使检索集中在引文或摘要等相关部分；也可以在弹出窗口中分别进行各学校、主题、

图 1-74　基本检索结果

图 1-75　高级检索页面

导师、关键词进行检索。例如检索“Carbon fiber”和“CNTs”结果如图 1-76 所示。

(2) 检索结果

在检索结果页面中，可以对检索结果进一步限定，如按照学科、年度、学位，可以缩小文献的范围，也可以对检索到的论文进行排序，比如按照相关度和出版时间。点击论文题目即可浏览摘要，如果需要下载全文，点击后面的“PDF”链接即可。

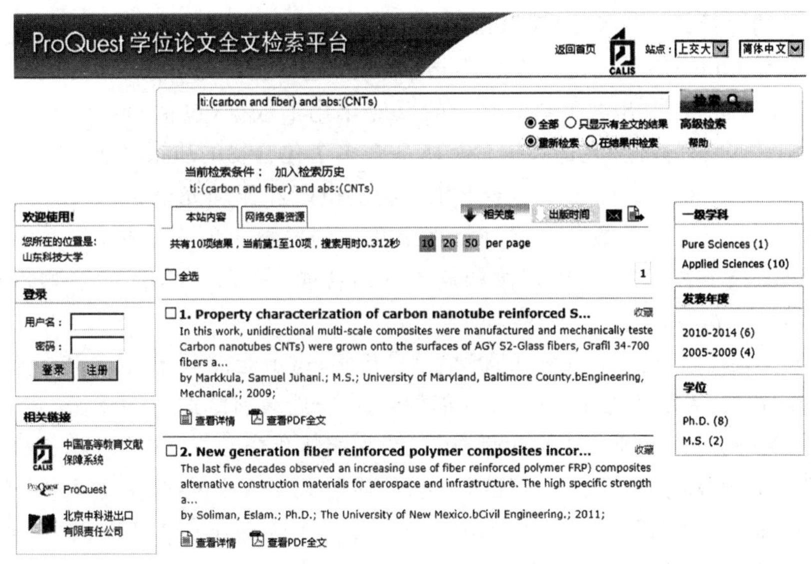

图 1-76　高级检索结果

1.5.3　化学信息数据库

(1) NIST Chemsitry WebBook

美国国家标准与技术研究院(National Institute of Standard And Technology,简称NIST)的网站具有非常丰富而有价值的信息资源,其参考数据检索服务主要分为三部分:标准参考数据库(Standard Reference Data Program)、在线数据库服务(Online Database)、免费使用的化学网络手册(Chemistry Web Book)。

在 NIST Chemistry WebBook(http://webbook.nist.gov)的主页上(图 1-77),列出了

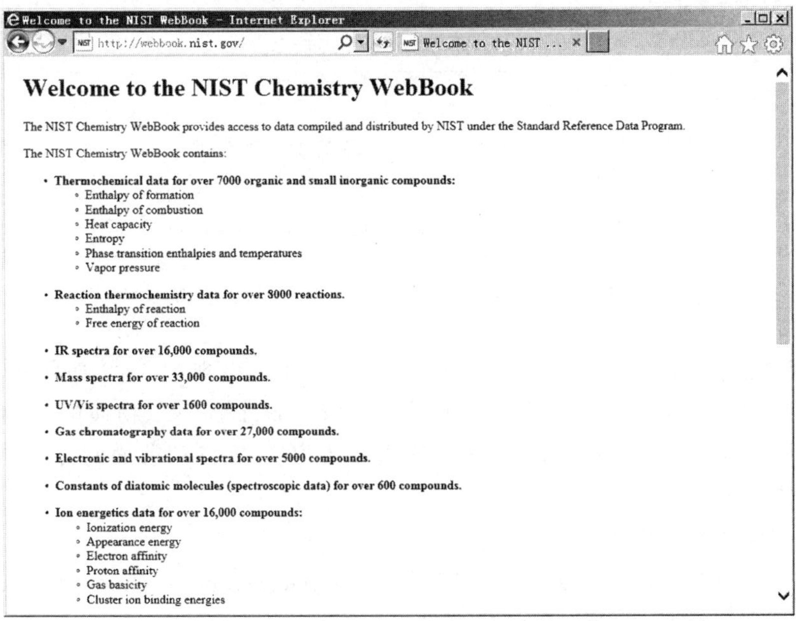

图 1-77　NIST Chemistry WebBook 主页

数据库所收录的大量数据。NIST Chemistry WebBook 提供的主要参考数据有以下几类：① 7 000 多个有机和小的无机化合物的热化学数据，包括生成焓、燃烧焓、热容、熵、相变焓和相变温度、蒸汽压等；② 8 000 多个反应的反应热化学数据，包括反应焓和反应自由能；③ 16 000 多个化合物的红外光谱数据；④ 15 000 多个化合物的质谱数据；⑤ 1 600 多个化合物的紫外/可见光谱数据；⑥ 5 000 多个化合物的电子和振动光谱数据；⑦ 600 多个化合物光谱数据的双原子分子常数；⑧ 16 000 多个化合物的离子能量数据，包括电离能、表面能、电子亲和能、质子亲和能、气体碱性和离子簇结合能；⑨ 74 种流体的热物理数据，包括密度、比定压热容、恒容热容、焓、内能、熵等。

可通过分子式检索、化学名检索、CAS 登录号检索、离子能检索、电子亲和力检索、质子亲和力检索、酸度检索、表面活化能检索、振动能检索、电子能级别检索、结构检索、相对分子质量检索和作者检索等方法，得到气相热化学数据、浓缩相热化学数据、相变数据、反应热化学数据、气相离子能数据、离子聚合数据、气相 IR 色谱、质谱、UV/Vis 色谱、振动及电子色谱等。

点击该页面下方的"Click here to enter the NIST Chemistry WebBook"就可以进入到检索页面(图 1-78)，在该页面找到所需的信息，然后进入检索。

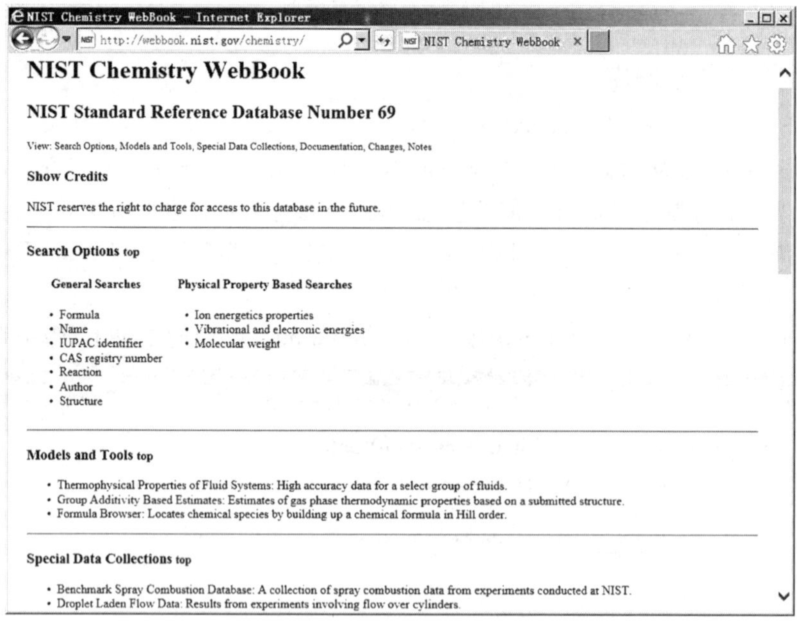

图 1-78 NIST Chemistry WebBook 检索页面

例如，查找"苯"的一些信息，点击页面的"Formula"出现图 1-79 所示的页面，输入"C6H6"，就可以在下面提供的信息中进行查找。该页面上提供了物质的气相色谱、相转变、红外光谱、核磁、紫外、质谱等信息，如果查看相关内容，在该项前面的方框内点击，然后点击"search"即可。

(2) 化合物谱图数据库

日本 National Institute of Advanced Industrial Science and Technology(AIST)制作的 SDBS 有机化合物谱图数据库提供的信息较多，包含 6 种不同类型(EI-MS 质谱图谱、1H-NMR 谱、13C-NMR 谱、FT-IR 图谱、Raman 谱、ESR 谱)的光谱图。从 1997 年开始，SDBS

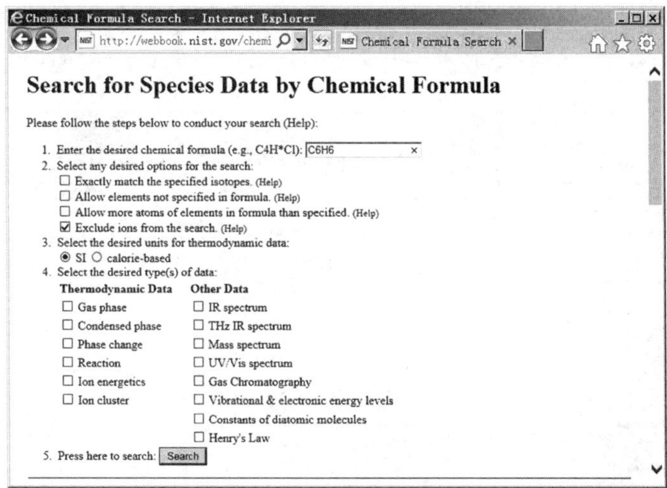

图 1-79　按“Formula”检索页面

免费向公众开放，其登录页面如图 1-80 所示，网址为 http://sdbs.db.aist.go.jp/sdbs/cgi-bin/cre_index.cgi。

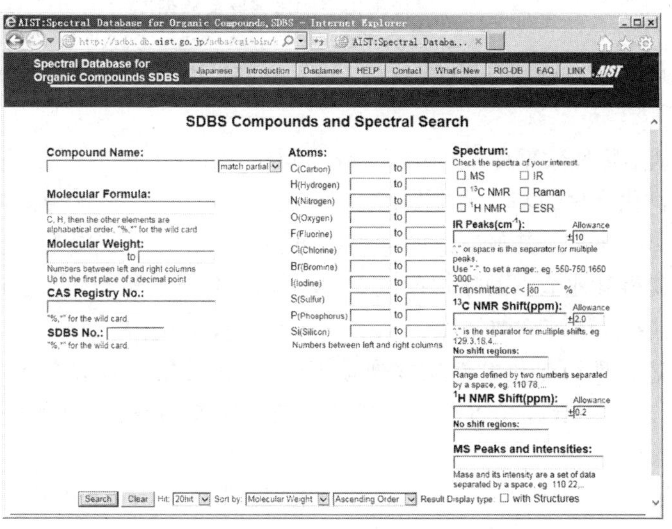

图 1-80　SDBS 检索页面

(3) 红外光谱数据库

上海有机化学研究所制作的红外光谱数据库于 1998 年 12 月完成，其访问地址为：http://202.127.145.134/scdb/default.asp。该数据库目前已拥有 72 582 张红外谱图，可以按化合物名称和分子式进行检索，得到该化合物的红外光谱、分子的二维和三维结构以及其他一些信息，其工作页面如图 1-81 所示。

1.5.4　其他数据库资源

(1) 化合物信息资源数据库(http://www.chemacx.com)

由 CambridgeSoft 公司提供，该数据库收集全球 300 多个化学试剂供应商的产品目录，

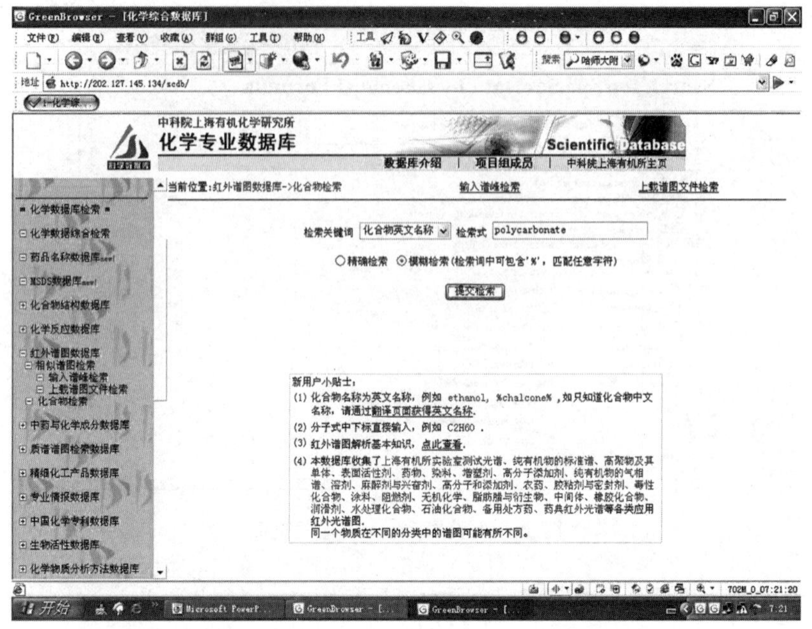

图 1-81　中科院化学所化学专业数据库

用户无需注册即可使用，只需通过化合物的 CAS 登录号就可查询所需化学试剂的供应商、包装及价格。

(2) 化合物基本物性数据库(http://chemfinder.camsoft.com)

该数据库提供化合物的基本物性如熔点、沸点、闪点、密度、在水中的溶解度等，而且该数据库建立了与 Internet 上其他节点的索引，通过查询该库，除获得基本物性外，还可以通过得到的链接来获得其他节点的数据库或 Web 页面所包含的被查化合物的有关信息。

(3) 物性、质谱、晶体结构数据库(http://factrio.jst.go.jp)

该数据库由热物理和热化学性质数据库 Kelvin，质谱数据库 Dalton，晶体结构数据库 Angstrom 组成。用户注册后就能进行检索并下载所需要的数据，但是个人下载的总量不得超过数据库总量的 10%。

(4) 热力学数据库(http://www.codata.org/databases/key1.html)

该数据库提供关键化学物质的热力学特性，包括绝对温度下的分子标准焓值、熵值和 H0(298.15K)-H0(0)。使用网站推荐的这些数据，可用于热力学测试的分析、数据还原和制备其他的热力学数据表，虽然数据库规模小，但具有权威性。

(5) 溶剂数据库(SOLV-DB)(http://solvdb.ncms.org/solvdb.htm)

该数据库不大，但实用性强，提供 100 余种常用溶剂的物性数据、安全使用溶剂的数据、对健康是否有害的数据、对大气等环境影响的有关数据以及供应商。

(6) 有机合成手册数据库(http://www.orgsyn.org)

Organic Syntheses 作为有机化学的重要参考丛书，以标准格式阐述了有机化合物合成的详细实验方法，由 John Wiley & Sons, Inc 公司出版。Organic Syntheses 中收录的化合物制备方法以及新的反应等，自 1921 年开始均由 Roger Adams of the University of Illinois 的科研领域的研究生及化学专业人员进行重复，确保稳定的反应效率。现在 Organic Syntheses 在网上拥有了对所有化学家免费的数字版本，OS Board of Directors 由 DataTrace 和 CambridgeSoft 公司资助，摘录已经、现在或是将要出版的 Organic Syntheses 各卷，制作成网络版的可检索全部记录的累积合订本。用户必须事先在可上网的计算机上安装 CambridgeSoft 公司的 Chemdraw Ulta7.0 版，然后登录该网站，经过免费注册，即可通过文本、结构式以及图片来检索所需合成化合物的制备方法。

(7) 有机合成文献综述数据库(http://www.thiemechemistry.com/thiemechemistry/journals/info/index.html)

Synthesis Reviews 收录了有机合成化学领域中来自期刊或书籍的专业综述性文章。该数据库由 Georg Thieme Verlag 公司开发，该网络版本包括先前作为赠品送给 SYNTHESIS 全年订户的 1970 年至 1994 年磁碟版和后来 1995 年至 2001 年的增补版的数据，数据每半年更新一次。数据记录为压缩文件，可从该站点直接下载。

(8) Beilstein Abstracts(http://www.chemweb.com/databases/belabs#stop)

Beilstein Abstracts 收录了自 1980 年以来有机化学及相关领域的一些著名期刊的论文摘要，该数据库至今已从 140 多种有机化学及相关领域的顶级杂志中收录了超过 600 000 篇论文，用户只需经过免费注册就可以通过文章题目或摘要的关键字以及文章作者姓名来检索所需要的文章，并获得文章的摘要。

(9) 三维结构数据库(NCI-3D)(http://chem.sis.nlm.nih.gov/nci3d/)

该数据库可以进行化学结构的检索和三维化学结构的显示。可通过记录号、NCI 标号、CAS 登录号及分子式检索 NCI-3D 数据库中 213 628 条记录的 3D 模型，也可以显示其他类似结构。可以通过结构检索、为含有此结构及其他原子的结构检索、相似的结构检索和精确结构检索。

1.6 科技文献的管理与传递

国内外的科技文献数量繁多，学校可能购买的电子资源有限，或者一些不常用的数据库没有订购，这个时候做科研工作需要查阅的文献，怎么获得呢？这就需要科技文献的管理和传递。

1.6.1 “读秀”

“读秀”是把所有图书打碎，以章节为基础重新整合全文数据及资料基本信息在一起的海量数据库。实现了 330 万种中文图书、10 亿页全文资料为基础，为用户提供高效查找、获取各种类型学术文献资料的一站式检索服务，是一个真正意义上的学术搜索引擎及文献资料服务平台。

“读秀”中文学术搜索提供了全文检索，包含图书、期刊、专利、标准、学位论文、会议论文等 6 个学术资源，并将检索结果与馆藏各种资源库对接，直接获取图书馆内与其相关的纸质图书、电子图书全文、期刊全文、论文内容等。最大的特点是文献传递功能，通过文献传递，使用者可以通过邮箱获取没有订购的数据库资源。其工作页面如图 1-82 所示。

(1) 文献检索

进行检索时，在“读秀”工作页面上输入“主题词”或“关键词”，系统默认在全部字段进行检索，也可以限定检索的文献种类，比如：图书、期刊、学位论文等，点击“中文搜索”进行

图 1-82 "读秀"检索页面

检索。

例如,检索"碳纳米管"的文献,直接在输入框输入"碳纳米管",然后点击"中文搜索",检索结果如图 1-83 所示。如果读者只需某一年的文献,直接点击相应的时间即可限制,同样可以对学科、期刊种类等进行限制。为了提高检索的准确率,还可以修改检索字段,点击"在结果中搜索"或者利用"高级搜索"进行文献检索,如图 1-84 所示。

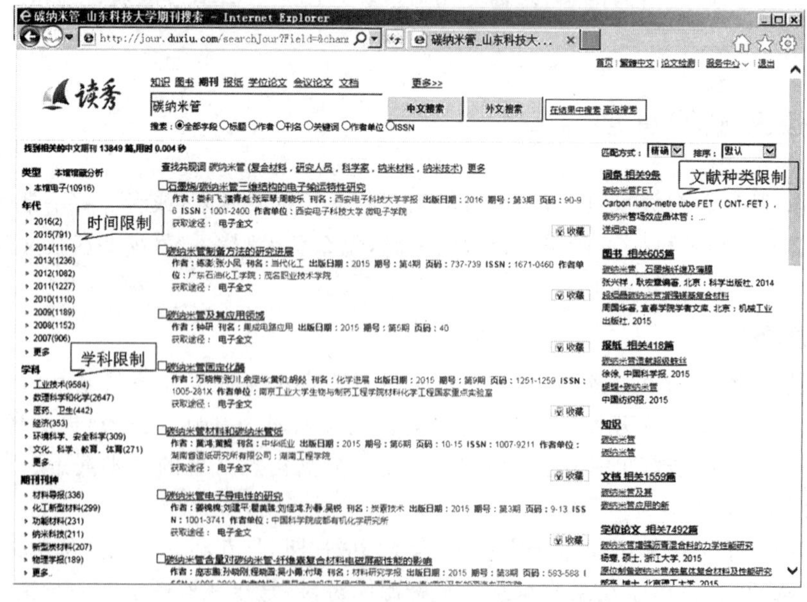

图 1-83 "读秀"检索结果

(2) 文献传递

在检索结果页面,选择所需要的文献,然后点击进入文献详细信息页面(图 1-85)。如果本单位购买的了该数据库资源,可以直接点击下载,若没有购买,点击"图书馆文献传递"

(图 1-86),通过电子邮件接收全文,该文献资料将会被发送到填写的邮箱。

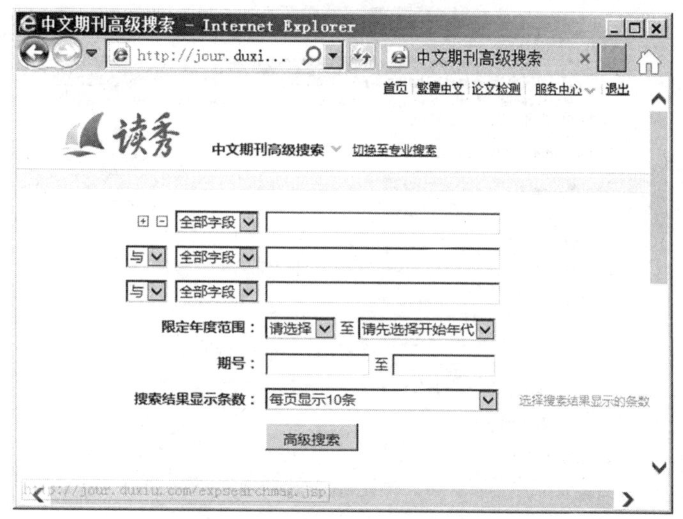

图 1-84　“读秀”高级检索页面

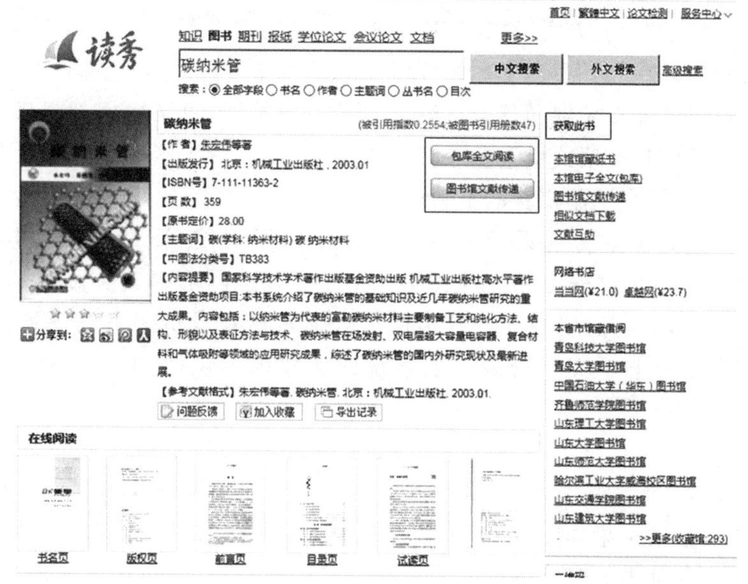

图 1-85　文献详细信息页面

1.6.2 “百链”

“百链”是超星公司继“读秀”中文学术检索工具之后推出的外文检索引擎。“百链”对 125 种外文数据库的数据资源进行了整合,能够同时搜索外文图书、外文期刊、外文论文、外文标准、外文专利等,并可实现与“读秀”中文资源搜索的自由切换,“百链”与“读秀”结合使用可完成中外文资源的一站式检索。“百链”是新一代的云图书馆,也是图书馆的应用平台及全文传递平台,并以全文保障率高而著称,保证每天都对所有中外文数据库源数据进行更新,可实现区域内资源共享的区域性数字图书馆功能。

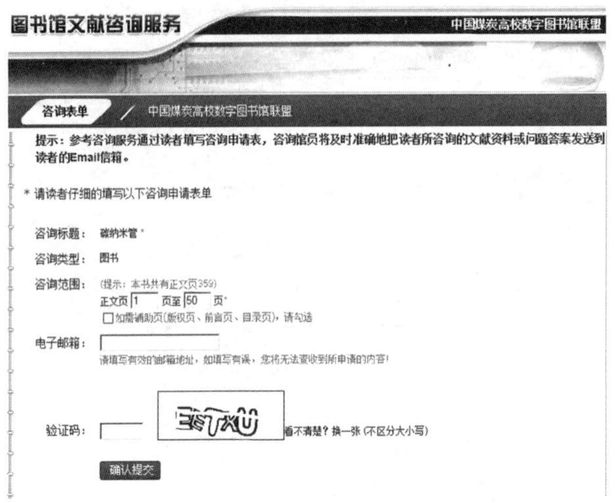

图 1-86　图书馆文献传递页面

“百链”由 1.7 亿条源数据组成，其中外文源数据约 8 800 万条，中文源数据约 8 200 万条，通过“百链”索引，能一站式检索到各大数据库(SpringerLink、ProQuest、EBSCO 等几十个外文库和中国学术期刊、万方、维普等中文库)收录的学术资源。“百链”会将检索到的文献按照年代、期刊和核心期刊(SCI，SSCI，Ei 等收录数量)自动进行聚类，方便缩小检索范围。中文检索还提供外文扩展和其他文献形式的资源扩展，每条数据都提供获取全文链接和馆藏地信息。“百链”一站式检索整合了网络数字资源，消除了用户在多个数据库重复检索信息的不便，大大提高了用户获取资料的效率。

“百链”云图书馆文献传递系统实现与 600 多家图书馆 OPAC 系统、电子书系统、中文期刊、外文期刊、外文数据库系统集成，读者直接通过网上提交文献传递申请，并且可以实时查询申请处理情况，以在线文献传递方式通过所在成员图书馆获取文献传递网成员单位图书馆丰富的电子文献资源。该系统的服务内容包括：文献传递申请、文献传递处理。

(1) 文献检索

“百链”的检索页面如图 1-87 所示。例如，搜索“carbon fiber”，直接在输入框输入，然后点击“外文搜索”，检索结果如图 1-88 所示。“百链”检索结果的页面布局和“读秀”类似，同样可以对学科、文献种类等进行限制。为了提高检索的准确率，也可以修改检索字段，点击“在结果中搜索”，或者利用“高级搜索”进行文献检索。

(2) 文献传递

在检索结果页面，每条检索结果下面文献全文都有“获取路径”，主要有“文章下载”、“通过数据库”和“通过邮箱”。如果不能直接下载文献全文，选择所需要的文献，然后点击，点击进入文献详细信息页面(图 1-89)，在文献详细信息页面里，获得文献全文的方式主要有“数据库包库”和“邮箱接受全文”两种，点击“邮箱接受全文”，该文献资料将会被发送到填写的邮箱，如图 1-90 所示。

1.6.3　CALIS

CALIS 是中国高等教育文献保障系统(China Academic Library & Information Sys-

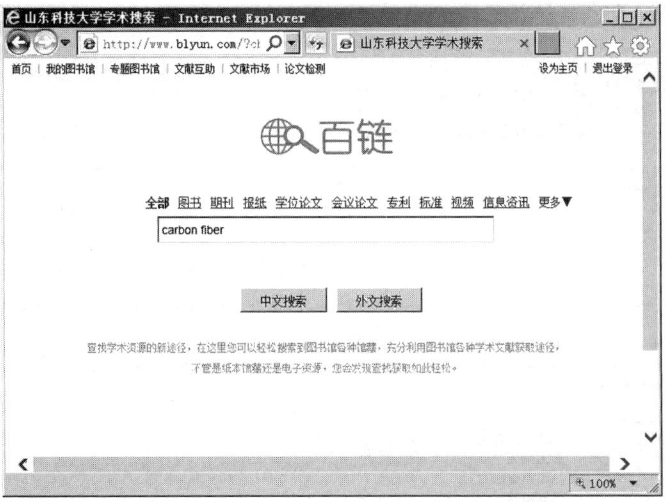

图 1-87　“百链”检索页面

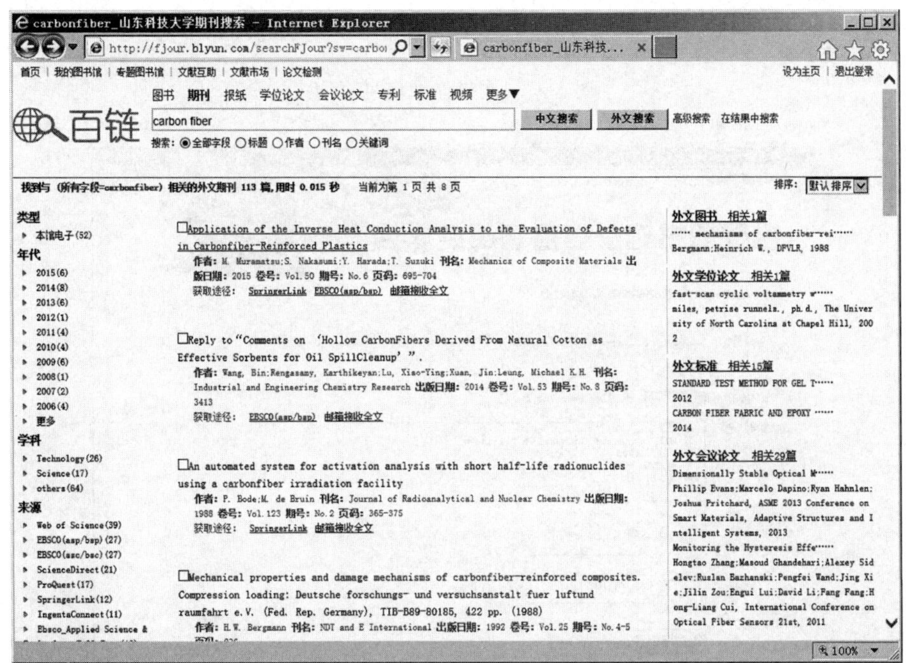

图 1-88　“百链”检索结果页面

tem)的简称，是经国务院批准的我国高等教育“211 工程”、“九五”、“十五”总体规划中三个公共服务体系之一。CALIS 的宗旨是在教育部的领导下，建设以中国高等教育数字图书馆为核心的教育文献联合保障体系，为中国的高等教育服务。

CALIS 系统是中国高校之间的文献传递平台，并集成了中国科学图书馆（中科院系统科研院所图书馆）的文献传递系统，既可传递电子版文献，也可传递印刷版文献。通过 CALIS系统传递学位论文或者整本图书的印刷版或复印版则需要读者自己付成本费邮寄，但传递中外文献的电子版则不需要读者付费。

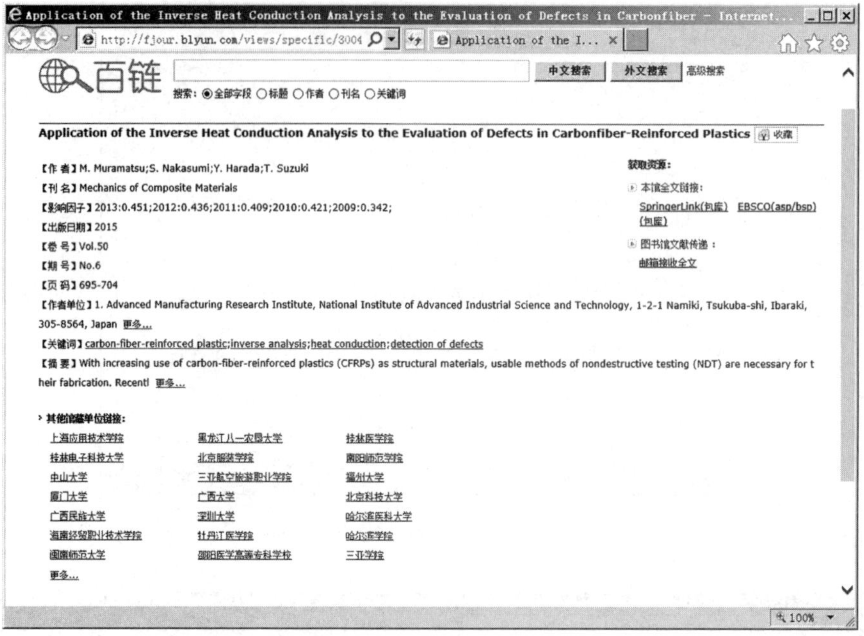

图 1-89　文献详细信息页面

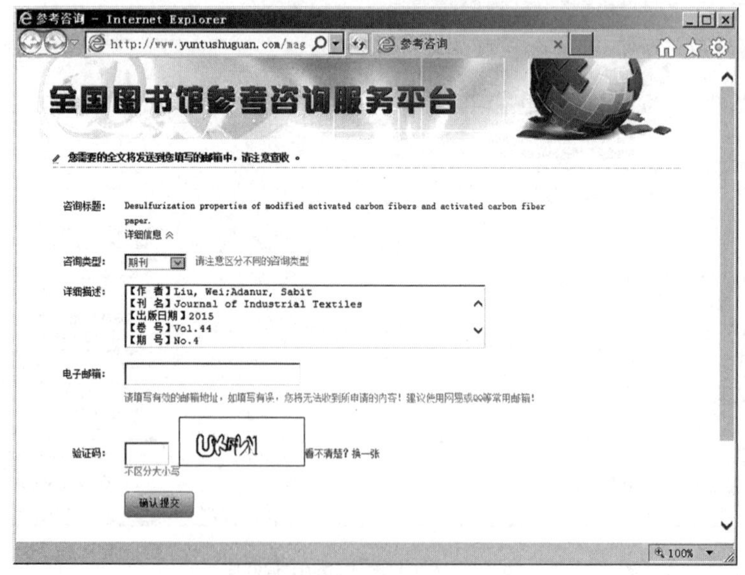

图 1-90　图书馆文献传递页面

目前，CALIS 系统拥有 10 万种纸本期刊和电子期刊；6 000 多万条期刊文章的篇名目次信息；52 个全文数据库，如 Elsevier、Springer、JSTOR 等；12 个文摘数据库，如 SCI, SSCI, AHCI, Ei 等；203 个图书馆的馆藏纸本期刊信息；476 个图书馆购买的电子期刊信息；资源信息每周更新。对于本地没法获得全文的外文文献，一般可以先用“读秀”进行自助文献传递，如果答复没有该文献，可再通过 CALIS 系统递交文献传递请求，其检索页面如图1-91 所示。

图 1-91　CALIS 检索页面

1.7　科技论文写作

科技论文写作是进行学术交流的基本条件。一般而言，科技论文对文章结构和文字表达都有特定的格式和规定，并且需要严格遵循国际标准和相应刊物的规定，这样才能发表在专业期刊上，提高所投稿件的接收率。

撰写英文科技论文的第一步就是推敲结构。最简单有效的方法即采用 IMRDCR 形式(Introduction，Materials and Methods，Results and Discussion，Conclusions)，这是英文科技论文最通用的一种结构方式。IMRDCR 结构的逻辑体现在它能依次回答以下问题：① 引言(Introduction)：研究的是什么问题？ ② 材料和方法(Materials and Methods)：怎样研究这个问题？ ③ 结果(Results)：发现了什么？ ④ 讨论(Discussion)：这些发现意味着什么？ ⑤ 结论(Conclusions)：得到什么结果；⑥ 参考文献(References)：怎么提出研究问题和采用了那些理论支持？ 当然，还可以在后面加入致谢(Acknowledgement)，附录(Appendix)等。

科技论文写作首先考虑文章结构以外，还需要考虑各种组织文章的方法，准备好所需的资料，随时记录出现的新想法。英文科技论文写作与中文科技论文写作要求和格式基本一致，只是国人对于英文写作常常按照中文的表达方式，导致文章可读性和理解性出现一定的偏差。

1.7.1　科技论文的布局

一篇完整的科技论文一般由以下几部分组成：Title(论文题名)，Author(s)(作者姓名)，Affiliation(s) and address(联系方式)，Abstract(摘要)，Keywords(关键词)，Body(正文)，Acknowledgements(致谢，可空缺)，References(参考文献)，Appendix(附录，可空缺)，Resume(作者简介，视刊物而定)。

正文为论文的主体部分，主要包括：Introduction(引言/概述)，Materials and Methods(材料和方法)，Results and Discussion(结果与讨论)，Conclusions(结论/总结)。

(1) Title(论文题目)

论文题名是论文吸引读者最重要的一部分,因此,论文题目必须要慎重考虑组成它的每一个字或词,力求做到概括性强、重点突出、一目了然。

论文题目一般由名词词组或名词短语构成,避免写成完整的陈述句。英文论文题目在必须使用动词的情况下,一般用分词或动名词形式,题目中介词、冠词要小写,如果题目为直接问句,要加问号,间接问句则不用加问号。具体要求如下:

① 题目要准确地反映论文的内容。题目不能过于空泛或一般化,也不能过于繁琐,缺少鲜明的印象。为确保题目的含义准确,应尽量避免使用非定量的、含义不明的词和冠词、连接词等,如"and","new","Study"等,并力求用词具有专指性。

② 题目用语需简练、明了,以最少的文字概括尽可能多的内容。对于中文题目,一般要求不要超过25个字,英文题目最好不超过10~12个单词,或100个英文字符(含空格和标点),如若能用一行文字表达,就尽量不要用两行。如果难以简短化,最好采用主、副题名相结合的方法,用副题名补充、阐明,英文主副题名之间可以采用冒号(:)隔开。

③ 题目要清晰地反映文章的具体内容和特色,明确表明研究工作的独到之处,力求简洁有效、重点突出。为表达直接、清楚,以便引起读者的注意,应尽可能地将表达核心内容的主题词放在题名开头。

题目中应慎重使用缩略语,尤其是可有多个解释的缩略语,应严加限制,必要时应在括号中注明全称。对那些全称较长,缩写后已得到科技界公认的才可使用。为方便二次检索,题名中应避免使用化学式、上下角标、特殊符号(数字符号、希腊字母等)、公式、不常用的专业术语和非英语词汇(包括拉丁语)等。

④ 由于题目比句子简短,并且无需主、谓、宾,因此词序就也变得尤为重要,尤其是英文科技论文。如果词语间的修饰关系使用不当,就会影响读者正确理解题目的真实含意。例如:Isolation of antigens from monkeys using complement-fixation techniques,可使人误解为"猴子使用了补体结合技术"。应改为:Using complement-fixation techniques in isolation of antigens from monkeys,即"用补体结合技术从猴体分离抗体"。

(2) Author(s)(作者姓名)

国内对于人名地名有标准规定,姓在前名在后。因此,中文科技论文,作者直接书写即可。如果论文由几个人撰写,则应逐一写出各作者的姓名,作者与作者之间用空格或逗号隔开。对于英文科技论文,按照欧美习惯,一般是名字(first name)在前,姓氏(family name / last name) 在后。作者的姓名,可以写简写,也可以写出全部拼音,如 Liu xiaodong、Liu X. D. 、X. D. Liu 或 xiaodong Liu。无论是中文科技论文还是英文科技论文,都需要给出通讯作者,一般都是在通讯作者姓名右上角标注"*"。

(3) Affiliation(s) and address(s)(联系方式)

一般都在作者姓名的下方注明作者的工作单位、邮政编码、电子邮件地址或联系电话、传真等。一般要求准确清楚,使读者能根据提供的联系方式与作者联系,多个作者应标出每个作者的联系方式。例如:

Author(1),Author(2),Author(3)

College of Materials Science and Engineering, Shandong University of Science and Technology, Qingdao 266590, P. R. China

Email：skdclxy@skd.edu.cn；Tel/Fax：0532－86057000

一些刊物是论文标题页的页脚给出作者的联系方式。

(4) Abstract(摘要)

摘要主要为读者阅读、信息检索提供方便，对论文的研究内容、研究方法、研究发现、主要结论简单陈述。摘要不宜太详尽，也不宜太简短，一般摘要都有字数要求，中文科技论文要求一般不超过 200 字，英文科技论文一般要求摘要长度限于 100～250 个英文单词。

① 摘要组成

a. 研究目的——准确描述研究的目的，说明提出问题的理由，表明研究的范围和重要性。

b. 研究方法——简要说明研究课题的基本设计，结论是如何得到的。

c. 研究结果——简要列出该研究的主要结果，有什么新发现，说明其价值和局限性。叙述要具体、准确并给出结果的置信度。

d. 研究结论——简要说明经验，论证获得的正确观点及理论价值或应用价值，是否还有与此有关的其他问题有待进一步研究，是否可推广应用等。

② 摘要的类型

摘要主要有四大类：资料型摘要(Informative Abstract)、说明型摘要(Descriptive Abstract)、结合型摘要(资料型和说明型结合)、结构型摘要。一般刊物论文的摘要为资料型和说明型。

a. 说明型摘要——只提供论文的主要议题，不涉及具体的研究方法和结果。多适用于综述性文章、讨论性文章、评论性文章，在介绍某些学科近期发展动态的论文中最为常见。

b. 资料型摘要——多见于专题研究论文和实验报告型论文。需要完整和准确地体现原文的具体内容，特别强调指出研究的方法、结果、结论等。这类摘要大体上按介绍背景、实验方法和过程、结果与讨论的格式写。

c. 结合型摘要——是以上两种摘要的综合，其特点是对原文需突出强调的部分做出具体的叙述，对于较复杂、无法三言两语概括的部分则采用一般性的描述。

d. 结构型摘要——主要用短语归纳要点，再用句子加以简明扼要的说明。这类摘要便于模仿和套用，能规范具体地将内容表达出来，方便审稿，便于计算机检索。

③ 摘要的书写要求

a. 排除在本学科领域方面已成为常识的或科普知识的内容，客观而充分地表述论文的内容，适当强调研究中创新、重要之处(但不要使用评价性语言)；尽量包括论文中的主要论点和重要细节(重要的论证或数据)，尽量避免引用文献，若无法回避使用引文，应在引文出现的位置将引文的书目信息标注在方括号内；

b. 结构要严谨、语义要确切、表述要简明、表述要注意逻辑性。一般摘要不分段，因此尽量使用指示性的词语来表达论文的不同部分(层次)，在英文科技论文中。如"It′s found that…"表示结果；而"Result suggest that…"表示讨论结果的含义等。

c. 单位标点符号要正确、规范。熟知的国家、机构、专用术语尽可能用简称或缩写；为方便检索系统转录，应尽量避免使用图、表、化学结构式、数学表达式、角标和希腊文等特殊符号；不使用一次文献中列出的章节号、图、表号、公式号以及参考文献号；非本专业的、难于清楚理解的缩略语尽量少用；简称、代号如使用非同行熟知的缩写，应在缩写符号第一次出现时给出其全称；避免多次重复较长的术语。

d. 摘要是可阅读和检索的独立使用的文体，因此，一般只用第三人称而不用其他人称来写。摘要出现了“我们”、“作者”作为陈述的主语，这会减弱摘要表述的客观性，有时也会出现逻辑上的错误。

e. 对于英文摘要需要特别注意时态。目前，多数期刊都提倡使用主动态，是由于主动语态的表达更为准确，且更易阅读，例如：

ⅰ. 背景介绍：内容若是不受时间影响的普遍事实，应使用现在式；内容若是对某种研究趋势的概述，则使用现在完成式。

ⅱ. 研究目的或主要研究活动：现在式多使用在“论文导向”，如 This paper presents…；过去式多应用在“研究导向”，如 This study investigated…

ⅲ. 概述实验程序、方法和主要结果：通常用现在式，如 It′s describes a coating on…

ⅳ. 叙述结论或建议：可使用现在式 may、should、could 等助动词或臆测动词。

(5) Keywords(关键词)

关键词主要是为文献分类或检索工作服务，以名词或名词短语居多，如果使用缩略词，则应为公认和普遍使用的缩略语，包括主题词和自由词两类。通过关键词可以判断论文的主题、研究方向、方法等。国际标准和我国标准均要求论文摘要后标引 3～8 个关键词。目前，多数期刊和数据库都提供了关键词目录，对关键词使用进行了更为规范化的管理，更方便稿件的分配和检索。

(6) Introduction(引言)

引言，正文的起始部分，主要叙述自己写作的目的或研究的宗旨，使读者了解和评估研究成果。主要包括：介绍相关研究的历史、现状、进展，评价已有成果和存在的不足之处，说明自己所做研究的创新性或重要价值；阐明自己的研究要解决的问题、所采取的方法、主要结果和结构安排。有时须说明为什么采用某种方法或者某种材料。

① 研究背景的阐述要做到适度，尽量准确、清楚且简洁地指出所探讨问题的本质和范围。专门术语或缩写词要进行解释和定义，以帮助编辑、审稿人和读者阅读稿件。

② 在背景介绍和问题的提出中，应引用“最相关”的文献以指引读者。要优先选择引用的文献包括相关研究中的经典、重要和最具说服力的文献，不可刻意回避引用最重要的相关文献(甚至是对本次研究具有“启示”性意义的文献)，或者不恰当地大量引用作者本人的文献。叙述前人工作的欠缺以强调自己研究的创新时，应慎重且留有余地。可采用类似如下的表达：To the author′s knowledge…；There is little information available in literature about…；Until recently, there is some lack of knowledge about…，等等。

③ 做到适当的突出作者在本次研究中最重要的发现或贡献。可以使用“I”、“We”或“Our”，以明确地指示作者的工作，可使用“We conducted…”，代替“This study was conducted…”。

④ 引言的时态运用：a. 描述特定研究领域中最近的某种趋势，或者强调表示某些“最近”发生的事件对现在的影响时，常采用现在完成时，如“few studies have been done on X”或“little attention has been devoted to X”；b. 叙述有关现象或普遍事实时，句子的主要动词多使用现在时，如“little is known about X”或“little literature is available on X”；c. 在阐述作者本次研究的句子中应有类似“This paper”、“The experiment reported here”等词，以表示所涉及的内容是作者的工作，而不是指其他学者过去的研究。例如“In summary, previous methods are all extremely inefficient. Hence a new approach is developed to process the data more efficiently."就容易使读者产生误解，其中的第二句应修改为："In this paper, a new approach will be developed to process the data more efficiently."或者"This paper will present(presents) a new approach that process the data more efficiently."。

(7) Materials and Methods(材料和方法)

在论文中这一部分给对本研究感兴趣的研究者或阅读者提供实验的对象、条件、使用的材料、实验步骤或计算的过程、公式的推导、模型的建立等，要完整、具体且符合逻辑的对实验过程、步骤进行描述，以便读者能够重复实验。

① 研究材料的描述应清楚、准确。材料描述中应该清楚地指出研究对象的数量、来源和准备方法。实验材料的名称，采用国际同行所熟悉的通用名，避免使用不熟悉的专用名称。

② 研究方法要重点突出、详略得当，以便同行能够重复实验。描述实验中所进行的每个步骤以及所采用的材料，一般都习惯采用被动语态。

如果方法新颖且不曾发表，应提供所有必需的细节；如果所采用的方法已经公开报道，引用相关的文献即可；如果报道该方法期刊的影响力很有限，可稍加详细描述，涉及表达作者的观点或看法，则应采用主动语态；若本试验可以有多种方法实现，在引用文献时提及一下具体的方法。

(8) Results(结果)

研究结果，可以包含实验结果的分类整理和对比分析。对其的叙述要符合实验过程的逻辑顺序，又要符合实验结果的推导过程。

① 高度概括和提炼实验或观察结果，要客观真实叙述，要突出有科学意义和具有代表性的数据，不能简单地将实验记录数据或观察事实堆积到论文中，更不能重复一般性数据。

② 采用图表与文字相结合方式展示，图表可以一目了然、清晰，文字可用来描述图表中资料的重要特性或趋势，以便让读者能清楚地了解作者此次研究结果的意义或重要性。切忌在文字中简单地重复图表中的数据，而忽略叙述其趋势、意义以及相关推论。

③ 要避免使用冗长的词汇或句子来介绍或解释图表。尽量在句子中指出图表所揭示的结论，并把图表的序号放入括号中，而非把图表的序号作为段落的主题句。例如"It is clearly shown in Figure 1 that the content of oxygen inhibited the growth of CNTs."不如"Oxygen content inhibited the growth of CNts(Figure 1)."。

④ 现在时用于指出结果在哪些图表中列出，用于对研究结果进行说明或由其得出一般性推论，或不同结果之间，或实验数据与理论模型之间进行的比较(这种比较关系多为不受时间影响的逻辑上的事实)，如 Fig. 1 show…，The result agree well with the findings of Li, et al. 过去时常用于叙述或总结研究结果的内容为关于过去的事实，如 After reaction time of 2h, the monomer disappeared almost 70%。

(9) Discussion(讨论)

这部分是对研究结果的解释和推断，说明作者的结果是否支持或反对某种观点、是否提出了新的问题或观点等。主要内容有：① 回顾研究的主要目的或假设，并探讨所得到的结果是否符合原来的期望，如果没有的话，为什么？② 概述最重要的结果，并指出其是否能支持先前的假设以及是否与其他学者的结果相互一致，如果不是的话，为什么？③ 对结果提出说明、解释或猜测；根据这些结果，能得出何种结论或推论；④ 指出研究的限制以及这些限制对研究结果的影响；并建议进一步的研究题目或方向；⑤ 指出结果的理论意义(支持或反驳相关领域中现有的理论、对现有理论的修正)和实际应用。因此这部分书写要求：

a. 对结果的解释要重点突出、简洁、清楚，可以简要地回顾研究目的并概括主要结果，但不能简单地罗列结果。观点或结论的表述要清楚、明确，做到要审稿人和读者了解论文为什么值得引起重视。

b. 根据结果进行推理时要适度，推论要符合逻辑。避免实验数据不足以支持的观点和结论，避免使用诸如“Future studies are needed.”之类苍白无力的句子。如果数据外推到一个更大的不恰当的结论，数据所支持的结论也受到怀疑。

c. 实事求是，适当留有余地表达科学意义和实际应用效果。可用“demonstrate”、“prove”等表示作者坚信观点的真实性；用“show”、“indicate”、“found”等表示作者对问题的答案有某些不确定性；用“imply”、“suggest”等表示推测；或者选用情态动词“can”、“will”、“should”、“probably”、“may”、“could”、“possibly”等来表示论点的确定性程度，切忌使用“For the first time”等类似的优先权声明。

d. 过去时通常用于回顾研究目的，如：In this study, the effects of two different learning methods were investigated. 概述结果的有效性只针对本次特定的研究，需用过去时；如果具有普遍的意义，或结果与结论或推论之间的逻辑关系为不受时间影响的，用现在时。例如，In the first series of trials, the experimental values were all lower than the theoretical predictions. The experimental support the theoretical values for the yields。

(10) Conclusions(结论)

该部分一般位于文章的最后一章节，用于概括总结本次研究的主要发现和成果，也可以对研究的前景和后续工作进行展望。这里需要注意：① 切忌故意拉长结论，叙述其他不重要或与自己研究没有密切联系的内容；② 切忌涉及前文不曾指出的新事实。

(11) Acknowledgements(致谢)

该部分一般放在论文结论后面，参考文献前面，文字表达要朴素、简洁，以显示其严肃和诚意。致谢部分主要是对他人给予自己的指导和帮助，某人做了什么工作使研究工作得以完成及某机构、团体、企业的经济或基金支持或提供的技术、设备支持表示感谢。

(12) References(参考文献)

不同的数据库，不同的期刊对参考文献格式要求不一样。现在期刊和数据库一般都有“投稿须知”、“投稿指南”，里面对参考文献的具体格式、要求进行了详细说明。作者也可以下载要投稿的期刊近几期的论文查看，作为参考。一定要按照所投期刊规定的格式准确书写，卷号、期数、页码、年份等一定要核对无误。

(13) Appendix(附录)

该部分主要是对论文中出现的一些内容进行补偿性说明，包括：① 论文中涉及的定理证明；② 实验中装置的冗长描述及参数等；③ 注释、背景、人物、专有名称的解释；④ 有些期刊要求作者列出文章中所用的符号、希腊字母所代表的含义，以便读者参阅。

1.7.2 科技论文的投稿

科技论文投稿到出版一般分为四个阶段：① 选定投稿刊物：影响因子、投递方式、审稿时间；② 修改：Minor revision 或 Major revision；③ 签订版权协议，校稿；④ 发表。

科技论文的投稿主要分为：① 注册用户，登录；② 按照要求进行输入，包括论文题目、摘要、作者信息、关键词、推荐审稿人/回避审稿人、创新点、上传图表和正文等；③ 提交。

(1) 投稿前工作

每个期刊或数据库都会提供投稿须知，作者在投稿前一定要认真研读，只有这样才能提高稿件的接收率。同时，一定要下载要投稿的期刊上面的文章，做到对该期刊的要求、审稿时间、出版时间心中有数。

① 怎样评判自己的论文适合发表于怎样的刊物，这是成功的第一步。

选择合适水平的刊物是节约时间的关键。刚开始撰写论文的时候一般是先把论文内容整理好，然后寻求导师的意见，看能发表于哪个层次的期刊，就按哪个期刊的格式来准备。到了后面自己的领域熟悉了，读的文献多了，基本上对自己的工作水平就有比较清晰的认识，能投哪个档次的文章心里就有数了。所以选择合适的刊物，一靠自己多读文献，二靠多向导师或前辈请教。

也可以通过查看期刊的 Scope 和投稿须知等，确定自己所撰写论文的研究方向是否符合期刊的刊载范围，然后下载该期刊和自己工作相关的文献约十篇左右进行阅读，基本上就可以知道自己的工作能不能在该期刊上发表了。

② 引用文献。

参考文献很重要，不能随意地引用，审稿人对论文所引用文献很看重，所以：a. 引用他人论文一定要全，该引的都要引，尤其是和论文研究方向相同的；b. 投哪个期刊要引用该期刊的文献 2 篇以上，4～5 篇更好，如果编辑对你评价较好，也是受益颇多。

③ 修改稿件。

不管大修改还是小修改，一定要认真对待，针对审稿人的意见逐条回答。审稿人提出的一些建设性的建议，只要没有原则性的误解应一律接受，一定要礼貌，回复邮件的信头信尾都要感谢审稿人和编辑，表现出严谨、认真、谦逊的态度。

④ 文章被拒绝就只能选择更低影响因子的期刊吗?

现在审稿人都一般是 2～3 个，多时有 4～6 个审稿人，有的审稿人是明显带偏见的，所以被拒绝也有运气成分在里面。只要自己对自己的论文有信心，有正确的认识，就不要被审稿人几句带偏见的话所打倒，被拒绝后再改投一个影响因子比较高的刊物也有可能会被接受，所以要相信自己论文的水平。

(2) 投稿步骤

这里以复合材料科学与工程杂志投稿为例，对投稿步骤进行说明。

① 注册及登录，开始投稿；

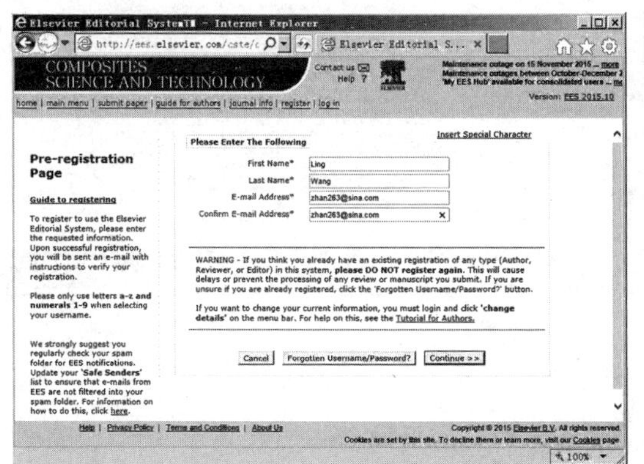

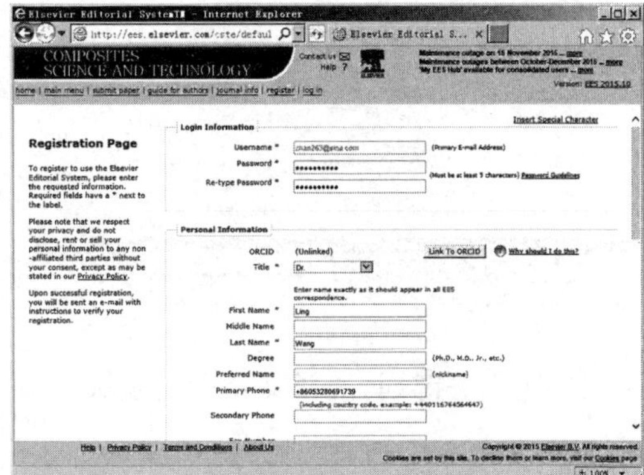

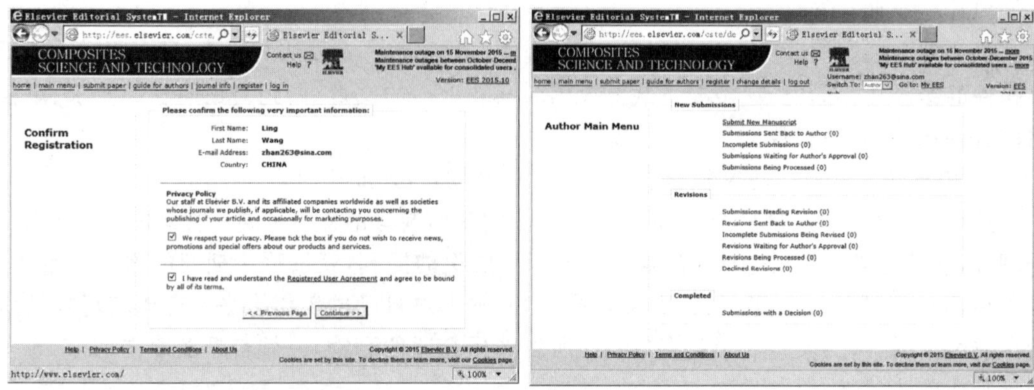

② 选择文章类型，输入文章标题；

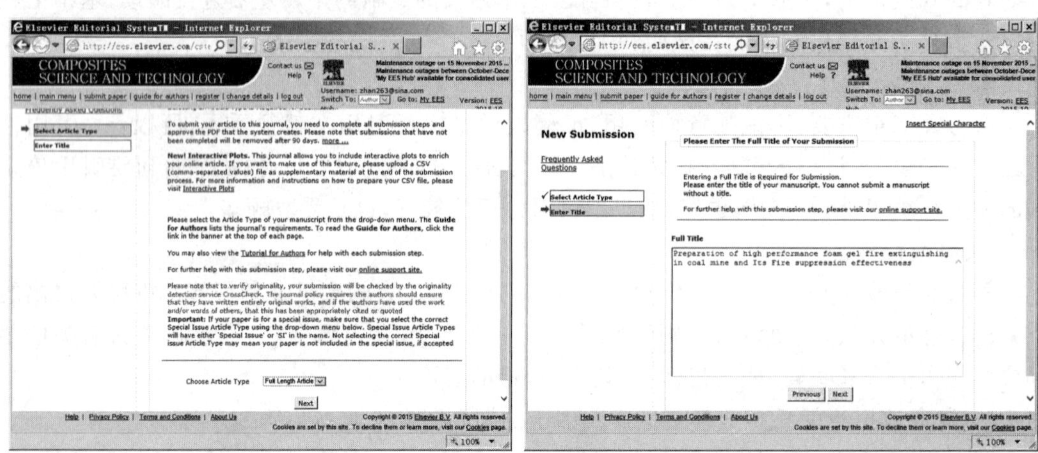

③ 添加所有作者信息，输入论文摘要，在这里只填了一个作者；

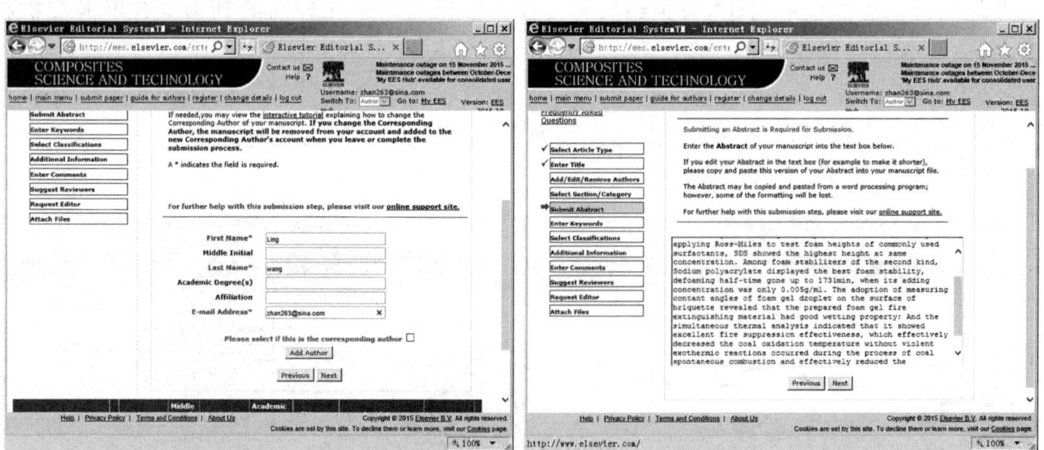

④ 输入关键词，选择文章所属领域；

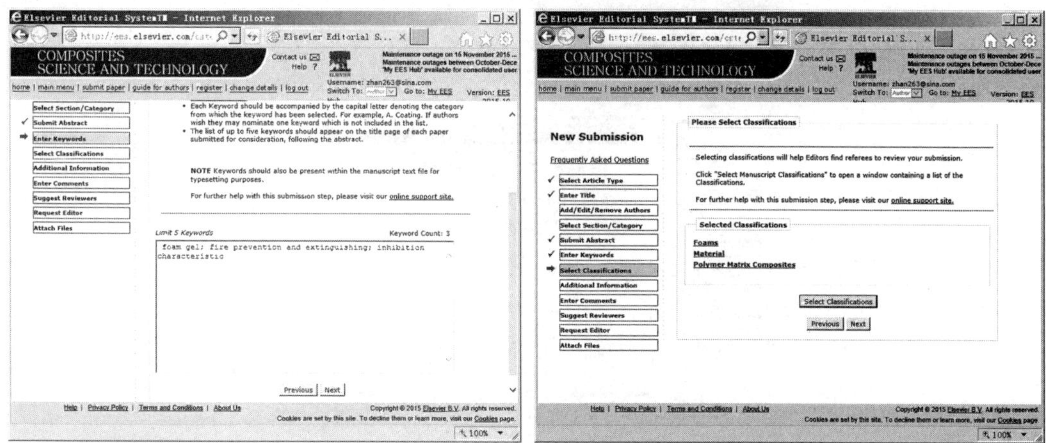

⑤ 遵从投稿要求，输入推荐审稿人和回避审稿人的信息；

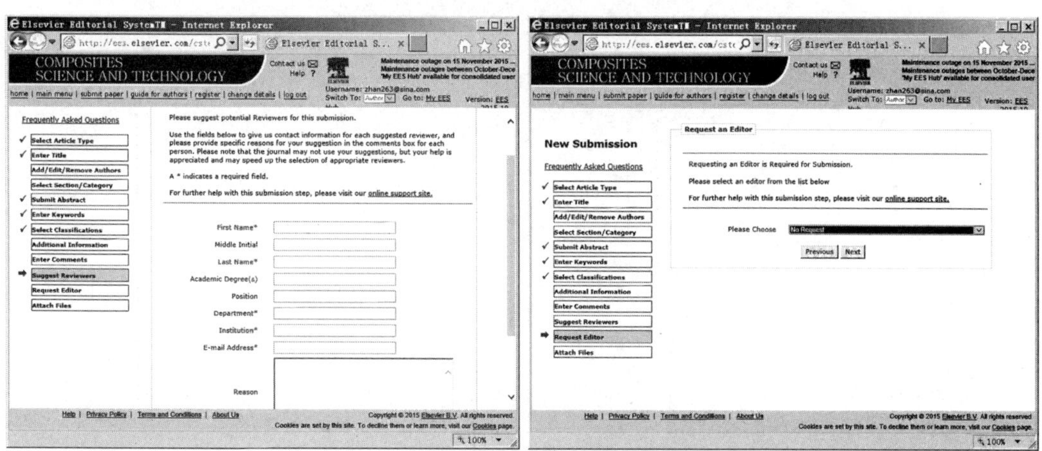

⑥ 选择杂志编辑，上传文件(正文、表、图)；

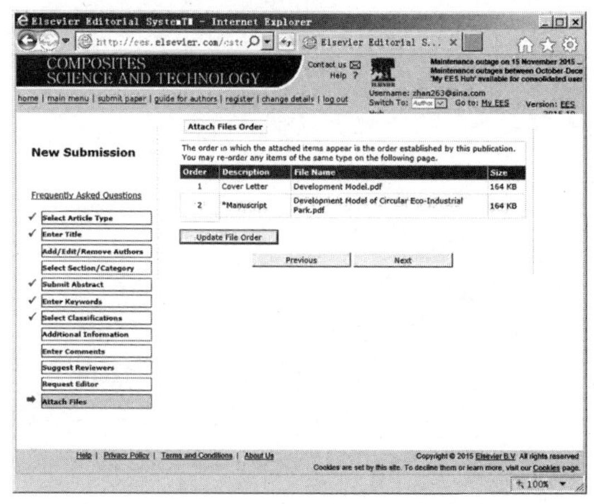

⑦ 查看期刊所要求的内容是否全部填写完毕，论文是否上传完整，建立“PDF”和“Html”格式，并提交。

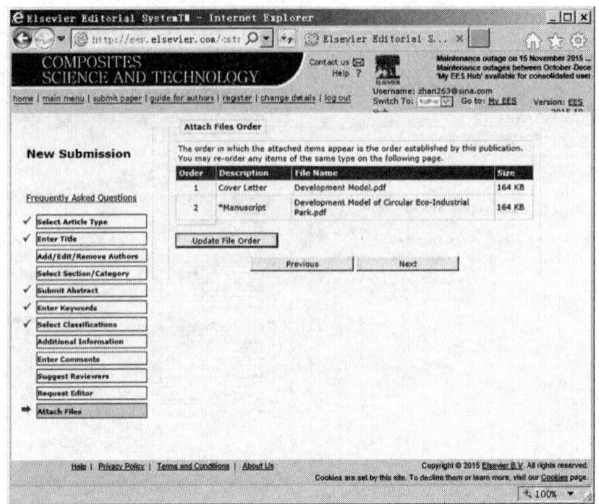
Elsevier Editorial System™ - Internet Explorer
COMPOSITES
SCIENCE AND TECHNOLOGY
Attach Files Order
New Submission
Frequently Asked Questions
Select Article Type
Enter Title
Add/Edit/Remove Authors
Select Section/Category
Submit Abstract
Enter Keywords
Select Classifications
Additional Information
Enter Comments
Suggest Reviewers
Request Editor
Attach Files
Order
Description
File Name
Size
Cover Letter
Development Model.pdf
164 KB
*Manuscript
Development Model of Circular Eco-Industrial Park.pdf
Update File Order
Previous
Next

第 2 章　正交实验设计与实验结果分析

在进行具体的实验之前，要对实验的有关影响因素和环节做出全面的研究和安排，力求通过次数不多的实验掌握实验的基本规律，并取得满意的结果。为了拟定一个正确而简便的实验流程，必然要研究影响实验结果的种种条件，诸如原料的配比、反应温度、反应时间以及各实验条件之间的相互影响。同时，对于影响实验结果的每一种条件，还应通过实验选择合理的取值范围。

在这里，我们把实验研究的目的叫作指标，把实验中要研究的条件叫作因素，把每种条件在实验范围内的取值叫作该条件的水平。这就是说我们实验过程中遇到的问题可能包括多种因素，各种因素又有不同的水平，每种因素可能对实验结果产生各自的影响，也可能彼此交织在一起影响实验结果。

正交实验设计(Orthogonal Experimental Design)就是用于安排多因素实验并考察各因素影响大小的一种科学设计方法。它始于 1942 年，日本统计学家田口玄一博士(Dr. Genichi Taguchi)使用设计好的表格安排实验，这种方法简便易行，从而在各个领域里都得到很快的发展和广泛应用。这种科学设计方法是应用一套已经规格化的表格——“正交表”来安排实验工作，其优点是适合于多种因素的实验设计，便于同时考查多种因素、不同水平对指标的影响，通过较少的实验次数，选出最佳的实验条件。

2.1　实验设计的基本方法

我们用一个例题来研究一下不同实验方法的差异。

例 2-1　某公司为了提高石膏产品的抗压强度，对影响石膏强度的 3 个主要因素各按三个水平进行实验(表 2-1)，实验的目的是寻求最佳的原料配比。

表 2-1

因素 水平	减水剂(S)	缓凝剂(R)	水灰比(W)
1	S_1(0.01)	R_1(0.005)	W_1(0.22)
2	S_2(0.015)	R_2(0.006)	W_2(0.24)
3	S_3(0.02)	R_3(0.007)	W_3(0.26)

2.1.1　全面实验法

对例 2-1 进行全面实验，实验方案如图 2-1 所示，此方案数据点分布的均匀性极好，因素和水平的搭配十分全面，唯一的缺点是实验次数多达 $3^3=27$ 次(指数 3 代表 3 个因素，底数 3 代表每个因素有 3 个水平）。

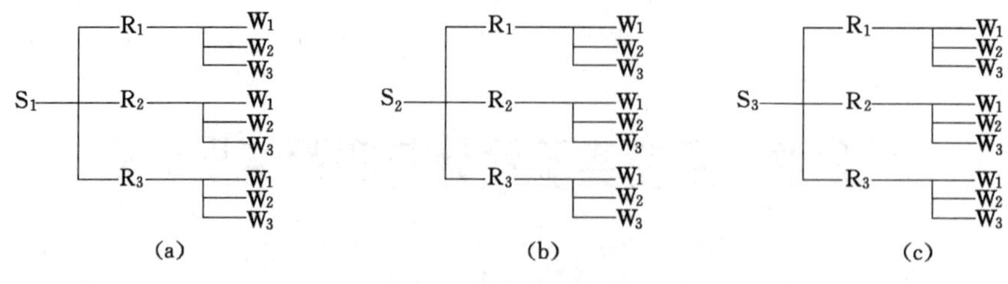

图 2-1 全面实验法方案

2.1.2 比较实验法

从图 2-1 以可看出，采用全面实验法的方案，需做 27 次实验，实验次数比较多，为了减少实验次数，而采用比较实验法的方案，如图 2-2 所示。

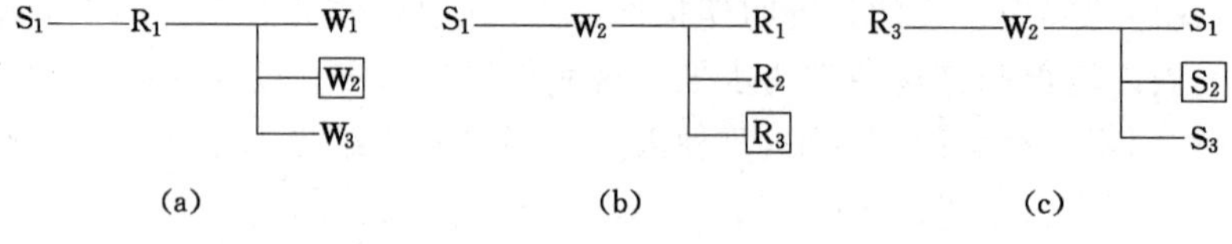

图 2-2 比较实验法方案

先固定因素 S_1 和 R_1，只改变 W，观察因素 W 不同水平的影响，做了如图 2-2(a)所示的 3 次实验，发现 $W=W_2$ 时的实验效果最好（好的用□表示），石膏抗压强度最高，因此认为在后面的实验中因素 W 应取 W_2 水平。

固定 S_1 和 W_2，改变 R 的三次实验如图 2-2(b)所示，发现 $R=R_3$ 时的实验效果最好，因此认为因素 R 应取 R_3 水平。

固定 R_3 和 W_2，改变 S 的三次实验如图 2-2(c)所示，发现因素 S 宜取 S_2 水平。

因此可以引出结论：为提高石膏产品的抗压强度，最适宜的操作条件为 $S_2R_3W_2$。

与全面实验法方案相比，比较实验法方案的优点是实验的次数少，只需做 9 次实验。但是，比较实验法方案的实验结果是不可靠的，因为：① 在改变 W 值的三次实验中，说 W_2 水平最好是有条件的，在 $S \neq S_1$，$R \neq R_1$ 时，W_2 水平不是最好的可能性是有的；② 在改变 W 的三次实验中，固定 $S=S_2$，$R=R_3$ 应该说也是可以的，故在此方案中数据点分布的均匀性是毫无保障的；③ 用比较实验法比较实验条件好坏时，只是对单个实验数据进行数值上的简单比较，不能排除必然存在实验数据误差的干扰。

2.1.3 正交实验法

表 2-2 为例 2-1 全面实验方案的汇总表，通过研究这 27 个实验方案的数据点，发现这 27 个数据点可以组成一个立方体(图 2-3)，正方体的全部 27 个交叉点代表了全面实验的 27 个方案。从图中选取“◎”所在的实验方案，分别为：(1) $S_1R_1W_1$；(2) $S_1R_2W_2$；(3) $S_1R_3W_3$；(4) $S_2R_1W_2$；(5) $S_2R_2W_3$；(6) $S_2R_3W_1$；(7) $S_3R_1W_3$；(8) $S_3R_2W_1$；(9) $S_3R_3W_2$。这些实验方案保证了 S 因素的每个水平与 R 因素、W 因素的各个水平在实验中各搭配一次；从图 2-3 中可以看出，9 个实验方案分布是均衡的，在立方体的每个平面上有且仅有 3 个实验

方案，每两个平面的交线上有且仅有 1 个实验方案。9 个实验方案均衡的分布于整个立方体内，有很强的代表性，能够比较全面地反映全面实验的基本情况，这 9 个实验方案是通过正交表 $L_9(3^4)$ 选取的。

正交表是按照正交性排列好的用于安排多因素实验的表格（见附录Ⅰ正交表），正交实验法就是使用正交表来安排实验的方法。

表 2-2　全面实验方案的汇总表

		W_1	W_2	W_3
S_1	R_1	$S_1R_1W_1$	$S_1R_1W_2$	$S_1R_1W_3$
	R_2	$S_1R_2W_1$	$S_1R_2W_2$	$S_1R_2W_3$
	R_3	$S_1R_3W_1$	$S_1R_3W_2$	$S_1R_3W_3$
S_2	R_1	$S_2R_1W_1$	$S_2R_1W_2$	$S_2R_1W_3$
	R_2	$S_2R_2W_1$	$S_2R_2W_2$	$S_2R_2W_3$
	R_3	$S_2R_3W_1$	$S_2R_3W_2$	$S_2R_3W_3$
S_3	R_1	$S_3R_1W_1$	$S_3R_1W_2$	$S_3R_1W_3$
	R_2	$S_3R_2W_1$	$S_3R_2W_2$	$S_3R_2W_3$
	R_3	$S_3R_3W_1$	$S_3R_3W_2$	$S_3R_3W_3$

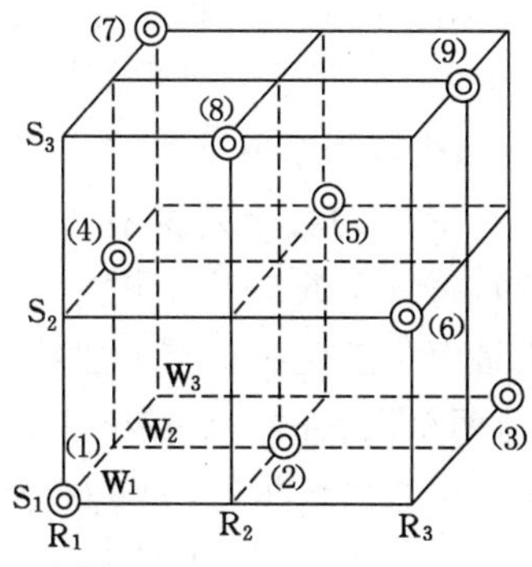

图 2-3　正交实验法方案

2.2　正交表及表头设计

2.2.1　正交表

正交表是一种预先编制好的表格，根据这种表格可合理安排实验并对实验数据作出判断，主要有以下两种：

（1）各列水平数均相同的正交表

各列水平数均相同的正交表，也称单一水平正交表，这类正交表名称的写法如图 2-4 所示。

各列水平数均为 2 的常用正交表有：$L_4(2^3)$，$L_8(2^7)$，$L_{12}(2^{11})$，$L_{16}(2^{15})$，$L_{20}(2^{19})$，$L_{32}(2^{31})$；

各列水平数均为 3 的常用正交表有：$L_9(3^4)$，$L_{27}(3^{13})$；

各列水平数均为 4 的常用正交表有：$L_{16}(4^5)$；

各列水平数均为 5 的常用正交表有：$L_{25}(5^6)$。

(2) 混合水平正交表

各列水平数不完全相同的正交表，叫作混合水平正交表，这类正交表名称的写法举例如图 2-5 所示：

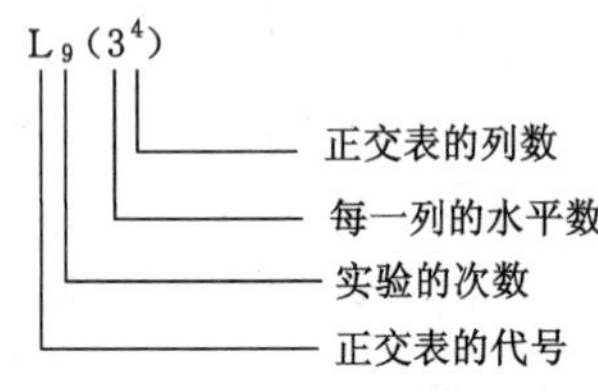

图 2-4 单一水平正交表写法示例

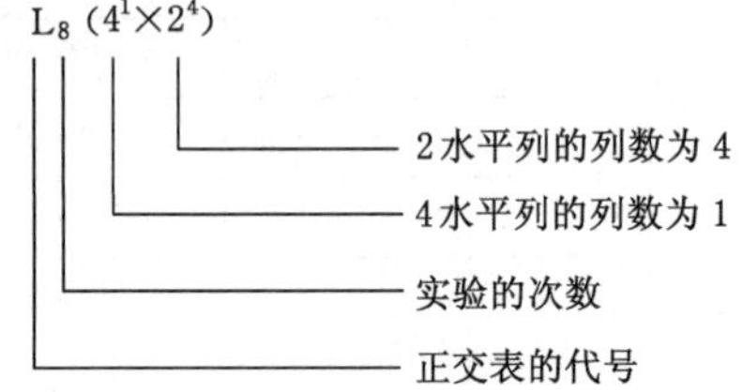

图 2-5 混合水平正交表写法示例

$L_8(4^1\times2^4)$常简写为 $L_8(4\times2^4)$。此混合水平正交表含有 1 个 4 水平列，4 个 2 水平列，共有 1+4=5 列。

例 2-1 适用的正交表是 $L_9(3^4)$，其实验安排见表 2-3。所有的正交表与 $L_9(3^4)$正交表一样，都具有以下两个特点：

① 在每一列中，各个不同水平出现的次数相同。在表 $L_9(3^4)$中，每一列有三个水平，水平 1、2、3 都是各出现 3 次。

② 表中任意两列并列在一起形成若干个数字对，不同数字对出现的次数也都相同。在表 $L_9(3^4)$中，任意两列并列在一起形成的数字对共有 9 个：(1,1)，(1,2)，(1,3)，(2,1)，(2,2)，(2,3)，(3,1)，(3,2)，(3,3)，每一个数字对各出现一次。

这两个特点称为正交性。正是由于正交表具有上述特点，保证了用正交表安排的实验方案中因素水平是均衡搭配的，每两个因素的水平在统计学上是不相关的。因素、水平数越多，运用正交表设计实验，越能显示出它的优越性，如 6 因素 3 水平实验，用全面搭配方案需做 216 次实验，若用正交表 $L_{27}(3^{13})$来安排实验，则只需做 27 次实验。

表 2-3 $L_9(3^4)$正交表实验安排

实验号	因素			
	减水剂(S)	缓凝剂(R)	水灰比(W)	空白列
1	1(S_1)	1(R_1)	1(W_1)	1
2	1(S_1)	2(R_2)	2(W_2)	2
3	1(S_1)	3(R_3)	3(W_3)	3
4	2(S_2)	1(R_1)	2(W_2)	3
5	2(S_2)	2(R_2)	3(W_3)	1
6	2(S_2)	3(R_3)	1(W_1)	2
7	3(S_3)	1(R_1)	3(W_3)	2
8	3(S_3)	2(R_2)	1(W_1)	3
9	3(S_3)	3(R_3)	2(W_2)	1

2.2.2　正交表的表头设计

在某些实验中，不仅因素自身对实验结果产生影响，而且因素之间产生协同作用影响实验结果，这种协同作用叫作交互作用。表头设计，就是确定实验所考虑的因素和交互作用在正交表中应该放在哪一列的问题。

① 若实验不考虑交互作用，则表头设计可以是任意的。

例 2-1 中，对 $L_9(3^4)$ 正交表进行表头设计，表 2-4 所列的各种方案都是可用的。一般情况下，对实验之初不考虑交互作用应尽量选用空列较少的正交表。

表 2-4　$L_9(3^4)$ 正交表表头设计方案

列　号		1	2	3	4
方案	1	S	R	W	空
	2	空	S	R	W
	3	S	空	R	W
	4	S	R	空	W

② 若实验中所考察的因素的水平数不完全相等，这时候需要采用混合水平正交表安排实验。

例 2-2　为了开发一种矿渣水泥，需要找出一个最佳的成分配比，实验的影响因素见表 2-5，其中有 1 个 4 水平的因素，3 个 2 水平的因素，这样可以选择 $L_8(4\times2^4)$ 的正交表。

表 2-5

水平＼因素	Na_2SO_4	矿渣	CaO	水泥熟料
1	5 g	200 g	20 g	10 g
2	7 g	300 g	30 g	20 g
3	9 g			
4	11 g			

③ 若实验所考察的因素之间有交互作用时，表头设计则必须严格地按照交互作用正交表表头设计。

例 2-3　在合成橡胶生产中，催化剂用量和聚合反应温度是对转化率有重要影响的两个因素，判别这两个因素是否有交互作用，基本方法是按表 2-6 所示的二元表，做四次实验，而后画出分析图（图 2-6）进行判断。

表 2-6　合成橡胶实验二元表

转化率 y/%		聚合反应温度 A/℃	
		A_1(30)	A_2(50)
催化剂用量 B/mL	B_1(2)	87.6	75.5
	B_2(4)	84.8	96.2

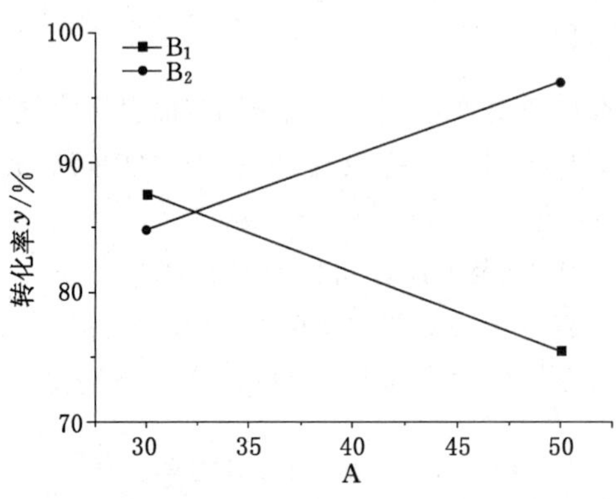

图 2-6　催化剂与聚合反应温度交互作用图

由图 2-6 可以看出转化率随催化剂用量的变化规律，因聚合反应温度的不同而差异很大。在聚合反应温度为 30 ℃时，转化率随催化剂用量的增大而减少；在聚合反应温度为 50 ℃时，转化率却随催化剂用量的增大而增大。两直线在图中相交，说明两因素之间有交互作用，如果两因素之间没有交互作用，则出现在图 2-6 中的两条直线应该是互相平行的。

实验设计时，要考虑各因素间有无交互作用，这既可通过专业知识加以判断，也可对一定实验方案下的实验数据经统计分析来加以确定。有交互作用的正交表表头设计时，因素的置放要根据一定的规则，应利用有交互作用的正交表来设计表头。

例 2-4　考查影响合成聚丙烯酸高吸水树脂吸水性能的 4 个主要因素，每个因素取 2 个水平，其方案为见表 2-7。

表 2-7　　聚丙烯酸高吸水树脂合成方案的因素水平表

水平＼因素	A(温度/℃)	B(引发剂/g)	C(交联剂/g)	D(搅拌速度)
1	A_1(60)	B_1(0.6%)	C_1(0.05%)	D_1(慢)
2	A_2(80)	B_2(0.8%)	C_2(0.1%)	D_2(快)

以 $L_8(2^7)$有交互作用的正交表来安排具有两列间交互作用的实验工作，可由表 2-8 对因素及交互作用列在表头中所处的列号作出安排。

表 2-8　　$L_8(2^7)$二列间交互作用表

列号＼行号	1(A)	2(B)	3(A×B)	4(C)	5(A×C)	6(B×C)	7(D)
1	(1)	3	2	5	4	7	6
2		(2)	1	6	7	4	5
3			(3)	7	6	5	4
4				(4)	1	2	3
5					(5)	3	2
6						(6)	1
7							(7)

表 2-8 中最上一行和最左侧一列数字以及括号(呈对角线)内的数字是列号,其余数字均为交互作用的列号。对于三因素 A、B、C 而言,先将因素 A、B 置放在表的第 1、2 列,从表中(1)的位置向右看,从(2)的位置向上看,则 A 和 B 相交的位置上的数字为 3,即 A×B 应置放在第 3 列上。若将第 3 列安排上别的因素,则该因素对指标的影响就与 A×B 交互作用对指标的影响混在一起,不能区分开来,我们称为产生了"混杂",实验中把交互作用单独作为一个因素来考察,交互作用列就不能再安排其他因素。将因素 C 置放在第 4 列,则 A 和 C 相交位置上的数字是 5,B 和 C 相交位置上的数字是 6,这样 A×C 及 B×C 的交互作用列应分别为第 5 列和第 6 列。如果考查时还有第四个因素 D,则把它置放在第 7 列,根据上表可得如表 2-9 的表头设计。

表 2-9　　$L_8(2^7)$二列间有交互作用的表头

列号	1	2	3	4	5	6	7
因素	A	B	A×B	C	A×C	B×C	D

如果 A、B、C 与 D 也有交互作用,这样的设计中,会产生如表 2-10 的表头,造成 A×B 与 C×D、A×C B×D、B×C 与 A×D 的混杂,在正交实验中不允许存在上述的几种混杂,故此时不能选用 $L_8(2^7)$交互作用正交表,而选用 $L_{16}(2^{15})$二列间交互作用正交表(表 2-11),其表头设计见表 2-12。

表 2-10　　$L_8(2^7)$二列间有交互作用的表头

列号	1	2	3	4	5	6	7
因素	A	B	A×B C×D	C B×D	A×C B×D	B×C A×D	D

表 2-11　　$L_{16}(2^{15})$二列间的交互作用表

列号 \ 行号	1	2	3	4	5	6	7	8	9	10	11	12	13	14	15
1	(1)	3	2	5	4	7	6	9	8	11	10	13	12	15	14
2		(2)	1	6	7	4	5	10	11	8	9	14	15	12	13
3			(3)	7	6	5	4	11	10	9	8	15	14	13	12
4				(4)	1	2	3	12	13	14	15	8	9	10	11
5					(5)	3	2	13	12	15	14	9	8	11	10
6						(6)	1	14	15	12	13	10	11	8	9
7							(7)	15	14	13	12	11	10	9	8
8								(8)	1	2	3	4	5	6	7
9									(9)	3	2	5	4	7	6
10										(10)	1	6	7	4	5
11											(11)	7	6	5	4

续表 2-11

列号＼行号	1	2	3	4	5	6	7	8	9	10	11	12	13	14	15
12												(12)	1	2	3
13													(13)	3	2
14														(14)	1
15															(15)

表 2-12　　二列间有交互作用的表头

列号	1	2	3	4	5	6	7	8	9	10	11	12	13	14	15
因素	A	B	A×B	C	A×C	B×C		D	A×D	B×D		C×D			

例 2-4 的表头设计好后，再按照正交实验的基本方法，列出如表 2-13 的实验方案。

表 2-13　　含有交互作用的正交实验方案

实验号＼列号	因素						
	A	B	A×B	C	A×C	B×C	D
	1	2	3	4	5	6	7
1	1(60)	1(0.6%)	1	1(0.05%)	1	1	1(慢)
2	1(60)	1(0.6%)	1	2(0.1%)	2	2	2(快)
3	1(60)	2(0.8%)	2	1(0.05%)	1	2	2(快)
4	1(60)	2(0.8%)	2	2(0.1%)	2	1	1(慢)
5	2(80)	1(0.6%)	2	1(0.05%)	2	1	2(快)
6	2(80)	1(0.6%)	2	2(0.1%)	1	2	1(慢)
7	2(80)	2(0.8%)	1	1(0.05%)	2	2	1(慢)
8	2(80)	2(0.8%)	1	2(0.1%)	1	1	2(快)

综上所述，正交表是安排多因素实验的一种有效的工具，在应用时不得将主要影响因素遗漏，必要时倾向于多考查一些因素，增加 1～2 个考查因素不一定会增加实验次数或者说增加的工作量并不大，在设计实验的因素和水平时，可作如下考虑：

① 在采用三水平以上的正交表安排实验时，在不遗漏合理值的前提下，可把各因素的取值范围稍微取宽些，在此范围内取的水平数也不宜多，以免选用实验次数多的正交表而增加实验工作量。可以先用水平数少的正交表做实验，从多个因素中挑选出主要因素后，再与下一批实验中对已挑选出的主要因素进行细致的考查。

② 在一般化学分析中，三因素之间的交互作用通常可以忽略，不必单独再作考查，让其混杂在实验误差之中。因为交互作用不是具体因素，也就不存在水平问题，无须专门增加实验工作来判断它的影响。

2.2.3　选择正交表的基本原则

一般都是先确定实验的因素、水平和交互作用，然后选择适用的正交表。在确定因素的水平数时，主要因素宜多安排几个水平，次要因素可少安排几个水平。

① 先看水平数。若各因素全是 2 水平，就选用 L(2*)表；若各因素全是 3 水平，就选 L(3*)表。若各因素的水平数不相同，就选择适用的混合水平正交表。

② 每一个交互作用在正交表中应占 1 列或 2 列。要看所选的正交表是否足够大，能否容纳下所考虑的因素和交互作用。为了对实验结果进行分析，还必须至少留一个空白列，作为“误差”列，在极差分析中要作为“其他因素”列处理。

③ 要看实验精度的要求。若要求高，则宜取实验次数多的正交表。

④ 若实验费用很昂贵，或实验的经费有限，或人力和时间都比较紧张，则不宜选用实验次数太多的正交表。

⑤ 按照考虑的因素、水平和交互作用去选择正交表，若无正好适用的正交表可选，简便且可行的办法是适当修改原定的水平数。

⑥ 对某个因素或某些交互作用的影响是否确实存在没有把握的情况下，选择正交表时常为该选大表还是选小表而犹豫时。若条件许可，应尽量选用大表，让影响存在可能性较大的因素和交互作用各占适当的列，而某个因素或某些交互作用的影响是否真的存在，留到方差分析进行显著性检验时再做结论，这样既可以减少实验的工作量，又不至于漏掉重要的信息。

2.3　正交实验结果分析方法

正交实验方法之所以能得到科技工作者的重视并在实践中得到广泛的应用，其原因不仅在于能使实验的次数减少，而且能够用相应的方法对实验结果进行分析并引出许多有价值的结论。因此，采用正交实验法进行实验，如果不对实验结果进行认真的分析，找到实验规律或者结论，就失去用正交实验法设计实验的意义和价值。

2.3.1　极差分析方法

实验结果的极差分析法又叫直观分析法，下面以表 2-14 为例讨论 $L_4(2^3)$正交实验结果的极差分析方法。极差指各列中各水平对应的实验指标平均值的最大值与最小值之差。从表 2-14 的计算结果可知，用极差法分析正交实验结果可引出以下几个结论：

① 在实验范围内，各列对实验指标的影响从大到小的排队。某列的极差最大，表示该列的数值在实验范围内变化时，使实验指标数值的变化最大，为主要影响因素。所以各列对实验指标的影响从大到小的排队，就是各列极差 R 的数值从大到小的排队。

② 实验指标随各因素的变化趋势。为了能更直观地看到实验指标随各因素的变化趋势，常将计算结果绘制成图。

③ 使实验指标最好的实验方案（实验水平范围内最佳的因素水平搭配）。

表 2-14　　$L_4(2^3)$正交实验极差分析法数值计算

因素		A	B	C	实验指标(y_i)
实验号	1	1	1	1	y_1
	2	1	2	2	y_2
	3	2	1	2	y_3
	$n=4$	2	2	1	y_4
$K_{\mathrm{I}j}$		$K_{\mathrm{I}1}=y_1+y_2$	$K_{\mathrm{I}2}=y_1+y_3$	$K_{\mathrm{I}3}=y_1+y_4$	$Y=y_1+y_2+y_3+y_4$
$K_{\mathrm{II}j}$		$K_{\mathrm{II}1}=y_3+y_4$	$K_{\mathrm{II}2}=y_2+y_4$	$K_{\mathrm{II}3}=y_2+y_3$	
r_j		$r_1=2$	$r_2=2$	$r_3=2$	
$k_{\mathrm{I}j}=K_{\mathrm{I}j}/r_j$		$k_{\mathrm{I}1}$	$k_{\mathrm{I}2}$	$k_{\mathrm{I}3}$	
$k_{\mathrm{II}j}=K_{\mathrm{II}j}/r_j$		$k_{\mathrm{II}1}$	$k_{\mathrm{II}2}$	$k_{\mathrm{II}3}$	
极差(R_j)		max{1}−min{1}	max{2}−min{2}	max{3}−min{3}	

注:$K_{\mathrm{I}j}$:第 j 列"1"水平所对应的实验指标的数值之和;
$K_{\mathrm{II}j}$:第 j 列"2"水平所对应的实验指标的数值之和;
r_j: 第 j 列同一水平出现的次数,等于实验的次数(n)除以第 j 列的水平数;
$k_{\mathrm{I}j}$:第 j 列"1"水平所对应的实验指标的平均值;
$k_{\mathrm{II}j}$:第 j 列"2"水平所对应的实验指标的平均值;
R_j:第 j 列的极差。等于第 j 列各水平对应的实验指标平均值中的最大值减最小值,即 $R_j=\max\{k_{\mathrm{I}j},k_{\mathrm{II}j},\cdots\}-\min\{k_{\mathrm{I}j},k_{\mathrm{II}j}\cdots\}$。

2.3.2　方差分析方法

正交实验方差分析法数值计算,其中:

实验指标的加和值:$Y=\sum_{i=1}^{n}y_i$;

实验指标的平均值:$\bar{y}=\dfrac{Y}{n}=\dfrac{1}{n}\sum_{i=1}^{n}y_i$;

矫正数:$C=Y^2/n$;

总的离差平方和:$S_T=\sum_{i=1}^{n}(y_i-\bar{Y})^2=\sum_{i=1}^{n}y_i^{\ 2}-C=\sum_{j=1}^{m}S_j=S_A+S_B+S_C+S_e$;

总的误差平方和:$S_e=S_T-(S_A+S_B+S_C)$;

总的自由度:$df_T=df_A+df_B+df_C+df_e=n-1$;

因素自由度:$df_j=$水平数-1;

误差自由度:$df_e=df_T-\sum df_j=$所有空列自由度之和;

因素离差平方和:$S_j=r_j(k_{\mathrm{I}j}-\bar{y})^2+r_j(k_{\mathrm{II}j}-\bar{y})^2+\ldots=\sum_{i=1}^{r_j}K_{ij}^{\ 2}/r_j-C$;

均方差:$MS_j=\dfrac{S_j}{df_j}$;

方差:$F_j=\dfrac{MS_j}{MS_e}\sim F(df_j,df_e)$;

式中,n 为实验次数。

与极差法相比,方差分析法可以引出一个结论:各列对实验指标的影响是否显著,在什么水平上显著。显著性表示为 $P\{F(n_1,n_2)>F_\alpha(n_1,n_2)\}=\alpha$，一般选择 $P\leqslant 0.05$（F 值的选取见附录Ⅱ）。显著性检验强调实验在分析每列对指标影响中所起的作用。如果某列对指标影响不显著，那么，讨论实验指标随它的变化趋势是毫无意义的。因为在某列对指标的影响不显著时，即使从表中的数据可以看出该列水平变化时，对应的实验指标的数值在以某种"规律"发生变化，但那很可能是由于实验误差所致，将它作为客观规律是不可靠的。有了各列的显著性检验之后，最后应将影响不显著的交互作用列与原来的"误差列"合并起来，组成新的"误差列"，重新检验各列的显著性。

2.3.3　正交实验方法应用举例

（1）无交互作用的正交实验结果分析

例 2-5　为了开发一种新的粉煤灰水泥，以 3 d 的抗压强度为考核指标，研究粉煤灰、水泥熟料、Na_2SO_4、CaO 的最佳配比。影响实验的主要因素和水平见表 2-15。

解：① 实验指标的确定：3 d 的抗压强度（MPa）。

② 选择正交表：根据表 2-15(a)的因素和水平，可选用 $L_9(3^4)$的正交表。

③ 制定实验方案：按选定的正交表，完成 9 次实验，实验方案见表 2-15(b)。

④ 实验结果分析：将所测实验样品的 3 d 抗压强度列于表 2-15(b)，然后进行分析。实验样品抗压强度的极差分析和方差分析，计算结果见表 2-15(c)。

表 2-15(a)

水平＼因素	粉煤灰/g	水泥熟料/g	CaO/g	Na_2SO_4/g
1	100	10	10	5
2	150	20	20	10
3	200	30	30	15

表 2-15(b)　粉煤灰水泥的实验方案和实验结果

列号	$j=1$	2	3	4	指标
因素	粉煤灰	水泥熟料	CaO	Na_2SO_4	抗压强度/MPa
实验号	水　平				
1	1(100)	1(10)	1(10)	1(5)	3.8
2	1(100)	2(20)	2(20)	2(10)	12.2
3	1(100)	3(30)	3(30)	3(15)	16
4	2(150)	1(10)	2(20)	3(15)	0.6
5	2(150)	2(20)	3(30)	1(5)	2.4
6	2(150)	3(30)	1(10)	2(10)	2.4
7	3(200)	1(10)	3(30)	2(10)	0.6
8	3(200)	2(20)	1(10)	3(15)	1.1
9	3(200)	3(30)	2(20)	1(5)	2.3

极差分析计算过程：

粉煤灰：	$K_{Ⅰ1}=3.8+12.2+16=32$ $K_{Ⅱ1}=0.6+2.4+2.4=5.6$ $K_{Ⅲ1}=0.6+1.1+2.3=4$	$k_{Ⅰ1}=32\div3=10.67$ $k_{Ⅱ1}=5.6\div3=1.87$ $k_{Ⅲ1}=4\div3=1.33$	$R_1=9.34$
水泥熟料：	$K_{Ⅰ2}=3.8+0.6+0.6=5$ $K_{Ⅱ2}=12.2+2.4+1.1=15.7$ $K_{Ⅲ2}=16+2.4+2.3=20.7$	$k_{Ⅰ2}=5\div3=1.67$ $k_{Ⅱ2}=15.7\div3=5.23$ $k_{Ⅲ2}=20.7\div3=6.9$	$R_2=5.23$
CaO：	$K_{Ⅰ3}=3.8+2.4+1.1=7.3$ $K_{Ⅱ3}=12.2+0.6+2.3=15.1$ $K_{Ⅲ3}=16+2.4+0.6=19$	$k_{Ⅰ3}=7.3\div3=2.43$ $k_{Ⅱ3}=15.1\div3=5.03$ $k_{Ⅲ3}=19\div3=6.33$	$R_3=3.90$
Na_2SO_4：	$K_{Ⅰ4}=3.8+2.4+2.3=8.5$ $K_{Ⅱ4}=12.2+2.4+0.6=15.2$ $K_{Ⅲ4}=16+0.6+1.1=17.7$	$k_{Ⅰ4}=8.5\div3=2.83$ $k_{Ⅱ4}=15.2\div3=5.07$ $k_{Ⅲ4}=17.7\div3=5.9$	$R_1=3.07$

方差分析计算过程：

矫正数：$C=Y^2/n=(3.8+12.2+16+0.6+2.4+2.4+0.6+1.1+2.3)^2/9$

$=41.4^2/9=190.44$；

总的离差平方和：

$S_T=\sum y_i{}^2-C$

$=3.8^2+12.2^2+16^2+0.6^2+2.4^2+2.4^2+0.6^2+1.1^2+2.3^2-190.44$

$=457.58-190.44=267.14$；

粉煤灰的离差平方和：$S_1=\sum_{i=1}^{r_j}K_{i1}{}^2/r_1-C$

$=(32^2+5.6^2+4^2)/3-190.44=357.12-190.44=166.68$；

水泥熟料的离差平方和：$S_2=42.89$；

CaO 的离差平方和：$S_3=23.66$；

Na_2SO_4的离差平方和：$S_4=15.09$；

总的误差平方和：$S_e=S_T-(S_A+S_B+S_C)=267.14-166.68-42.89-23.66-15.09$

$=18.82$；

自由度：

总的自由度：$df_T=df_A+df_B+df_C+df_e=n-1=9-1=8$；

粉煤灰自由度：$df_1=$水平数$-1=3-1=2$；

水泥熟料：$df_1=2$；

CaO：$df_1=2$；

Na_2SO_4：$df_1=2$；

误差自由度：$df_e=df_T-\sum df_j=$所有空列自由度之和$=8-2-2-2-2=0$；

误差自由度为 0，说明这个设计无法估计误差，如果要估计误差，那就不能考察 4 个因素，而只能考察 3 个因素，留出离差平方和最小的因素所在的列作为误差列。

以 Na_2SO_4所在的列为误差列，则误差自由度为 $df_e=df_T-\sum df_j=8-2-2-2=2$；

方差：

粉煤灰：$F_1=\frac{MS_1}{MS_e}=\frac{S_1/df_1}{S_e/df_e}=\frac{166.68/2}{18.82/2}=8.86$；

水泥熟料：$F_2=2.28$；

CaO：$F_3=1.26$；

查《F 分布数值表》(附录 2)可知：$F(\alpha=0.05, n_1=2, n_2=2)=19$。(其中：$n_1$ 为因素的自由度，n_2 为误差的自由度)

表 2-15(c)　　例 2-5 的极差分析和方差分析

项目	因素			
	粉煤灰	水泥熟料	CaO	Na_2SO_4
K_{I}	32	5	7.3	8.5
K_{II}	5.6	15.7	15.1	15.2
K_{III}	4	20.7	19	17.7
k_{I}	10.67	1.67	2.43	2.83
k_{II}	1.87	5.23	5.03	5.07
k_{III}	1.33	6.9	6.33	5.9
R_j	9.34	5.23	3.90	3.07
S_j	66.68	42.89	23.66	15.09
df_j	2	2	2	2
S_e	18.82			
df_e	2			
F_j	8.86	2.28	1.26	—
$F_{0.05}$	19			
显著性	不显著	不显著	不显著	—

⑤ 实验结论。

a. 极差分析。

本次实验的最优方案是：$w_{粉煤灰}:w_{水泥熟料}:w_{CaO}:w_{Na_2SO_4}=100:30:30:15$。

由极差值可以知道对实验考核指标影响最大的是粉煤灰，最小的是 Na_2SO_4。

把四个因素对考核指标的影响画成图(图 2-7)。从图中可以看出，随着粉煤灰的量降低，水泥熟料、CaO、Na_2SO_4 的增加，有利于抗压强度的提高。

b. 方差分析。

在显著性水平 $\alpha=0.05$ 时，所有的因素对考核指标“抗压强度”都不显著，说明这四个因素的水平变动对实验指标没有显著性影响。

注意：α 的取值根据问题的重要程度而定，问题很重要，要求置信度高或者要求犯错误的可能小时，则可选小些，α 一般取值范围为 0.01～1。

正交实验的方差分析需要留出一列空白列，在例 2-5 中正交表的每列都安排上了因素，没有空白列，作方差分析就没有误差列，如果仅是为了作方差分析而留出一列空白列，会认

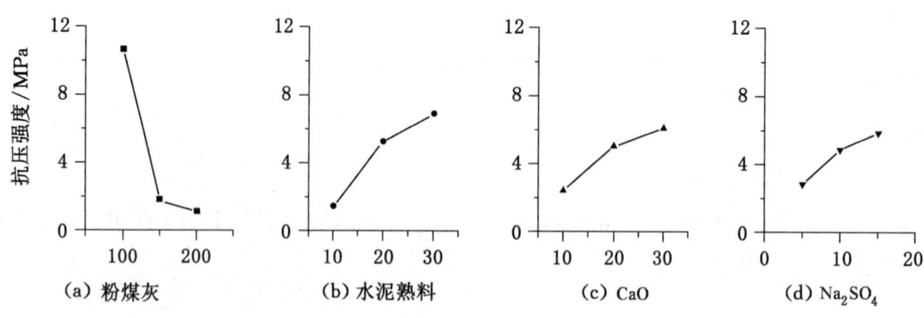

图 2-7　指标随因素水平变化的趋势图

为是对实验资源的浪费。实际上，当实验中考察了较多因素时，总会有一个或者几个因素对实验指标没有显著影响，处理方法是先算出每列的离差平方和，把离差平方和最小的列作为误差列，然后作方差分析。

(2) 水平数不等的正交实验结果分析

例 2-6　为提高真空抽滤装置的生产能力，用正交实验法确定过滤装置的最佳操作条件。影响实验的主要因素和水平见表 2-15。表中 Δp 为过滤压强差，T 为浆液温度，w 为浆液质量分数，M 为过滤介质(材质为多孔陶瓷)。

解:① 试验指标的确定:恒压过滤常数 $G(m^2/s)$。

② 选正交表:根据表 2-16 的因素和水平，可选用 $L_8(4\times2^4)$表。

③ 制订实验方案:按选定的正交表，应完成 8 次实验。实验方案见表 2-17。

表 2-16

因素 水平	压强差 Δp/kPa	温度 T/℃	质量分数 w/%	过滤介质 M
1	2.94	18	5	M_1
2	3.92	33	10	M_2
3	4.90			
4	5.88			

表 2-17　　正交试验的试验方案和实验结果

列号	$j=1$	2	3	4	5	
因素	Δp	T	w	M	e	$G(\times10^{-4}m^2/s)$
试验号	水　平					
1	1	1	1	1	1	4.01
2	1	2	2	2	2	2.93
3	2	1	1	2	2	5.21
4	2	2	2	1	1	5.55
5	3	1	2	1	2	4.83
6	3	2	1	2	1	10.2
7	4	1	2	2	1	5.11
8	4	2	1	1	2	11.0

④ 实验结果分析：将所计算出的恒压过滤常数 $G(\mathrm{m^2/s})$ 列于表 2-17，实验样品过滤常数的极差分析和方差分析，计算结果见表 2-18。

⑤ 根据表 2-18，请读者自己分析结论。

表 2-18　　例 2-6 的极差分析和方差分析

项目	因素			
	压强差/kPa	温度/℃	质量分数	过滤介质
K_{I}	6.94	19.16	30.42	25.39
K_{II}	10.76	29.68	18.42	23.45
K_{III}	15.03			
K_{IV}	16.11			
k_{I}	3.47	4.79	7.61	6.35
k_{II}	5.38	7.42	4.61	5.86
k_{III}	7.52			
K_{IV}	8.06			
R_j	4.59	2.63	3	0.49
S_j	26.53	13.84	18.01	0.48
df_j	3	1	1	1
S_e	0.006			
df_e	1			
F_j	442.2	230.7	300.2	8
$F_{0.05}$	215.7	161.4	161.4	161.4
显著性	显著	显著	显著	不显著

(3) 有交互作用的正交实验结果分析

除了因素的单独作用外，因素间的交互作用也影响着实验的指标。交互作用不是具体的因素，当然也无“水平”的问题，对它考虑与否与实验本身并无什么关系，但在选用正交表及进行实验结果分析时，应该考虑到交互作用的列数。

例 2-7　为了研究某化学反应的完全程度，考查了表 2-19 所示的因素及各种因素所对应的水平。在考虑到正交作用的情况下，选择合适的正交表，并对实验结果进行分析。

表 2-19　　化学反应实验的因素和水平

水平 \ 因素	A 催化剂 $m/(\mathrm{mg/L})$	B 稳定剂 V/mL	C 温度 $t/℃$
1	18	50	120
2	24	70	140

此实验属三因素二水平问题，同时存在 A×B、A×C、B×C 的交互作用，选用 $L_8(2^7)$ 正交表安排实验，其实验方案和实验结果见表 2-20。

表 2-20　　化学反应实验的方案和实验结果

实验号＼列号	A 1	B 2	A×B 3	C 4	A×C 5	B×C 6	 7	反应完全程度/%
1	1	1	1	1	1	1	1	21.0
2	1	1	1	2	2	2	2	17.0
3	1	2	2	1	1	2	2	20.5
4	1	2	2	2	2	1	1	16.5
5	2	1	2	1	2	1	2	20.0
6	2	1	2	2	1	2	1	19.0
7	2	2	1	1	2	2	1	19.0
8	2	2	1	2	1	1	2	19.5
k_{I}	18.75	19.25	19.12	20.12	20	19.25	18.88	
k_{II}	19.38	18.88	19	18	18.13	18.88	19.5	
R	0.63	0.38	0.13	2.13	1.88	0.38	0.38	

在不考虑交互作用的情况下从表中 9 次实验结果的数据可知：以 $A_1B_2C_1$ 为最佳的条件组合；从 k_{I}、k_{II} 判定，则应取 $A_2B_1C_1$。但考虑到交互作用时，根据极差 R 的大小可看出 C 和 A×C 是最主要的，其余的因素和交互作用是次要的。从因素 C 考虑，以 C_1 为好，但 A×C对指标也有重要的影响，这种影响甚至接近或超过 A 和 C 自身的影响，所以应将 A、C 不同水平的组合再作比较以寻求最佳效果的实验方案。从表 2-21 可以看出 A_1C_1 最大，故取 A_1C_1；由极差分析结果可知，因素 B 取 B_1，所以最佳实验方案为 $A_1B_1C_1$。

表 2-21　　交互作用的水平组合方案

C＼A	A_1	A_2
C_1	41.5/2	39.0/2
C_2	33.5/2	38.5/2

对例 2-7 的实验结果做方差分析。有交互作用实验方案的方差分析，首先对各因素做显著性检验，如果交互作用检验结果显著，按照方差分析的结果可以确定实验方案，如果交互作用检验结果不显著，把交互作用列和误差列合并做显著性检验。例 2-6 实验结果的方差分析见表 2-22。

表 2-22　　例 2-6 的方差分析

项目	因素					
	A	B	A×B	C	A×C	B×C
S_j	0.78	0.28	0.03	9.03	7.03	0.28
df_j	1	1	1	1	1	1
S_e	0.31					

续表 2-22

项目	因　素					
	A	B	A×B	C	A×C	B×C
df_e	2					
F_j	5.0	1.8	0.2	57.9	45.1	1
$F_{0.05(1,2)}$	18.5					
显著性	不显著	不显著	不显著	显著	显著	不显著

2.4　正交设计助手

正交设计助手是一款针对正交实验设计及结果分析而制作的专业软件，软件简单而实用，省去了大量的计算工作而使实验结果便于分析。以例 2-1 的实验结果为例，说明软件的具体操作步骤。

正交设计助手的工作窗口如图 2-8 所示，窗口主要分为三部分：上部分为菜单栏和快捷菜单栏；下面左边部分是实验项目栏；下面右边部分是结果窗口。

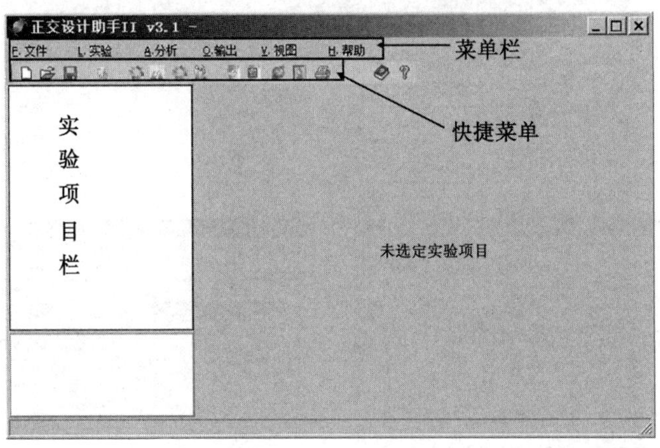

图 2-8　正交实验助手的工作窗口

① 打开正交设计助手，点击「文件」菜单，选择“新建工程”，实验项目栏便会出现“未命名工程”的提示；鼠标右键点击“未命名工程”，在弹出的工作窗口中可以对工程进行命名，如图 2-9 和图 2-10 所示。

图 2-9　新建工程

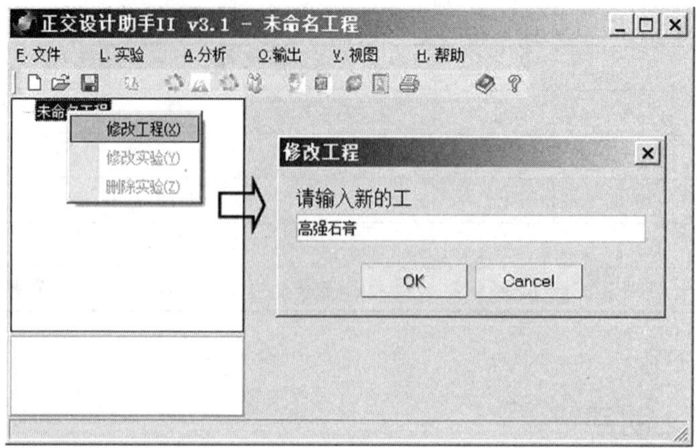

图 2-10　工程命名

② 建好工程后，再点击「实验」菜单，选择新建实验(图 2-11)，会出现实验设计向导。依次填写设计向导中的实验说明、选择正交表、因素与水平，完成实验设计。根据例 2-1，选择 3 因素 3 水平的正交表，点击“确定”按钮完成正交实验设计，如图 2-12 所示。

图 2-11　新建实验项目

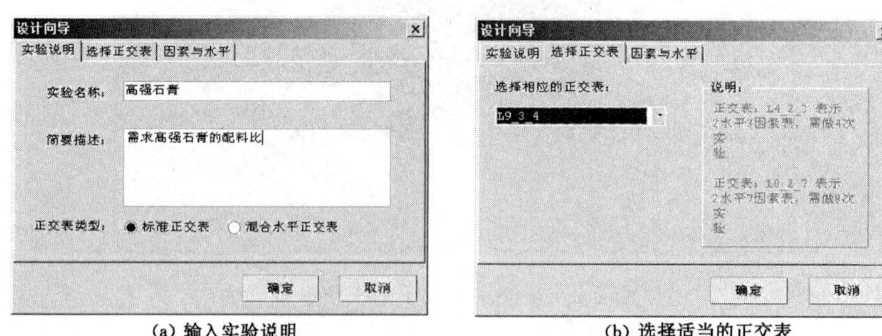

(a) 输入实验说明　　(b) 选择适当的正交表

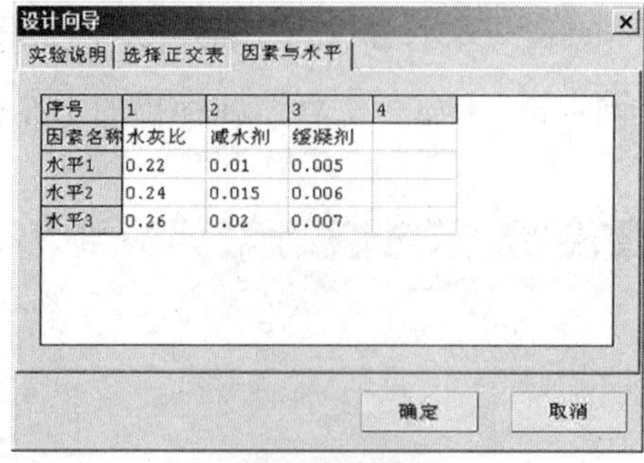

(c) 填写因素和水平

图 2-12　正交实验设计

③ 点击实验项目栏中“高强石膏”工程的图标，就会出现设置好的实验计划表，按照这个计划表进行实验，并把实验结果输入计划表中，如 2-13 所示。

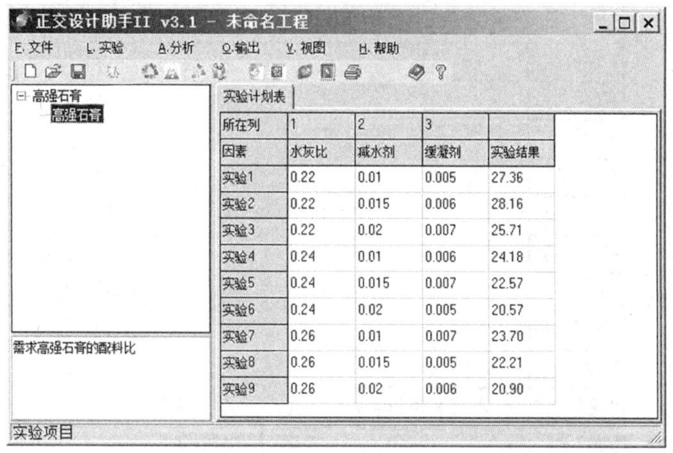

所在列	1	2	3	
因素	水灰比	减水剂	缓凝剂	实验结果
实验1	0.22	0.01	0.005	27.36
实验2	0.22	0.015	0.006	28.16
实验3	0.22	0.02	0.007	25.71
实验4	0.24	0.01	0.006	24.18
实验5	0.24	0.015	0.007	22.57
实验6	0.24	0.02	0.005	20.57
实验7	0.26	0.01	0.007	23.70
实验8	0.26	0.015	0.005	22.21
实验9	0.26	0.02	0.006	20.90

图 2-13　实验结果的数据输入

④ 点击「分析」菜单栏，选择分析方法对实验结果进行分析，或者点击快捷菜单上的相应图标也可以完成实验结果分析，如图 2-14 所示。

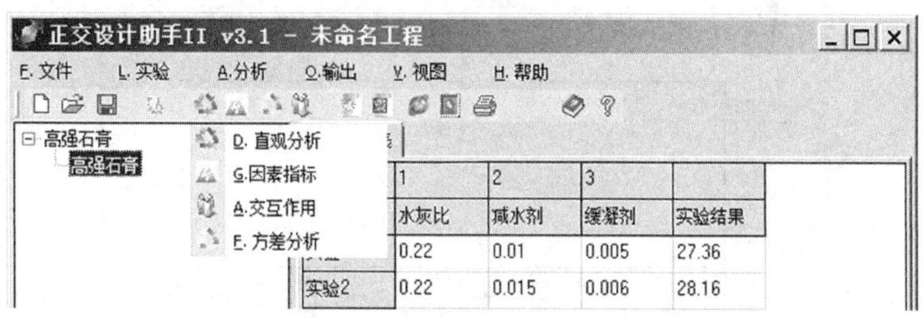

图 2-14　选择实验结果分析方法

① 直观分析(极差分析)：从图 2-15 中可以看出实验方案 $A_1B_1C_2$ 是最佳实验方案。

② 因素指标效应曲线图：从图 2-16 中可以看出水灰比降低石膏抗压强度增大；减水剂含量降低，石膏抗压强度增大；缓凝剂的含量变化对石膏抗压强度影响不明显。

③ 交互作用：如果两个因素之间有交互作用，在因素前“□”内打“√”，然后点击“确定”按钮对实验结果的交互作用进行分析，如图 2-17 所示。

④ 方差分析：对方差分析条件进行设置，选择“误差”所在列和显著性水平“α”的值(图 2-18)，分析结果如图 2-19 所示。水灰比和减水剂在 $\alpha=0.05$ 水平上显著，缓凝剂在 3 个水平上都不显著。

为了获得抗压强度高的石膏，从实验选择的影响因素和水平来看，得出以下结论：

① 水灰比为 1 水平，0.22；

② 减水剂为 1 水平，0.01；

③ 缓凝剂为 1 水平或 2 水平，由于不是显著性因素，可以从降低实验成本和实验可操作性来具体选择水平。

(5) 实验结果保存及输出

实验计划表 直观分析表

所在列	1	2	3	4	
因素	水灰比	减水剂	缓凝剂		实验结果
实验1	1	1	1	1	27.36
实验2	1	2	2	2	28.16
实验3	1	3	3	3	25.71
实验4	2	1	2	3	24.18
实验5	2	2	3	1	22.57
实验6	2	3	1	2	20.57
实验7	3	1	3	2	23.7
实验8	3	2	1	3	22.21
实验9	3	3	2	1	20.9
均值1	27.077	25.080	23.380	23.610	
均值2	22.440	24.313	24.413	24.143	
均值3	22.270	22.393	23.993	24.033	
极差	4.807	2.687	1.033	0.533	

图 2-15　直观分析法

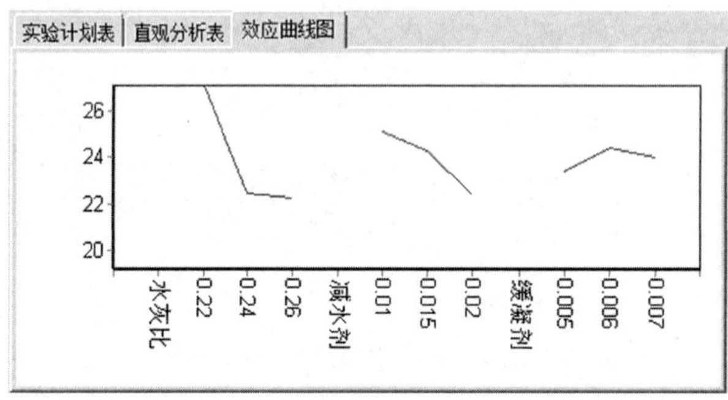

图 2-16　绘制因素指标效应曲线图

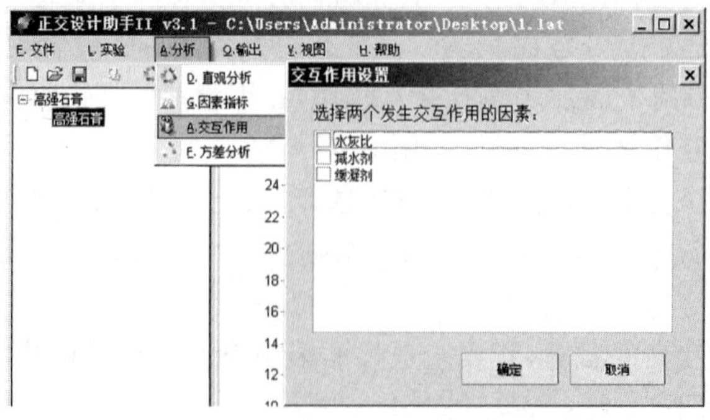

图 2-17　交互作用分析

如需保存工程可点「文件」菜单，选择“保存工程”命令，或者点击快捷菜单上的保存按钮。

如需保存分析结果，可点“输出”菜单，选择不同的文件格式进行保存。“RTF”格式为 Word 能打开的文件格式，“CSV”为 Excel 能打开的文件格式。

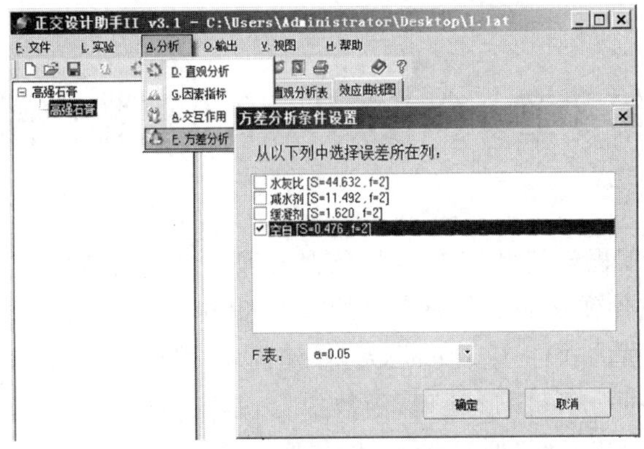

图 2-18　方差分析条件设置

实验计划表 | 直观分析表 | 效应曲线图 | 方差分析表

因素	偏差平方和	自由度	F比	F临界值	显著性
水灰比	44.632	2	0.207	99.000	
减水剂	11.492	2	0.053	99.000	
缓凝剂	1.620	2	0.008	99.000	
误差	215.84	2			

(a) α=0.01

实验计划表 | 直观分析表 | 效应曲线图 | 方差分析表

因素	偏差平方和	自由度	F比	F临界值	显著性
水灰比	44.632	2	93.765	19.000	*
减水剂	11.492	2	24.143	19.000	*
缓凝剂	1.620	2	3.403	19.000	
误差	0.48	2			

(b) α=0.05

实验计划表 | 直观分析表 | 效应曲线图 | 方差分析表

因素	偏差平方和	自由度	F比	F临界值	显著性
水灰比	44.632	2	93.765	9.000	*
减水剂	11.492	2	24.143	9.000	*
缓凝剂	1.620	2	3.403	9.000	
误差	0.48	2			

(c) α=0.10

图 2-19　不同显著性水平下实验因素的显著性

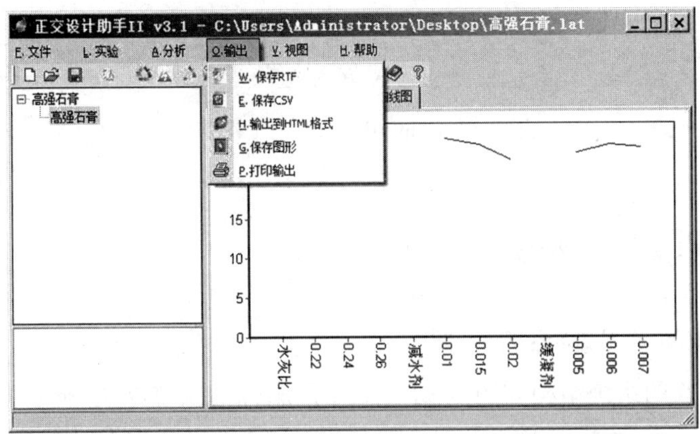

图 2-20　实验结果保存及输出

第3章 OriginPro 8.0 科技作图

目前材料科学与工程学科常用的实验数据处理和绘图的软件主要有 Excel、Origin 和 SigmaPlot。这三种软件在功能上各有自己的特点，其中 Origin 是 OriginLab 公司开发的用于科技作图和数据分析的软件，它功能强大，操作简单，易学易用，既适合一般的作图需求，也能够满足复杂的数据分析、图形处理、函数拟合，是科学研究人员必须掌握的软件之一。Origin 的每个版本都分普通版（即 Origin）和专业版（即 OriginPro），两者的区别在于专业版比普通版多了一些数学分析模块，其他功能差别不大，操作方法和工作窗口完全一致，其主工作窗口如图 3-1 所示，本章节采用的是 OriginPro 8.0 版本。

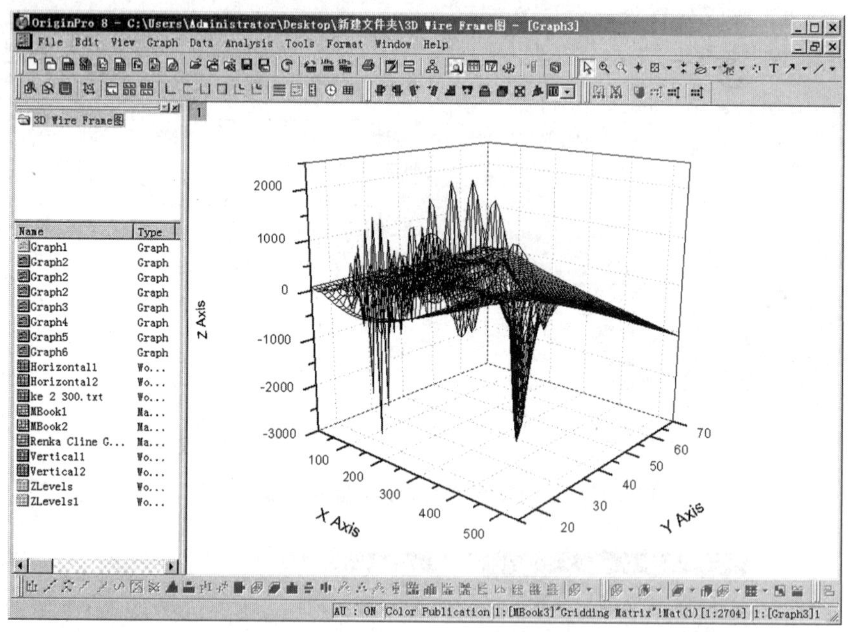

图 3-1　OriginPro 8.0 主工作窗口

3.1 OriginPro 8.0 基础

3.1.1 OriginPro 8.0 的系统框架

OriginPro 8.0 的系统结构如图 3-2 所示，了解软件的系统结构，便于抓住学习主线，缩短学习时间，因为 Origin 软件所涉及的内容较多，不需要完全学习就可以顺利解决实际问题。对于材料科学与工程学科的初学者来说，工作表和简单的二维图形的操作，特别是图形属性的设置是最基本的，其他复杂的二维和三维图形可以选择性学习；对数据分析来说，一般需要学习的是数学运算和曲线拟合；而涉及光谱的内容，要学习寻峰和曲线平滑即可，其他深入的内容请参考专业书籍。

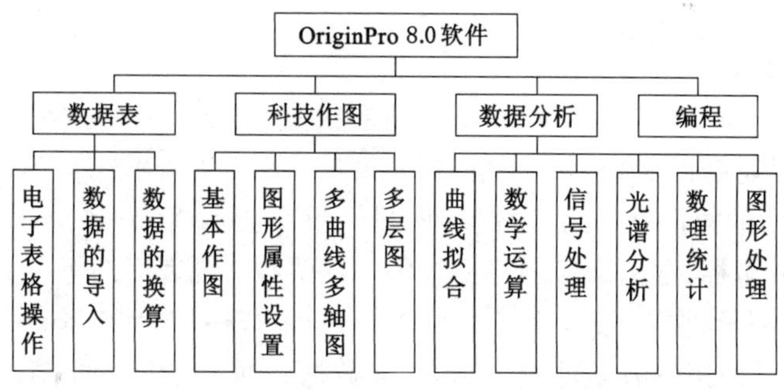

图 3-2 OriginPro 8.0 软件系统结构框架图

3.1.2 OriginPro 8.0 的工作窗口

除了主工作窗口（图 3-1）之外，软件的实际操作过程都是在各种子窗口中进行的，其子窗口主要有如下几种。

(1) Workbook 子窗口

Workbook（工作簿）子窗口是 Origin 最基本的子窗口（图 3-3），其主要功能是组织和处理数据。包括数据的导入、录入、转换、分析等，最终数据将用于作图。Origin 中的图形除用函数作图的情况外，图形与数据具有一一对应的关系。

Book1 - ke 2 300.txt

	A(Y)	B(X)	C(Y)	D(Z)
Long Name				
Units				
Comments				
Sparklines				
1		14	15	31
2		36	15.02	37
3		30	15.04	24
4		27	15.06	19
5		29	15.08	21
6		40	15.1	17
7		27	15.12	31
8		28	15.14	25
9		27	15.16	21
10		31	15.18	32
11		22	15.2	34
12		24	15.22	39
13		28	15.24	37
14		24	15.26	27
15		30	15.28	38
16		26	15.3	24
17		26	15.32	34
18		19	15.34	30
19		30	15.36	20
20		30	15.38	26

ke 2 300

图 3-3 Workbook 子窗口

工作簿默认的标题是 Book1，通过鼠标右键点击标题栏在弹出的对话窗口中选择“Properties”命令可以将其重命名。A、B、C 和 D 是数列的名称，X、Y 和 Z 是数列的属性，X 表示该列为自变量，Y、Z 表示该列为因变量；双击数列的标题栏在弹出的对话窗口中可改变这些设置,可以在表头加入名称、单位、备注或其他特性,工作薄的数据可直接输入,也可以从外部文件导入,或者通过编辑公式换算获得,这些操作将在以后的第 3.2 节中详细介绍。

(2) Matrix 子窗口

Matrix(矩阵)子窗口与 Workbook 窗口外形相似,也是一种用来组织和存放数据的窗口,可以认为是一种特殊的 Workbook 窗口,其窗口如图 3-4 所示。与 Workbook 窗口不同的是,Matrix 窗口中的数据只显示 Z 数值(向量),没有显示 X、Y 数值,而是用特定的行和列来表示和 X 和 Y 坐标,常用来绘制等高线图、3D 图和三维表面图等。其行标题和列标题分别用对应的数字表示,在 Origin 中可通过 Worksheet、Excel Workbook 等转换得到对应的 Matrix 数据,或者由第三方软件获得 Matrix 数据。通过菜单「Matrix」下的命令可以进行矩阵的相关运算,也可以通过矩阵窗口直接输出各种三维图表。

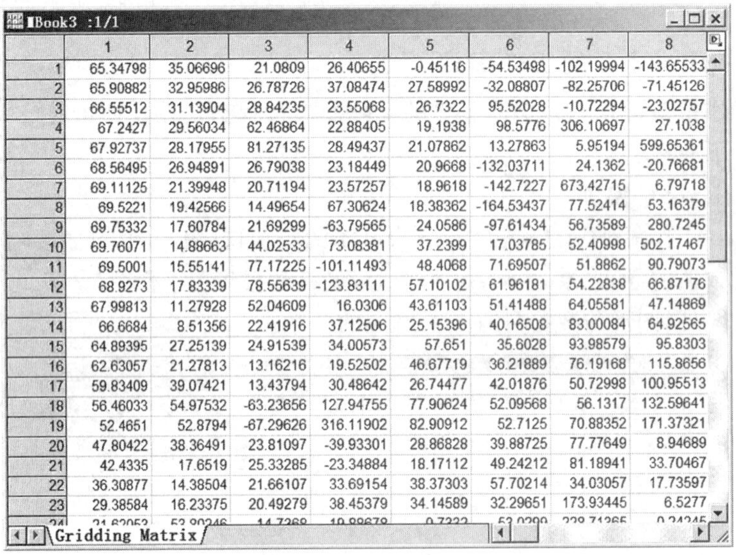

Book3 :1/1

	1	2	3	4	5	6	7	8
1	65.34798	35.06696	21.0809	26.40655	-0.45116	-54.53498	-102.19994	-143.65533
2	65.90882	32.95986	26.78726	37.08474	27.58992	-32.08807	-82.25706	-71.45126
3	66.55512	31.13904	28.84235	23.55068	26.7322	95.52028	-10.72294	-23.02757
4	67.2427	29.56034	62.46864	22.88405	19.1938	98.5776	306.10697	27.1038
5	67.92737	28.17955	81.27135	28.49437	21.07862	13.27863	5.95194	599.65361
6	68.56495	26.94891	26.79038	23.18449	20.9668	-132.03711	24.1362	-20.76681
7	69.11125	21.39948	20.71194	23.57257	18.9618	-142.7227	673.42715	6.79718
8	69.5221	19.42566	14.49654	67.30624	18.38362	-164.53437	77.52414	53.16379
9	69.75332	17.60784	21.69299	-63.79565	24.0586	-97.61434	56.73589	280.7245
10	69.76071	14.88663	44.02533	73.08381	37.2399	17.03785	52.40998	502.17467
11	69.5001	15.55141	77.17225	-101.11493	48.4068	71.69507	51.8862	90.79073
12	68.9273	17.83339	78.55639	-123.83111	57.10102	61.96181	54.22838	66.87176
13	67.99813	11.27928	52.04609	16.0306	43.61103	51.41488	64.05581	47.14869
14	66.6684	8.51356	22.41916	37.12506	25.15396	40.16508	83.00084	64.92565
15	64.89395	27.25139	24.91539	34.00573	57.651	35.6028	93.98579	95.8303
16	62.63057	21.27813	13.16216	19.52502	46.67719	36.21889	76.19168	115.8656
17	59.83409	39.07421	13.43794	30.48642	26.74477	42.01876	50.72998	100.95513
18	56.46033	54.97532	-63.23656	127.94755	77.90624	52.09568	56.1317	132.59641
19	52.4651	52.8794	-67.29626	316.11902	82.90912	52.7125	70.88352	171.37321
20	47.80422	38.36491	23.81097	-39.93301	28.86828	39.88725	77.77649	8.94689
21	42.4335	17.6519	25.33285	-23.34884	18.17112	49.24212	81.18941	33.70467
22	36.30877	14.38504	21.66107	33.69154	38.37303	57.70214	34.03057	17.73597
23	29.38584	16.23375	20.49279	38.45379	34.14589	32.29651	173.93445	6.5277

Gridding Matrix

图 3-4 Matrix 子窗口

(3) Graph 子窗口

Graph(图形)子窗口是 Origin 中最重要的窗口,是把实验数据转变成科学图形并进行分析的界面(图 3-5),其共有 60 多种作图类型可以选择,适合不同领域的特殊作图要求,也可以很方便地定制图形模板。一个图形窗口是由一个或多个图层(Layer)组成,默认的图形窗口拥有第 1 个图层(窗口左上角"1"表示图层数),每个图层可以包含一系列的曲线和坐标轴,此外根据需要可以包含各种图形对象(注释、箭头、线段等)。

Graph 窗口默认名称为 Graph1,同样可以通过鼠标右键点击标题栏在弹出的快捷菜单中选择"Properties"命令将其重命名。右上角的图例说明了曲线与各组数据的相对应关系,本例中用点线图显示各组曲线,也可以改成其他样式,如 Line(直线)型、Scatter(散点)型等。对点、线的大小、颜色、形状等属性也可以重新设定,系统默认只显示左和下两坐标轴,右和上的两坐标轴可以在属性对话窗口中修改使之呈现,通过双击坐标轴可重新设定刻度大小、间隔、精密度等,坐标轴名称默认为 X/Y Axis Title,双击可进行即时修改,详细的图形编辑将在第 3.3 节中介绍。

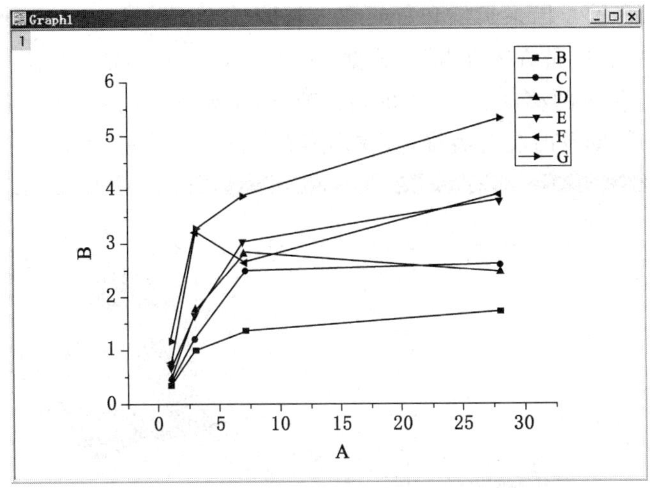

图 3-5　Graph 子窗口

(4) Function Graphs 窗口

Function Graphs(函数作图)子窗口是 Origin 中唯一的一个无需数据,而是直接利用函数关系作图的一个子窗口,具体内容在第 3.3 节再作介绍。

(5) Excel Workbook 子窗口

由于 Excel 软件应用广泛,使用简便而且函数众多,因此 Origin 软件使用了内嵌的方式提供对 Excel 电子表格的支持,在 Origin 中使用 Excel 作图几乎与使用 Origin 自身的 Workbook 作图一样方便。在 Origin 中通过新建或打开 Excel 电子表格,激活 Excel Workbook 之后,菜单栏同时出现 Excel 和 Origin 的命令。其中「File」、「Plot」、「Window」是 Origin菜单,其他为 Excel 的菜单,因此 Excel Workbook 子窗口的菜单同时包括 Excel 和 Origin的功能,如图 3-6 所示。

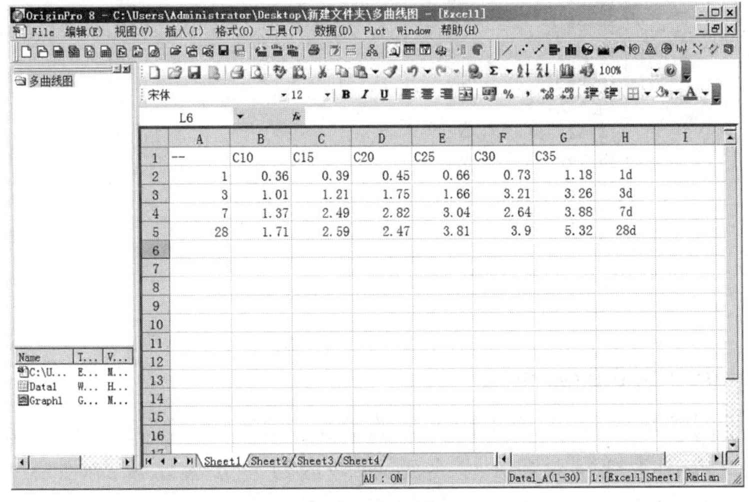

图 3-6　Excel Workbook 子窗口

(6) Layout 子窗口

Layout(版面)子窗口用来组织和显示 Worksheet 和 Graph 以方便排版输出,如图 3-7 所示。工作窗口中,下边是 Worksheet 数据,上边是 Graph 图形,还有一些相关说明。在 Layout 中只能进行位置的移动、大小等的格式改变,不能进行内容的再编辑,常用于显示局部缩放图形、注释、数据等的混合编排,具体内容在第 3.3 节再作介绍。

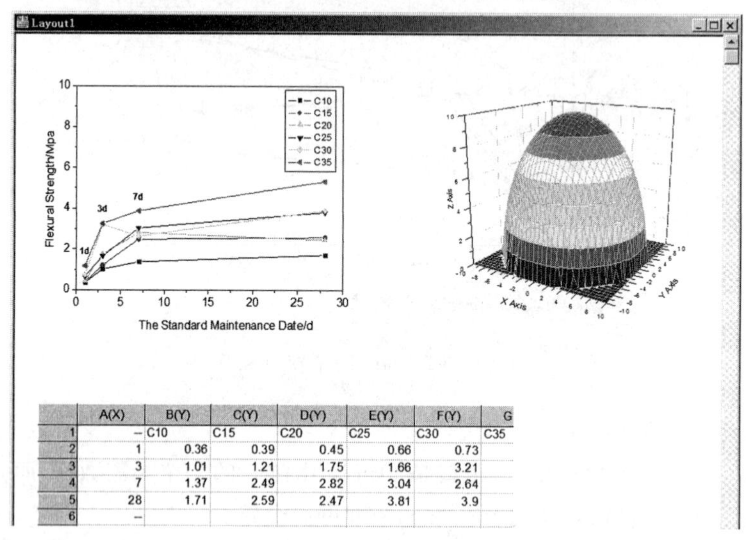

图 3-7 Layout 子窗口

(7) Notes 子窗口

Notes(记事本)子窗口供使用者记录相关信息,类似于备忘录和记事本,常用于记录图形的绘制过程、图形的相关信息、数据分析结果等,也可以用于数据记录或输出,如图 3-8 所示。

Notes

15.02	30
15.04	33
15.06	30
15.08	29
15.1	19
15.12	32
15.14	22
15.16	28
15.18	31
15.2	34

图 3-8 Notes 窗口

3.1.3 OriginPro 8.0 的菜单栏

Origin 在不同情况下(如激活不同类型的子窗口)会自动调整菜单栏(隐藏或改变菜单项),这种变化是因为操作对象发生改变,处理内容和方法导致的,如果没有留意这一点,初学者经常会发现自己找不到特定的菜单项。主菜单对应不同子窗口的类型见表 3-1,即使菜单名称相同,在不同的子窗口中,菜单的项目也发生了变化,这个在软件操作中要注意。

表 3-1　　子窗口及其对应的主菜单项

子窗口类型	对应的主菜单项
Workbook	File Edit View Plot Column Worksheet Analysis Statistics Image Tools Format Window Help
Graph	File Edit View Graph Data Analysis Tools Format Window Help
Matrix	File Edit View Plot Matrix Image Analysis Tools Format Window Help
Excel	File 编辑(E) 视图(V) 插入(I) 格式(O) 工具(T) 数据(D) Plot Window 帮助(H)
Layout	File Edit View Layout Tools Format Window Help
Notes	File Edit View Tools Format Window Help

3.1.4　OriginPro 8.0 的工具栏

与菜单栏一样，工具栏提供了软件功能的快捷方式以便用户使用，Origin 中有各种各样的工具栏，对应着不同的"功能群"。由于工具栏的数量较多，如果全部打开会占用太多软件界面空间，因此通常情况下是根据需要打开或隐藏的。

第一次打开 Origin 时，界面上已经打开了一些常用的工具栏。如 Standard、Graph、2D Graphs、Tools、Style 和 Format 等，这些都是基本的工具栏，通常是不关闭的。如果想打开其他的工具栏，要通过菜单「View」→"Toolbars"命令或者直接按快捷键"Ctrl+T"进行定制，在弹出的对话窗口(图 3-9)中，通过打"√"选择所需要的工具栏。选中"Show Tooltips"，将鼠标置于某个按钮上时，将出现此按钮的名称；"Flat Toolbars"表示显示平面的按钮；在"Button Groups"标签中，可以将任意一个按钮拖放到界面上，从而可以按照个人风格设定工具栏。

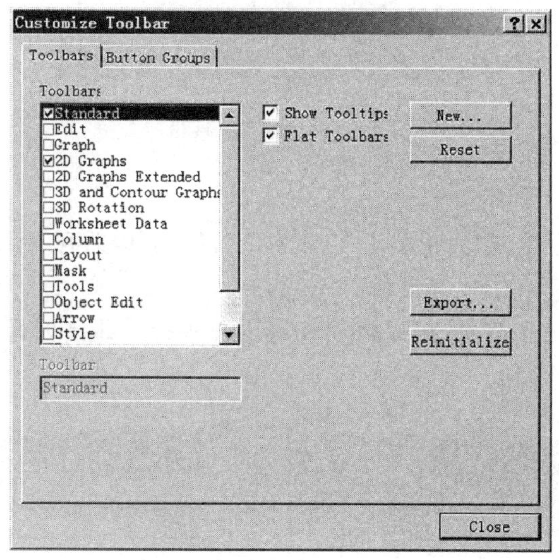

图 3-9　定制工具栏

如果需要关闭某个工具栏，仍然可以用以上的方法进行定制，当然更简单的方法是点击工具栏上的关闭按钮。工具栏的使用非常简单，只要激活操作对象然后点击工具栏上相应的按钮即可。要注意的是，有些按钮旁边有向下的箭头，表示这是一个按钮组，需要点击箭头然后选择所需要的按钮。下面按功能组介绍 OriginPro 8.0 中的各种工具栏。

(1) 基本组

Standard 工具栏：包括新建、打开、保存、导入、打印等常用操作，以及项目管理等窗口的打开按钮，集中了 Origin 中最常用的操作，建议在运行软件时一直保持打开状态(图 3-10)。

图 3-10 standard 工具箱

(2) 格式化组

① Edit 工具栏：主要有剪切、复制、粘贴(图 3-11)。

② Format 工具栏：可以用于进行字体、大小、粗体、斜体、下划线、上下标、希腊字母等设置(图 3-12)。

图 3-11 Edit 工具箱

图 3-12 Format 工具箱

③ Style 工具栏：提供文本注释包括表格和图形进行填充颜色、线条样式、大小等样式的设置(图 3-13)。

图 3-13 style 工具箱

(3) 数据表组

① Column 工具栏：定义数列为 X/Y/Z 列(变量)、Y 误差列、标签、无关列；将选定数列移到首位、左移、右移、移到末尾等操作(图 3-14)。

② Worksheet Data 工具栏：可以对 Worksheet 进行一些诸如排序、填入随机数等基本操作(图 3-15)。

图 3-14 Column 工具箱

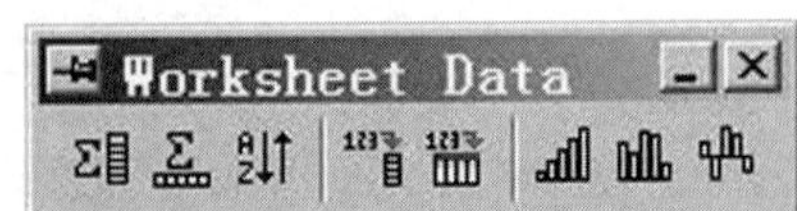

图 3-15 Worksheet Data 工具箱

(4) 作图组

① Graph 工具栏：可以将 Graph 或 Layout 页面扩大、缩小、全屏、重新设定坐标值、进

行图层操作，添加颜色、图标、坐标及系统时间等(图 3-16)。

图 3-16　Graph 工具箱

② 2D Graphs 工具栏：提供最常用的作图类型，可以方便地绘制出各种样式的二维图，如直线图、点状图、点线图、饼状图、极坐标图等(图 3-17)。

图 3-17　2D Grapks 工具箱

③ 2D Graphs Extended 工具栏：它是 2D Graphs 工具栏的扩展，即绘制一些复杂的二维图形，包括线段图、阶梯图、柱状图、棒状图、泡沫图及多层图等绘图模板(图 3-18)。

图 3-18　2D Graphs Extended 工具箱

④ 3D Graphs 工具栏：可用来绘制散点图、抛物线图、带状图、瀑布图、等高线图等三维图形(图 3-19)。

⑤ 3D Rotate 工具栏：可将绘制好的三维图形进行三维空间操作，包括顺/逆时针、左右/上下旋转、增大/减小透视角度、设定 3D 旋转角度等操作(图 3-20)。

图 3-19　3D Graphs 工具箱

图 3-20　3D Rotate

⑥ Mask 工具栏：用于屏蔽一些打算舍弃的数据点(图 3-21)。

(5) 图形对象组

① Tools 工具栏：提供缩放、数据选择、区域选择、文字工具、线条工具、矩形工具等(图 3-22)。

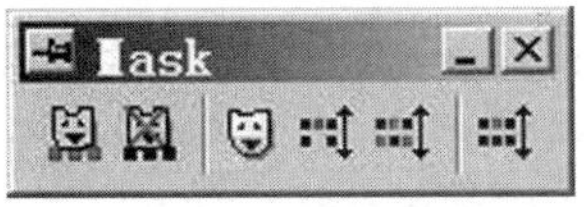

图 3-21　Mask 工具栏

图 3-22　Tools 工具栏

② Arrow 工具栏:用于调整绘制好的箭头格式,可以进行箭头水平、垂直排列,箭头加宽、变窄,箭头加长、缩短等操作(图 3-23)。

③ Object Edit 工具栏:通常在 Layout 页面中编辑多个对象,可进行多种对齐方式,如左右、上下、垂直、水平对齐;将选定对象置于顶层、底层;组合、取消组合;字体加大或减小等操作,主要是为了 Layout 排版和多对象关系操作(图 3-24)。

图 3-23 Arrow 工具栏

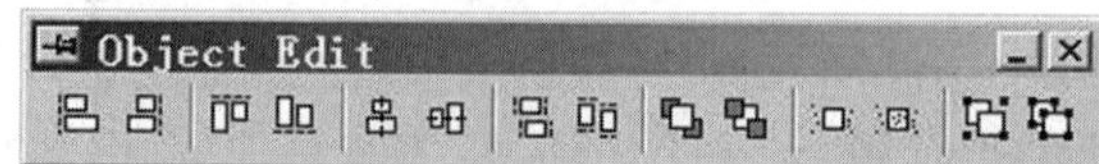

图 3-24 Object Edit 工具栏

④ Layout 工具栏:利用 Layout 工具栏可以在版面页中分别加入 Graph、Worksheet 窗口的图像(图 3-25)。

图 3-25 Layout 工具栏

3.1.5 项目管理器

对于 Origin 的一个具体工作,通常用项目(Origin Project)管理工具 Project Explorer(PE)来组织,这个 PE 类似于 Windows 的资源管理器,包含了 Origin 中的工作簿、图形、矩阵、备注、Layout、Excel、分析结果、变量、模板等内容,常用的操作如下:

① 显示/隐藏项目管理器:打开或关闭 Project Explorer 管理工具可点击标准工具栏中的按钮或直接按快捷键 ALT+1,如图 3-26 所示。

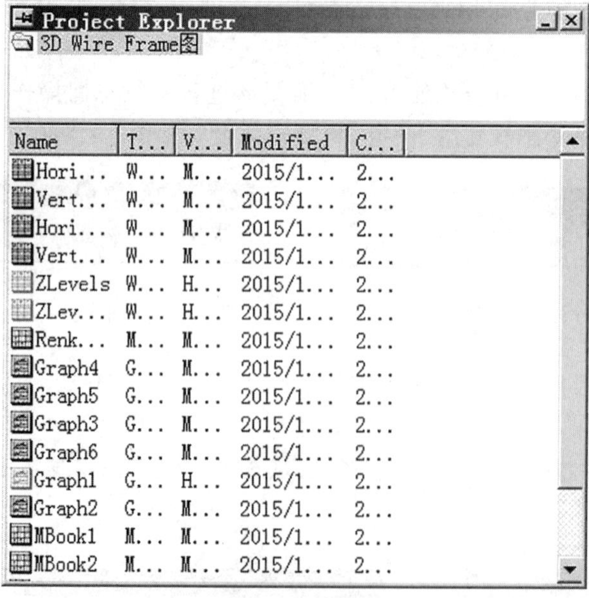

图 3-26 Project Explorer 窗口

② 显示/隐藏/删除窗口:双击窗口名称,第一次会显示该窗口,再一次会隐藏窗口(名称变为灰色);或者点击鼠标右键,在弹出的快捷菜单中选择 Hide/Show/Delete 命令。

③ 重命名窗口:选择要重命名的子窗口点击鼠标右键,在弹出的快捷菜单中选择"Rename"命令,输入新名称,然后按回车键或点击其他对象。

④ 新建窗口(New Window):在当前文件夹中新建子窗口,这个功能与菜单「File」中的"New…"命令功能相当。

⑤ 建立文件夹:如果项目中的内容太多,为更好地组织数据,则需要建立多个文件夹,鼠标右键点击项目文件的主文件夹或子文件夹,在快捷菜单中选择"New Folder"命令,输入名称。新建立的文件夹可以双击进入管理,也可以利用拖放操作重新组织文件。

⑥ 查找子窗口:如果子窗口太多,可以利用鼠标右键点击项目文件的主文件夹或子文件夹,在快捷菜单中选择"Find…"命令进行查找。

⑦ 保存项目文件:使用菜单「File」中的"Save As Project"命令可以保存一份新的项目文件,通常是备份操作。

⑧ 追加项目文件:利用菜单「File」中的"Append…"命令,或者鼠标右键点击项目文件的主文件夹或子文件夹使用"Append Project…"命令,可以从其他地方加载一些以前保存过的子窗口到当前项目中。

3.2 电子表格与数据管理

OriginPro 8.0 中用 Workbook(工作簿)来管理数据(图 3-27),每个工作簿最多包含 121 个工作表(Worksheet),工作表是存放数据的二维数据表格(Data Grid)。由于每个项目(Project)包含的工作簿数量是没有限制的,因此可以在一个项目中管理数量巨大的实验数据。

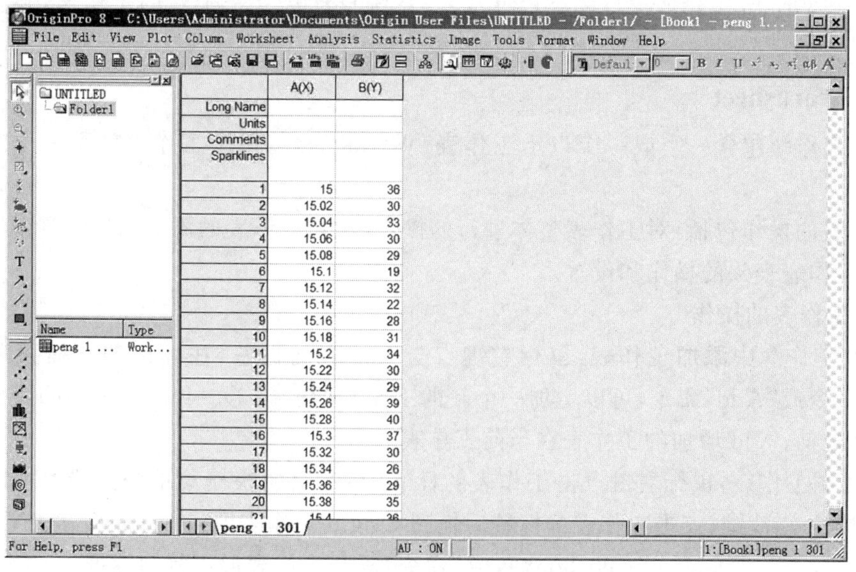

图 3-27 Workbook 窗口

3.2.1 Workbook

Workbook(工作簿)的主要操作包括新建、删除、保存、复制、重命名等。

① 新建工作簿:有两种常用方法新建工作簿,一种是点击菜单「File」→"New…"(新建)

命令，然后选择 Workbook（图 3-28）；另一种是直接点击工具栏上的 "New Workbook" 按钮。

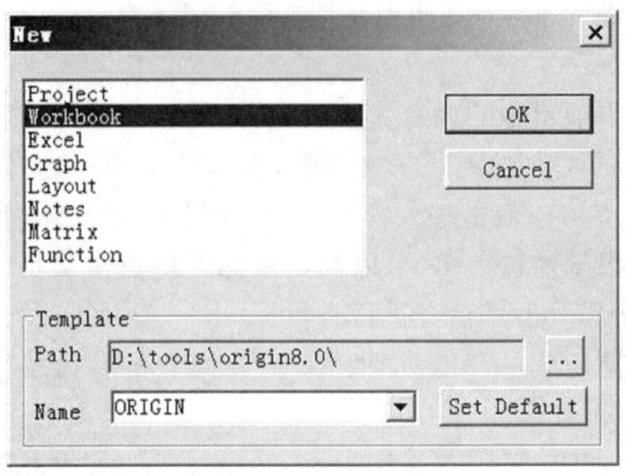

图 3-28　新建工作簿

② 删除工作簿：点击关闭工作簿按钮，然后选择"Delete"（删除）。

③ 保存工作簿：点击菜单「File」→"Save windows As"（另存）命令，存为独立的"*.ogw"文件。

④ 重命名工作簿：鼠标右键点击工作簿标题栏，选择"Properties"（属性），打开属性对话窗口，根据具体情况进行命名，见图 3-29。

⑤ 用工作表创建工作簿：激活已经存在的工作簿，按住 Ctrl 键，点击工作簿内工作表的标签后拖到 Origin 工作簿窗口的空白处放开，系统自动建立一个新的工作簿，并复制原工作表内容。

3.2.2 Worksheet

每个工作簿包含一个或一个以上工作表（Worksheet），每个工作表就是一个二维电子数据表格。

工作表的操作包括：对工作表整体进行的操作，比如工作表的添加、删除、移动、复制、命名等；对工作表表头的操作和设置。

（1）工作表的操作

① 在工作簿中添加工作表：鼠标右键点击工作表的标签，在弹出的快捷菜单中选择"Insert"命令或"Add"命令，可以增加一个新的工作表（图 3-30）。Insert 增加的工作表在当前工作表之前，Add 增加的工作表在当前工作表之后。

② 复制工作表：鼠标右键点击工作表的标签，在弹出的快捷菜单中选择"Duplicate"命令，或者按住 Ctrl 键，点击工作表的标签后拖到 Origin 工作表窗口的空白处放开，可以复制一个工作表；选择"Duplicate Without Data"命令，复制工作表但不复制数据。

③ 删除/移动/重命名工作表：鼠标右键点击工作表标签，在弹出的快捷菜单中选择"Delete"、"Move"、"Rename"命令。

④ 表、列、行的选定：鼠标左键点击数据表左上角空白处，可以选中整个工作表，点击列的标题、点击行号可以分别选定列或者行。

（2）工作表表头操作

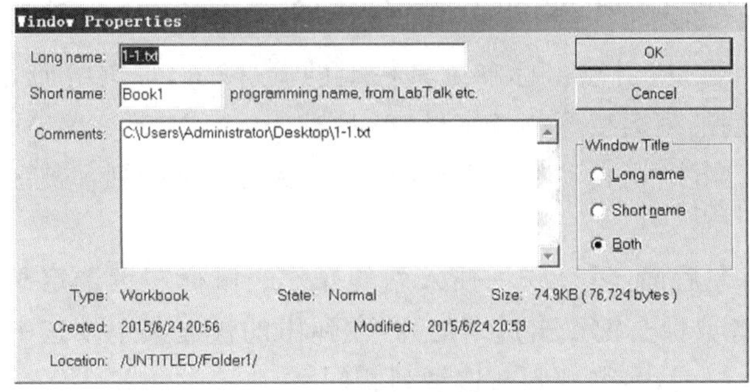

图 3-29　工作簿属性窗口

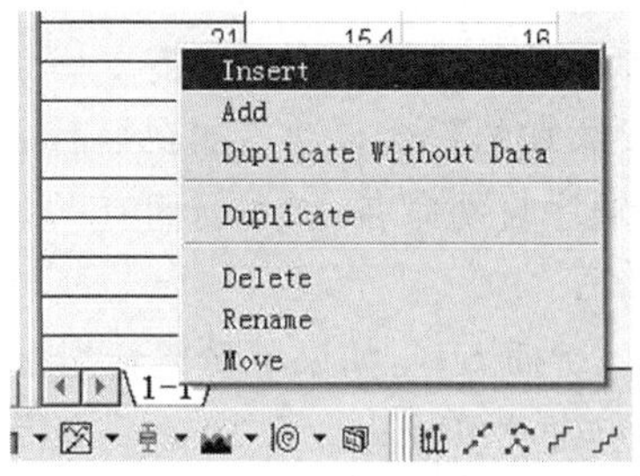

图 3-30　新建工作表

对多表头的支持是 OriginPro 8.0 版本的特征之一，相对于旧版本，可以赋予数据更明确的意义，更多的参数说明，方便自动设定作图时坐标轴的标题和图例，更好地兼容来自其他软件和仪器的数据。

鼠标右键点击工作表空白处或者工作表左上角空白处，在弹出的快捷菜单中选择“View”子菜单，选择不同的命令可以打开或者关闭各种表头(图 3-31)。

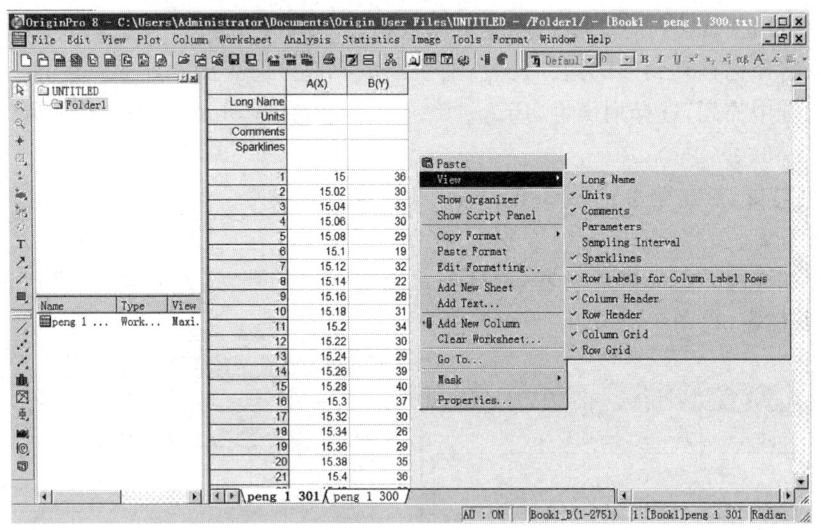

图 3-31　工作表表头设置

(3) 设置工作表的显示格式

如果希望进一步设置工作表的显示格式，可以点击菜单「Format」→“Worksheet”或者鼠标右键点击工作表空白处，选择“Properties”命令，在弹出的窗口中对工作表的属性进行设置，见图 3-32。

3.2.3　列操作

列操作主要包括列编辑、列定义、格式设定等，列操作与图形绘制的关系最为密切。

(1) 列编辑

列编辑包括列的添加、删除、位置移动等。

① 追加列：Worksheet 默认两个列，列名称分别为 A 和 B，并且自动定义 A 为 X，B 为

Y。如果需要增加一个或者多个列,可以点击菜单「Column」→“Add New Columns”命令,在弹出的对话窗口中确定需要增加的列数;或者点击标准工具栏上的 按钮,每次增加1列。添加的列会自动追加在最后面,新列的列名按照英文字母(A,B,C,…,X、Y、Z,AA,AB…)顺序自动命名,如果前面有一些列被删除,则自动补足字母顺序,默认情况下新列都被定义为Y。

② 插入列:如果不希望新增加的列在后面,可以采用插入列的操作。鼠标左键选定某列,点击菜单「Edit」→“Insert”命令,或者鼠标右键点击选中的列,在弹出的快捷菜单中选中“Insert”命令,则会在选中的列前面插入一列,命名规则与追加列相同。

③ 删除列:鼠标左键选定某列,点击菜单「Edit」→“Delete”命令。如果想清除所在列的数据而不把列同时删除,则可以选择“Clear”命令;鼠标右键点击选中的列,在弹出的快捷菜单中选择“Delete”命令,也可以实现上述功能。

④ 移动列:就是调整列的位置。首先选中需要移动的列,然后通过以下3种方式之一实现。a. 点击鼠标右键在弹出的快捷菜单中选择“Move Columns”命令;b. 从工具箱中打开列操作工具栏,选择相应的命令;c. 点击菜单「Column」→“Move Columns”命令。具体操作包括四种:移动到最左边、移动到最右边、向左移动一列和向右移动一列。

⑤ 改变列宽:如果列的宽度比要显示的数据窄,则数据显示不全,实际显示为“####”,则可以将鼠标移动到列的边界位置,通过拖曳列边界适当加大列的宽度;也可以通过鼠标右键点击选中的列,选择列属性“Properties…”命令,在“Column Width”列属性窗口中改变列宽(图3-33)。

⑥ 行列转置:点击菜单「Worksheet」→“Transpose”命令。

(2) 列定义

为了对列进行详细的格式设置,鼠标右键点击相应的列,选择列属性“Properties…”命令,打开列属性窗口(图3-33)。

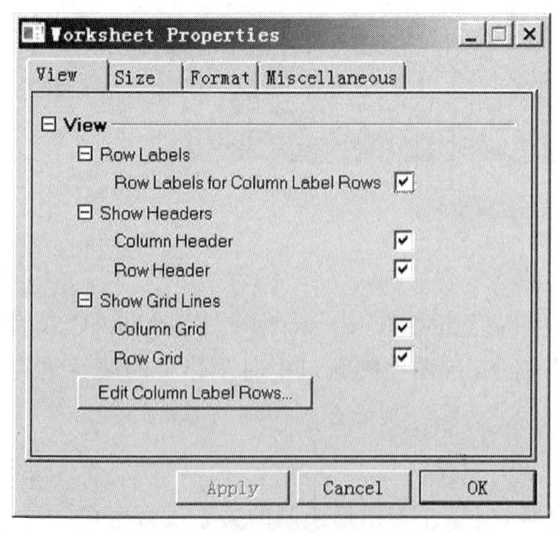

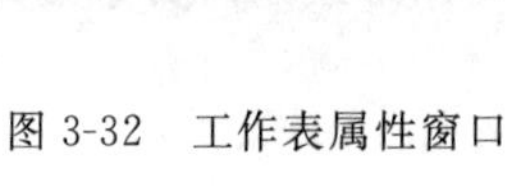
图3-32 工作表属性窗口

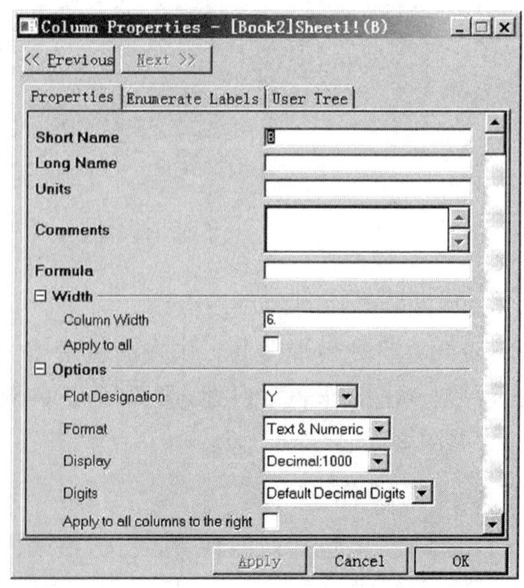

图3-33 列属性窗口

① Plot Designation(列定义):通过下拉菜单进行选择,可以将列定义为 X(X 坐标轴),Y(Y 坐标轴),Z(Z 坐标轴),Label(标签),Disregard(不指定),X Error(X 误差),Y Error(Y 误差)中的一种,设置后的结果将在数据表上显示(图 3-34)。

	A(X)	B(Y)	C(Z)	D(L)	E	F(xEr±)	G(yEr±)
Long Name							
Units							
Comments							
1	--	--					
2	--	--					
3	--	--					

图 3-34 列定义后的工作表

定义后的工作表中,X(自变量)和 Y(因变量)是最基本的类型。一般情况下,如果要作图,一个工作表中至少要有一个 X 列,一个 X 列可以对应一个或多个 Y 列;如果有多个 X 列,每个 Y 列对应它左边最接近该列的第一个 X 列,即"左边最近"原则;如果没有 X 列,则以行号作为 X 列。

如果不想打开属性对话窗口,鼠标右键点击选中的列,在弹出的快捷菜单中选择"Set As"命令,也可以实现列定义操作。如果选中的是多列,则可以选择 XYY,XYXY,XYYXYY…等几种设置。

② Format(列格式):指定选中列的数据类型,共有"Text & Numeric"、"Numeric"、"Text"、"Time"、"Date"、"Month"、"Day of Week"7 种。

③ Display(显示格式):选择好数据的类型后在 Display 下拉菜单中选择显示的格式。

3.2.4 数据导入

Origin 工作表数据的输入主要有 4 种:通过键盘录入数据、复制粘贴已有的数据、导入其他仪器软件产生的数据和通过函数生成数据。其中导入数据是工作表的主要数据来源。

能够导入到工作表中的数据格式可以分为三类:

① ASCII 格式文件——能够使用记事本软件打开的普通格式文件,这类文件以每一行作为一个数据记录,每个行之间用逗号、空格或者 Tab 制表符作为分割,分开多个列。这类数据格式是最简单和常用的,通常大部分仪器软件输出的文件都是这种格式。

② 二进制(Binary)格式文件——数据存储格式为二进制,普通记事本打不开,其数据紧凑,文件更小,便于保密或记录各种复杂信息。这类文件格式具有特定的数据结构,需要使用具体的仪器软件转化为 ASCII 格式,再以 ASCII 格式文件导入工作表。

③ 数据库格式文件——从技术上能够通过数据库接口 ADO 导入的数据文件。Origin 中提供了数据库的查询环境。

ASCII 格式是 Windows 平台中最简单的文件格式,常用的扩展名为"*.txt"或"*.dat",几乎所有的软件都支持 ASCII 格式输出。ASCII 格式的特点是由普通的数字、符号和英文字母构成,不包含特殊符号,一般结构简单,可以直接使用记事本程序打开。ASCII 格式文件由表头和实验数据构成,其中表头经常被省略。实验数据部分由行和列构成,行代表一条实验记录,列代表一种变量的数值,列与列之间采用一定的符号隔开。典型的符号包括","(逗号)、" "(空格)、"TAB"(制表符)等,如果不采用以上符号,也可以采用固定列宽。

(1) Origin 采用两种方式导入 ASCII 格式文件

① 导入单个 ASCII 格式文件(Import Single ASCII)。

点击菜单「File」→“Import”子菜单→“Single ASCII…”命令,或者点击标准工具栏上的按钮,即可打开图 3-35 的窗口。

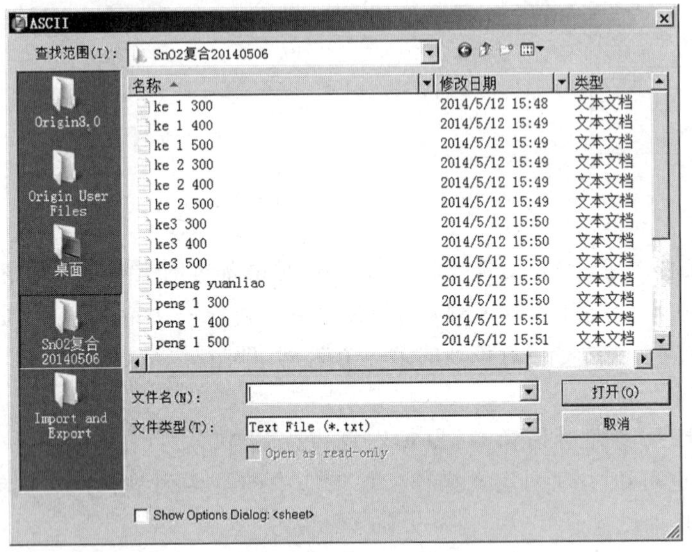

图 3-35　导入单个 ASCII 格式文件对话窗口

通过这个打开文件对话窗口,选中某个需要导入的数据文件,点击“打开”按钮即可导入。这种导入数据方式默认参数是覆盖当前数据表中的数据,如果不希望数据被覆盖,要么保证当前数据表为空表,要么进行参数设置。

如果想对导入数据文件格式进行详细设置,在图 3-35 的窗口中“Show Options Dialog”前面打“√”,选中某个需要导入的数据文件,点击“打开”按钮则打开数据导入选项对话窗口,如图 3-36 所示。

图 3-36 的对话窗口提供了对文件数据源的各种详细处理参数的设置,内容比较复杂,实际应用时大部分选项保留系统默认值即可。

需要注意的是“Import Mode”,表示导入的数据与当前的数据表是什么关系,主要有 5 个选项:

a. Replace Existing Data:导入的数据代替当前数据;

b. Start New Books:导入的数据以创建新的工作薄的形式导入;

c. Start New sheets:导入的数据以创建新的工作表的形式导入;

d. Start New Columns:导入的数据以创建新列的形式导入;

e. Start New Rows:导入的数据以创建新行的形式导入。

② 导入多个 ASCII 格式文件(Import Multiple ASCII)。

点击菜单「File」→“Import” 子菜单→“Multiple ASCII…”命令,或者点击标准工具栏上的按钮,即可打开图 3-37 的窗口。

利用图 3-37 的对话窗口可以一次导入多个数据文件。选中所需导入的数据文件点击“Add Files”添加,也可以配合功能键 Ctrl 或 Shift(按 Ctrl 键每次添加 1 个,按 Shift 键则添

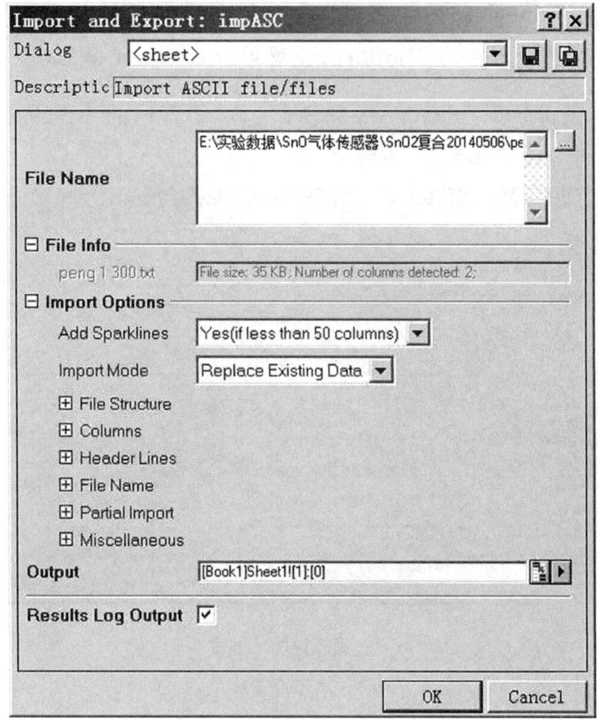

图 3-36　ASCII 格式文件导入选项

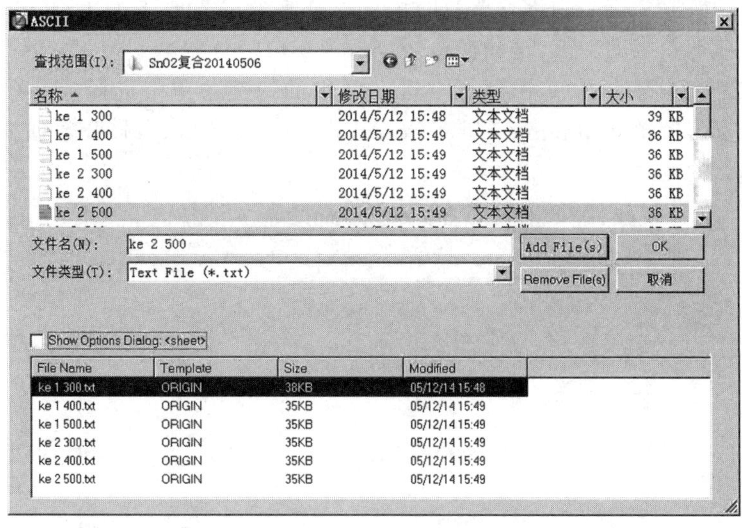

图 3-37　导入多个 ASCII 格式文件对话窗口

加连续的多个文件)，文件添加后也可以点击“Remove Files”删除部分不需要的文件，最后点击 OK 键即可以导入多个文件。

与导入单个文件一样，可以选中“Show Options Dialog”打开选项设置对话窗口进行细节设置，对同一时间导入的数据文件采用相同导入参数。

(2) 数据导入向导(Import Wizard)

数据导入向导提供了一个复杂和功能强大的数据导入平台，用户可以进行各种数据格式和参数设置。点击菜单「File」→“Import”子菜单→“Import Wizard…”命令，或者点击标准工具栏上的按钮，即可打开图 3-38 的窗口。对于普通的 ASCII 格式文件保留系统默认值即可，深入了解请参阅其他专业书籍。

Import Wizard - Source
Data Type
ASCII　Binary　User Definec
Data Source
File E:\实验数据\SnO气体传感器\SnO2复合20140506\ke 1 300.txt
Clipboard
Import Filter
List filters applicable to both Data Type anc
Import Filters for current　Origin Folder: ASCII
Description
Target Window
Worksheet　Matrix　None (User Defined filter needs to create window)
Template　<Default>
Template for new sheet or book
Import Mode　Replace Exisiting Data
Cancel　<< Back　Next >>　Finish

图 3-38　数据导入向导窗口

3.2.5　数据管理

(1) 数据变换

大部分原始实验数据必须进行适当的运算或数学变换才能用于作图，Origin 提供了在工作表中进行数据变换的功能，这种换算是以列为单位进行的。

基本操作是选中某个列，点击鼠标右键在弹出的快捷菜单中选择“Set Column Values …”命令，或者点击菜单「Column」→“Set Column Values…”命令，打开数据变换对话窗口，如图 3-39 所示。

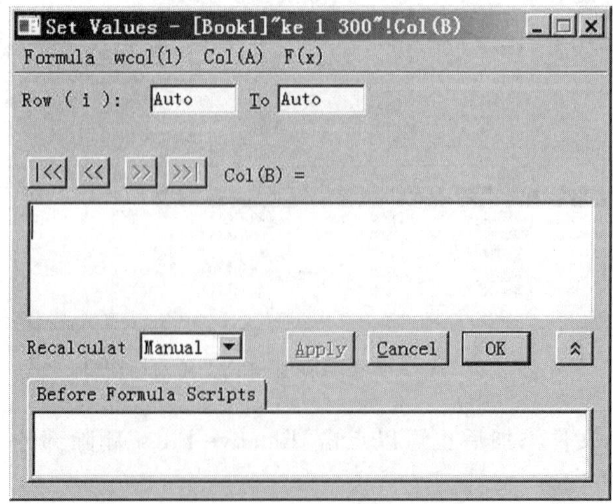

图 3-39　Set Values 对话窗口

① 菜单栏：Formula(公式)，利用这个菜单可以把已有的公式进行保存或加载，还有一

些预定义公式的例子；wCol(1)和 Col(A)分别用数字或名称代表不同的数据列，对应其实际运算的范围；F(x)，分类列举内部函数。

② Row(i)：行的范围，默认为自动，通常是整列数据。

③ 通过移动按钮，在不同的列间进行切换，以便一次设置多个列的运算公式。

④ 具体的运算公式，可以使用“＋，-，*，/，^”等基本运算符，对内部函数、列对象和变量进行组合。

⑤ Recalculate：重算选项，如果数据源发生变化，结果数据要不要同步变化，有三个选项：None，不自动重算；Auto，自动计算；Manual，手动决定是否重算。

⑥ Before Formula Scripts：预处理公式脚本，在这里可以自定义变量，这些变量也可以是数据对象，公式的运算是先执行这个脚本，然后再算公式框中的公式，这样就可以进行更复杂的运算。

(2) 自动数据填充

自动数据填充功能主要是填充行号或随机数，选中某列，点击鼠标右键，在弹出的快捷菜单中选择“Fill Column with”命令，出现三个选项：“Row Number”即自动填充行号；“Normal Random Numbers”填充随机数；“Uniform Random Numbers”填充均匀随机数。通过点击菜单「Column」→“Fill Column with”命令也可以实现上述操作。

如果希望根据已有数据实现数据填充，首先选中这些单元格，将鼠标移动到选区右下角，出现“＋”光标，使用鼠标进行拖放，拖放时按住“Ctrl”键则可以实现单元格区域的复制，按住“Alt”键则会根据数据趋势进行填充。

(3) 数据的查找与替换

点击菜单「Edit」→“Find”命令或者“Replace”命令可完成数据的查找或替换。

3.3　图形绘制

Origin 中的图形指的是绘制在图形(Graph)窗口中的曲线图，即建立在一定坐标体系基础上的，原始数据为数据源一一对应的，点(Symbol)、线(Line)或条(Bar)的简单或者复合而成的图形。因此：① 作图之前必须有数据，数据与图形对应，数据变了图形也会发生变化，作图就是数据的可视化过程；② 数据点对应着坐标体系，坐标轴决定了数据有特定的物理意义，数据决定了坐标轴的刻度表现形式；③ 图形的形式有很多种，最基本的元素仍然是点、线、条三种基本图形；④ 图形可以是一条或多条曲线，这些曲线对应着一个或多个坐标轴。

① Graph(图形)窗口——每个 Graph 都由页面、图层、坐标轴、文本和数据相应的曲线构成，如图 3-40 所示。

② Page(页面)——每个 Graph 都包含一个可编辑的页面，页面作为绘图的图布，可以理解为一个绘图空间，包括图层、坐标、坐标轴、文本等组成部分，用户可以根据需要来修改这些内容。在页面空白处点击鼠标右键，在弹出的快捷菜单中选择“Properties”命令，在弹出的对话窗口中可以对 Graph 和 Page 的相关属性进行设置，可以设置页面的表现形式和大小等属性。

③ Layer(图层)——如果把如页面(Page)理解为一个工作窗口，则图层更像一张透明

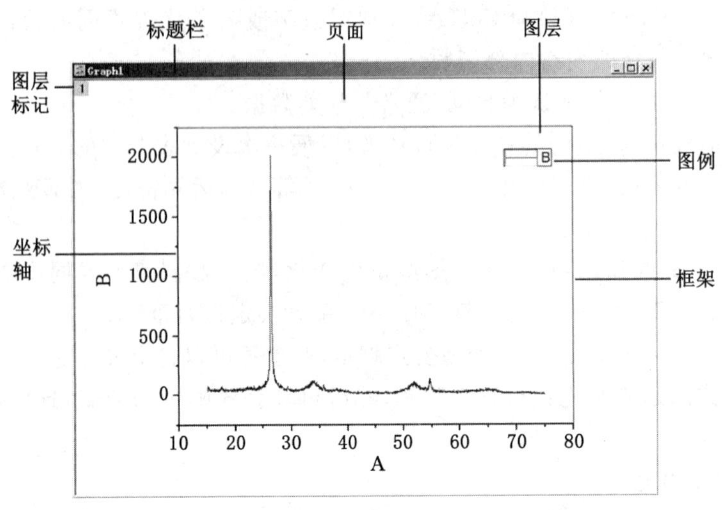

图 3-40　Graph 窗口

的纸。每个图层包括三个要素:坐标轴、数据曲线以及与之相关的文本、图例。在 Graph 中最多可以包含 50 个图层,图层是透明的,可以相互重叠,在页面左上角以灰色的小方框标记,图 3-40 所示的页面中只有一个图层,因此图层标记为“1”。每个 Graph 窗口中至少有一个图层,鼠标左键点击图层标记可在不同图层之间切换,也可以用鼠标点击不同曲线直接选择图层。点击菜单「View」→“Show”子菜单→“Active Layer Indicator”命令,可将当前图层高亮显示出来,这在编辑多个图层时显得十分方便。

④ Frame(框架)——点击菜单「View」→“Show”子菜单→“Frame”命令,可以显示隐藏图层框架。

⑤ Plot(绘图)——在 Layer 上面,可以进行绘图操作,包括添加曲线、数据点、文本以及其他图形。

3.3.1　作图操作

导入数据,确定列属性(X、Y、Z 属性)后,选择需要操作的列或数据(图 3-41),点击菜单「Plot」→“Line+Symbol”子菜单→“Line+Symbol”命令绘制二维图(图 3-42);或者点击“2D Graphs”工具栏上的 按钮也可以实现相同的操作。

Data1

	A(X1)	B(Y1)	C(X2)	D(Y2)	E(X3)	F(Y3)	G(X4)	H(Y4)
1	10	10.667	10	1.467	10	2.433	5	2.833
2	20	1.8	20	5.233	20	5.033	10	4.867
3	30	1.133	30	6.9	30	6.133	15	5.9
4								
5								
6								
7								
8								

图 3-41　工作表

由以上操作可见,作图首先要导入数据,然后确定列属性,其次选取数据(通过鼠标拖动,或者使用组合键 Ctrl,或者 Shift 选取数据,通常是以列为单位选取数据,也可以选取部分数据),再次选择作图类型进行作图。系统自动缩放坐标轴以显示所有的数据点,如果是多条曲线,系统会自动以不同的图标和颜色显示,并根据列名称生成图例(Legend)和坐标

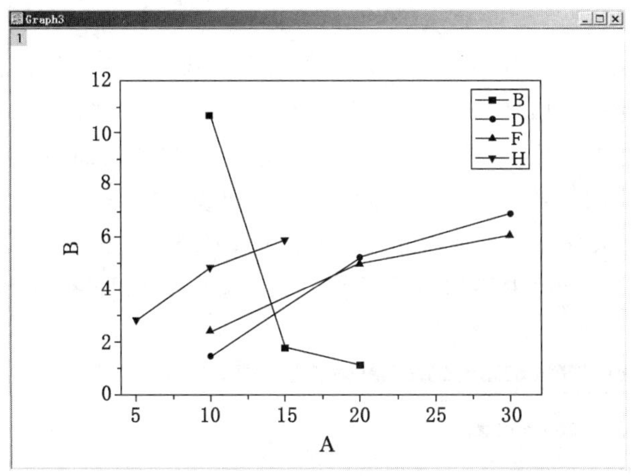

图 3-42　二维图形

轴名称。

也可以在不选中任何数据的情况下执行绘图命令，则弹出“Plot Setup”图形设置对话窗口进行绘图设置，如图 3-43 所示。

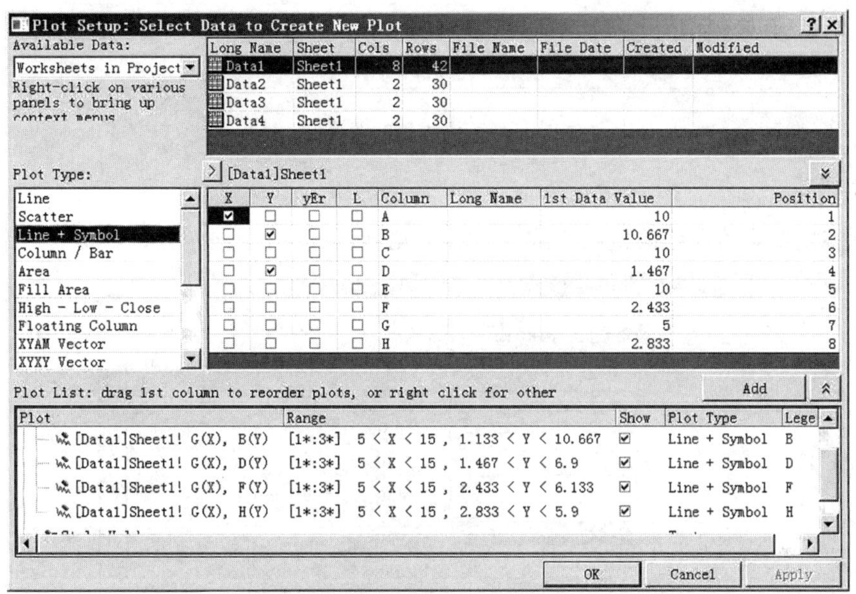

图 3-43　绘图设置对话窗口

在这个对话窗口里，顶部可以选择数据来源，即工作表；中间部分，左边可以选择 Plot Type(图形类型)，右边可以设置列属性如 X、Y、Z 等属性，而不管原来各列的属性设置；设置好上面两部分之后，点击 Add(添加)按钮，可以把图形添加到底部的列表中，在底部列表中可以进一步详细设置，例如设置绘图的数据点范围等，最后点击 OK 按钮，即可生成图形。

3.3.2　图形设置

图形设置是指在选定作图类型(Type)后，对数据点(Symbol)、曲线(Line)、坐标轴(Axes)、图例(Legend)、图层(Layer)以至于图形整体(Graph)的设置，最终产生一个具体的、准确的和规范的图形。

双击数据曲线，或者在 Graph 窗口中点击鼠标右键，在弹出的快捷菜单中选择“Plot Details…”命令，则会弹出 Plot Details(作图细节)对话窗口，如图 3-44 所示，可以对图形进行相关设定。需要注意的是，如果是选中多列数据绘制的多条曲线图形，由于系统默认为 Group(组)，所有曲线的符号(Symbol)、线型(Line)和颜色(Color)会统一设置(按默认的顺序递增呈现)，这对于大部分图形来说是比较合适的，但缺点是很多参数不能个性化定制，如果希望定制一个 Group(组)中各曲线的具体参数，就要选择“Edit Mode”中的 Independent (独立)选项。

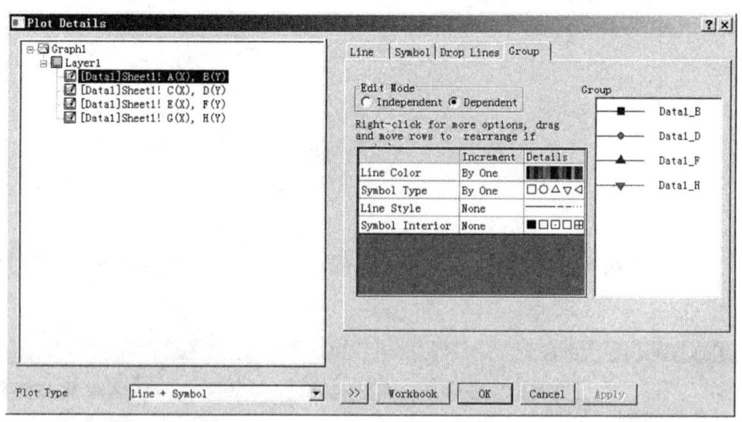

图 3-44 Plot Details 窗口

(1) Line 标签

本标签主要设置曲线的链接方式、线型、线宽、颜色、填充等选项，如图 3-45 所示。

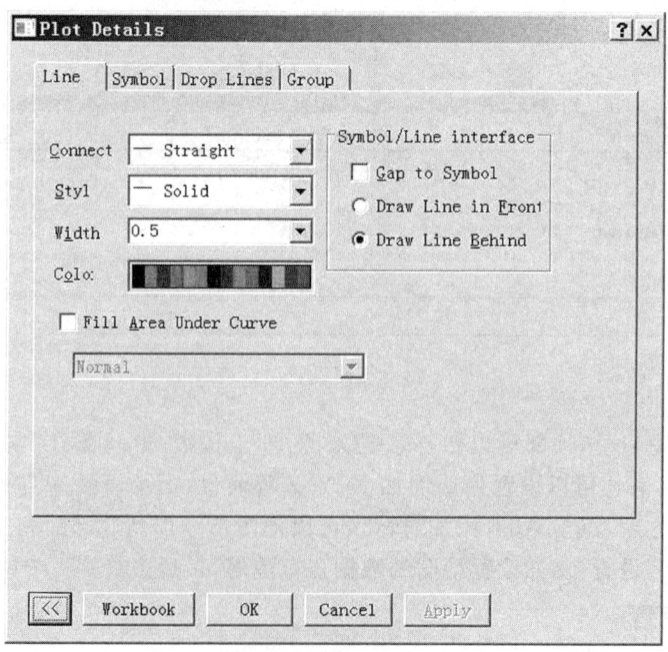

图 3-45 Line 标签

① Connect：下拉菜单中为数据点的连接方式，如直线型，点线型等；

② Style：线条的类型，如实线，虚线等；

③ Width：调节线条的宽度，默认屏幕显示设置为 0.5；

④ Color：调节线条的颜色；

⑤ Symbol/Line interface：线与点的位置关系；

⑥ Fill Area Under curve：填充曲线。

(2) Symbol 标签

本标签主要设置数据点的显现方式，如符号、大小、颜色等，如图 3-46 所示。

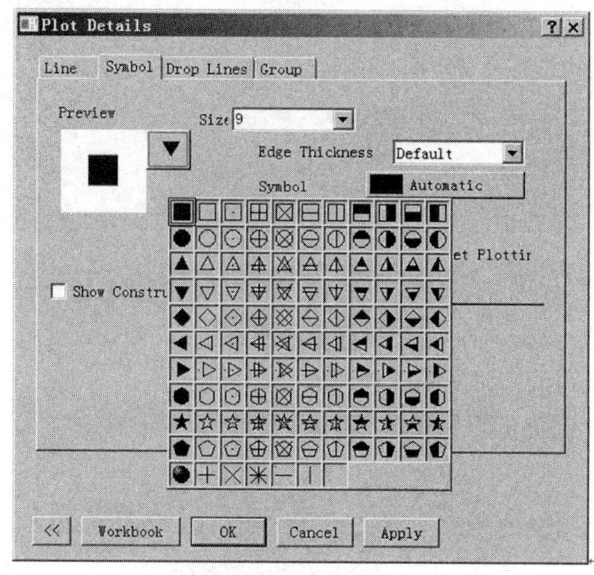

图 3-46　Symbol 标签

① Preview：不选中“Show Construction”复选框，点击 Preview 按钮后面的“▼”按钮，打开符号库，可选择其中一种符号用于绘图；

② Show Construction：自定义符号，选中此复选框，出现包括几何符号、希腊符号、递增希腊符号、行号和自定义符号等选项，用户可自行选择以便组合成新的符号；

③ Size：选择符号的大小，默认是 9 Point；

④ Edge Thickness：当选择的符号为空心时，该选项可设置符号的边框和半径的比例，用百分比表示；

⑤ Color：设置符号的颜色，包括单一颜色和渐进色等；

⑥ Overlapped Point Offset Plotting：如果在曲线中有重合的数据点，选中此选项，则重合的数据点在 X 方向上错位表示。

(3) Drop Lines 标签

当曲线类型是 Scatter(散点图)或含有 Scatter 时，即出现表示数据的点时，选中 Drop Lines 标签中的“Horizontal”复选框或“Vertical”复选框可添加曲线上点的垂线和水平线，能更直观地读出曲线上的点，如图 3-47 所示。

(4) Group 标签

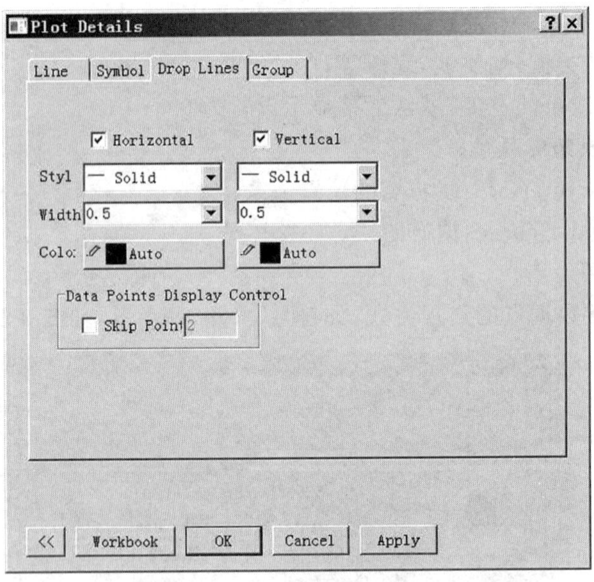

图 3-47　Drop Lines 标签

当 Graph 图形中有几条曲线时，并且曲线联合成一个 Group（组）时，Plot Details 对话窗口中将出现 Group 标签，如图 3-48 所示。

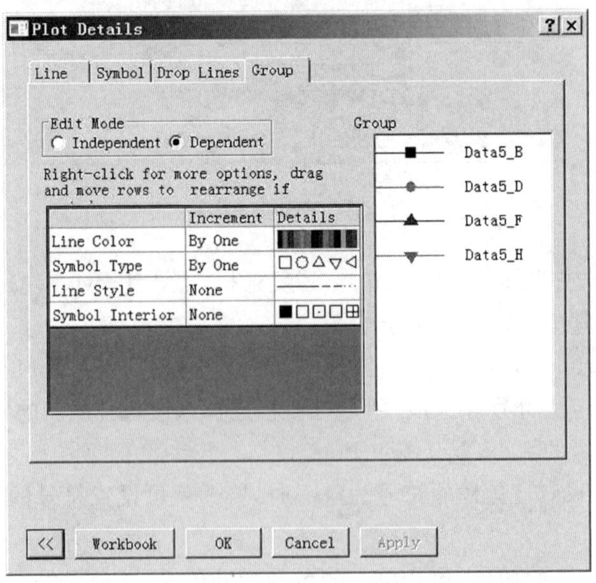

图 3-48　Group 标签

Edit Mode（编辑模式）：

① Independent：表示几条曲线之间是独立的，没有依赖关系。

② Dependent：表示几条曲线之间具有依赖关系，并激活下面的四个选项：曲线颜色、符号类型、曲线样式和符号填充样式。分别点击“Details”栏，出现一个小滑块，点击可进入详细的设置窗口。

a. Line Color:列出的是各曲线的颜色；

b. Symbol Type: 符号形状；

c. Line Style:线性；

d. Symbol Interior:符号填充样式。

当 Graph 图形为条状图、柱状图、饼状图时，在 Plot Details 对话窗口中的 Group 标签有所不同。

3.3.3 坐标轴设置

坐标轴的设置在所有绘图设置中是最重要的，因为这是达到图形“规范化”和实现各种特殊需要的最核心要求。没有坐标轴的数据将毫无意义，不同坐标轴的图形将无法比较。

鼠标左键双击坐标轴，或者在 Graph 窗口中点击鼠标右键，在弹出的快捷菜单中选择“Axis…”命令，则会弹 X Axis(或 Y Axis, Z Axis)对话窗口，可对坐标轴进行设置，如图 3-49所示。

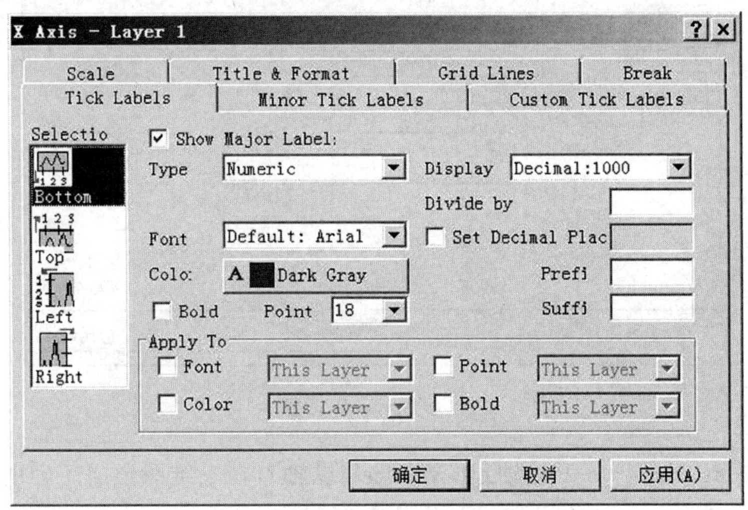

图 3-49 X Axis 设置窗口

(1) Tick Labels 标签

主要用于设置坐标刻度的相关属性，如图 3-49 所示。

① Selection:选择坐标轴。有四个坐标轴，分别是 Bottom(底部 X 轴坐标轴)、Top(顶部 X 坐标轴)、Left (左边 Y 坐标轴)和 Right(右边 Y 坐标轴)，图形默认的是 Bottom 和 Left 两个坐标轴。

② Type:数据类型。默认状态下与源数据保持一致，本例中为数值型。也可以修改显示格式，例如日期型等，如果源数据为日期型，坐标轴刻度也要设置成日期型才能正确显示。

③ Display:主要用于显示坐标轴标注的数据格式，如十进制、科学记数法等。

④ Divide by:整体数值除于一个数值，典型的为 1 000，即除以 1 000 倍，或者 0.001，即乘以 1 000 倍，这个选项对于长度单位来说很有用。

⑤ Set Decimal Places:选中此复选框后，填入的数字为坐标轴主刻度标注(数值)的小数位数。

⑥ Prefix/Suffix:坐标轴主刻度标注的前缀/后缀，如在刻度标注后加入单位 mm、

eV 等。

⑦ Font:字体格式、颜色、大小等。不同的字形将影响到标注数值的形状,选择的依据是最终显示时图形的刻度标注能看得清楚。

⑧ Apply to:上述设置应用的范围,在本例中应用于当前层。

以上是对 Bottom(即 X 轴)的坐标刻度标注进行设置,也可以通过切换对 Left(即 Y 轴)的坐标刻度进行设置。由于系统默认的只有左边和底部的坐标轴,因此如果需要设置右边和顶部的坐标轴,可以在这个标签中"Show Major Label"前打钩即可。

(2) Scale 标签

主要用于设置坐标轴刻度,如图 3-50 所示。

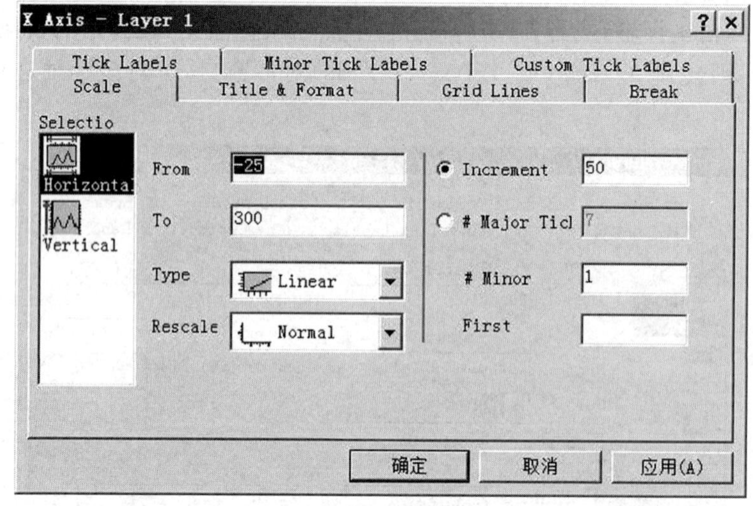

图 3-50 Scale 标签

① Selections:Horizontal(横轴)和 Vertical(纵轴),在三维图形中还会出现 Z Axis 选项,默认状态下,Horizontal 为 X 轴,Vertical 为 Y 轴。

② From/To:文本框中显示的是坐标轴的起点和终点。默认情况下这两个值是软件根据最佳显示效果(最小值到最大值,再在两边预留空间)自动设定的,根据实际情况需要,可以手动设置。

③ Type:坐标轴的类型,共有 9 种,根据具体情况选择。

④ Increment:输入坐标的步长值,如输入 5,表示主要坐标刻度标注为 0,5,10,15…

⑤ Major Ticks:输入要显示的坐标刻度数量,如输入 8 则显示 8 个主要坐标刻度标注:0,5,10,15,…,40。

⑥ Minor:输入主要刻度之间要显示的次要坐标刻度,如输入 1,表示两个主要坐标间显示 1 个次坐标刻度,如果输入 4 则相当于每个主要坐标分成 5 个次要坐标,如输入 9 则分成 10 个次要坐标,依次类推。

⑦ First:在大部分的 Graph 图形中没有用,是针对日期刻度的,指定起始刻度的位置。

(3) Title & Format 标签

这里的 Title 指的是坐标轴标题(即名称),Format 格式指的是坐标轴上刻度短线的方向和大小,如图 3-51 所示。

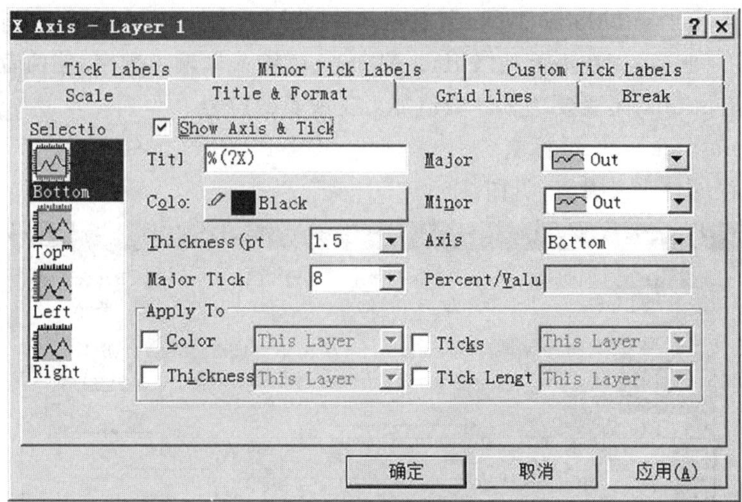

图 3-51　Title & Format 标签

① Title:文本框中坐标轴的标题。输入框中显示“%(? Y)”是系统的内部代码,表示会自动设置使用工作表(Worksheet)中 Y 列的“Long Name”作为名称,以 Y 列的“Unit”作为坐标轴的单位。如果需要也可以直接输入标题名称。

② Major/Minor:刻度显示方式。调整坐标轴中主/次刻度(短线)出现的形态,包括里、外、无、里外四种显示方式。

③ Axis:坐标轴的位置。

④ Thickness:坐标轴线型粗细。

⑤ Major Ticks:输入要显示的主坐标刻度的长短。

(4) Minor Tick Labels 标签

图 3-52 为次刻度标注的显示方式设置。

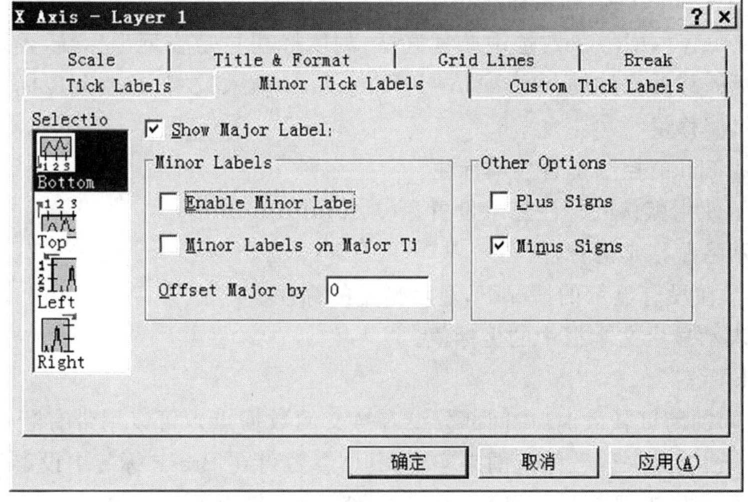

图 3-52　Minor Tick Labels 标签

① Minor Labels on Major Ticks 复选框，在主刻度处显示主刻度和次刻度，这样两个刻度，就重叠在一起，可以在下面的"Offset Major by"输入框输入数字，使两者错开；

② Other Options：是否要为标注数值加上正或负的符号。

(5) Custom Tick Labels 标签

为刻度标注的自定义设置，见图 3-53。

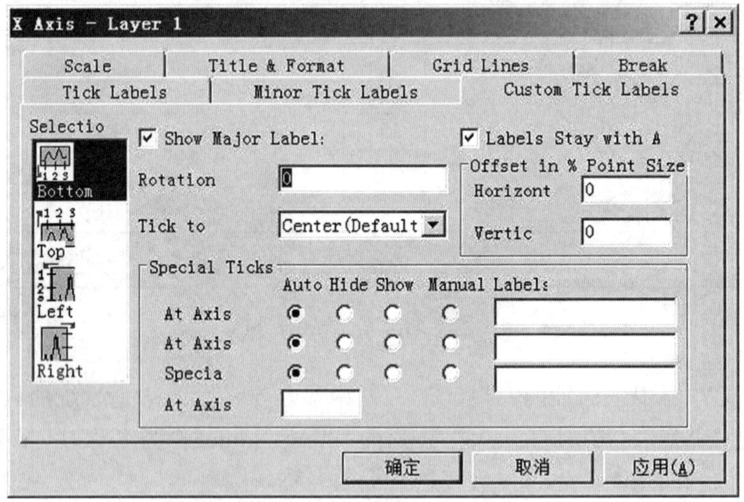

图 3-53　Custom Tick Labels 标签

① Rotation：在文本框中输入的数字表示坐标轴刻度标注旋转的角度，正数表示逆时针旋转，负数表示顺时针旋转。

② Tick To：刻度的对齐方式。

Select Center(Default)：默认状态下，标准的中间对齐坐标轴刻度。

Next to Ticks：标注的左边对齐刻度。

Center Between Ticks 表示标注在相邻两个刻度间。

③ Labels Stay with Axis：选中此复选框，刻度标注总是临近坐标轴，否则标注在默认位置，不随坐标的移动而移动；Offset in % Point Size，填入数字，控制刻度标注（值）和坐标轴的位置关系，偏移量。

④ Special Ticks：控制是否显示标注。

Auto：表示使用默认的标注显示设置。

Hide：表示隐藏指定的标注。

Show：表示在没有显示的情况下，显示指定的标注。

Manual：表示显示文本框中的坐标值。

(6) Break 标签

当数据之间的跨度较大时（中间部分没有意义的数据点），可以用带有断点的 Graph 表示，即通过坐标轴放弃一段数据范围来实现，具体参数可在 Break 标签中设定（图 3-54）。

① Show Break：在坐标轴上显示断点，并激活此标签上的其他选项。

② Break Region：坐标轴上断点的起始点和结束点。

③ Break Position：文本框中的数字表示断点在坐标轴上的位置。

④ Log10 Scale After Break：表示断点后面的坐标为对数坐标。

⑤ Scale Increment：断点前后坐标刻度的递增步长值。

⑥ Minor Ticks：断点前后坐标刻度之间的次刻度的数目。

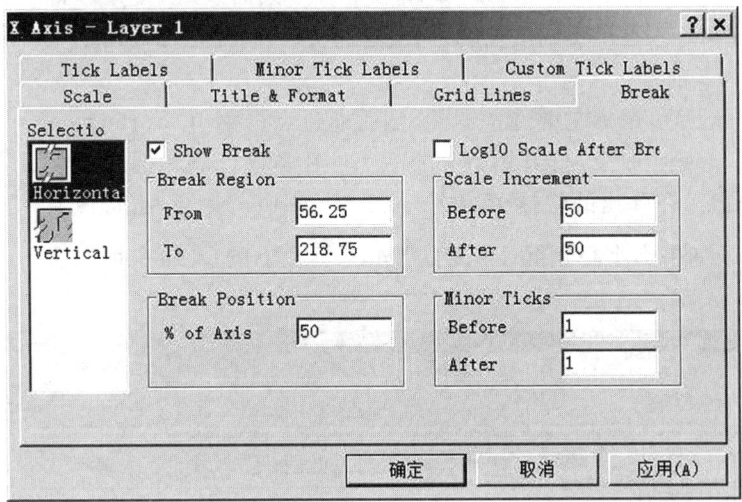

图 3-54　Break 标签

(7) Grid Lines 标签

本标签相当于为图形窗口绘图区域绘制网格线，可使数据点更加直观，提高可读性，如图 3-55 所示。

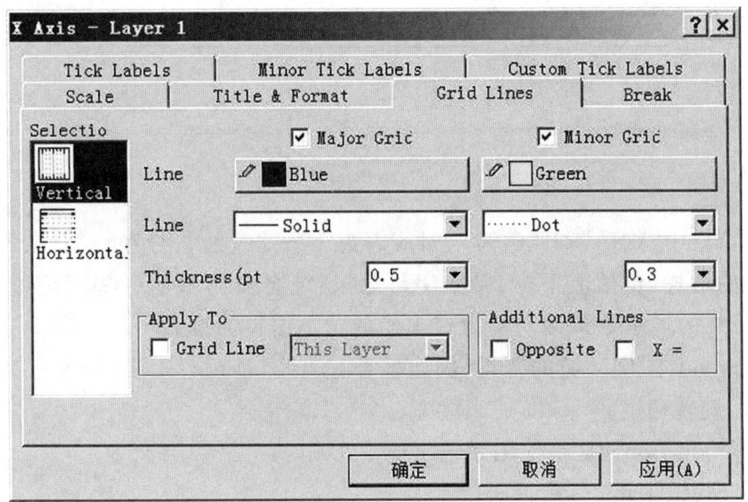

图 3-55　Grid Lines 标签

① Major Grids：显示主格线，即通过主刻度平行于另一坐标轴的直线，还可以分别设定线的颜色、类型和宽度。

② Minor Grids：显示次格线，即通过次刻度平行于另一坐标轴的直线。

③ Additional Lines：在选中坐标轴的对面显示直线，选中 Y=0 复选框，即在 X 轴对面显示直线。

3.3.4 图例和文本

(1) 图例

Legend(图例)的主要目的是当一个图形中有多条曲线时,使用不同的图标、线型和颜色来显示不同的曲线,以便增加可读性,并增加简单的文字注释,如图 3-56 所示。

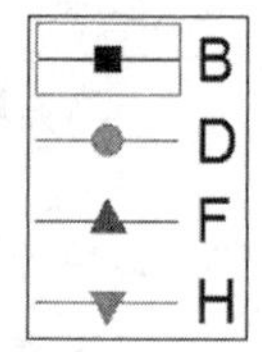

图 3-56 图例

对图例进行设置,鼠标左键选中图例,然后通过点击菜单「Format」→“Object Properties…”命令,打开图例属性窗口(图 3-57);或者选中图例后,点击鼠标右键,在弹出的快捷菜单中选择“Properties”命令,也可以实现相同的操作。如果不小心删除了图例,点击工具栏上的图标命令可以重新建立图例。

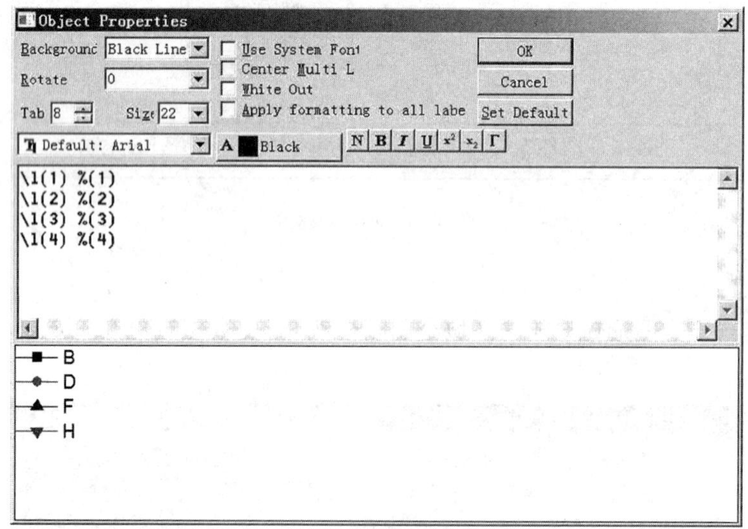

图 3-57 图例属性窗口

图例属性窗口中“\(1)”和“%(1)”,对应着第 1 条曲线的符号和线型,依此类推。另外,如果用到特殊的格式,包括上下标、希腊字母等,系统会自动增加一些标记(Mark),这些标记不能删除,最终的显示效果以对话窗口下面的预览窗口为准。

① Background:图例区域的背景,例如是否有边线,是否有阴影等。

② Rotate:旋转角度。

③ Use System Font:是否使用系统字体。

④ Center Multi Labels:是否居中。

⑤ White Out:设置白边,使图例非透明显示。

⑥ Apply formatting to all labels:设置样式到所有图例中。

(2) 文本

文本是图形的说明,主要包括坐标轴标题和图形标题,也可以是图形中其他的说明文字。鼠标左键点击 Text Tool 按钮 T ,然后在绘图页面点击鼠标左键,弹出文本窗口,即可进行文本编辑;或者在绘图页面点击鼠标右键,在弹出的快捷菜单中选择“Add Text…”命令，也可以实现文本编辑。如果要输入其他的符号，在弹出的文本框中，点击鼠标右键，在弹出的快捷菜单中选择“Symbol Map”命令，在打开的窗口中选择需要的符号。

将文本格式工具栏激活，可以对文字格式做相应修改，如图 3-58 所示；也可以按住“Ctrl”键后鼠标左键双击文本，或者鼠标右键点击选中的文本框在弹出的菜单中选择“Properties”命令，打开文本属性窗口，实现文本编辑(图 3-59)。

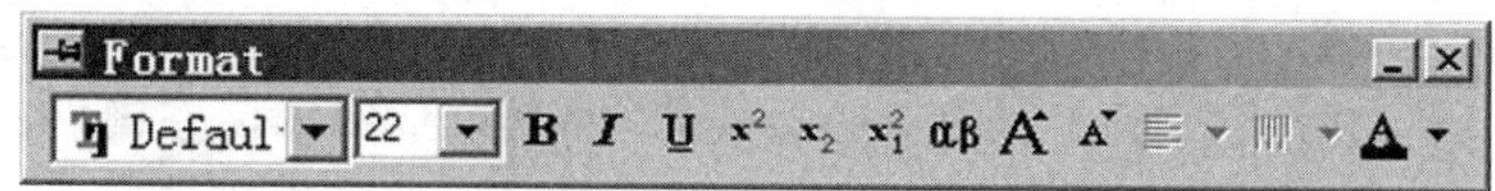

图 3-58　文本格式工具栏

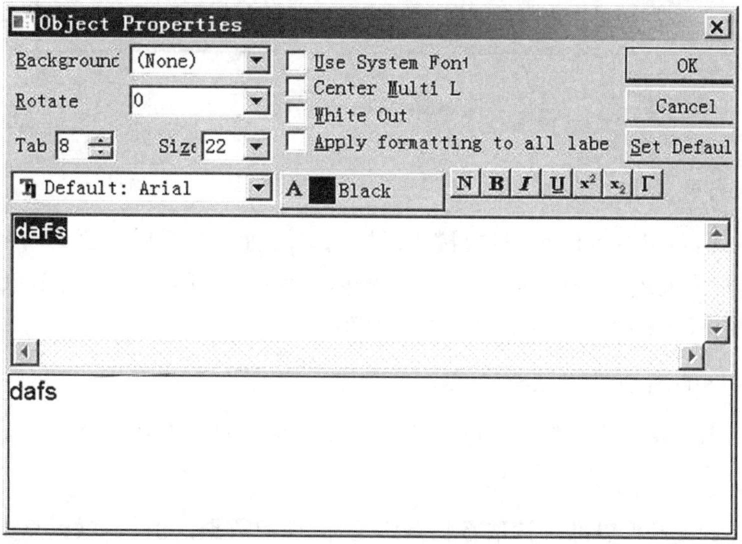

图 3-59　文本属性窗口

3.3.5　图形工具

(1) Graph 工具栏(图 3-60)

图 3-60　Graph 工具栏

：对页面进行放大、缩小和整页显示。

：缩放，根据当前图形中的数据对图形进行自动缩放，是图形最常用的一个操作之一，快捷键“Ctrl+R”。

：将多曲线图形分成层、将多层图分成多个图、合并多个图形。

：图层操作。

：彩色刻度，用于 3D 等高线图形。

:建立新的图例。

:增加一个比例尺。

:插入系统时间。

:插入空白表格。

(2) Tools 工具栏

Tools 工具栏如图 3-61 所示。图标旁边若有“▼”标记,用鼠标左键点击可显示更多功能。

图 3-61　Tools 工具栏

Pointer:可以用于选择对象,也用于取消其他工具。

Zoom In:可以放大图形,只要按住鼠标左键拖动鼠标选择要放大的区域即可,此处的放大缩小是指放大缩小坐标轴刻度,因为坐标刻度变了,图形才跟着放大缩小,与上面 Graph 工具栏的图形整页缩放在意义上是完全不同的。

Zoom Out:缩小图形,是坐标刻度回到原来的设定处。

Screen Reader:可以读取图形窗口上任意点的坐标,坐标值通过“Data Display”窗口显示。

Data Reader:可以准确读取数据点的坐标,即源数据的值,当鼠标点击时,鼠标会自动选中最近的数据点,并显示“Data Info”信息窗口。

Annotation:可以给数据点添加注释,这个工具对于标注数据点的值是很有用处的,例如可以使用这个工具标注峰对应的坐标值。

Cursor:可以给数据点添加可以动的指针。

Data Selector:可以选择数据段,只要拖动数据线起始的点即可。

Selection on active plot:可以选择当前选中图形的某个区域的数据点。

Selection on all plot:可以选择所有图形的某个区域的数据点。

Add masked points to active plot:可以隐藏当前选中图形的某个区域的数据点。

Add masked points to all plot:可以隐藏所有图形的某个区域的数据点。

Remove masked points from active plot:可以取消隐藏当前选中图形的某个区域的数据点。

Remove masked points from all plot:可以取消隐藏所有图形的某个区域的数据点。

Draw Data:可以自己绘制数据点,在这个模式下只要点击图形窗口,并按回车键即可绘制数据点，点间会自动连线，完成后按 Esc 键退出。用这个方法绘制的数据点并不是"图形"，而是数据，会自动建立工作表储存这些数据，可以修改其图形特性。

Text Tool：可以输入文本。

Arrow Tool：可以绘制带箭头的直线，只要按住鼠标左键拖动鼠标即可。

Curved Arrow Tool：可以绘制带箭头的曲线，只要按顺序点击图形窗口上的三个点即可，通常用于标注。

Line Tool：可以绘制直线，只要按住鼠标左键拖动鼠标即可。

Polyline Tool：可以绘制折线，只要按顺序点击图形窗口上的点即可，完成后按 Esc 键退出。

Freehand Draw Tool：可以绘制任意线条，只要按住鼠标左键拖动鼠标即可。

Rectangle Tool：可以绘制矩形，只要按住鼠标左键拖动鼠标即可。

Circle Tool：可以绘制椭圆形，只要按住鼠标左键拖动鼠标即可。

Polygon Tool：可以绘制多边形，只要按顺序点击图形窗口上的点即可，完成后按 Esc 键退出并生成多边形。

Region Tool：可以绘制任意形状，只要按住鼠标左键拖动鼠标即可，放开左键时起始和结尾的点会以直线连接起来。

(3) Mask 工具栏

Mask 即屏蔽，就是让部分数据隐藏起来，这样并不需要删除原始数据，而是不让这些数据在图形中显示出来而已。Mask 工具栏内几个图标的操作一些在 Graph 窗口，而另一些在 Worksheet 中使用，屏蔽的数据可以是一个点，也可以是一个范围，如图 3-63 所示。

图 3-62 Mask 工具栏

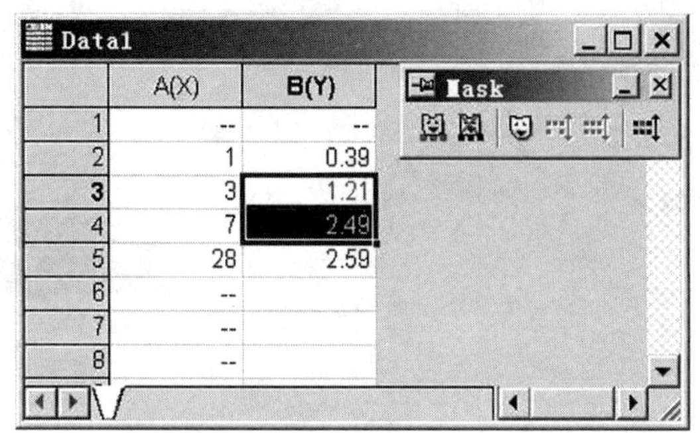

图 3-63 被屏蔽的数据点以红色显示

：屏蔽数据。

：取消屏蔽。

：改变屏蔽数据点的颜色(防止颜色与原来曲线颜色相同)。

：隐藏或显示被屏蔽的数据点。

：交换屏蔽数据，即原来屏蔽的数据点取消屏蔽，原来没有屏蔽的数据点则屏蔽。

:确认或取消屏蔽。

除了以上使用 Mask 操作外，关于数据点的操作，值得一提的是菜单「Data」中的两个强力处理数据点的命令。

① Remove Bad Data Points：在图形中移除坏数据。这个与屏蔽不同，会直接删除数据表中的原始数据，按回车键，删掉选中的数据点，如图 3-64 和图 3-65 所示。本操作直接删除原始数据，操作要谨慎。

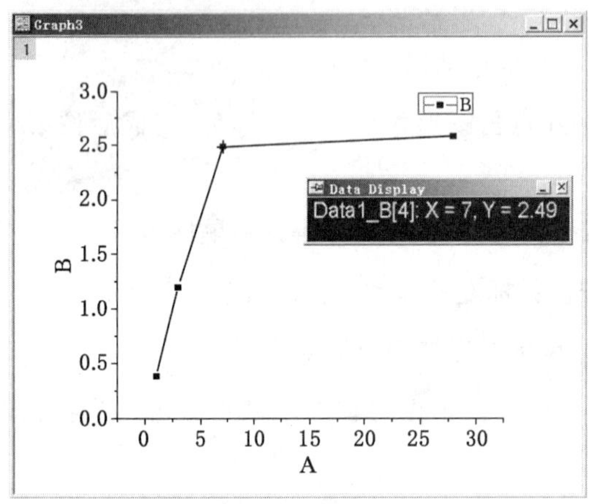

图 3-64　选择图形上"坏"的数据点

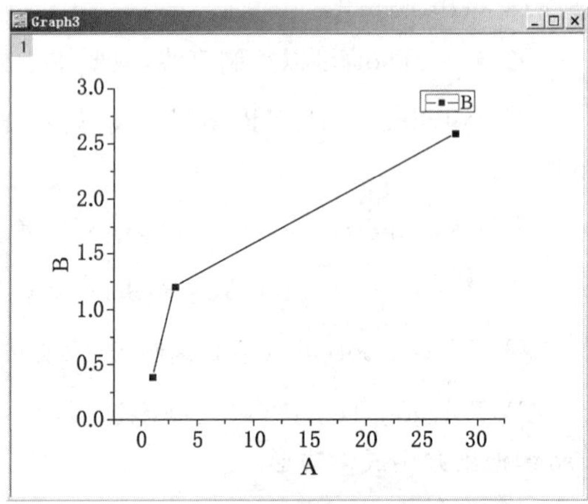

图 3-65　移除数据点的结果图

② Move Data Points：移动数据点。利用鼠标自由移动点的位置，这个操作会同时修改数据表中的原始数据，是否必须使用，判断标准与移除数据点相同。点击菜单「Data」→"Move Data Points…"命令，鼠标左键选择图形上的数据点拖动到需要移动的位置，如图 3-66所示。

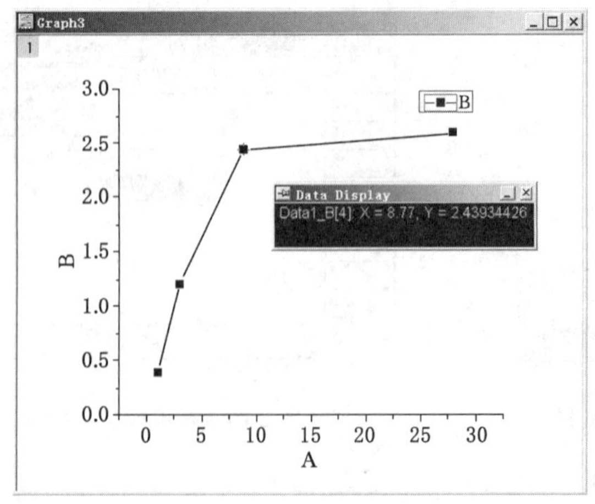

图 3-66　移动数据点

3.3.6　绘制多曲线图形

多曲线图形指的是在同一个坐标体系中同时绘制多条曲线(这与第 3.4 节介绍的多层图形是不同的，后者是绘制在不同图层之中的)。

要绘制多条曲线，意味着有多个 Y 轴数据和至少有一个 X 轴数据。此外，这些 X 轴或 Y 轴的数据可读范围不能相差太远，否则绘制在同一坐标系下会出现变形的情况，达不到预想的效果（如果 X 轴和 Y 轴的数据刻度相差很大，要用第 3.4 节的多层图形进行绘制）。

绘制多曲线图形有三种方式，一种是选中多个 Y 列数据（X 列数据可以不选，软件会自动识别）然后选择一种绘图类型进行绘制；第二种是使用 Plot Setup（图形设置）对话窗口，定义多个 Y 列。通过上面两种方法，可以快速绘制多曲线图形，并且多条曲线自动定义为组（Group）。第三种方法是使用"Layer Contents"（层内容管理）对话窗口进行管理，方法是用鼠标右键点击层标签（图 3-67），在弹出的快捷菜单中选择"Layer Contents"命令，将打开层内容管理窗口，如图 3-68 所示。

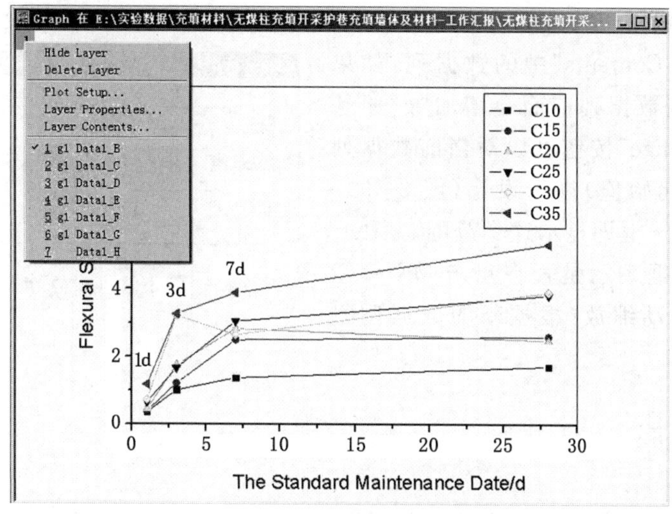

图 3-67 调用层内容管理器

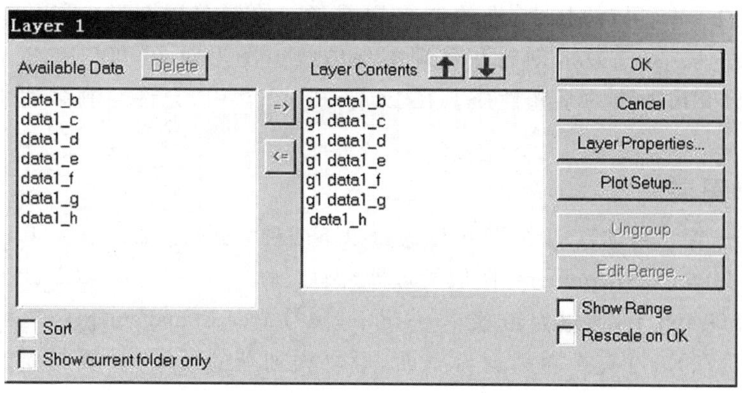

图 3-68 "Layer Contents"层内容管理窗口

使用这个方法，可以在操作的任何时候动态地改变层上的曲线（数据），因此在三种作图方法中最重要。

"Layer Contents"窗口分为三个部分，最左边"Available Data"部分指所有可用的数据，特指 Y 列，因为 X 列是无需要指定的，Y 列会自动找到它左边最接近的 X 列。因此从图 3-68中我们可以看到六个 Y 列，即 B，C，D，…，H 列，前面的 data1 指工作簿名称，因此在这里我们可以浏览项目(Project)中的所有可用数据。左下角的“Sort”表示数据是否按名称排序，“Show Current Folder Only”表示是否只列出当前文件夹的数据，当数据非常多时通常使用文件夹进行组织，利用这个选项可以减少数据列之间的干扰。

“Layer Contents”部分代表当前用于作图的数据列，可以利用“Available Data”和“Layer Contents”之间的“向左”、“向右”按钮来动态地添加或删除数据，也可以利用 Layer Contents 旁边的向上、向下按钮来调整数据列(即曲线)顺序。

最右边部分是一组按钮。其中“OK”按钮代表设定完毕并确认，“Cancel”按钮代表放弃本次设定；“Layer Properties”设置层属性，“Plot Setup” 按钮对曲线进行设定；“Ungroup/Group”按钮用于将当前选中的多个数据列定义成组或取消组的设置，选中的数据列指的是“Layer Contents”中的数据列，如果设定成 Group，则数据列前面会增加“g”便是同一组；“Edit Range”按钮可以对当前数据列的作图范围(即起始值)进行设定(图 3-69)，“Show Range”复选框即显示这个范围。“Rescale on OK”复选框表示是否在点击 OK 按钮后将图形进行自动缩放(根据新的数据调整坐标轴范围)。

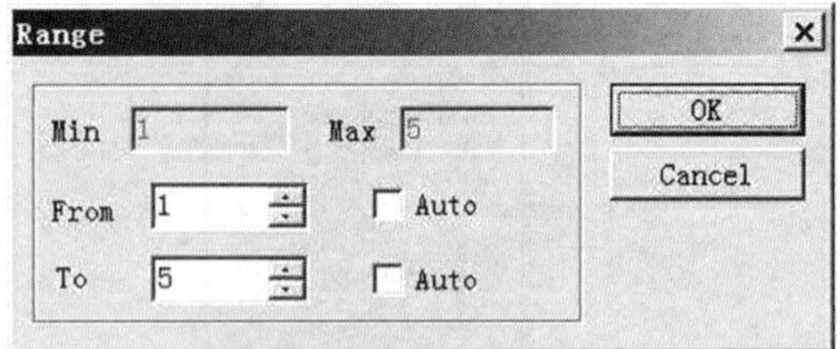

图 3-69　设置作图范围

3.4　多层图形

如何在同一个绘图窗口上绘制更多的曲线以构成更复杂的图形，如果这些图形具有不同的坐标体系、不同的大小或者不同的设置，或者一个图形是另一个图形的局部放大，方法就是使用 Layer(层)的技术，即绘制多层图形。绘制多层图形，可以增强绘图功能，绘制各种复杂的图形，高效地创建和管理多条曲线或图形对象，可以使用不同的坐标尺度显示数据，以突出曲线的某些性质。在 OriginPro 8.0 中，允许绘制多达 121 个层的复杂图形。

3.4.1　添加图层

要为 Graph 窗口添加新的图层，可以通过以下四种方式进行。

(1) 通过 Layer Management(图层管理器)添加图层

在原有的 Graph 上，通过点击菜单「Graph」→“Layer Management…”命令，打开图层管理窗口(图 3-70)。在这个对话窗口里面，可以添加新的图层，设置与新建图层相关的信息。

① Add 标签。

Type 选项：包括(Normal)：Bottom X＋Left Y(添加默认的包含底部 X 轴和左边 Y 轴的图层)；(Linked)：Top X(添加包含顶部 X 轴的图层)；(Linked)：Right Y(添加包含右边 Y 轴的图层)；(Linked)：Top X＋Right Y(添加包含顶部 X 轴和右边 Y 轴的图层)；(Linked)：Insert(在原有 Graph 上插入小幅包含底部 X 轴和左边 Y 轴的图层)；(Linked)：

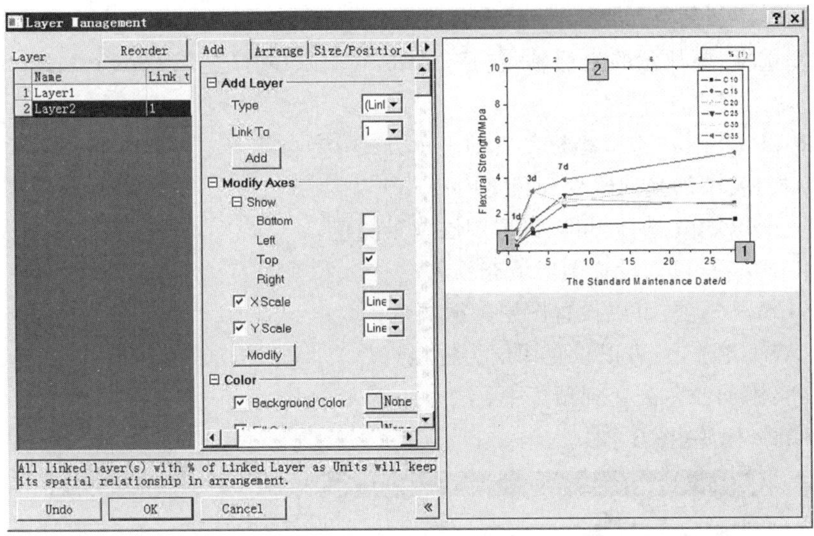

图 3-70　图层管理窗口

Insert With Data(在原有 Graph 上插入小幅包含底部 X 轴和左边 Y 轴并包含数据的图层)几个可选项。

Link To 选项:可以设置与新图层链接的原有图层。以上链接(Link)的目的是保持某一图层之间的相对(坐标)关系,即以某一图层参照物随之自动调整,如图 3-71 所示。

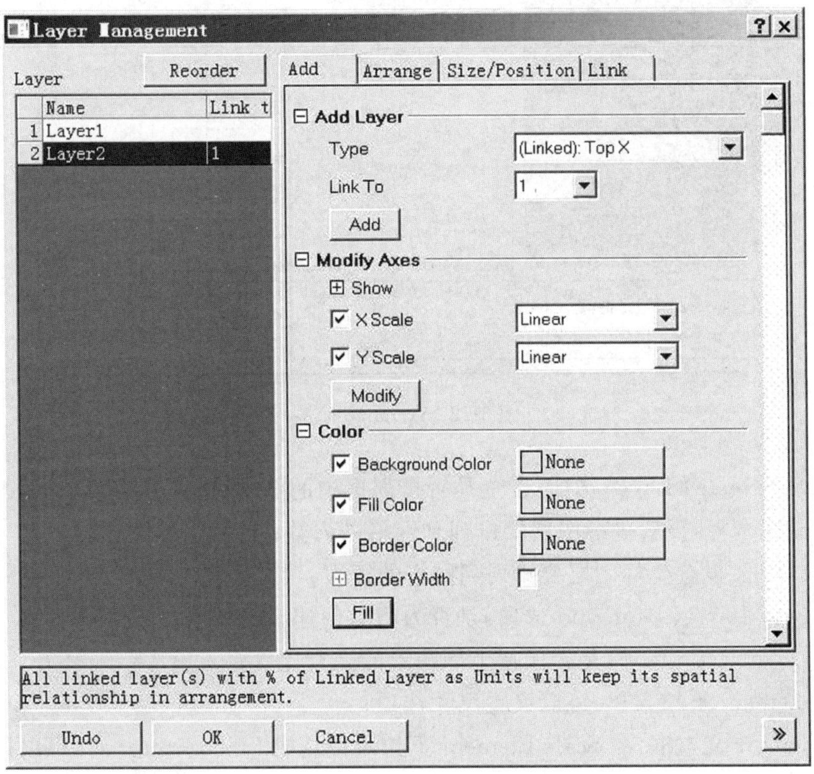

图 3-71　设置“Link To 图层 1”

Add 按钮：添加图层，结果会显示在预览窗口中；

Show 复选框：要显示的坐标轴，包括 Bottom(下)、Left(左)、Top(上)、Right(右)四个方向；

X Scale 和 Y Scale：选择坐标刻度的表示方式；

Modify 按钮：添加坐标改变到预览中；

Background Color 选项：可以设置图层背景颜色；

Fill Color 选项：可以设置图层填充颜色；

Border Color 选项：可以设置图层边框颜色；

Border Width 选项：可以设置图层边框粗细；

Fill 按钮：添加颜色改变到预览中。

② Arrange 标签(图 3-72)。

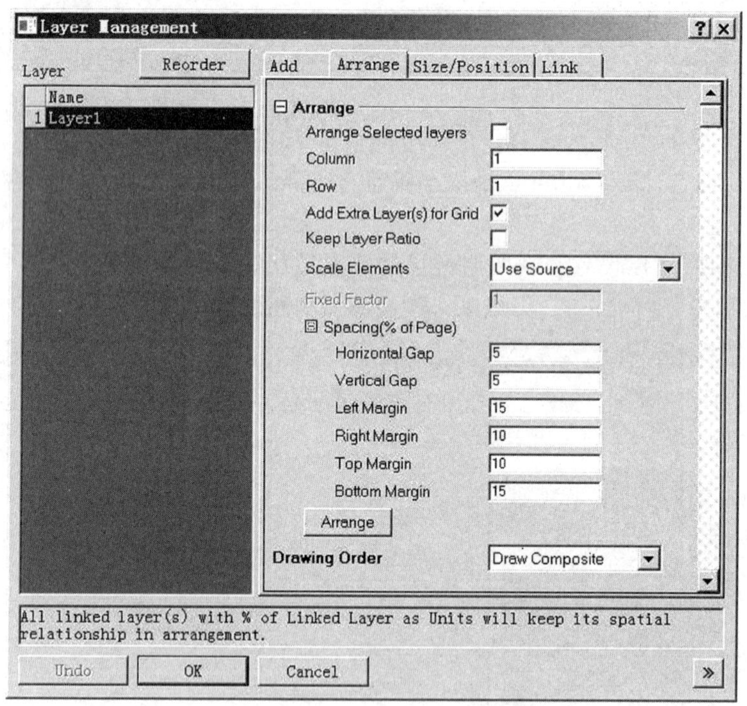

图 3-72　Arrange 标签

Arrange Selected Layer 选项：设置是否排列选中的图层；

Column 文本框：设置坐标图层要排列到网格的列数；

Row 文本框：设置坐标图层要排列到网格的行数；

Add Extra Layer(s)for grid 选项：是否为网格创建新的图层；

Keep Layer Ratio 选项：是否保持坐标图形的高宽比例；

Scale Element 下拉菜单：可以设置尺寸选项；

Fixed Factor 文本框：当 Scale Element 下拉菜单选中 Fixed Factor 时，可以设置该排列网格的比例大小；

Spacing(% of Page)复选框：可以设置该网格周围的空隙大小；

Arrange 按钮：添加网格排列改变到预览中；

Drawing Order 下拉菜单：可以设置排列对象的绘制顺序。

③ Size/Position 标签(图 3-73)。

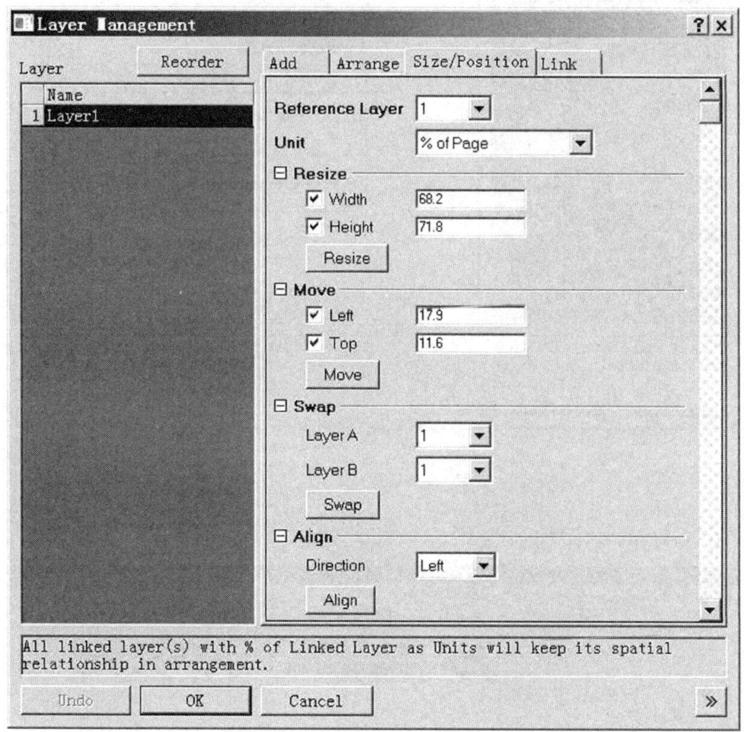

图 3-73 Size/Position 标签

Reference Layer 下拉菜单：可以设置改变尺寸操作所作用的层；

Unit 下拉菜单：选择尺寸单位；

Resize 选项：设置尺寸大小；

Move 选项：设置位置数值；

Swap 选项：可以用于交换图层；

Align 选项：设置对齐方式。

④ Link 标签(图 3-74)。

Link To 下拉菜单：可以设置当前层所连续的层；

X Axis 下拉菜单：设置 X 轴的连接方式；

Y Axis 下拉菜单：设置 Y 轴的连接方式；

Link 按钮：添加连接方式到预览中；

Unlink 按钮：取消连接方式到预览中。

点击“OK”按钮完成图层添加，要往图层里面添加数据，可以通过点击菜单「Graph」→“Plot Setup”命令，或者通过 Layer Contents 添加数据(参考第 3.3.1 节作图操作)。

(2) 通过 New Layer(Axes)菜单添加图层

在激活 Graph 窗口的情况下，通过点击菜单「Graph」→“NewLayer(Axes)”子菜单下的

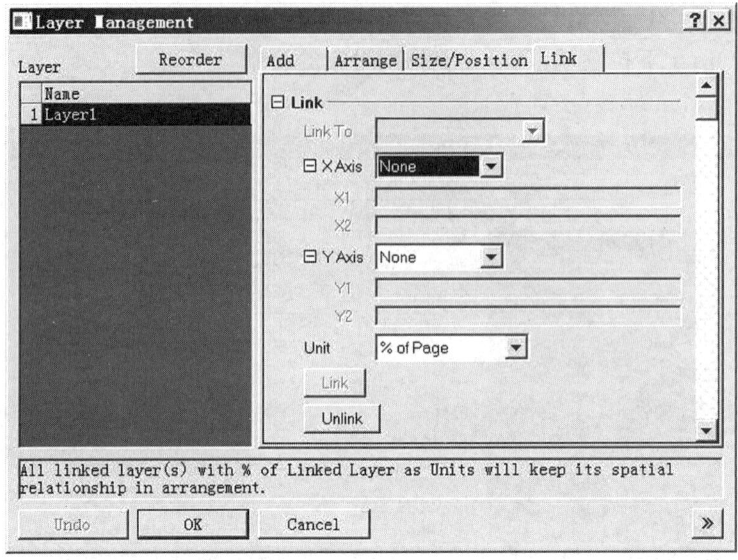

图 3-74　Link 标签

命令，可以直接在 Graph 中添加包含相应坐标轴的图层，如图 3-75 所示。

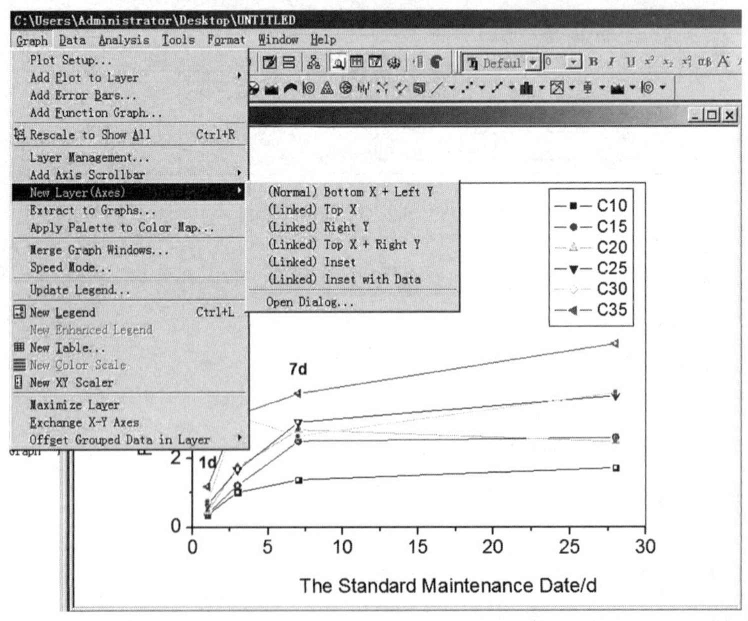

图 3-75　New Layer(Axes)子菜单

可以添加的图层类型包括：(Normal)：BottomX＋Left Y(添加默认的包含底部 X 轴和左边 Y 轴的图层)；(Linked)：Top X(添加包含顶部 X 轴的图层)；(Linked)：Right Y(添加包含右边 Y 轴的图层)、(Linked)：Top X＋Right Y(添加包含顶部 X 轴和右边 Y 轴的图层)；(Linked)：Insert(在所有 Graph 上插入小幅包含底部 X 轴和左边 Y 轴的图层)和(Linked)：Insert With Data(在原有 Graph 上插入小幅包含底部 X 轴和左边 Y 轴并包含数据的图层)。

另外还可以通过点击菜单「Graph」→“NewLayer(Axes)”子菜单→“Open Dialog”命令打开“Graph Manipulation:layadd”窗口(图 3-76)定制图层类型。除了可以使用上述基本类型以外,还可以选中“User Defined”复选框进行图层定制。其中可以定制的内容包括 Layer Axes 项(坐标轴位置)、Link To 下拉菜单(链接图层)、X Axis 下拉菜单(设置 X 轴的链接方式)和 Y Axis 下拉菜单(设置 Y 轴的链接方式)。设置完毕之后点击 OK 按钮即可添加图层。

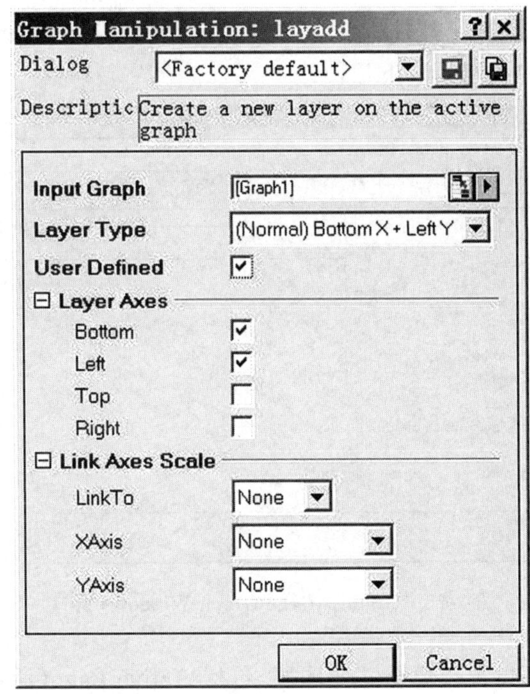

图 3-76　Graph Manipulation:layadd 窗口

(3) 通过 Graph 工具栏添加图层

在 Graph 工具栏中,也包含相应的添加图层按钮。在 Graph 当前窗口下,直接点击这些按钮也可添加图层,如图 3-77 所示。

图 3-77　Graph 工具栏

主要按钮含义如下:

(Normal):BottomX+Left Y,添加默认的包含底部 X 轴和左边 Y 轴的图层。

(Linked):Top X,添加包含顶部 X 轴的图层。

(Linked):Right Y,添加包含右边 Y 轴的图层。

(Linked):Top X+Right Y,添加包含顶部 X 轴和右边 Y 轴的图层。

(Linked):Insert,在所有 Graph 上插入小幅包含底部 X 轴和左边 Y 轴的图层。

(Linked):Insert With Data,在原有 Graph 上插入小幅包含底部 X 轴和左边 Y 轴并包含数据的图层)。

(4) 通过 Graph:Merge Graph Windows 对话窗口创建多层图形

在这个对话窗口中,可以将多个 Graph 合并为一个多层图形,这种方式对于作复杂图形是非常方便的。在 Graph 当前窗口下,通过点击菜单「Graph」→"Merge Graph Windows"命令可以打开"Graph Manipulation:merge—graph"对话窗口,如图 3-78 所示。这个对话窗口的右边是一个预览窗口,设置的图形会及时反映在这个预览窗口里面,在左边的设置选项中,可以设置的内容包括以下几种:

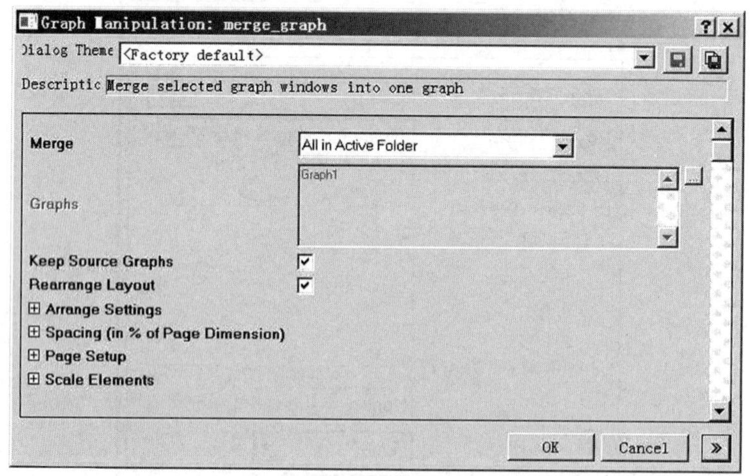

图 3-78 Graph:Merge Graph Windows 窗口

Merge 下拉菜单:可以选择要合并的图层,包括 Active Page(活动页面的图层)、All in Active Folder(所有活动文件夹内的图层)、All in Active Folder(Recursive)(所有多次打开的活动文件夹内的图层)、All in Active Folder(Open)(所有打开的活动文件夹内的图层)、All in Active Folder(Include Embedded)(所有活动文件夹内的图层,包括被嵌入到其他页面中的图层)、All in Project(项目中的所有图层)和 Specified(指定图层)。

Graph 列表:当 Merge 下拉菜单设置为 Specified 时,可以用来选择要合并的图形。

Keep Source Graphs 选项:是否保留原来的 Graph。

Rearrange Layout 选项:是否将多个图层排列到网格之中,还是以重叠的方式合并图层。

Arrange Settings 复选框:可以设置 Number of Rows(设置网格的行数)、Number of Columns(设置网格的列数)、Add Extra Layer(s) for grid(是否为网格创建新的图层)和 Keep Layer Ratio(是否保持坐标图形的高宽比例)。

Spacing(in % of Page Dimension)复选框:可以设置该网格周围的空隙大小。

Page Setup 选项:可以设置整个 Graph 的尺寸大小。

Scale Elements 复选框:可以设置 Scale Elements(设置尺寸选项)和 Fixed Factor(当 Scale Elements 下拉菜单选中 Fixed Factor 时,可以设置该排列网格的比例大小)。

设置完毕后,点击"OK"按钮即可生成多层图形。

3.4.2　图层管理

(1) 调整图层

要调整图层的位置和尺寸，如图 3-79 所示的多图层图形，可以通过以下三种方法进行：

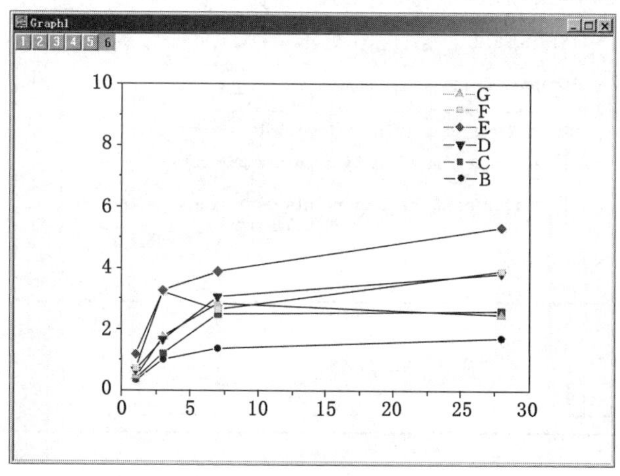

图 3-79　多图层图形

① 点击图层对象之后，通过直接拖动鼠标调整图层，这种方法最简单直观，缺点是不能精确量化。

② 在“Layer Management”对话窗口中的 Size/Position 标签下调整图层(详细见 3.4.1 节中 Layer Management 设置部分)。

③ 在“Plot Details”对话窗口中调整图层。其中 Layer Area 项可以设置图层的位置，这种方法对于精确定位是非常方便的，其中 Unit 一般保持“%of Page”即可，这样就可以保持与页面的相对大小，调整过程中尽量点击“Apply”(应用)而不是“OK”(确定)按钮，这样就可以在不关闭这个对话窗口的情况下调整图形的位置和大小。“Worksheet data，maximum points per curve”文本框可以设置 Worksheet 数据的最大数据点数量；“Matrix data，maximum points per dimension X”和“Matrix data，maximum points per dimension Y”文本框可以设置 Matrix 数据的最大数据点数量。设置完毕后点击“Apply”或“OK”按钮即可完成图层调整，如图 3-80 所示。

(2) 图层的数据管理

① 通过“Add Plot to Layer”菜单下的命令添加数据。在现有的 Graph 基础上，可以选中需要添加的 Worksheet 的数据，然后选中目标 Graph，通过菜单「Graph」→“Add Plot to Layer”命令，在弹出的快捷菜单中选择适当的命令，添加数据到目标 Graph 中，如图 3-81 至图 3-83 所示。

② 通过 Plot Setup 对话窗口管理 Graph 数据。在选中 Graph 的情况下，通过菜单「Graph」→“Plot Setup”命令可以对 Graph 的数据进行管理(参见第 3.3.1 节)。

③ 通过导入数据管理 Graph 数据。在选中 Graph 窗口的情况下，可以通过单「File」→“Import”命令将数据导入到 Graph 之中(参见第 3.2.4 节)。

④ 通过 Layer n 对话窗口管理 Graph 数据。在 Graph 窗口左上角的图层序号上点击鼠标右键，在弹出的快捷菜单中选择“Layer Contents”命令，可以打开“Layer n”对话窗口

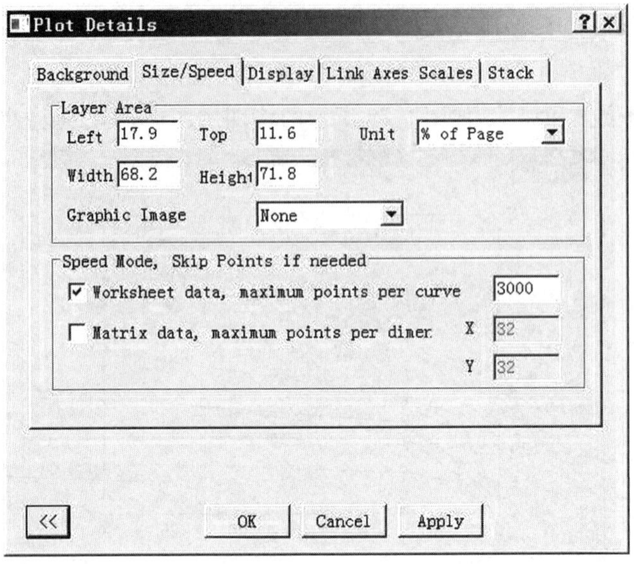

图 3-80　图形细节设置窗口

（参见第 3.3.6 节多条曲线作图操作）。

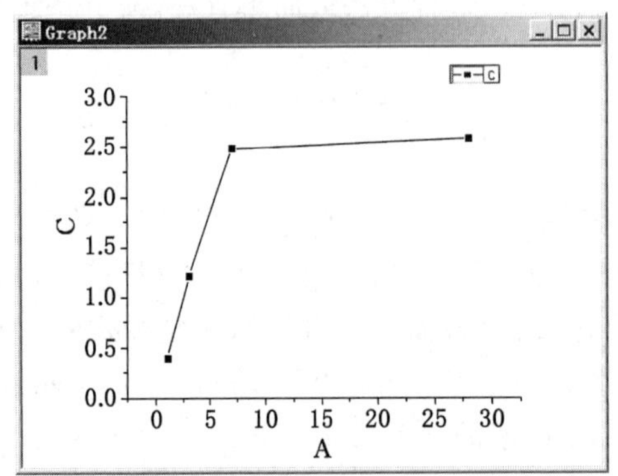

图 3-81　原图

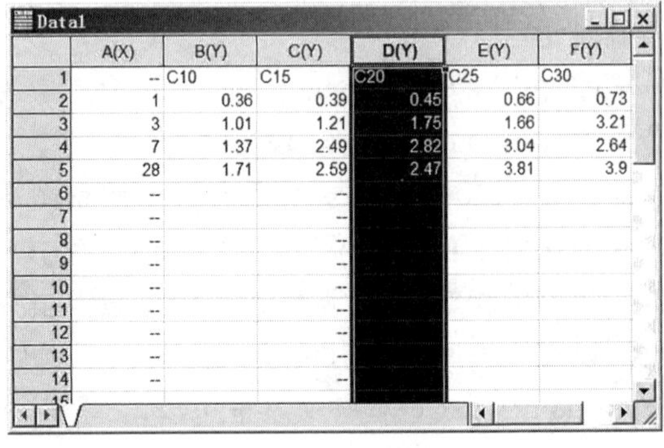

	A(X)	B(Y)	C(Y)	D(Y)	E(Y)	F(Y)
1	--	C10	C15	C20	C25	C30
2	1	0.36	0.39	0.45	0.66	0.73
3	3	1.01	1.21	1.75	1.66	3.21
4	7	1.37	2.49	2.82	3.04	2.64
5	28	1.71	2.59	2.47	3.81	3.9
6	--		--			
7	--		--			
8	--		--			
9	--		--			
10	--		--			
11	--		--			
12	--		--			
13	--		--			
14	--		--			

图 3-82　需要添加的数据列

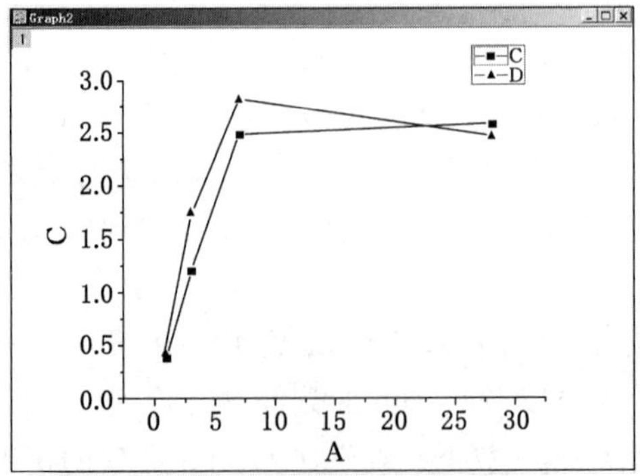

图 3-83　添加新数据后的图形

(3) 图层形式的转换

① 将单层图形转换为多层图形。以图 3-83 为例，将单层图形转换为多层图形，可以按照以下方法进行，如图 3-84 至图 3-86 所示。选中绘制的图形，点击 Graph 工具栏上面的"Extract to Layers"按钮，在弹出对话窗口(图 3-84)中设置分解后图层的排列格式：Number of Rows(行数)和 Number of Columns(列数)，设置好之后点击"OK"按钮，在新弹出的窗口(图 3-85)中设置分解后图层的间距(Horizontal Gap/Vertical Gap)和所在图形页面的边距(Left Margin/Right Margin/Top Margin/Bottom Margin)，即可将单层图形分解为多层图形，如图 3-86 所示。

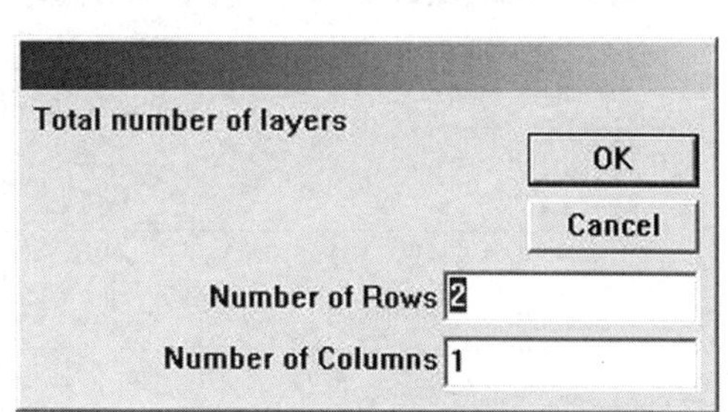

图 3-84　图层分解设置窗口

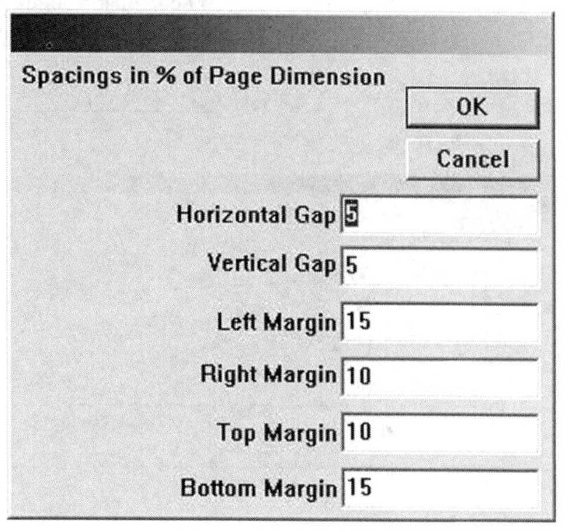

图 3-85　图层边距设置窗口

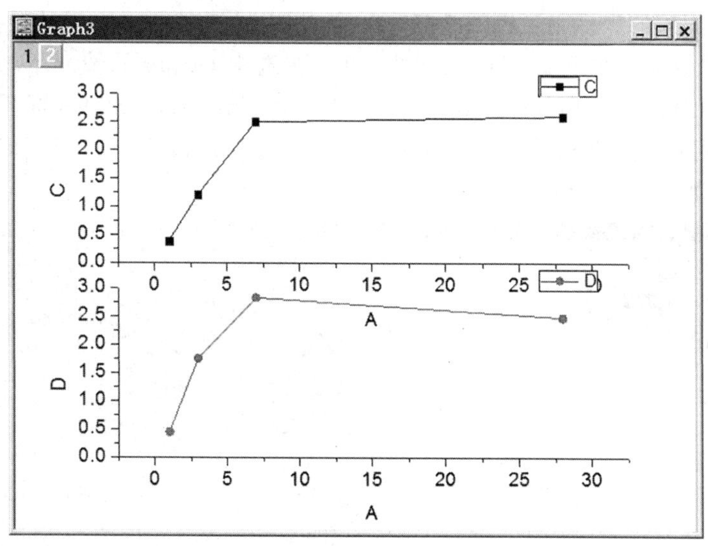

图 3-86　分解后的图层窗口

② 将多层图形转换为多个 Graph。要将多层图形分解为多个独立的 Graph，可以在选中需要分解的 Graph 后，点击 Graph 工具栏上面的"Extract to Graph"按钮打开"Graph Manipulation:lay extract"对话窗口,进行相应的设置之后点击"OK"按钮即可完成分解操作。其中可设置的有"Extracted Layer"(要分解的图层,以":"分隔始末图层序号,如"1:2"则可将原图层分解2个图层到独立的Graph中)、"Keep Source Graph"(是否保留原来的Graph)和"Full Page for Extracted"(是否全尺寸显示分解后图形),具体操作如图3-87所示。

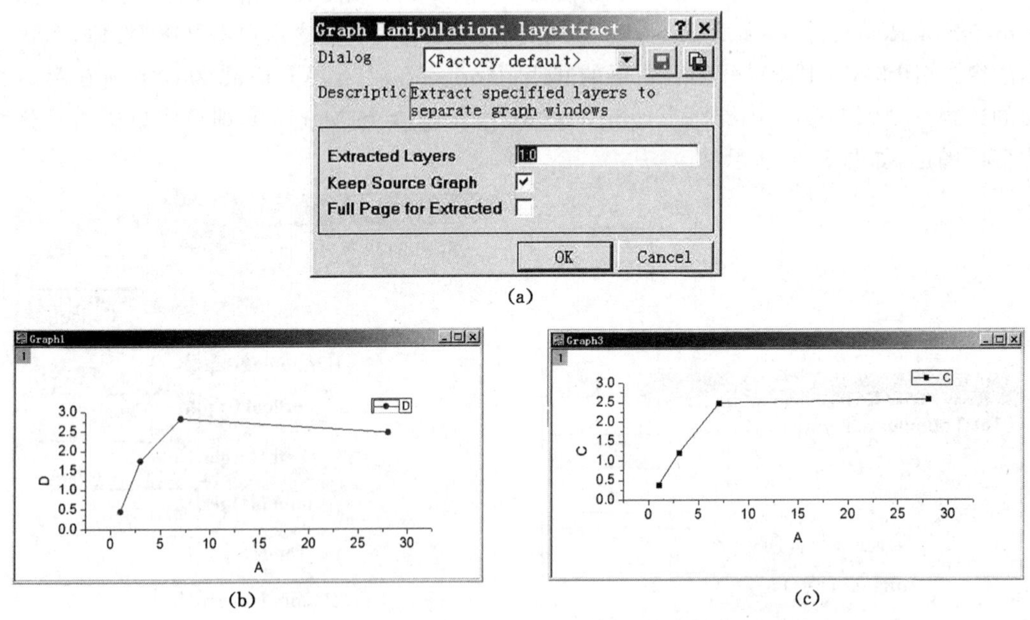

(a)

(b) (c)

图 3-87 将双图层分解成2个图形窗口并保留原图形位置和大小

③ 链接图层。如果建立图层之间的链接,那么当其中一个图层的坐标刻度发生变化时,对应的链接图层的坐标刻度也随之变化。也就是说,通过图层之间的链接关系,方便同时缩放和调整坐标轴。要将图层链接起来,可以在选中Graph的情况下,通过菜单「Format」→"Plot"命令,打开"Plot Details"对话窗口,在Link Axes Scales标签下设置。其中Link下拉菜单可以设置要链接的图层序号,"X Axis Link"和"Y Axis Link"选项则可以设置链接的方式,如图3-88所示。

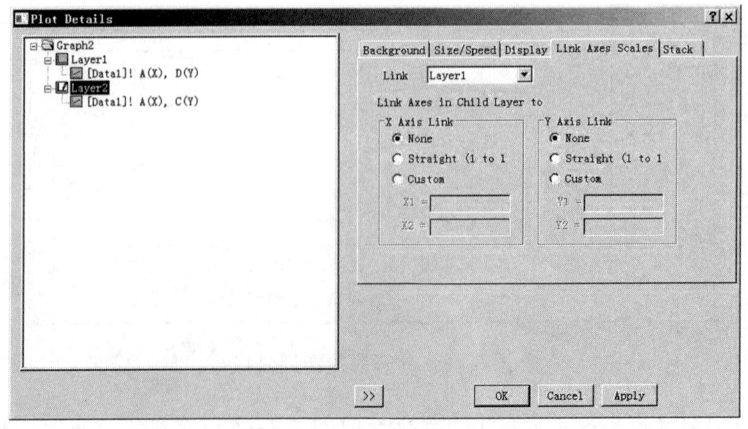

图 3-88 链接图层

3.4.3　插入和隐藏图形元素

（1）插入图形和数据表

要在图形中插入另一个图形，首先选择一个图形对象，然后进行复制，然后粘贴到目标图形窗口。复制的方法有两种，分别是使用编辑菜单「Edit」中的“Copy Page”和“Copy”两个命令。前者是指复制整个图形窗口，最终粘贴完成后，除可以对图形进入缩放外，不能再进行编辑，而且也不会随原图的变化而变化，就像是一个绘图对象一样处理，也不会新建图层，如图 3-89(c)所示。

但如果使用“Copy”命令就会有很大的不同。选中需要复制的图形使用“Copy”命令进行复制和粘贴，会自动建立新图层，粘贴后各部分的图形对象都可以进行编辑，图形会随着数据的变化而变化，因此这种方法其实也是建立图层的一种方法，如图 3-89(d)所示。

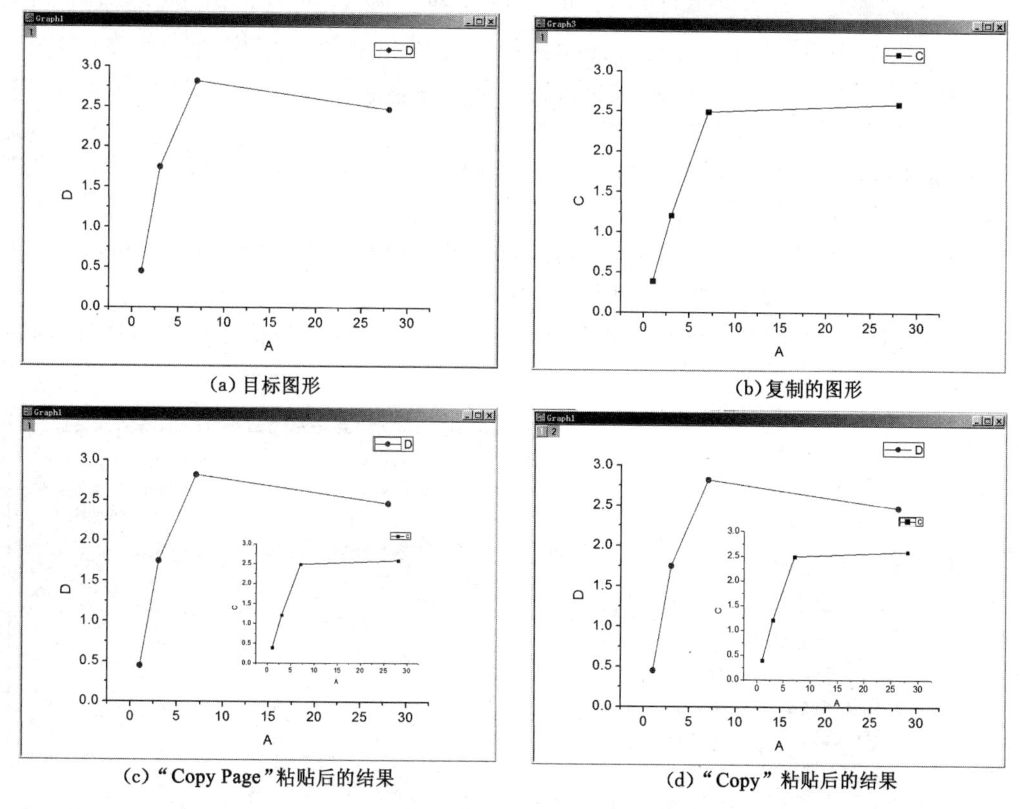

(a) 目标图形　(b) 复制的图形

(c)“Copy Page”粘贴后的结果　(d)“Copy”粘贴后的结果

图 3-89　复制粘贴图形

复制粘贴数据表格的操作也很简单，首先选中数据表格中的数据(不用全选，只需选中需要粘贴的数据单元格即可)，然后在图形窗口中粘贴，结果如图 3-90 所示，实现了图、表的混合排版，双击表格可以进一步编辑其中的数据，返回后图形中的表格数据也随之改变。

（2）隐藏或删除图形元素

要设置 Graph 里面需要显示的内容，可以在选中 Graph 的情况下，通过菜单「View」→“Show”子菜单下的命令，选择需要显示的内容，见图 3-91。① Layer Icons：图层标记；② Active Layer Indicator：活动图层标记；③ Axis Layer Icons：图层坐标标记；④ Object

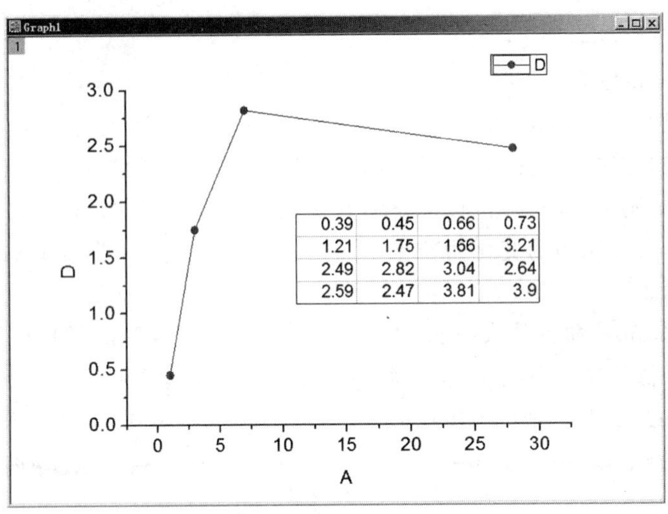

图 3-90　在图形中插入数据表

Grid：对象网格；⑤ Layer Grid：图层网格；⑥ Frame：框架；⑦ Labels：标签；⑧ Data：数据；⑨ All Layer：所有图层。

另外，在 3.4.2 节"Plot Details"对话窗口的 Display 标签下的"Show Elements"项中，也可以设置要显示的 Graph 内容，如图 3-92 所示。

要删除图层，只要鼠标右键点击要删除的图层标记，在弹出的快捷菜单中执行"Delete Layer"命令即可，如图 3-93 所示。

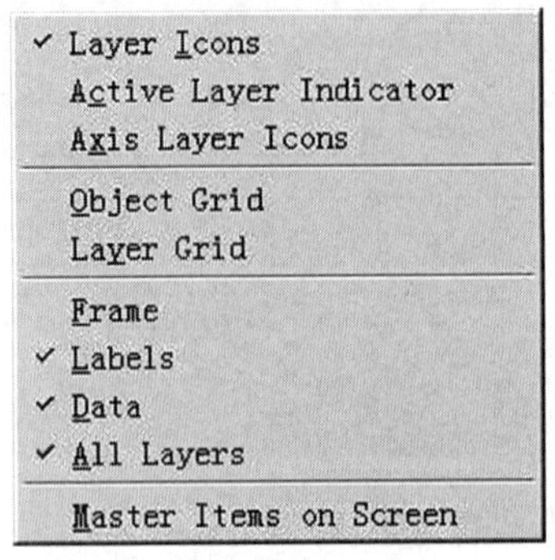

图 3-91　图形元素显示选项

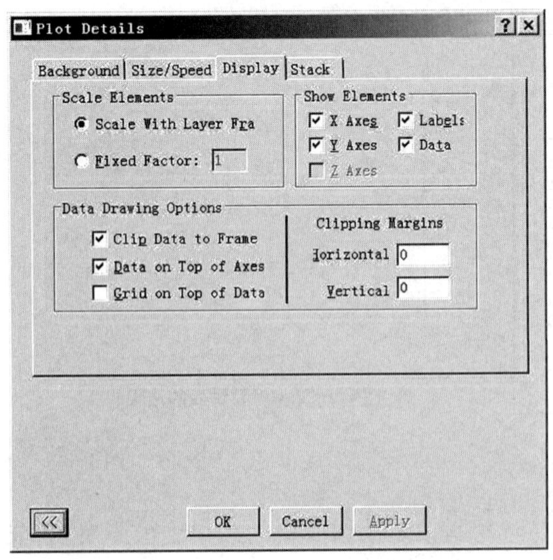

图 3-92　图形细节设置

3.4.4　多层图形实例

多层图形将图形的展示提高到一个新的层次，在 OriginPro 8.0 中绘制多层图形的方法很简单，下面举 3 个简单例子。

(1) 双 Y 轴图形(Double Y Axis)

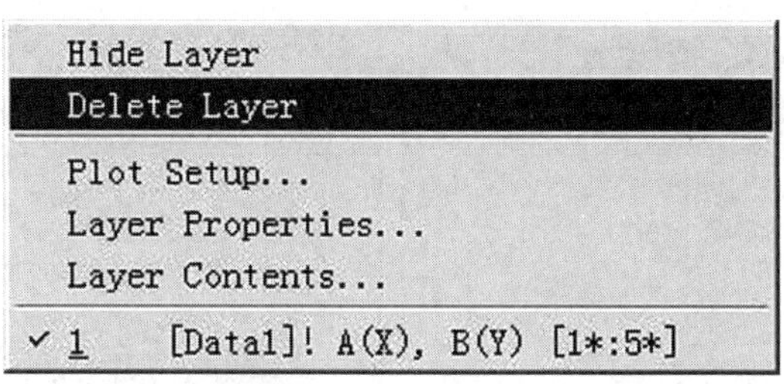

图 3-93　鼠标右键点击图层标记的快捷菜单

绘制双 Y 轴图形的原因是由两个以上的 Y 列数据，它们共有区间接近的 X 轴坐标，但 Y 轴坐标的数值范围相差很大。如 X 轴为时间，两个 Y 轴分别为混凝土的抗压强度和抗拉强度，如果只用一个 Y 轴绘制多曲线图形，则抗拉强度将会被压缩成一条水平线，如果分开两个图绘制，又不能集中表达其中的变化意义，因此最好的选择是用两个 Y 轴，左边是混凝土抗压强度，右边是混凝土抗拉强度，共用一个时间作为 X 轴，如图 3-94 所示。

首先通过菜单「File」→"Import"命令导入数据文件[图 3-94(a)]，然后选择要绘制的两个 Y 列，点击菜单「Plot」→"Multi－Curve"子菜单→"Double Y Axis"命令，或点击相应 Graph 工具栏上的"Double Y Axis"按钮，即可生成一个双 Y 轴图形，这实际上也是一个双层图形，每个层都可以独立管理和设置，如图 3-94(b)所示。

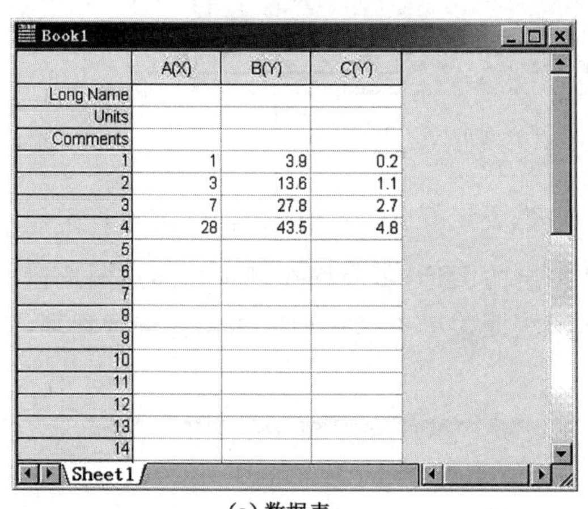

	A(X)	B(Y)	C(Y)
Long Name			
Units			
Comments			
1	1	3.9	0.2
2	3	13.6	1.1
3	7	27.8	2.7
4	28	43.5	4.8
5			
6			
7			
8			
9			
10			
11			
12			
13			
14			

(a) 数据表

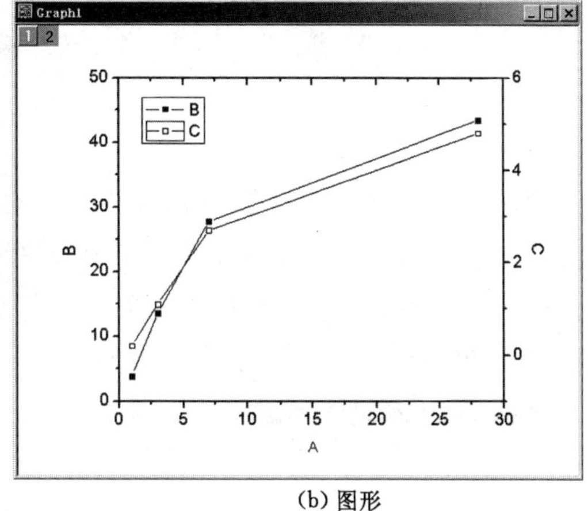

(b) 图形

图 3-94　双 Y 轴图形

(2) 局部放大图(Zoom)

有时候在曲线变化过程中局部区域会发生急剧的变化，而这些变化很能说明问题，因此需要做局部放大图。

首先通过菜单「File」→"Import"导入数据文件[图 3-95(a)]，选中需要绘图的数据列，然后用点击菜单「Plot」→"Specialized"子菜单→"Zoom"命令，或相应的工具栏上的"Zoom"按钮，即可得图形 3-95(b)，图形分成上下两个部分，上部是完整的曲线，下部是局部的放大，相当于放大镜功能。通过鼠标移动上部图形中的绿色区域，下部放大图形将会随之变化，这也是一个典型的双层图形。

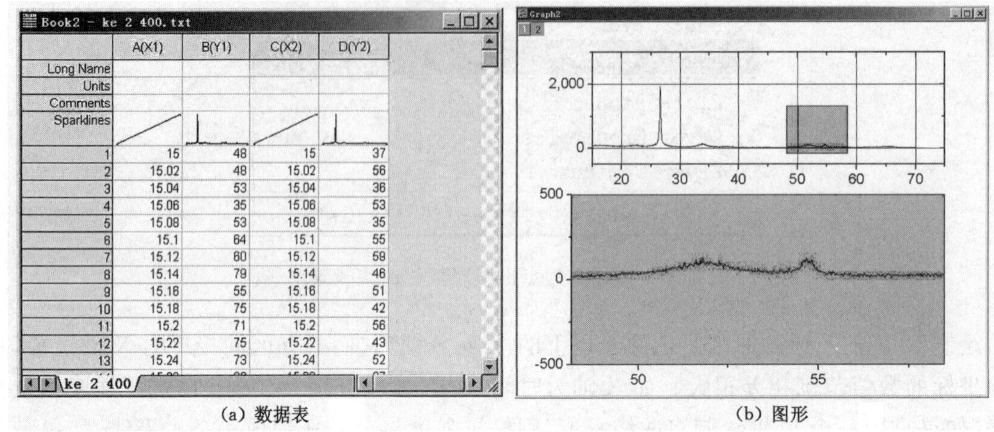

(a) 数据表　　　　(b) 图形

图 3-95　局部放大图

(3) 多层图面板(Panel)

除了以上两种特殊的双层图形外,同样可以通过"Plot"菜单或 2D 扩展工具栏生成"4 Panel Graph"、"Horizontal 2 Panel"、"Vertical 2 Panel"、"Stack"等多层图形,如图 3-96 所示。

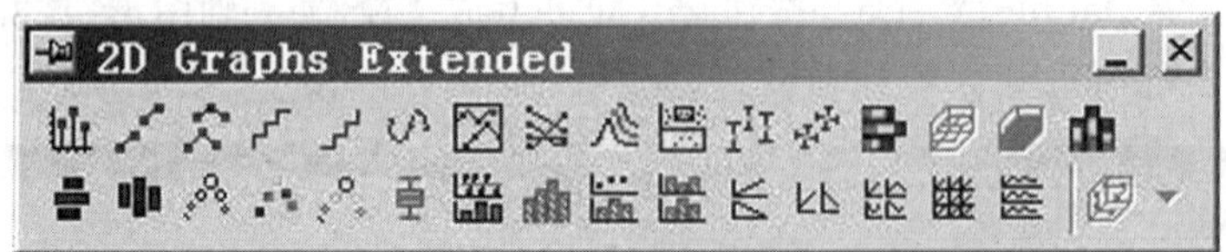

图 3-96　2D 扩展工具栏

把图 3-94 和图 3-95 的数据整合成一个数据表,设定好 X、Y 坐标之后,点击 2D 扩展工具栏上的"4 Panel Graph"按钮,绘制成 4 个图层的图形,每个图层都可以通过图形窗口左上角的图层图标,通过点击鼠标右键,在弹出的快捷菜单中选择相应的命令进行管理,管理方法同单层图形是一样的,如图 3-97 所示。

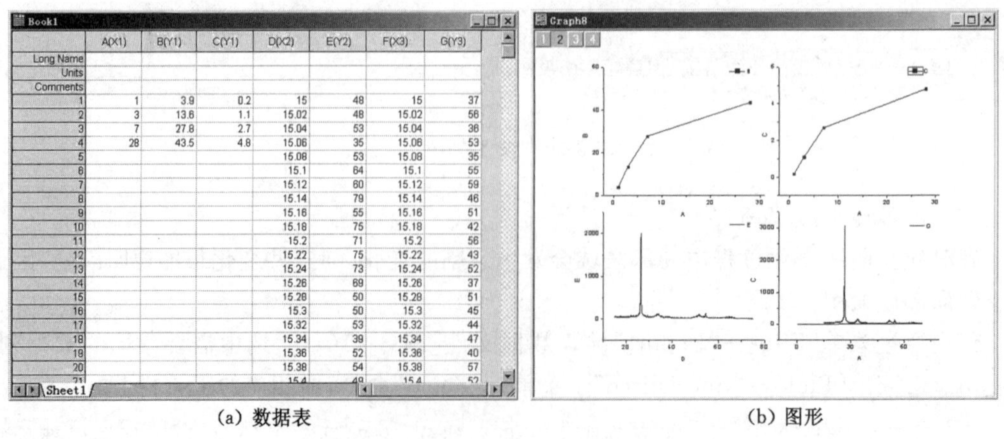

(a) 数据表　　　　(b) 图形

图 3-97　"4 Panel Graph"图形

3.4.5　其他二维图形

OriginPro 8.0 中二维图形种类繁多，可以通过 2D 工具栏（2D Graphs）和 2D 扩展工具栏（2D Graphs Extended）上的模板绘制不同图形，不同类型的图形还可以进一步组合或复合生成新的图形形式，如果希望将新的图形形式固定下来，还可以将图形详细设定后保存为图形模版（Template）。除了使用图形工具栏上的模板进行绘图工作外，Origin 中还允许用函数直接作图。

（1）函数作图

函数作图是 Origin 中唯一不需要有原始数据的图形。点击标准工具栏上的按钮，新建一个函数窗口，选择菜单「Graph」→“Add Function Graph”命令，弹出对话窗口，如图 3-98所示。

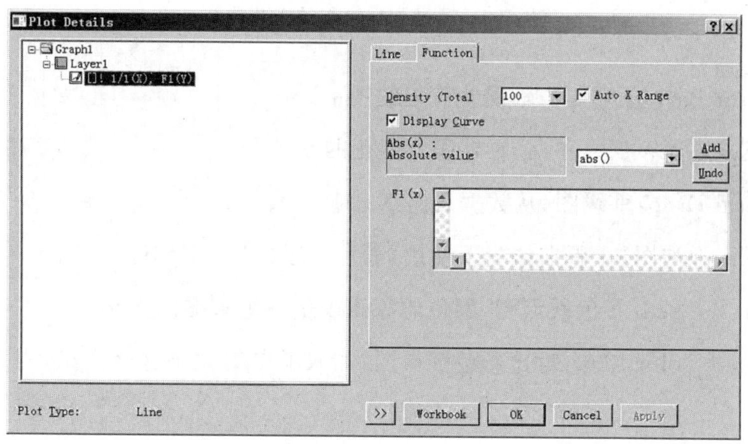

图 3-98　“Add Function Graph”窗口

作图时，需要在“Density”后面的文本框中选择数据个数，也可自行填写；选中“Auto X Range”，则系统默认 X 值，否则将使用文本框制定 X 值的范围；在函数下拉菜单中有大量的数学函数和统计函数可供选择（见附录Ⅲ），选中函数后点击后面的“Add”按钮即可将函数添加到 Graph 中，或者直接在 Fn(x)的文本框中输入函数表达式，之后点击“OK”或“Apply”按钮即可生成图形，如图 3-99 所示。

（2）利用二维图形模板作图

在 OriginPro 8.0 里面，主要的 2D 图形有 30 多种，作图时首先选择要作图的数据列并进行设置，然后使用工具栏上的相关按钮或者 Plot 菜单上的相关命令，即可得到这些图形，包括前面介绍的几种二维图形，2D 工具栏上的二维图模板如下：

Line：线形图；

Horizontal Step：水平折线图；

Vertical Step：垂直折线图；

Spline Connected：平滑曲线的点线图；

2D Scatter：散点图；

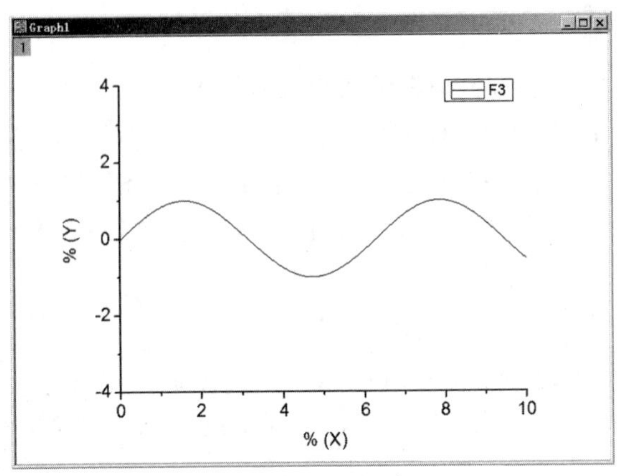

图 3-99　通过函数绘制的正弦曲线

Y Error Bar：加入了 Y 轴误差修正的图；

XY Error Bar：加入了 X、Y 轴误差修正的图；

Vertical Drop：垂线图，从数据点向 X 轴投下直线；

Bubble：泡泡图，在黑白情况下使用，表示一组数据的大小；

Color Mapped：彩色散点图，颜色的深浅表示一组数据的大小；

Bubble＋Color Map：对比彩色散点图，加入了点的大小这个变量，用来表示一组数据的大小；

Line Series：将不同 Y 列的点按顺序用线连接起来生成的图形；

Line＋Symbol：点线图；

2 Point Segment：按每 2 点进行分组显示的图形；

3 Point Segment：按每 3 点进行分组显示的图形；

Column，Bar：条状图，为了突出数据差距；

Stack Bar、Stack Column：条状图的一种，主要是为了突出数据差距；

Floating Column，Floating Bar：与普通条状图相比，其作用是突出显示不同 Y 列之间的差距；

Pie Charts：饼状图，主要用于比较数据所占份额的大小；

Double Y Axis：在双重 Y 轴坐标系中显示数据；

Stack Lines by Y Offsets：把多条曲线沿 Y 方向分散排列，用于比较多条曲线的变化情况；

Waterfall：用于比较不同数据集的变化情况；

Vertical 2 Panel，Horizontal 2 Panel：同时显示 2 个图形，便于对比；

4 Panel Graph，9 Panel Graph：分别同时显示 4 个图形和 9 个图形；

Stack：垂直排列图形，便于对比；

Area：用于比较不同列所占区域的大小；

Fill Area：用于显示不同列所包围的区域大小；

Polar：用极坐标来显示图形；

Temary：在三角系中显示数据；

Smith Charts：Smith 图；

High-Low-Close Charts：用于显示最大值最小值差距的图形；

X，Y，Angel，Magnitude Vector：需要输入 X、Y、A(角度)、M(长度)值，主要用来表示向量；

X，Y，X，Y Vector：适用于表示向量，不过是通过 2 个数据点(X1，Y1)、(X2，Y2)来表示；

Zoom：局部放大图；

Box Chart：盒状图；Histogram：直方图；Histogram ＋Probabilities；Stacked Histograms；QC(X Bar R)Chart；Scatter Matrix 都属于统计图形。

(3) 自制模板绘图

在使用 OriginPro 8.0 绘图的过程中，经常会碰到绘制同一类的图形，比如 XRD 衍射图，每次都要重复同样的操作，非常麻烦，Origin 提供了自制绘图模板的方法，可以减少绘制同一类图形时的重复工作，现在以绘制 XRD 衍射图为例介绍如何建立和使用自制模板绘图。

首先调整 XRD 衍射谱的图形(坐标轴、刻度、标注、字号等)至合适状态，见图 3-100；然后点击菜单「File」→"Save Template As…"命令，弹出如图 3-101 所示的对话窗口，可以对模板的名称"Template Name"、保存的路径"File Path"、模板的描述"Description"进行修

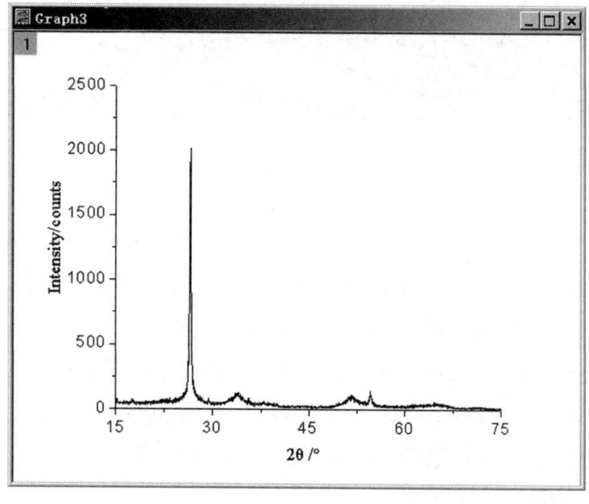

图 3-100 调整后的 XRD 图形

改，然后点击“OK”按钮进行保存；需要调用保存的模板进行绘图时，点击标准工具栏上的模板管理器“Template Organizer”图标，打开模板库（图 3-102），选中保存过的模板“XRD Single”，然后点击“Plot”按钮，在弹出的“Plot Setup”图形设置对话窗口中选中需要绘图的数据进行绘图即可（“Plot Setup”绘图设置详见 3.3.1 节）。

Utilities\File: template_saveas
Save a graph/workbook/matrix window to a template
Page [Graph3]
Category Line
Template Name XRD Single
Template Type Graph Template (*.otp) Template [*.otp]
⊟ Option
File Path D:\tools\origin8.0\Administrator\
⊞ Save image for preview(EMF first)
Description
OK Cancel

图 3-101 模板保存设置窗口

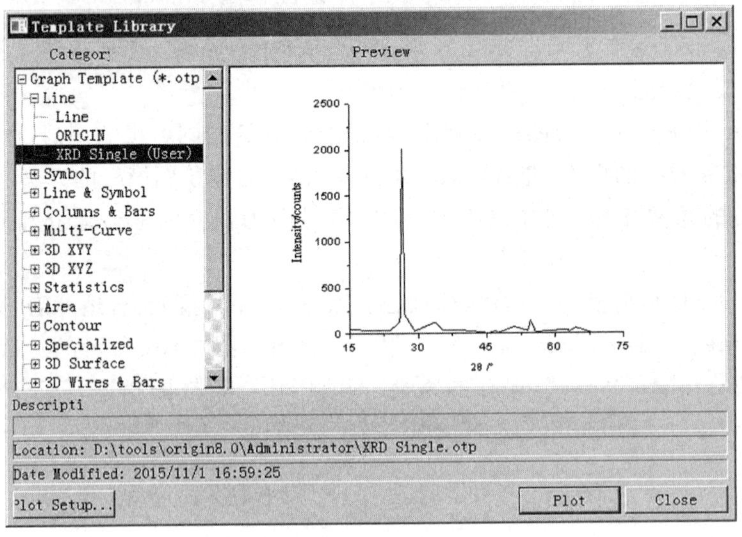

图 3-102 模板库

3.4.6 三维图形

三维图形可以分为两种，一种是具有三维外观的二维图形，如“3D Bar”三维柱状图、“3D Pie Chart”三维饼状图；另一种是具有三维空间数据，即必须有 X、Y、Z 三维数据的图形，典型的如“3D Color Fill Surface”三维表面图、“3D Wire Frame”三维线框图等；有一些看起来只是二维的图形，如“2D Contour”等高线图，其实也是三维图形。这些三维图形的建立，通常需要使用到 Matrix 矩阵数据，而 Marix 矩阵数据通常从 X、Y、Z 数据转换而来。

(1) 通过矩阵窗口建立三维图形

球形的方程为 $x^2+y^2+z^2=r^2$，把它变换一下取正值，得到 $z=(r^2-x^2-y^2)^{1/2}$。设半径

r=10，则 $z=(100^2-x^2-y^2)^{1/2}$，在 Origin 中可以表示为 z=sqrt(100－x^2－y^2)。

点击菜单「Matrix」→“Set Dimensions”命令，新建一个 32×32 的 Matrix，将 X 轴和 Y 轴的范围设定为－10～10，见图 3-103。

点击菜单「Matrix」→“Set Values”命令，在弹出的对话窗口（图 3-104）中输入公式 z=sqrt(100－x^2－y^2)，点击“OK”按钮即得到一个 Matrix（图 3-105）。由于我们已经先定了 Z 轴为正值，因此这个数据其实只是一个半球的数据。

Data Manipulation\Matrix: mdim

Set the dimensions and values of XY coordinates for the active matrix

⊟ Dimensions

Columns	32
Rows	32

⊟ Coordinates (X-column Y-row)

FirstX	-10
LastX	10
FirstY	-10
LastY	10

OK　Cancel

图 3-103　“Set Dimensions”对话窗口

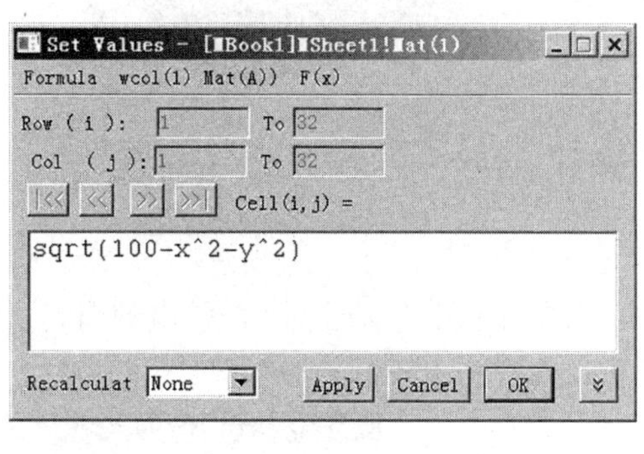

图 3-104　“Set Values” 对话窗口

Book1 :1/1

	1	2	3	4	5	6	7	8	9	10	11
1	--	--	--	--	--	--	--	--	--	--	
2	--	--	--	--	--	--	--	--	--	--	
3	--	--	--	--	--	--	--	--	0.85347	2.5604	3.3
4	--	--	--	--	--	--	--	2.2115	3.3986	4.16866	4.72
5	--	--	--	--	--	--	2.71811	3.8575	4.64113	5.23138	5.68
6	--	--	--	--	--	2.86716	4.06759	4.9028	5.5405	6.04355	6.44
7	--	--	--	--	2.71811	4.06759	4.98698	5.68877	6.24675	6.69695	7.06
8	--	--	--	2.2115	3.8575	4.9028	5.68877	6.31303	6.82012	7.23473	7.57
9	--	--	0.85347	3.3986	4.64113	5.5405	6.24675	6.82012	7.29204	7.68121	7.99
10	--	--	2.5604	4.16866	5.23138	6.04355	6.69695	7.23473	7.68121	8.0516	8.35
11	--	--	3.3986	4.72996	5.68877	6.44354	7.06002	7.57206	7.99974	8.35602	8.64
12	--	2.01452	3.96394	5.1512	6.04355	6.75882	7.34889	7.84209	8.2558	8.60148	8.88
13	--	2.71811	4.36379	5.46486	6.31303	7.00082	7.57206	8.0516	8.45506	8.79291	9.07
14	--	3.14413	4.64113	5.68877	6.50782	7.17697	7.73521	8.20522	8.60148	8.9338	9.2
15	--	3.3986	4.81716	5.83327	6.6345	7.29204	7.84209	8.30606	8.69772	9.0265	9.29
16	--	3.51894	4.9028	5.9042	6.69695	7.34889	7.89499	8.35602	8.74545	9.07249	9.34
17	--	3.51894	4.9028	5.9042	6.69695	7.34889	7.89499	8.35602	8.74545	9.07249	9.34
18	--	3.3986	4.81716	5.83327	6.6345	7.29204	7.84209	8.30606	8.69772	9.0265	9.29
19	--	3.14413	4.64113	5.68877	6.50782	7.17697	7.73521	8.20522	8.60148	8.9338	9.2
20	--	2.71811	4.36379	5.46486	6.31303	7.00082	7.57206	8.0516	8.45506	8.79291	9.07
21	--	2.01452	3.96394	5.1512	6.04355	6.75882	7.34889	7.84209	8.2558	8.60148	8.88
22	--	--	3.3986	4.72996	5.68877	6.44354	7.06002	7.57206	7.99974	8.35602	8.64
23	--	--	2.5604	4.16866	5.23138	6.04355	6.69695	7.23473	7.68121	8.0516	8.35
24	--	--	0.85347	3.3986	4.64113	5.5405	6.24675	6.82012	7.29204	7.68121	7.99
25	--	--	--	2.2115	3.8575	4.9028	5.68877	6.31303	6.82012	7.23473	7.57
26	--	--	--	--	2.71811	4.06759	4.98698	5.68877	6.24675	6.69695	7.06
27	--	--	--	--	--	2.86716	4.06759	4.9028	5.5405	6.04355	6.44
28	--	--	--	--	--	--	2.71811	3.8575	4.64113	5.23138	5.68
29	--	--	--	--	--	--	--	2.2115	3.3986	4.16866	4.72
30	--	--	--	--	--	--	--	--	0.85347	2.5604	3.3
31	--	--	--	--	--	--	--	--	--	--	
32	--	--	--	--	--	--	--	--	--	--	

MSheet1

图 3-105　球形表面图的矩阵

点击菜单「Plot」→“3D Surface”子菜单→“Color Map Surface”命令绘制球形表面图（图 3-106）。这个图形有一些缺点，包括两个方面：一个是 X 轴、Y 轴的范围都是±10，而 Z 轴只从 0～10，因此半球出现了变形；在绘图的过程中 Origin 默认打开了速度模式，因此图形过于粗略。点击菜单「Graph」→“Speed Mode”命令，在弹出的窗口（图 3-107）中，关闭速度模式可进一步得到更精确的图形。

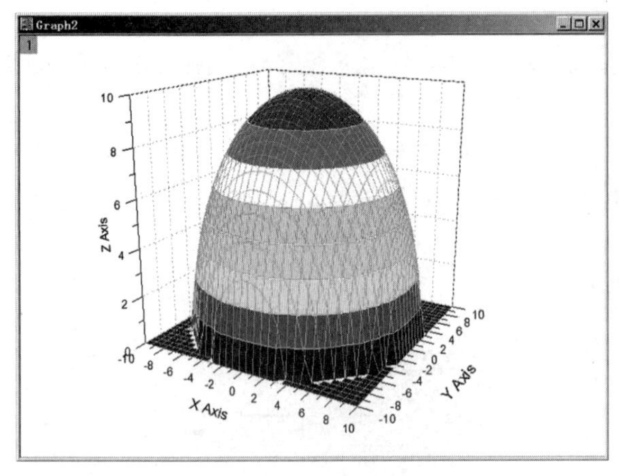

图 3-106 球形表面图

图 3-107 绘图模式设置

用鼠标双击 Z 轴坐标，在弹出的窗口（图 3-108）中，调节 Z 轴的坐标刻度为－10～10，则可以得到一个较清楚的半球。

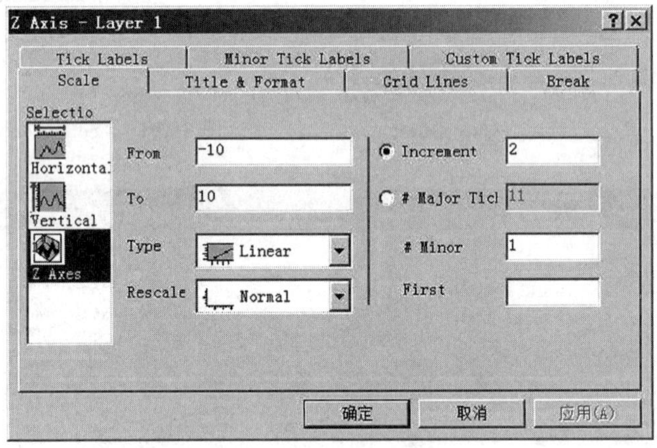

图 3-108 调节 Z 轴的坐标刻度

在矩阵窗口添加一个新的 Matrix 表（MSheet2），其他设置与前面的相同，只是“Set Values”设置时，公式变换成 z＝－sqrt（100－x^2－y^2），便可以得到另一个半球的数据。然后在 Graph 图形窗口中，鼠标右键点击第一个图形的层图标，打开“Layer Content”对话窗口，添加第二个矩阵表（图 3-109），最后作图得到一个球状表面图，如图 3-110 所示。

（2）通过数据转换建立三维图形

导入数据文件，得到 Worksheet 窗口数据，将第三列设为 Z 轴，然后点击菜单「Worksheet」→“Convert to Matrix”子菜单→“XYZ Gridding”命令将数据网格化（图 3-111），得到矩阵窗口。

点击菜单「Plot」→“3D Wires and Bars”子菜单→Wire Frame 命令得到三维线框图，如图 3-112 所示。

（3）三维图形参数设置

三维图形参数的设置，从结构上与二维图形并没有不同，方法是使用鼠标右键点击图层

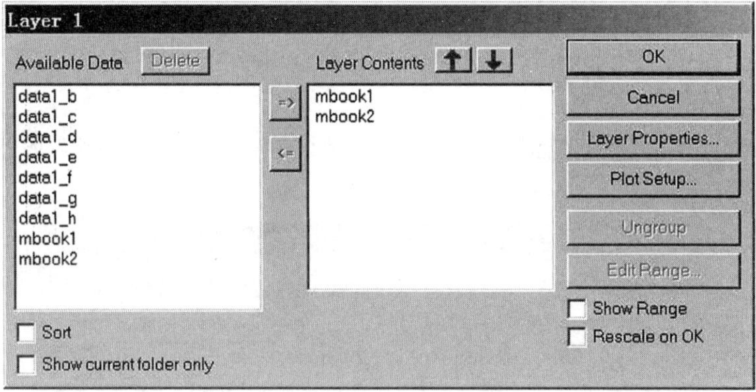

图 3-109　添加矩阵数据

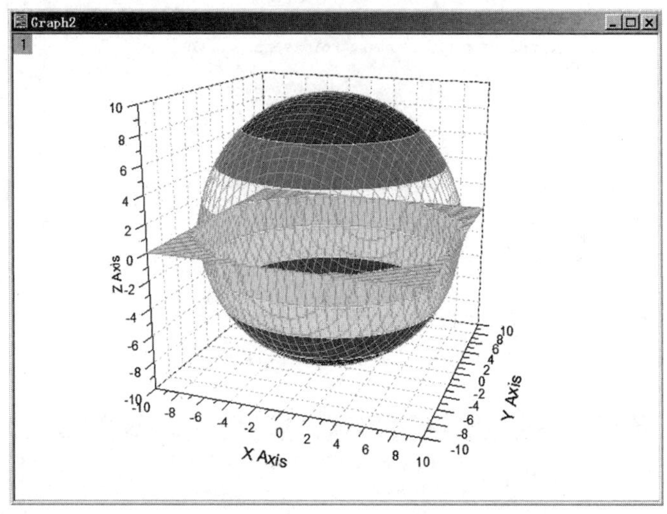

图 3-110　球状表面图

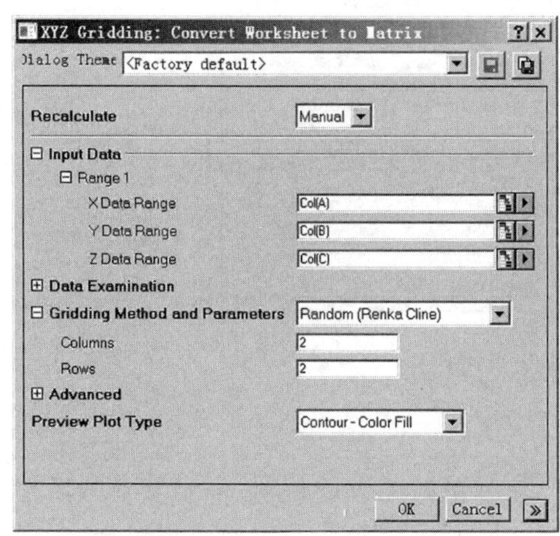

图 3-111　数据网格化设置窗口

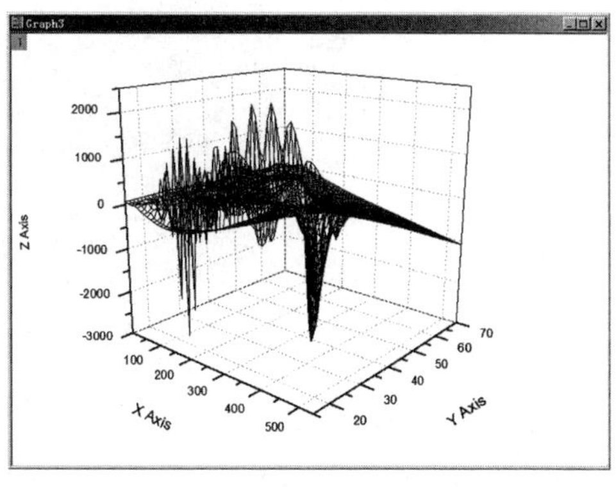

图 3-112　三维线框图

标志，在弹出的快捷菜单中选择相应的命令。但由于是三维图形，因此参数方面必然存在一定的差异，点击“Layer Properties”命令进入作图细节对话窗口（图 3-113），主要设置一些显示的参数。

用鼠标双击三维图形的坐标轴，可进入坐标轴设置，本部分与二维图形基本相同，不同的地方是多了第三维的坐标轴，如图 3-114 所示。

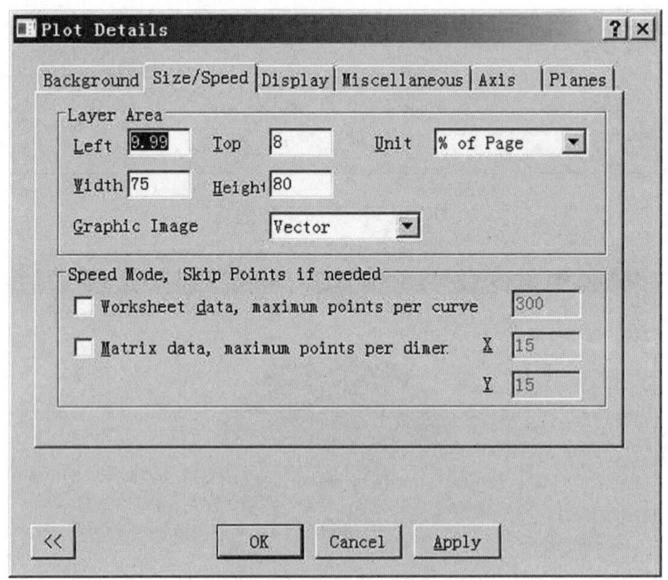

图 3-113　三维“Plot Details”设置窗口

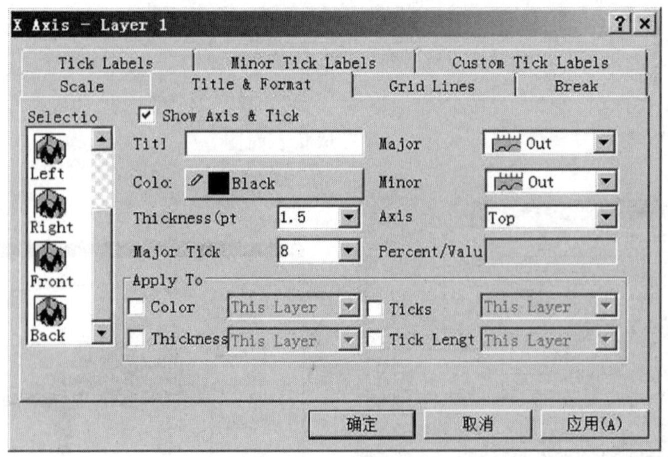

图 3-114　坐标轴设置窗口

（4）三维图形的旋转

在 3D Graph 绘图过程中，工具栏中会出现一列与旋转相关的按钮，如果见不到这列按钮可以通过菜单「View」→“ToolBars”子菜单→“3D Rotation”命令使它们呈现出来，点击它们即可旋转图形，如图 3-115 所示。

其中：

图 3-115 “3D Rotation”工具栏

:表示将图形绕图形的 Y 轴旋转;

:表示将图形逆时针或顺时针旋转;

:表示将图形绕图形的 X 轴旋转;

:表示改变坐标轴之间的角度;

:表示把图形适应窗口显示;

:表示回复坐标轴角度为默认;

:后面的数字表示每次旋转的角度。

(5) 三维图形模板

在 Origin 中,可以绘制的三维图形主要包括以下这些:

① 3D XYY Graph:这一类图形需要一个 X 列和多个 Y 列。

3D Waterfall:3D 瀑布图;

3D Walls:3D 墙形图;

3D Ribbons:3D 带状图;

3D Bars:3D 条状图。

② 3D XYZ Graph:这一类图形需要 X、Y、Z 列各一个,用于在三维空间中表示三维图形。

3D Scatter Plot:3D 散点图;

3D Trajectory:3D 轨迹图。

③ 3D Wires and Bars:这一类图形利用矩阵绘制三维曲面线形图。

Wire Frame:线框表面图;

Wire Surface:线条表面图;

Bar:条形表面图。

④ 3D Surface:这一类图形利用矩阵绘制三维曲面图形。

Color fill Surface:彩色填充表面图;

X Constant with Base:X 轴恒定有基线表面图;

Y Constant with Base:Y 轴恒定有基线表面图;

Color Map Surface:彩色映射表面图。

⑤ 等高线图:这一类图形用于以等高线的方式显示数据。

B/W Lines+Labels:黑白等高线图;

Color Fill:彩色等高线图;

Gray Scale Map:灰度等高图;

Profiles:剖面图。

3.5 图形的输出和利用

OriginPro 8.0 中图形的输出,具有4个不同的意思,包括以图形对象(Object)的形式输出到其他软件如 Word 中共享,以图形文件包括(矢量图或位图)的形式输出以便插入到文档中使用,以 Layout 页面的形式输出和打印输出。

3.5.1 与其他软件共享

Origin 软件使用了 Windows 平台中常用的对象共享技术,称为 OLE(Object Linking and Embedding,对象连接与嵌入)。利用这个技术,可以将 Origin 图形对象连接或嵌入到任何支持 OLE 技术的软件中,典型的软件包括 Word、Excel 和 PowerPoint 等。

这种共享的方式保持了 Origin 软件对图形对象的控制,在这些软件中只要双击图形对象,就可以打开 Origin 进行编辑,编辑修改后只要再执行更新命令,文档中的图形也会同步更新,此外由于 Origin 的图形与数据是一一对应的,拥有图形对象也就是拥有原始数据,保存文档的同时也会自动保存这些数据,不用担心图形文件丢失问题,这些都是 OLE 技术的灵活之处。

例如在 Word 文档中,最简单的就是使用剪贴板进行数据交换。在 Origin 绘图窗口中选择需要输出的图形,选择菜单「Edit」→"Copy Page"命令,或者鼠标右键点击图形窗口空白处,在弹出的快捷菜单中选择"Copy Page"命令,复制整页,然后选择 Word 文档执行"Paste"粘贴命令即可,这其实是一种对象嵌入的快捷操作方式。在 Word 文档中用鼠标右键点击这个图形对象,即可打开右键快捷菜单,在菜单中可看到"Graph"对象可以执行"Edit"编辑和"Open"打开这些操作,或者直接用鼠标双击这个图形,直接打开 Origin 进行编辑。

在 Origin 中编辑完成后要点击文件菜单「File」的"更新文档"命令(图 3-116)然后关闭 Origin 软件,在 Word 中将会得到更新后的图形。

3.5.2 Layout 窗口

当图形比较多或比较复杂的时候,使用 Layout 窗口可以对现有的数据与图表进行排版。Layout 排版是基于图形的,整个窗口可以当成一张白纸,然后将多个图形或者表格在上面进行随意的排列。

通过菜单「File」→"New…"命令新建一个空白的 Layout 窗口,要往里面添加内容,可以在 Layout 窗口活动的情况下,通过用鼠标右键点击 Layout 窗口,从弹出的快捷菜单中选择"Add Graph"、"Add Worksheet"或"Add Text"命令,分别往 Layout 窗口中添加图形、表格和文本,如图 3-117 所示。或者点击菜单「Layout」菜单中命令也可以实现上述操作。另外,也可以在目标窗口活动的情况下,点击菜单「Edit」→"Copy Page"命令,然后转到该 Layout 窗口,执行「Edit」→"Paste"命令,也可完成内容的添加。

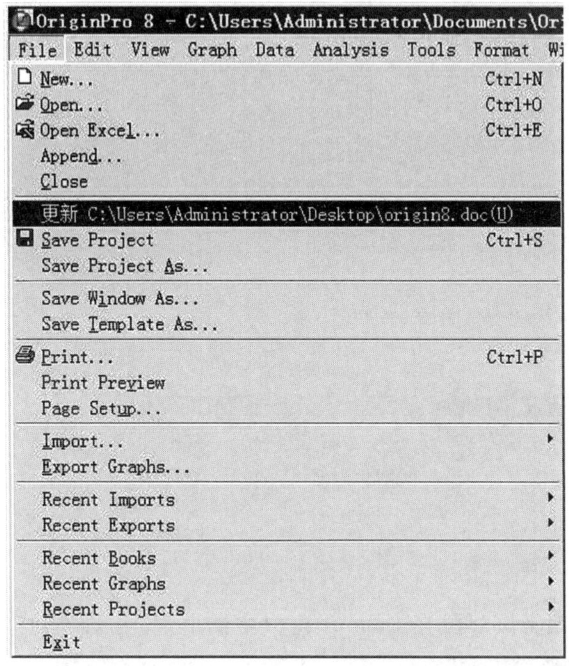

图 3-116 Origin 中的更新文档

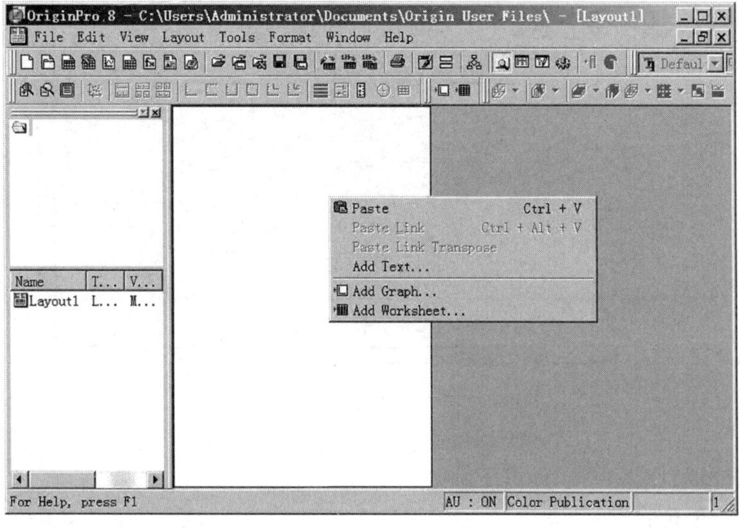

图 3-117 Layout 窗口中添加文本、图形或工作表

在 Layout 窗口中添加对象之后，可以选中图形或表格用鼠标左键点击拖动，调整其在 Layout 窗口中的大小和位置(图 3-118)，在 Layout 窗口中将图形和表格混合的排列在一起；也可以点击对象编辑“Object Edit”工具栏上面的命令来排列对象。对于多个对象(图形或数据表)来说，熟练使用对象编辑“Object Edit”工具栏上的命令是非常方便的。

如果要调整 Layout 版面的大小，可以使用「File」菜单中的“Page Setup”页面设置命令，相当于设定 Layout 版面的打印尺寸。此外，还可以鼠标右键点击 Layout 窗口里的对象，选

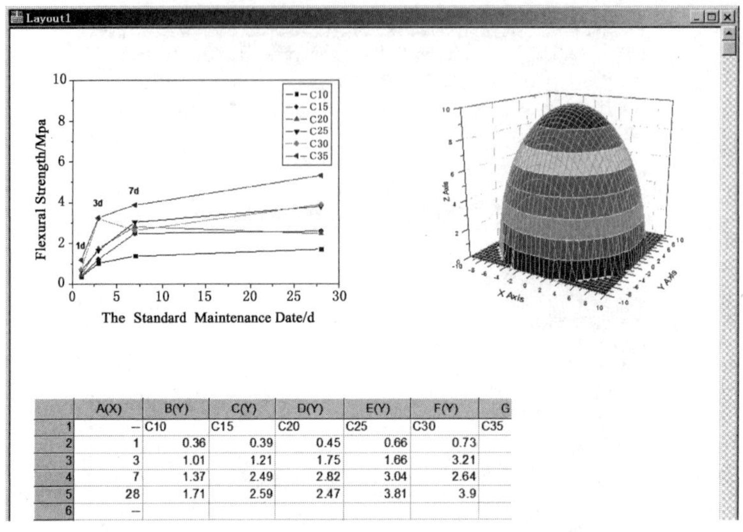

	A(X)	B(Y)	C(Y)	D(Y)	E(Y)	F(Y)	G
1	--	C10	C15	C20	C25	C30	C35
2	1	0.36	0.39	0.45	0.66	0.73	
3	3	1.01	1.21	1.75	1.66	3.21	
4	7	1.37	2.49	2.82	3.04	2.64	
5	28	1.71	2.59	2.47	3.81	3.9	
6	--						

图 3-118　Layout 窗口

择“Properties”命令，编辑该对象在 Layout 窗口中的属性，见图 3-119。

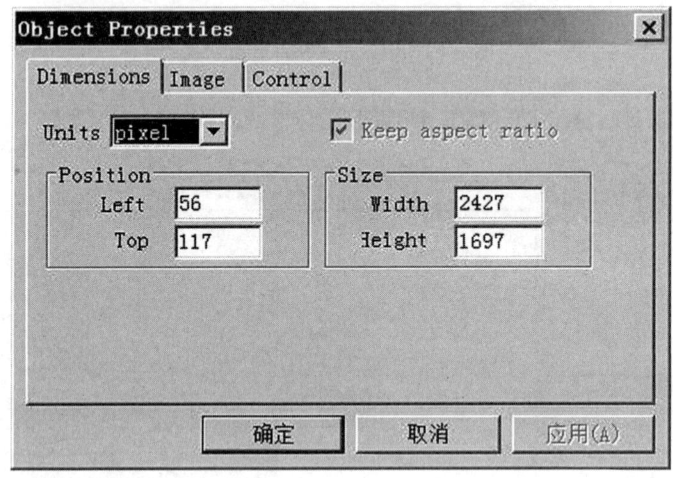

图 3-119　对象属性窗口

(1) Dimensions 标签

Units：计量单位；

Keep aspect ratio：是否保持比例；

Position：对象位置；

Size：对象尺寸大小。

(2) Image 标签

Use picture holder：是否启用图片占位符；

Background：背景样式；

Apply to：应用范围。

(3) Control 标签

Name：对象名称；

Type：对象类型描述；

Attach to：在 Layout 中对象与来源的联系方式；

Visible：是否可见；

Selectable：是否可选；

Horizontal Movement：是否允许水平移动；

Vertical Movement：是否允许垂直移动；

Resizing：是否允许修改尺寸大小；

Rotating：是否允许旋转；

Skewing：是否允许扭曲对象；

Edit：是否允许修改对象。

要将 Layout 窗口输出到 Word，直接使用菜单「Edit」中的“Copy Page”命令，然后粘贴到 Word 中就行。也可以选择将 Layout 窗口导出为图形文件，再在 Word 中插入使用。

3.5.3 图形打印

如果想直接输出图形，可以在 OriginPro 8.0 中进行图形打印，打印的一般步骤是“页面设置”→“打印预览”→“打印”。

3.6 数据分析

回归分析(Regression Analysis)是确定两种或两种以上变量间相互依赖定量关系的一种统计分析方法。利用这种数学方法可以从大量观测的散点数据中寻找到能反映事物内部的一些统计规律，并以数学模型的形式表达出来，这种数学模型是数学方程，故称它为回归方程。回归分析按照涉及的因变量的多少，可分为一元回归分析和多元回归分析；按照自变量和因变量之间的关系类型，可分为线性回归分析和非线性回归分析。

曲线拟合(Curve Fitting)是指选择适当的曲线类型来拟合观测数据，并用拟合的曲线方程分析两变量间的关系。

回归分析是要找到一个有效的关系，曲线拟合则要找到一个最佳的匹配方程，两者概念略有差异，一般认为曲线拟合是回归分析的一种方法。

曲线拟合的步骤如下：① 确定变量。包括变量的个数、自变量和因变量。② 确定数学模型。即自变量和因变量之间的关系。确定数学模型有两点要注意：一是能否通过数据变换找到尽可能简单的模型，因为模型越简单，处理越方便，思路越清楚；二是模型中相关参数是否具有物理意义，这一点是很重要，如果引入的参数没有确定的物理意义，这显然不是个好的模型，即使这个函数将数据拟合得很好。③ 交由计算机软件进行反复逼近，有必要时进行人为干预。如果模型是错误的，则运算结果将会错得更远，因此人为干预是必不可少的。④ 根据运算结果，特别是相关系数进行检验，理论上相关系数越接近 1 越好，但也要结合常识对结果参数的物理意义，特别是取值范围进行判断。⑤ 如果结果不满意，则重新修改模型的参数再进行运算。

3.6.1 线性拟合

线性拟合分析是数据分析中最简单但是最重要的一种分析方法，其主要目标是寻找数据增长的大致方向，以便排除某些误差数值，以及对未知数据的值做出预测。Origin 按以下算法把曲线拟合为直线，对 X(自变量)和 Y(因变量)，线性回归方程为 $Y=A+BX$，参数 A(截距)和 B(斜率)由最小二乘法求算。

建立工作表，导入要进行分析的数据，选择要分析的数据，生成散点图(图 3-120)，再通过菜单「Analysis」→“Fitting”子菜单→“Fit Linear”命令打开“Linear Fit”对话窗口(图 3-121)，设置相关的拟合参数，点击“OK”按钮后即可生成拟合曲线以及相应的分析报表，如图 3-122 所示。

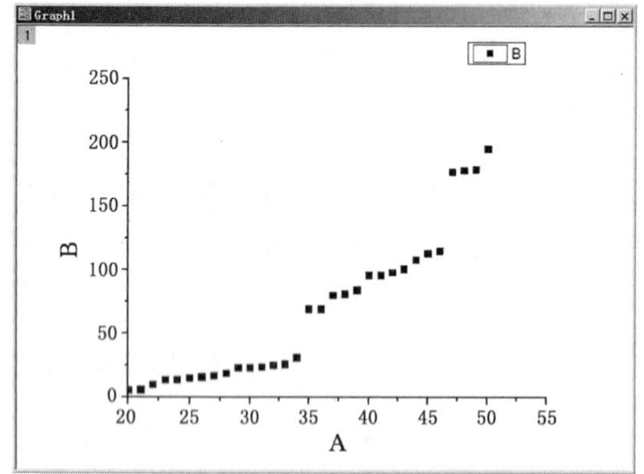

图 3-120　待分析数据的散点图

Linear Fit
Dialog　<Factory default>
Descriptic　Perform Linear Fitting
Recalculate　Manual
Input Data　[Graph1]Layer1!1"B"
Fit Options
Quantities to Compute
Residual Analysis
Output Results
Fitted Curves Plot
Find Specific X/Y
Residual Plots
OK　Cancel

图 3-121　拟合参数设置

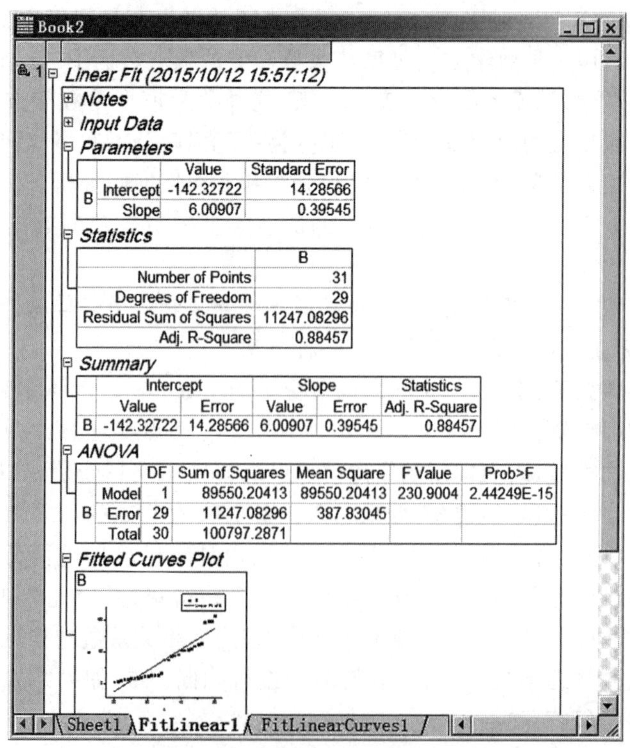

Book2

Linear Fit (2015/10/12 15:57:12)

Notes

Input Data

Parameters

		Value	Standard Error
B	Intercept	-142.32722	14.28566
	Slope	6.00907	0.39545

Statistics

	B
Number of Points	31
Degrees of Freedom	29
Residual Sum of Squares	11247.08296
Adj. R-Square	0.88457

Summary

	Intercept		Slope		Statistics
	Value	Error	Value	Error	Adj. R-Square
B	-142.32722	14.28566	6.00907	0.39545	0.88457

ANOVA

		DF	Sum of Squares	Mean Square	F Value	Prob>F
B	Model	1	89550.20413	89550.20413	230.9004	2.44249E-15
	Error	29	11247.08296	387.83045		
	Total	30	100797.2871			

Fitted Curves Plot

Sheet1　FitLinear1　FitLinearCurves1

图 3-122　拟合分析结果报表

(1) 拟合参数设置对话窗口设置

① Recalculate——在 Recalculate 下拉菜单中，可以设置输入数据与输出数据的连接关系，包括 Auto(自动)、Manual(手动)、None(无)3 个选项。Auto 是原始数据发生变化后自动进行线性拟合，Manual 是当数据发生变化后，用鼠标点击菜单命令手动选择重新拟合，None 则不进行任何处理。

② Input Data——Input Data 复选框下面的选项可以用于设置输入数据的范围，主要包括输入数据区域以及误差数据区域。

在选择数据范围的对话窗口中，点击按钮表示要重新选择拟合的数据范围，会打开一个数据选择对话窗口 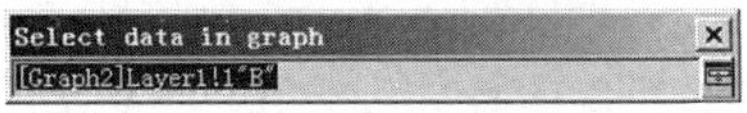 Select data in graph [Graph2]Layer1!1"B"，则可以使用鼠标选择所需数据及范围后，鼠标左键点击对话窗口右边的按钮进行确认。

如果点击按钮，会出现快捷菜单，也可以对数据源进行调整，如果选择最后一个命令"Select Columns"，则会打开"Dataset Browser"数据集浏览器，可以对当前拟合的所有数据进行选择、增删和设置。

③ Fit Options——在 Fit Options 复选框下面可以设置的参数包括：

Errors as Weight：误差权重；

Fix Intercept 和 Fix Intercept at：拟合曲线截距的限制，如果选择 0 则通过原点；

Fix Slope 和 Fix Slope at：拟合曲线斜率的限制；

Use Reduced Chi-Sqr：这个数据用来显示误差情况；

Apparent Fit：使用 log 坐标对指数衰减进行直线拟合。

④ Quantities to Compute——Quantities to Compute 复选框下面可以设置的参数有：

Fit Parameters：拟合参数项；

Fit Statistics：拟合统计项；

Fit Summary：拟合摘要项；

ANOVA：是否进行方差分析；

Covariance matrix：是否产生协方差 Matrix；

Correlation matrix：是否显示相关性 Matrtix。

⑤ Residual Analysis——Residual Analysis 项下面可以设置几种残留分析的类型。

⑥ Output Results——Output Results 复选框下面是一些输出内容与目标的选项，定制分析报表。

Paste Result Tables to Graph：是否在拟合的图形上显示拟合结果表格；

Output Fitted Values To：分析结果输出到哪里，默认是在当前工作簿上新建工作表用于输出，其他选择包括"Result Log"窗口、"Note"窗口等。

Output FindSpecific X/Y Tables：输出时包含一个表格，自动计算 X 对应的 Y 值或者 Y 对应的 X 值。

⑦ Fitted Curves Plot——在 Fitted Curves Plot 复选框下面可以设置一些拟合图形的选项。

Plot on OriginalGraph：在原图上作拟合曲线；

Update Legend on Original Graph：更新原图上的图例；

X Data Type：设置 X 列的数据类型，包括 Points(数据点数目)和 Range(数据显示区域)；

Confidence Bands：显示置信区间；

Prediction Bands：显示预计区间；

Confidence Level for Curves(%)：设置置信度。

⑧ Find Specific X/Y——Find Specific X/Y 复选框主要是用于设置是否产生一个表格，显示在 Y 列或 X 列中寻找另一列所对应的数据。

⑨ Residual Plots——Residual Plots 复选框主要是设置一些残留分析的参数。

(2) 拟合结果分析报表

OriginPro 8.0 版本中的分析报表与旧版本的分析报表相比，不仅仅是用来分析结果的"静态"报表，更像一种分析模板，是"动态"报表。简单来说，数据源可以动态改变(分析结果会自动重新计算)，或者分析参数可以随时调整(分析结果也会自动重算)。这种功能显然已经超越了结果输出呈现的范畴，大大提高了用户工作效率。

从图 3-122 中可以看到：报表是按树形结构组织的，可以根据需要进行收缩或展开；每个节点数据输出的内容可以是表格、图形、统计和说明；报表的呈现形式是电子表格(Worksheet)，只是没有把所有表格线显示出来而已；除了分析报表外，分析报表附带所需的一些数据还会生成一个新的结果工作表 Worksheet。其中：

① Note：主要是记录一些信息，比如用户、使用时间等，此外还有拟合方程式。

② Input Data：显示输入数据的来源。

③ Parameters：显示斜率、截距和标准差。

④ Statistics：显示一些统计数据，如数据点个数等，最重要的是 R－Square(R 平方)，即相关系数，这个数字越接近±1 则表示数据相关度越高，拟合越好，因为这个数值可以反映实验数据的离散程度，通常来说两个 9，即 0.99 以上是有必要的。

⑤ Summary：显示一些摘要信息，就是整合上面几个表格。其中，斜率、截距和相关系数是我们关心的。

⑥ ANOVA：显示方差分析的结果。

⑦ Fitted Curves Plot：显示图形的拟合结果缩略图。在这里再次显示图形看似多此一举，其实是因为 Origin 假设分析报告将要单独输出用于显示导致的。

⑧ Residual vs. Independent Plot：可以在 Linear Fit 对话窗口的"Residual Plots"项下设置要显示的图表。

(3) 报表基本操作

报表(Report Table)的操作主要是通过鼠标右键快捷菜单进行的，下面是一些主要操作的简介：

① User Comments：添加注释。

② Copy Table：复制表格内容。

③ Copy Footnote：复制脚注信息。

④ Create Copy As New Sheet：把表格内容复制到一个新的 Worksheet。

⑤ Create Transposed Copy As New Sheet：把表格转置后的内容复制到一个新的 Worksheet。

⑥ Expand：展开表格内容。

⑦ Collapse：把表格折叠起来。

⑧ Copy/Paste Format：复制表格格式。

⑨ Edit Formatting…：打开“Worksheet Theme Editor”对话窗口，编辑 Worksheet 格式。

⑩ View：设置表格外观。

(4) 报表编辑

① 报表中的图形——要编辑报表里面的 Graph 图形，只要鼠标左键双击 Graph，打开相应的 Graph 窗口，即可进行编辑。

② 报表中的拟合结果数据——在生成的结果表格中，一系列的标签上打锁定记号，以防止随意被改动。被打上这种记号的，是在拟合参数设置对话窗口的“Recalculate”选项中已设置为“Manual”或“Auto”，也就是说当外部参数(包括数据源和拟合参数)发生改变时会重新计算，一般来说，不要随意改动分析报表中的数据，如果非要改变时，可以设置“Recalculate”为“None”，则不会显示锁定记号。

③ 分析模板——建立分析模板“Analysis Template”的好处是可以重复使用，大大减少工作提高效率。有两种方式可以将分析模板贮存起来：一种是直接保存为项目文件(＊.OPJ)，一种是保存为工作簿(＊.OTW)。后者随时追加到新项目中，在当前项目下通过菜单「File」→“Open”命令打开＊.OTW 文件。如果要保存为分析模板，则分析选项中的“Recalculate”重新计算选项一般设置为“Auto”。

不管哪一类形式。由于分析报表已经与源数据关联，因此当源数据发生改变后，分析报表也会自动重新计算分析结果。也就是说，用户可以导入新的数据，或手动改变源数据，分析结果也会跟着发生改变，而无需重新设置参数。

④ 分析报表的输出——分析报表是一个完整的报告文件，同图形文件一样，这个报表可以通过菜单「File」→“Export”命令进行导出，典型的是导出为 PDF(Portable Document Format)格式文件。

3.6.2　多元线性拟合

要对数据进行多元线性拟合($y=\beta_0+\beta_1 x_1+\beta_2 x_2+\cdots+\beta_k x_k+\varepsilon$)时，首先要导入拟合的数据，不要作图，直接选择菜单「Analysis」→“Fitting”子菜单→“Multiple Linear Regression…”命令打开“Multiple Regression”对话窗口，然后根据需要进行设定，点击“OK”按钮完成拟合，其中的参数设置以及结果输出请参考线性拟合部分。

3.6.3　多项式拟合

要对数据进行多项式拟合($Y=A+B_1X_1+B_2X^2+\cdots+B_nX^n$)时，首先导入拟合的数据，然后作图生成对应的散点图，选择菜单「Analysis」→“Fitting”子菜单→“Fit Polynomial…”命令打开“Polynomial Fit to”对话窗口，根据需要进行设定，点击“OK”按钮完成拟合，其中的参数设置以及结果输出请参考线性拟合部分。

事实上，如果多项式的 $n=1$，其实就是 $Y=A+BX$，即直线方程。

对于弯曲的图形来说，理论上 n 值越大，拟合结果越好，不过实际使用时 n 值越多，项也就多，解释其物理意义也就越困难。

3.6.4 非线性拟合

除了线性拟合外，大部分数据都不能处理成一种直线关系，因此需要使用到非线性函数进行拟合。OriginPro 8.0 使用“Nonlinear Fitting”（NLFit）对话窗口来完成这个工作。NLFit 对话窗口内置了超过 200 种拟合函数，基本能够适合各种学科数据拟合的要求，每个函数可以使用具体参数进行定制。

导入数据，做散点图，再选择菜单「Analysis」→“Fitting”子菜单→“Nonlinear Curve Fit”命令打开 NLFit 对话窗口，然后选择函数目录，在目录下选择一个拟合函数（本例使用 Basic 目录下的 Gauss 函数），再根据具体情况设置一些参数，再点击“Fit”按钮即完成拟合，如图 3-123 至图 3-125 所示。

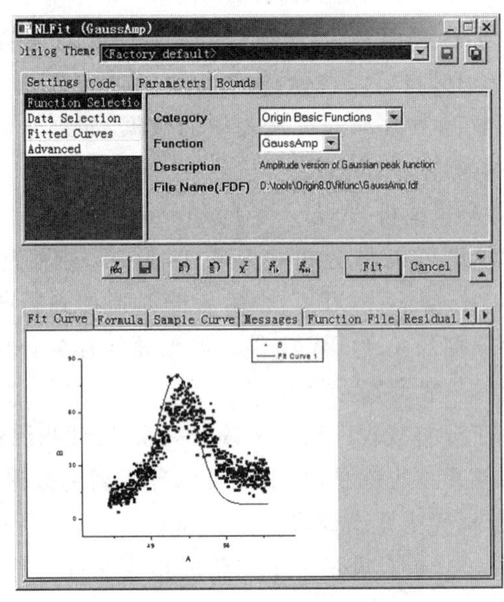

图 3-123 NLFit 对话窗口

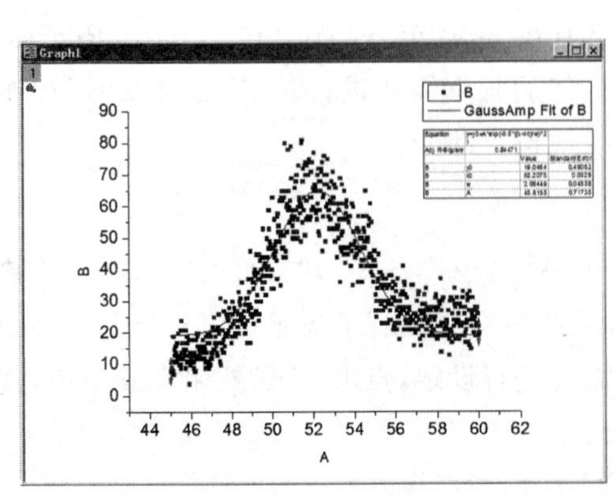

图 3-124 拟合后的图形

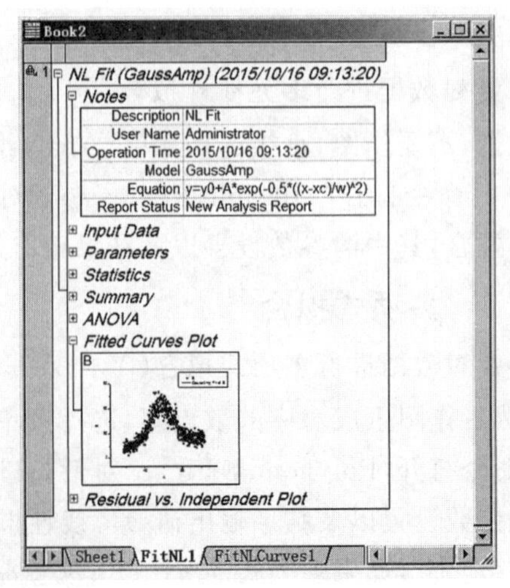

图 3-125 拟合报表

NLFit 对话窗口(图 3-123)主要由三部分组成:上部分是一组参数设置标签、中间一部分是一组主要的控制按钮以及下部分的信息显示标签。

(1) 拟合参数设置

① Setting 标签,包括 4 个子项:

Function Selection:可以选择要使用的拟合函数,包括 Category(函数所属种类)、Function(具体的函数)、Description(函数的描述)和 File Name(函数来源和名称)。函数目录包括基本类型(Origin Basic Functions)。按形式分类(By Form),包括 Exponential 指数、Growth/Sigmoidal 生长/S 曲线、Hyperbola 曲线、Logarithm 对数、Peak Functions 峰函数、Polynomial 多项式、Power 幂函数、Rational 有理数、Waveform 波形;按领域分类(By Field),包括 Chromatography 色谱学、Electrophysiology 生理学、Pharmacology 药理学、Spectroscopy 光谱学、Statistics 统计学;用户自定义函数。

Data Selection:输入数据的参数设置。

Fitted Curves:拟合图形的一些参数设置。

Advanced:高级设置,参考线性拟合部分。

② Code 标签:显示拟合函数的代码、初始化参数和限制条件。

③ Parameters 标签:拟合参数的表格。

④ Bounds 标签:可以设置参数的上下限,包括 LB Value(下限值),LB Control(下限与参数的关系)、Param(参数名)、UB Value(上限值)、UB Control(上限与参数的关系)。

(2) 中间的控制按钮

Create/Edit Fitting Functions:新建/编辑拟合函数。

Save File:保存拟合函数。

Initialize Parameters:初始化参数。

Simplex:给参数赋予近似值。

Calculate Chi-Square:计算 Chi-square 值。

1 Iteration:使当前函数运行时只执行一次。

Fit till Converged:使当前函数每次运行时不断循环执行直到结果在规定范围内。

Fit:对函数进行拟合。

Cancel:取消拟合。

Show Top Panels/Show Bottom Panels:打开上/下部的参数标签面版。

(3) 信息显示标签

① Fit Curve:拟合结果的预览图。

② Formula:拟合函数的数学公式。

③ Sample Curve:显示拟合示例曲线(图形)。

④ Messages:显示用户的操作过程,Log 记录。

⑤ Function File:一些关于该拟合函数的信息。

⑥ Residual:残留分析图形预览。

⑦ Hints:一些使用的小提示。

3.6.5 其他拟合方式

(1) Fit Multi-peak

“Fit Multi-peak”命令可以对数据进行多峰值拟合。进行多峰值拟合，首先要绘制数据的曲线图，然后点击菜单「Analysis」→“Fitting”子菜单→“Fit Multi-peak”命令打开“Fitting：Fit peaks”对话窗口，设置好 Peak Type(拟合方法)、Number of Peaks(峰数)以及输入输出等参数后点击“OK”按钮，然后在数据的 Graph 曲线上寻找指定数目的峰值，寻找完毕之后便会输出峰值拟合结果了。

(2) Simulate Curve

“Simulate Curve”是通过一定的函数(选择目录、函数名称)和相关参数，然后自动产生数据表的操作，点击菜单「Analysis」→“Fitting”子菜单→“Simulate Curve”命令可以打开“Fitting：Simcurve”对话窗口。这个工具看起来与 NLFit 的相关设置基本相同，但其功能相反，因为这个工具是先有曲线，然后才有数据。

(3) Nonlinear Surface Fit、Fit Single Peak、Fit Exponential、Fit Sigmoidal

非线性曲面拟合、单峰拟合、指数拟合、S 曲线拟合其使用方法都是通过 NLFit 对话窗口设置、生成拟合结果，其中的区别只是拟合函数的不同。

(4) 自定义函数拟合

OriginPro 8.0 中已经提供了超过 200 种函数，我们有时候会发现自己需要的拟合函数不在其中，这就需要自定义函数拟合。关于自定义函数拟合，一般情况下自定义函数基本上是预先确定的，这些函数要么来源于文献中的模型，要么是自己通过数学运算推导出来的，因此拟合结果(参数)必然具有一定的物理意义，其结果可以加以解释，否则如果胡乱使用一种数学函数，即使拟合结果非常好，也可以说是毫无意义的。自定义函数拟合的过程请参考其他专业书籍。

3.7 数学运算

数学运算主要包括插值和外推、简单数学运算、微分和积分、曲线平均等，这些分析都是点击菜单「Analysis」→“Mathematics”子菜单里相应的命令进行操作。这些数学运算可以在数据表中进行，也可以在图形窗口中进行，两者的算法选项略有差异。如果是在 Graph 图形窗口中进行，则可以即时看到处理结果的曲线。

3.7.1 插值、外推

(1) Interpolate/Extrapolate Y from X(插值/外推求 Y 值)

利用“Interpolate/Extrapolate Y from X…”命令可以进行插值/外推操作。插值是指在已有的数据点之间尽量按照数据原有趋势增加一些数据点；外推是指在当前曲线之外按照曲线末端走向，增加一些数据点。增加数据点的依据是原有的数据趋势，可以有多种算法进行选择，实际上是根据一定的算法找到新的 X 坐标对应的 Y 值。

本功能是在 Worksheet 中操作，可以根据原数据的趋势，再根据设定的 X 值，计算出合适的 Y 值。其参数设置为：

① X Values to Interpolate：指定 X 值范围用于插值；

② Input：要处理的数据区域；

③ Method：分析算法，包括 Linear（线性）、Cubic Spline（三次样条函数插值）、Cubic B-Spline（B 样条函数插值）；

④ Result of interpolation：插值结果输出区域；

⑤ Recalculate：设置输入数据与输出数据的连接关系（即是否因原数据的改变而重新计算），包括 Auto（自动）、Manual（手动）、None（不连接）3 个选项。

导入数据文件，新建 D 列和 E 列，在 D 列输入系列的 Y 值，E 列用于输出结果，然后选中 B 列，点击菜单「Analysis」→"Mathematics"子菜单→"Interpolate/Extrapolate Y from X"命令，出现对话窗口如图 3-126 所示。

窗口中，"Input"会自动生成，即 B 列，将"X Value to Interpolate"设定为 D 列，将"Result of Interpolation"设定为 E 列，"Method"设定为 Linear，点击"OK"按钮，这样设置的目的是根据 B 列（X）的数据趋势，再根据 D 列的 Y 值，插值的结果输出到 E 列，结果 Worksheet 如图 3-127 所示。

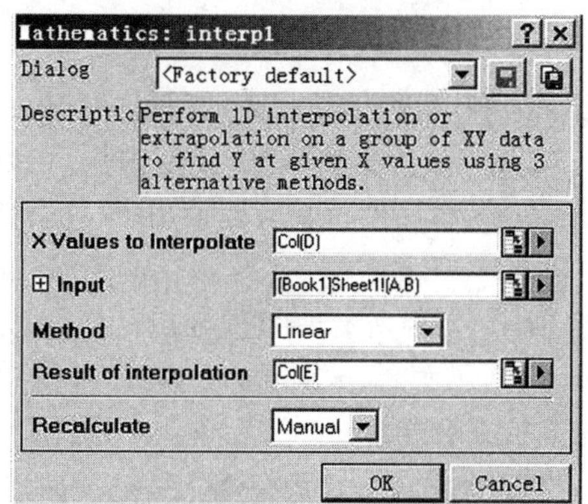

图 3-126　插值设置窗口

Book1

	A(X)	B(Y)	C(Y)	D(Y)	E(Y)
Long Name					
Units					
Comments					
1	--	--	--		--
2	1	0.36	--	0.39	0.16175
3	3	1.01	--	1.21	0.42825
4	7	1.37	--	2.49	0.84425
5	28	1.71	--		
6	--	--	--		
7	--	--	--		
8	--	--	--		
9	--	--	--		
10	--	--	--		
11	--	--	--		
12	--	--	--		
13	--	--	--		
14	--	--	--		
15	--	--	--		

Sheet1

图 3-127　插值后的工作表

（2）Trace Interpolation（趋势插值）

利用"Trace Interpolation…"命令可以进行趋势插值操作，适用于工作表或图形窗口。利用这个功能，在原有曲线中均匀地插入 n 个数据点，默认是 100 个点，其中的参数设置为：

① Input：输入数据区域；

② Method：分析算法，包括 Linear（线性）、Cubic Spline（三次样条函数插值）、Cubic B-Spline（B 样条函数插值）；

③ Number of Points：插值点数目；

④ Output：插值结果输出区域；

⑤ Recalculate：设置输入数据与输出数据的连接关系（即是否因原数据的改变而重新计算），包括 Auto（自动）、Manual（手动）、None（不连接）3 个选项。

（3）Interpolate/Extrapolate（插值/外推）

利用"Interpolate/Extrapolate…"命令可以进行插值/外推操作，利用这个功能可以设定一个较大的范围（可以超过原有 X 坐标范围）均匀插入 n 个点，其中的参数设置为：

① Input：输入数据区域；

② Method：分析算法，包括 Linear（线性）、Cubic Spline（三次样条函数插值）、Cubic

B-Spline(B样条函数插值)；

③ X Minimum/X Maximum：最小/最大插值点；

④ Output：插值结果输出区域；

⑤ Recalculate：设置输入数据与输出数据的连接关系(即是否因原数据的改变而重新计算)，包括 Auto(自动)、Manual (手动)、None(不连接)3个选项。

(4) 3D Interpolation(3D插值)

利用"3D Interpolation…"命令可以进行3D数据外推/插值操作，其中的参数设置为：

① Input：输入数据区域；

② Number of Points in Each Dimension：各个方向上的最大/最小插值点；

③ Output：插值结果输出区域；

④ Recalculate：设置输入数据与输出数据的连接关系(即是否因原数据的改变而重新计算)，包括 Auto(自动)、Manual (手动)、None(不连接)3个选项。

3.7.2 数学运算

(1) Simple Math(简单数学运算)

利用"Simple Math…"命令可以进行简单的数学运算，适用于数据表或图形。利用这个功能可以非常方便地对数据或曲线进行简单的加、减、乘、除的运算，对于图形来说，可以利用加减运算进行平移或升降，利用乘除可以调整曲线的纵横深度。在实际使用中，这个功能是非常有用的，特别是对多条曲线进行比较时。

导入数据，选中所有的列进行作图，如图3-128所示，发现所有曲线重叠在一起，不方便观察和比较，然后点击菜单「Analysis」→"Mathematics"子菜单→"Simple Math"命令打开"Mathematics：mathtool"对话窗口，见图3-129，设置相应的参数。

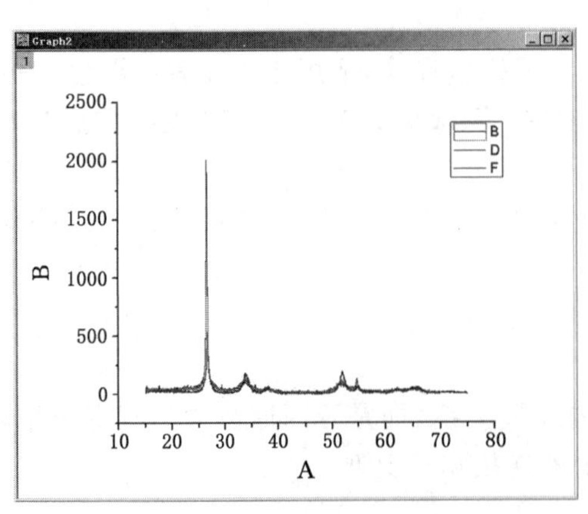

图3-128 多曲线图

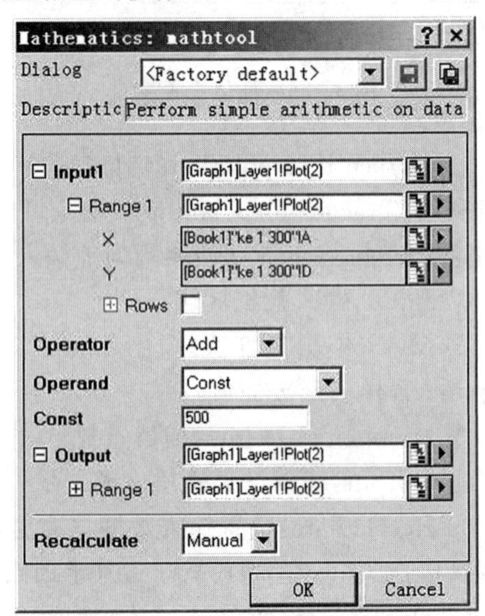

图3-129 数学运算参数设置窗口

其中：

① Input：输入数据区域；

② Operator:操作符,包括加、减、乘、除和幂操作;

③ Operand:操作数类型,包括常量和参数数据,其中"Reference Data",使用数据集作为操作数;"Const",使用常量作为操作数;

④ Output:结果输出区域;

⑤ Recalculate:设置输入数据与输出数据的连接关系(即是否因原数据的改变而重新计算),包括 Auto(自动)、Manual (手动)、None(不连接)3 个选项。

通过对原作图窗口中数据曲线的观察,并用加减操作三条曲线的数值,结果如图 3-130 所示,三条曲线沿着 Y 轴方向进行了平移,方便进行比较和观察。

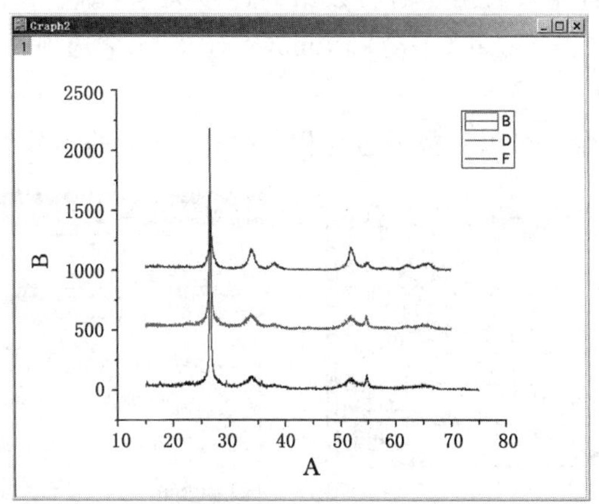

图 3-130 数学运算后的多曲线图

(2) Normalize 归一化

在 Graph 图形窗口中,利用"Normalize…"命令对曲线进行规范化操作,主要目的是将数值除以一个值以便产生新的结果,其中的参数设置为:

① Input:输入数据区域。

② Data Info:输入数据信息。

③ Normalize Methods:规范化方法,主要包括以下几种:

Divided by a specified value:除以一个值。

Normalize to[0,1]:使数据出现在 0~1 区间。

Transfer to N(0, 1):转换为 0~1 区间的正态分布。

Divided by Max:除以最大值。

Divided by Min:除以最小值。

Divided by Mean:除以均值。

Divided by Median:除以中间值。

Divided by SD:除以标准偏差。

Divided by Norm:除以规范值。

Divided by Mode:除以模式值。

④ Output:结果输出区域。

⑤ Recalculate:设置输入数据与输出数据的连接关系(即是否因原数据的改变而重新计算),包括 Auto(自动)、Manual (手动)、None(不连接)3 个选项。

3.7.3 微分和积分

(1) Differentiate(微分)

利用“Differentiate…”命令可以对数据进行微分操作,其中的参数设置如图 3-131 所示:

① Input:输入数据区域。

② Derivative Order:阶数。

③ Output: 结果输出区域。

④ Plot Derivative Curve:是否生成图形。

⑤ Recalculate:设置输入数据与输出数据的连接关系(即是否因原数据的改变而重新计算),包括 Auto(自动)、Manual (手动)、None(不连接)3 个选项。

(2) Integrate(积分)

利用“Integrate…”命令可以对数据进行积分操作,其中的参数设置如图 3-132 所示:

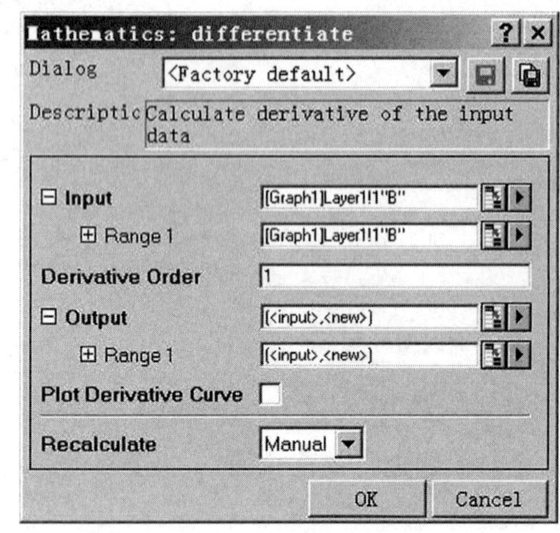

图 3-131 微分参数设置

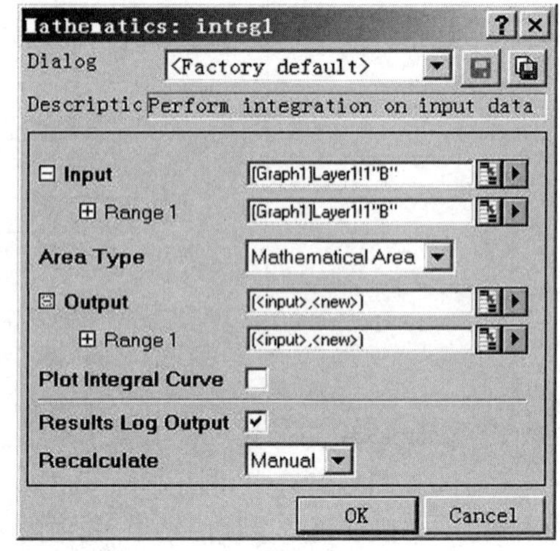

图 3-132 积分参数设置

① Input:输入数据区域。

② Area Type:进行积分的方式。

③ Output:结果输出区域。

④ Plot Integral Curve:是否生成计算结果的数据图形。

⑤ Results Log Output:足否输出计算结果到 Results Log 窗口。

⑥ Recalculate:设置输入数据与输出数据的连接关系(即是否因原数据的改变而重新计算),包括 Auto(自动)、Manual (手动)、None(不连接)3 个选项。

3.7.4 曲线移动

(1) 曲线平均

对于 X 单调上升或下降的数据,可以利用“Average Multiple Curves”命令对曲线进行平均化操作,点击菜单「Analysis」→“Mathematics”子菜单→“Average Multiple Curves”命令,打开曲线平均参数设置窗口,如图 3-133 所示,其中:

① Input:输入数据区域。

② Method：操作为法。

③ Output：结果输出区域。

④ Additional Output：是否显示一些输出结果项。

⑤ Recalculate：设置输入数据与输出数据的连接关系（即是否因原数据的改变而重新计算），包括 Auto（自动）、Manual（手动）、None（不连接）3 个选项。

点击“OK”按钮，多条曲线平均的结果见图 3-134。

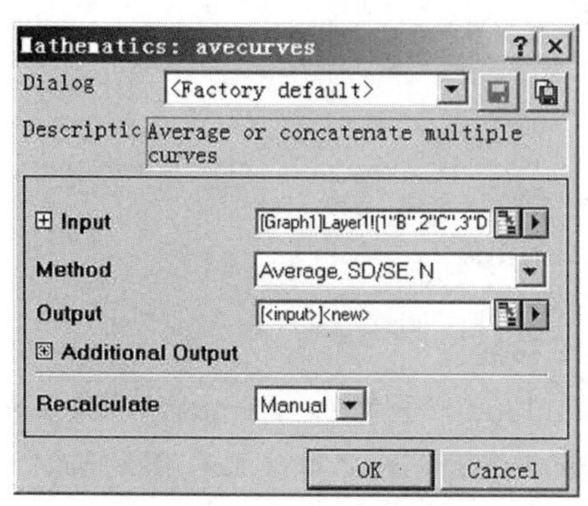

图 3-133 多条曲线平均设置窗口

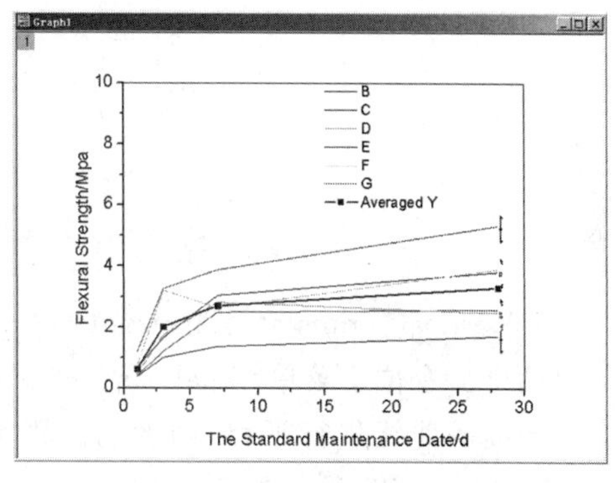

图 3-134 多条曲线平均结果

(2) Subtract Straight Line、Subtract Reference Data 扣除数据

这两个命令位于菜单「Analysis」→“Data Manipulation”子菜单中，目的是为了进行数据扣除运算，两个命令的主要区别是：“Subtract Reference Data”用于扣除一列已经存在的数据，因此主要用于扣除空白实验数据（如 X 衍射谱的背景或基底），可以用于 Worksheet 或 Graph，而“Subtract Straight Line”则直接扣除一条绘制的直线（不一定是水平线，也可以是斜线），当原有数据随实验过程明显偏移时，可人为地进行修正。下面以“Subtract Straight Line”为例进行说明。

导入数据，绘制图形，如图 3-135 所示。点击菜单「Analysis」→“Data Manipulation”子菜单→“Subtract Straight Line”命令，通过鼠标左键双击图形窗口确定起点和终点（图 3-136），绘制直线用于扣除，则结果如图 3-137 所示。

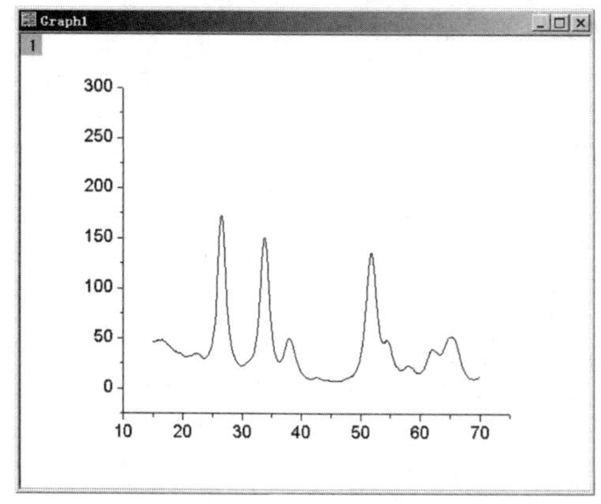

图 3-135 初始图形

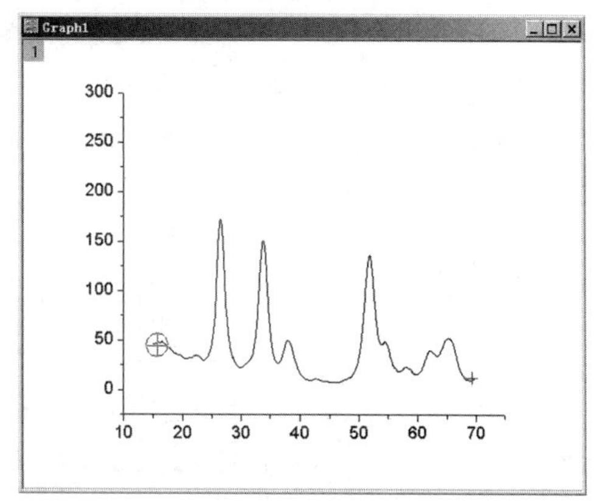

图 3-136 绘制扣除的直线

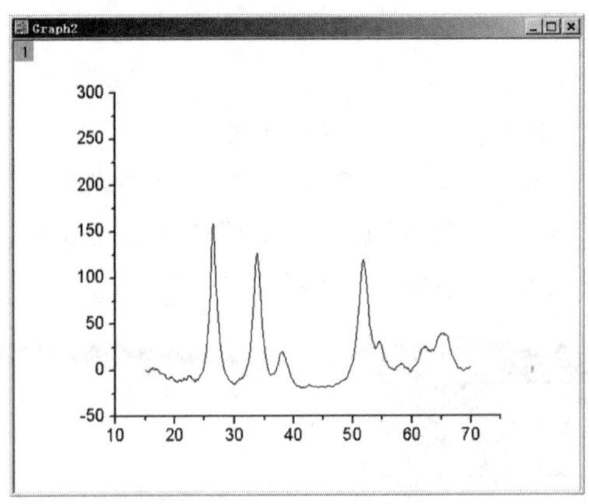

图 3-137　扣除直线后的图形

(3) Vertical Translate、Horizontal Translate 平移曲线

这两个命令位于菜单「Analysis」→"Data Manipulation"子菜单→"translate"菜单中，目的是对当前的曲线进行平移，两者的区别是"Vertical Translate"实现垂直移动，而"Horizontal Translate"实现水平移动。

使用图 3-135 的图形，点击"Vertical Translate"命令，出现红色水平线，通过鼠标控制，让曲线整体向上移动，最后得到结果，见图 3-138。平移曲线操作，曲线的形状并不改变，改

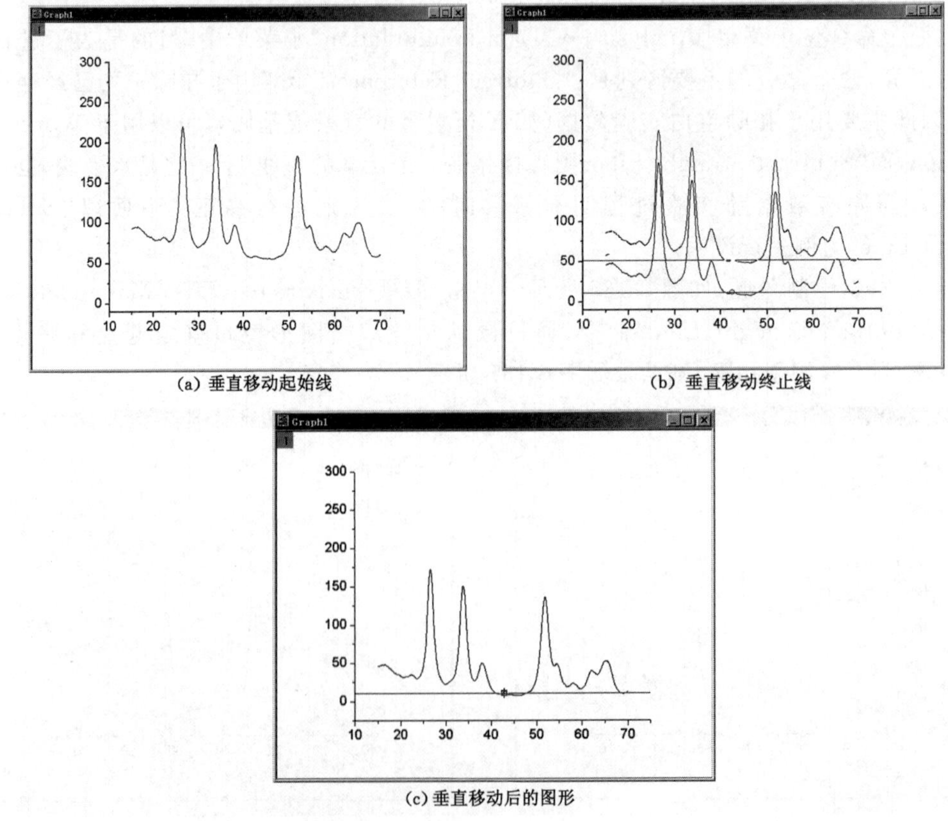

(a) 垂直移动起始线　(b) 垂直移动终止线

(c) 垂直移动后的图形

图 3-138　图形垂直移动

变的是 Y 轴坐标，曲线移动时，在“Data Display”窗口中显示的“dy”是本次垂直移动的相对位移值。

3.7.5　曲线平滑

曲线平滑是通过对曲线上系列相临数据点的平均，从而使数据曲线变得更加平滑。导入 XRD 衍射的实验数据，绘制线形图(图 3-139)，此 XRD 衍射谱比较粗糙，在形成报告时不美观，需要进行曲线平滑。

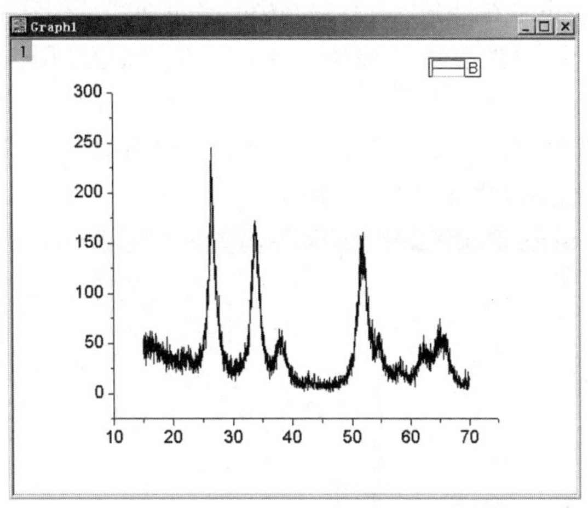

图 3-139　XRD 衍射谱线形图

点击菜单「Analysis」→“Signal Processing”子菜单→“Smoothing”命令打开“Smooth”对话窗口，如图 3-140 所示。对话窗口左边是一个设置框，只要设置好参数，点击“Preview”按钮即可在右边的预览窗口中生成预览图，也可以选中“Auto Preview”以便自动预览。

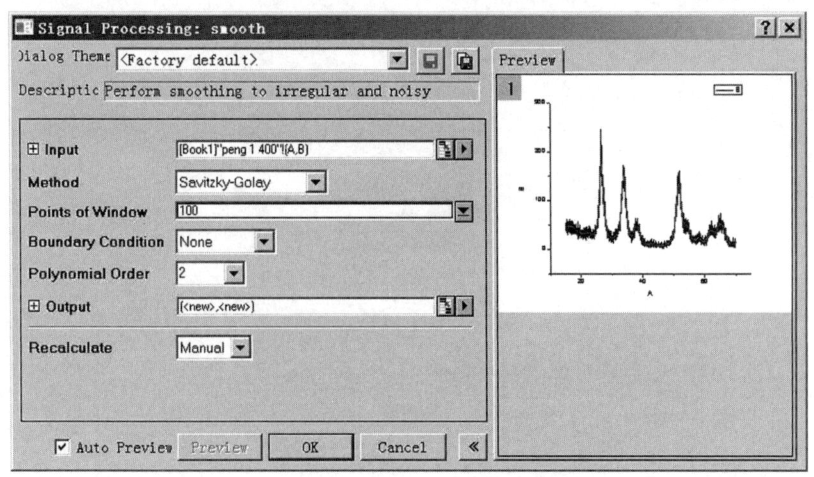

图 3-140　曲线平滑参数设置窗口

在参数设置窗口里，可以设置的除了有“Input”，“ Output”以及“Recalculate”等常见的参数之外，还有“Method”(平滑方法)：包括“Adjacent-Averaging”、“Savitzky-Golay”、“Percentile Fitter”和“FFT Filler”4 种方法，每种方法对应的处理效果和相关参数略有不同，其中：

Points of Window：平滑曲线的点数，点数越大平滑效果越小，数据失真越严重，一般设置为 5～11 个点，当然数据点很多时，这个值可以大一些；

Polynomial Order：设置在“Savitzky-Golay”方法下的多项式项数；

Weighted Average：设置“Adjacent-Averaging”方法时是否使用加权平均；

Percentile：设置在“Percentile Filter”方法下平滑曲线垂直距离的百分数；

Cutoff Percentage：设置在“FFT Filter”方法下平滑曲线的偏移百分数；

Boundary Condition：边界条件，u 包括“None”、“Reflect”、“Repeat”、“Periodic”和“Extrapolate”5 个选项。

为了表现平滑的效果，“Points of Window”参数设置为 100，完成设置后点击“OK”按钮则完成曲线平滑，输出结果输出如图 3-141 所示。

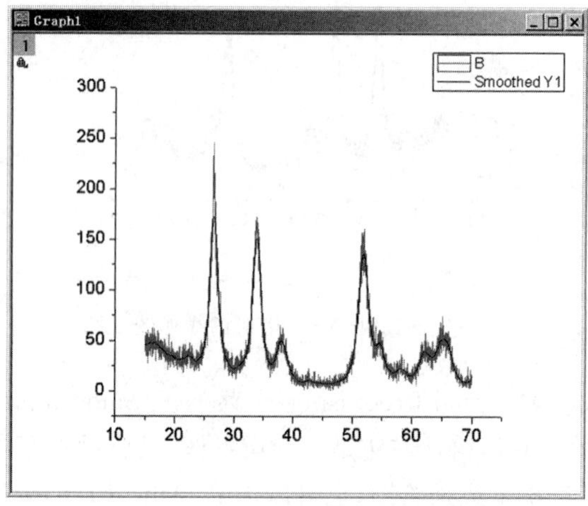

图 3-141　XRD 曲线平滑后的结果

第 4 章　X 射线衍射分析方法

X 射线衍射法是一种研究晶体结构的分析方法，当 X 射线照射晶体结构时，将受到晶体点阵排列的不同原子或分子所衍射。组成物质的各种物相都具有各自特定的晶体结构（点阵类型、晶胞形状与大小及各自的结构基元等），因而具有各自的 X 射线衍射花样特征（衍射线位置与强度）。制备各种标准单相物质的衍射花样并使之规范化，将待分析物质（样品）的衍射花样与之对照，从而确定物质相的组成，这就是 X 射线衍射物相分析的基本原理与方法。

4.1　PDF 粉末衍射卡片组

The Powder Diffraction File(PDF)粉末衍射文档是研究物质以及晶体结构的重要工具。它包含已知晶体结构物相的标准数据，可以作为物质定性相分析的对比标准，即可以将测得的未知物相的衍射谱与 PDF 数据比较，从而确定所测试样中含哪些物相，各相的化学式、晶体结构类型、晶胞参数等，以便用于确定物质的使用性能和进行生产工艺控制。

各种已知物相衍射花样的规范化工作于 1938 年由哈那瓦特(J. D. Htanawalt)开创，最初制作了约 1 000 种物质的 X 射线衍射图，然后制成卡片。卡片上列出一系列晶面间距(d)及对应的强度衍射(I)，应用时，只需将衍射图转换成 d 和 I 值便可以进行对照。1942 年由美国材料试验协会(ASTM)整理并出版了卡片约 1 300 张，这就是通常使用的 ASTM 卡片。这种卡片后来逐年均有所增添，1969 年起，由美国材料试验协会和英国、法国、加拿大等国家的有关协会共同组成名为“粉末衍射标准联合委员会”(The Joint Committee on Powder Diffraction Standards，简称 JCPDS)的国际机构来负责卡片的收集、校订和编辑工作，所以此后的卡片组就称为粉末衍射卡片文档(The Powder Diffraction File)，简称 PDF。1978 年，为了将这项科学扩大至全球联合，这个组织更名为国际衍射数据中心(The International Centre for Diffraction Data，ICDD)，国际衍射数据中心是一个非盈利的科学组织，致力于收集、编辑、出版和发行用于晶体材料鉴定的粉末衍射数据。

PDF 粉末衍射文档是科学家多年积累的成果，伴随新的衍射数据的相继发表，PDF 中的卡片数量日益增加，同时，原有不够精确和不完全的卡片不断被删除，被更精确更完整的数据文档卡片所代替。目前 PDF 中数据总数已累计到十几万张，是目前国际上最完整的 X 射线粉末衍射数据集。

4.1.1　PDF 粉末衍射卡片

一般 PDF 卡片按内容可划分成十个区，见图 4-1。

第 1 区：1a、1b、1c 是衍射图样中位于前射区($\theta<90°$)范围内的三条最强线衍射峰（卡片上以线代替衍射峰）的面间距，按强度由大到小的顺序排列，1d 是样品的最大面间距。

⑩ 27-1402 27-1403

		a	b	c	d	
①	d	3.14	1.92	1.64	3.14	(Si)8F ⑦
②	I/I_1	100	55	30	100	Silicon ⑧ ★

③ Ran.CuK$\alpha_1\lambda$ 1.510 5981 Filter Mono.Dia.
Cut off I/I_1 Diffractometer I/I_1 cor.= 4.7
Ref. NBS Monograph 25 ,Sec. 13.35 (1976)

④ Sys. Cubic S.G.Fd3m(227)
a_0 5.430 88(4) b_0 c_0 A C
α β γ Z 8 Dx 2.329
Ref. Ibid

⑤ ∈α nωβ ∈γ Sign
2V D mp Color Gray
Ref. Ibid.

⑥ Pattern at (25±0.1)℃
Internal standard:w
This sample is NBS Standard Raference Material# 640
d's calculated from precision measurement of a_0
a_0 uncorrected for refraction. To replace 26-1481

© JCPDS 1977

⑨

dA	I/I_1	hkl	dA	I/I_1	hkl
3.135 52	100	111			
1.920 11	55	220			
1.637 47	30	311			
1.357 72	6	400			
1.245 93	11	331			
1.108 57	12	422			
1.045 17	6	511			
0.960 05	3	440			
0.917 99	7	531			
0.858 70	8	620			
0.828 20	3	533			

FORM M-2 1501

图 4-1 PDF 卡片

第 2 区:2a、2b、2c、2d 分别为 1 区对应各条线的相对强度。通常以最强线为 100,如果最强线比其他各条线强得多,则可将该线的强度定为大于 100 的数值。

第 3 区:实验条件。Rad.(辐射),λ(波长),Filter(滤片),Dia.(相机直径),Cut off(实验装置所能测得的最大面间距),Coll.(光阑或狭缝的尺寸),I/I_1(强度测量方法),Ref.(本区参考资料)。

第 4 区:晶体学数据。Sys.(晶系),S. G.(空间群),a_0、b_0、c_0、α、β、γ(晶胞参数),Z(晶胞所含物质按化学式计算的个数),A(轴比 a_0/b_0),C(轴比 a_0/c_0),D_X(由射线衍射数据计算的密度数据),Ref.(本区的参考资料)。

第 5 区:物性数据。ε_α、$n_{\alpha\beta}$、ε_γ(三个方向的折射率),Sign(光性正或负),$2V$(光轴夹角),D(密度,实验测得),m. p.(熔点),Color(颜色),Ref.(本区参考资料)。

第 6 区:试样情况。提供试样的化学成分、来源、制备方法、热处理条件等信息。有时注明升华点、分解温度、转变点。获得衍射图样的温度也在此区标注,其他如旧卡片的删除情况也表示在这一区中。

第 7 区:试样的化学式和化学名称。合金、金属氢化物、硼化物、碳化物、氮化物和氧化物采用美国材料试验协会的金属体系物相符号。这种符号分为两部分,首先在圆括号内表明物相组成,当物相有一定化学比或成分变动范围不大时,用化学式表示,如(Fe_3C)、($VC_{0.88}$)等。在圆括号之后,注明晶胞中原子数目和点阵类型,如(Fe_3C)16O、(TiO_2)6T 等。表示点阵类型的符号是:C—简单立方,B—体心立方,F—面心立方,T—简单正方,U—体心正方,R—简单三方,H—简单六方,O—简单正交,P—体心正交,Q—底心正交,S—面心正交,M—简单单斜,N—底心单斜,Z—简单三斜。

第 8 区:矿物学名称。此区右上角标有★者,表示数据高度可靠;i 表示已经标定指数和估计强度,但可靠性不如前者;无符号表示可靠性一般;o 表示可靠性较差;c 表示数据是计算值。

第 9 区：上述各条件下收集到的全部(hkl)衍射、d 值(Å，埃)和相对强度 I/I_1 按面间距 d 值的大小由大到小排列。

第 10 区：PDF 卡片编号。如 TiO_2 编号为“21-1276”。前一数据表示卡片位于第 21 组，后一数字为卡片在组内编号为 1276。旧卡片经过重大修正的，在编号后注明“MAJOR CORRECTION”，次要修改的则注明“MINOR CORRECTION”。

4.1.2　X 射线衍射物相定性分析的基本步骤

① 制备待分析物质样品，用衍射仪获得样品衍射图谱；

② 确定各衍射线条 d 值及相对强度 I/I_1 值(I_1 为最强线强度)，确定三强线；

③ 检索 PDF 卡片。

PDF 卡片检索有三种方式：

a. 检索纸质卡片——物相均为未知时，使用数值索引。将各线条 d 值按强度递减顺序排列；按三强线条 d_1、d_2、d_3 的 $d—I/I_1$ 数据查数值索引；查到吻合的条目后，核对三强线的 $d—I/I_1$ 值；当三强线基本符合时，则按卡片编号取出 PDF 卡片。若按 d_1、d_2、d_3 顺序查找不到相应条目，则可将 d_1、d_2、d_3 按不同顺序排列查找。查找索引时，d 值可有一定误差范围，一般允许 $\Delta d=\pm(0.01\sim0.02)$。核对 PDF 卡片与物相判定，将衍射花样全部 $d—I/I_1$ 值与检索到的 PDF 卡片核对，若一一吻合，则卡片所示相即为待分析相。检索和核对 PDF 卡片时以 d 值为主要依据，以 I/I_1 值为参考依据。

b. 计算机光盘卡片库检索——通过检索程序，按给定的检索窗口条件对光盘卡片库检索(如 PCPDFWIN 程序)。PCPDFWIN 是目前国际比较流行的 PDF 卡片库及检索系统，该卡片库数据丰富，检索系统先进并且功能强大。

c. 专用软件辅助检索——物相分析是繁重而又耗时的工作(对于相组成复杂的物质，尤其如此)。自 20 世纪 60 年代中期，开始了计算机辅助检索的研究工作。用计算机控制的近代 X 射线衍射仪一般都配备有自动检索软件(如 MDI Jade，EVA 软件)，通过图形对比方式检索多物相样品中的物相。需要指出的是，至今的计算机自动检索软件，亦未十分成熟，有时也会出现给出一些似是而非的候选卡片，需要人工判定结果的情况。

④ 核对 PDF 卡片与物相判定。将衍射花样全部 $d—I/I_1$ 值与检索到的 PDF 卡片核对，若一一吻合，则卡片所示相即为待分析相。检索和核对 PDF 卡片时以 d 值为主要依据，以 I/I_1 值为参考依据。如果检测的衍射花样是多相物质的，其各组成相衍射花样的简单叠加，这就带来了多相物质分析(与单相物质相比)的困难：检索用的三强线不一定属于同一相，而且还可能发生一个相的某线条与另一相的某线条重叠的现象。因此，多相物质定性分析时，需要将衍射线条轮番搭配、反复尝试，比较复杂。

4.2　PCPDFWIN 在 PDF 卡片检索中的应用

PCPDFWIN 软件安装完成后，点击图标 PCPDFWIN 进入软件工作窗口，如图 4-2 所示。

4.2.1　PCPDFWIN 的菜单栏

(1) 菜单「File」：可依据使用者个别的需要对数据库做使用上的设定。特别是在检索

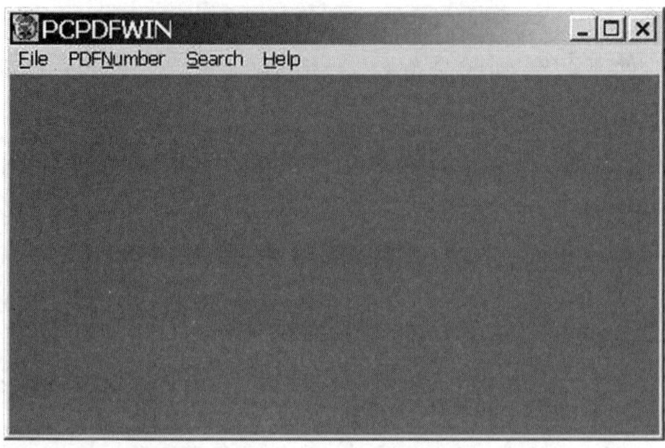

图 4-2 PCPDFWIN 工作窗口

PDF 卡片对实验结果进行分析时，针对 XRD 衍射仪所用靶材进行检索设定，如图 4-3 所示。

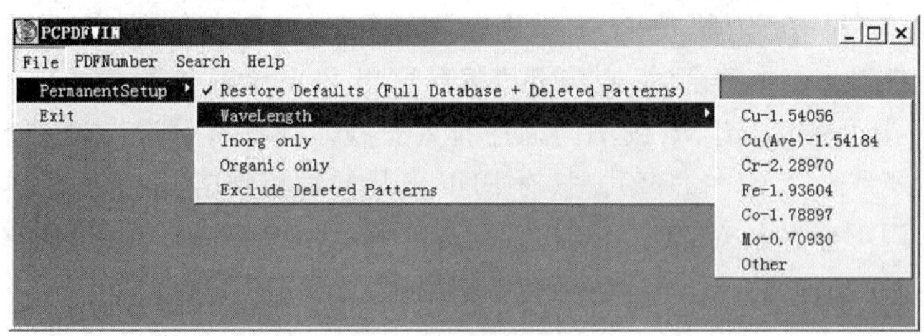

图 4-3 靶材参数设定

(2) 菜单「PDFNumber」：若已知 PDF 卡片编号(PDF ID Number)时，可直接输入以获取所需之卡片，如图 4-4 所示。

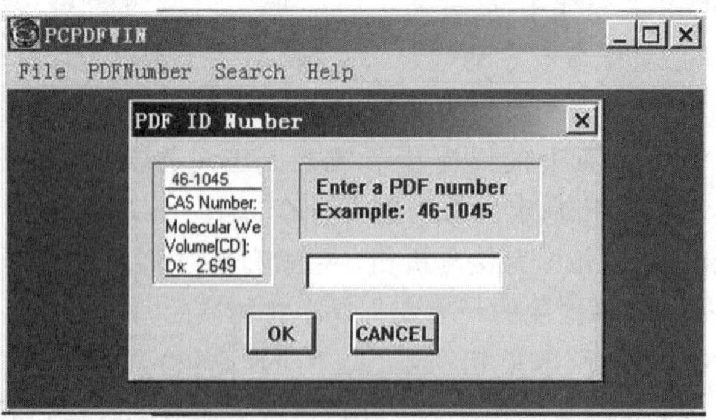

图 4-4 按卡片编号检索

(3) 菜单「Search」：点击进入软件的检索功能窗口，如图 4-5 所示。

① "Search Files"子菜单：提供创建新文件、打开文件、存盘以及另存为新文件等功能(图 4-5)。

② "Logical Operators"子菜单：提供 3 种布尔逻辑运算功能，可于结果检索过程中使用，如图 4-6 所示。

③ "Sub Files"子菜单：有多种选择，可在多种化合物类别里做限定，以帮助检索，如图 4-7 所示。

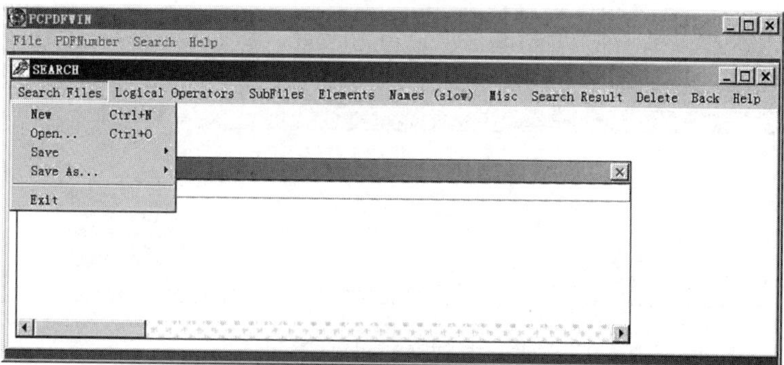

图 4-5　Search 工作窗口

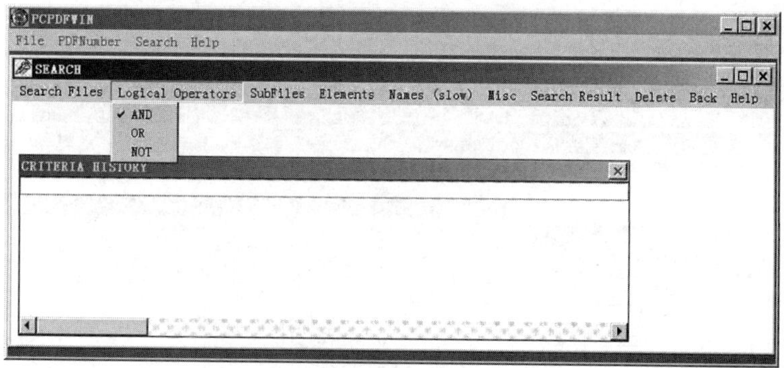

图 4-6　Logical Operators 子菜单

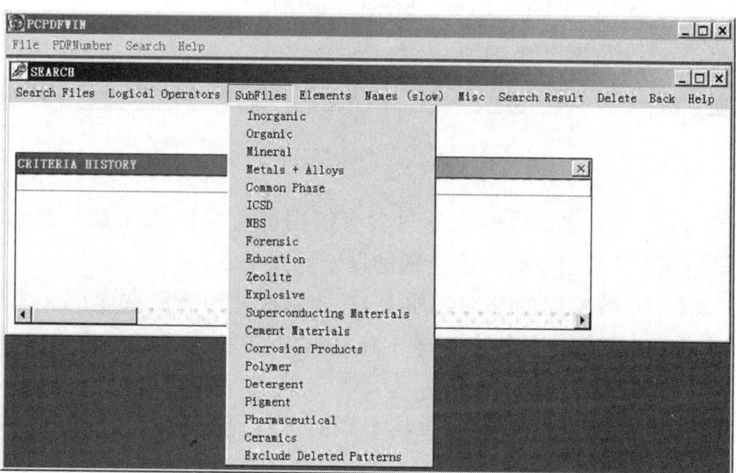

图 4-7　Sub Files 子菜单

④ “Elements”子菜单：“Number of Elements”命令：其功用在于限制元素的数目，仅出现选定的数据。如果选择“2Elements ”则在所有的检索结果里，只含有 2 种不同元素数目的结果才会出现，此命令和“Select Elements”命令结合使用是非常有效率的检索方式，如图 4-8 所示。

“Select Elements”命令：含有 4 个次选单，分别为 Only、Inclusive、Just、Just with Lo Z

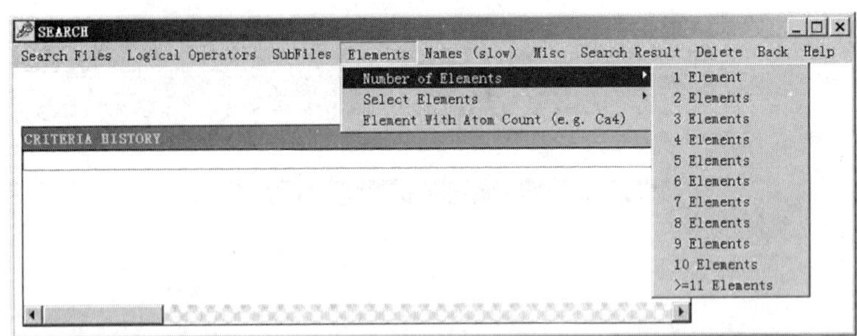

图 4-8 Elements 子菜单

Elements(Slow),该选项提供一个元素周期表作为使用者在检索上选择化学元素之用,如图 4-9 所示。

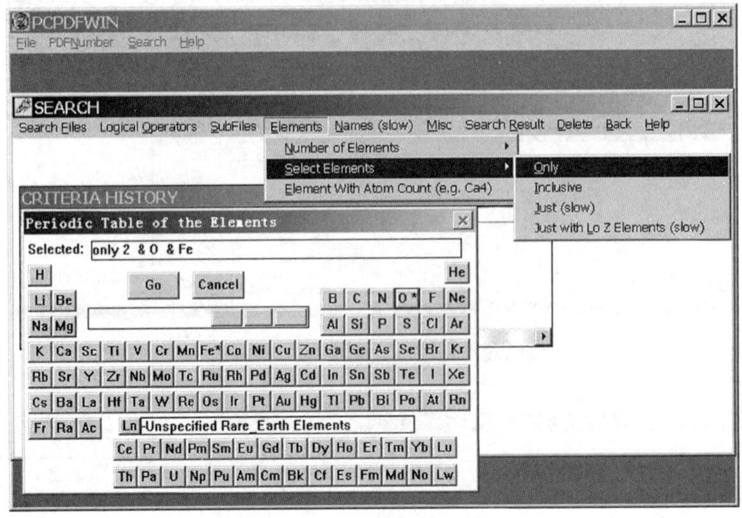

图 4-9 Select Elements 命令菜单

“Only”功能为:限定检索物质的成分只含有使用者所选择的元素。例如:选择 Fe(铁)和 O(氧)则检索结果有 142 个,不包括个别的单一元素态。

“Inclusive”功能为:数据库的全部物质中,只要具有使用者所选定的元素,均检索出来。例如:选择 Fe(铁)和 O(氧)则检索结果有 6 486 个,由于此方式所得检索结果太多,需以布尔逻辑运算做进一步的筛选。

“Just”功能为:类似“Only”的功用,包括个别的单一元素态。例:选择 Fe(铁)和 O(氧)则检索结果有 160 个。

“Just with Lo Z Elements”功能为:依据使用者所选定的元素,对应的检索结果将包括该元素所有或者任何可能的结合态,此外,即使物质全部原子数个数小于 10 也一并被呈现。例:选择 Fe(铁)和 O(氧)则检索结果有 7 888 个,如图 4-10 所示。

“Element with Atom Count”命令:提供一个对话框,可键入某一化学式当作检索数据的依据,数据库所有样本里只要有符合给定的“成分/原子数目”即会出现于检索结果中。例如:Fe2 出现 1 428 个数据,如图 4-11 所示。

⑤ “Names”子菜单:如图 4-12 所示。

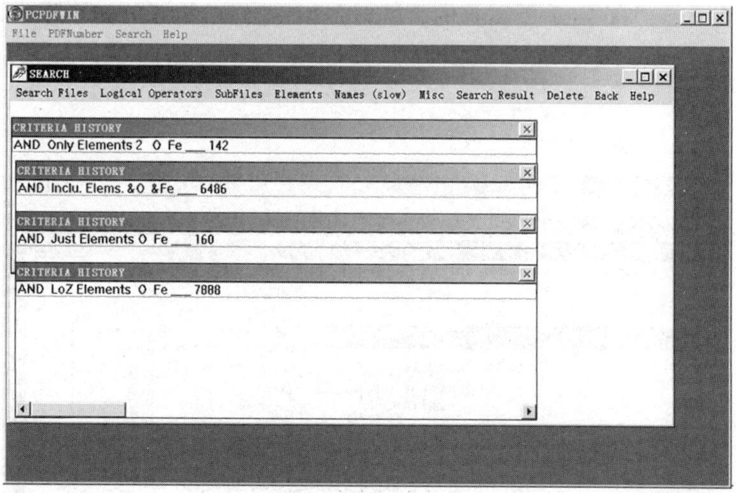

图 4-10　不同命令的检索结果示例

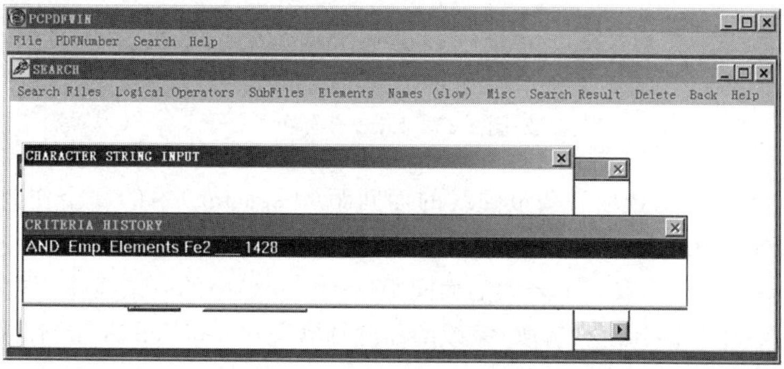

图 4-11　限定化学式检索示例

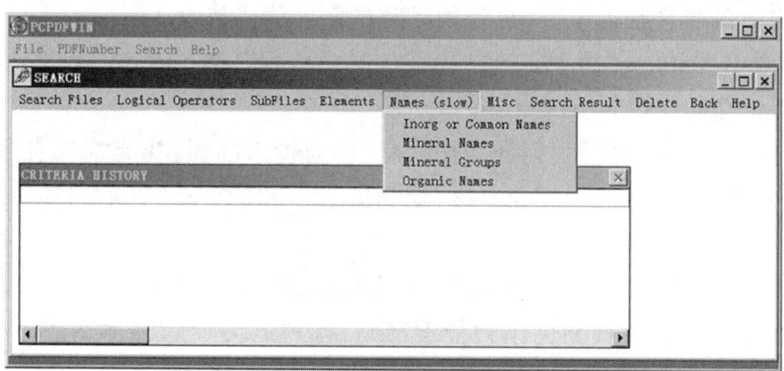

图 4-12　Names 子菜单

“Inorganic or Common Names”命令：用“化学名”或“俗名”对无机物进行检索，检索结果除了完全正确的符合字符串外，一些相关的数据也会被检索出来。如：“氯化钠”则检索结果还包含有“氯”或“钠”字符串的相关化合物。

“Mineral Names”命令：用“矿物名”或者“片段的矿物名”进行检索。

“Mineral Groups”命令：采用浏览的方式，可自行选择矿物族的类别作为检索策略。

“Organic Names”命令：用“片段的有机名”来对整个数据库进行检索，类似“Mineral Names”功能。

⑥ “Misc”子菜单：如图 4-13 所示。

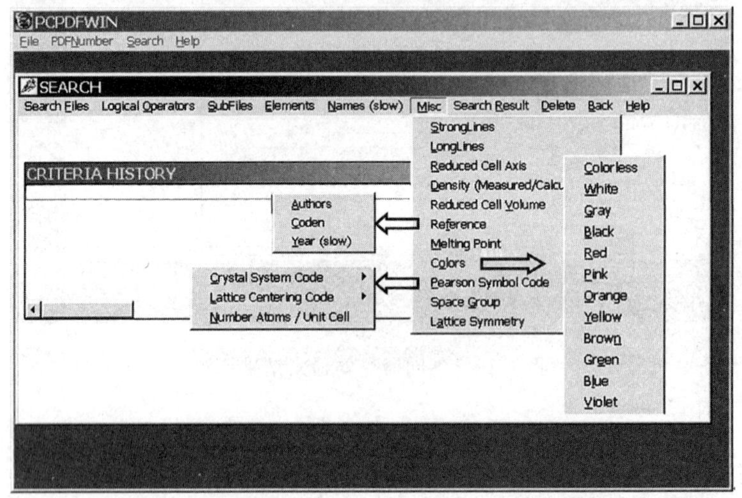

图 4-13　Misc 子菜单

“StrongLines”命令：选取三条最强线的面间距（d-spacing）中的一个作为检索的准则，单位是埃（Angstroms）。

“LongLines”命令：选取三个最大的面间距（d-spacing）中的一条线作为检索的准则。

“Reduced Cell Axis”命令：选取“缩减的晶胞轴”（Reduced Cell Axis）作为检索的准则，单位是埃（Angstroms）。

“Density”提供一个对话窗口，用已测量出的密度作为检索数据库的方法，单位是 cm^3/g。若无有效的测量密度值时，再使用计算的密度值代替。

“Reduced Cell Volume”命令：选取“缩减的晶胞体积”（Reduced Cell Volume）作为检索的准则，单位是立方埃（Cubic Angstroms）。

“Reference”命令：读者使用“期刊引用文献”作为检索准则，功能选项有“引用文献的作者”（Authors）、该“期刊代码”（Coden）、该“期刊出版年份”（Year）等不同操作方式供读者自行选择使用。

“Melting Point”命令：用熔点（单位℃）作为检索数据库的准则。

“Colors”命令：提供 12 种颜色作为检索准则，特别适用于矿物类物质。另外也可以结合使用，如选择黄和绿得到结果为黄绿色，依此类推。

“Pearson Symbol Code”命令：提供 a. 不同结晶系统，如单斜、斜方、立方等，做检索选择；b. 不同晶格结构，如面心、体心等做检索选择；c. 每单位晶胞含有的原子数做检索选择。

“Space Group”命令：利用化合物的空间族群特性做检索准则。

“Lattice Symmetry”命令：利用化合物的晶格构造对称性，如面心、体心等做检索准则。

⑦ “Search Result”命令：对检索的结果进行显示，其中包括卡片编号（ID）、物质名称

(Chemical Name)、分子式(Chemical Formula)、三强线的 d 值(3-Strongest Lines)及晶系(Sys),如图 4-14 所示。

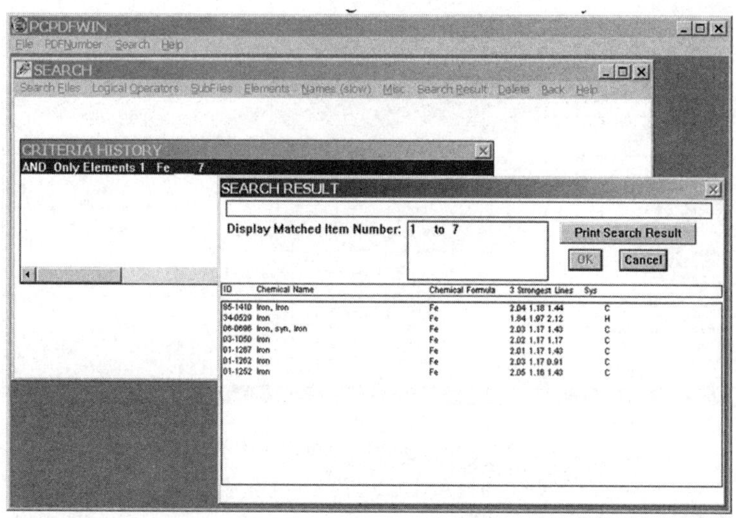

图 4-14　Search Result 子菜单

⑧ “Delete”子菜单:将“Criteria History”窗口里的数据库检索结果删除掉。

⑨ “Back”子菜单:关闭“Search”窗口,回复到“PCPDFWIN”窗口,所有检索的策略和结果将会全部消失。

4.2.2　PDF 卡片的数据转换

选中某个检索结果后,点击“OK”,显示该结果的 PDF 卡片,此时 PCPDFWIN 的菜单栏发生变化,如图 4-15 所示。

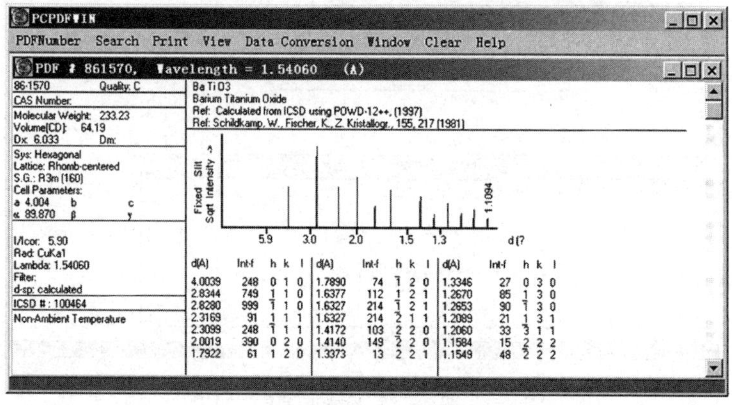

图 4-15　检索到的 PDF 卡片窗口

对于检索结果来说,为了方便与 XRD 的检测数据进行对照,可以点击菜单「Data Conversion」进行数据转化。“Dspacing”是以面间距的数据形式显示,“2Theta”是以衍射角的数据形式显示,“SinSquareTheta”是以衍射角正弦平方的数据形式显示。结合检测方式的不同(“Fixed Slit”固定狭缝、“Variable Slit”可变狭缝)、对数据处理方式的不同(“Plot intensity”衍射强度、“Plot sqrt(intensity)”衍射强度的开方)、选用靶材的不同(“WaveLength”靶材 $K_{\alpha 1}$ 的波长),可以有多种显示方式,如图 4-16 所示。

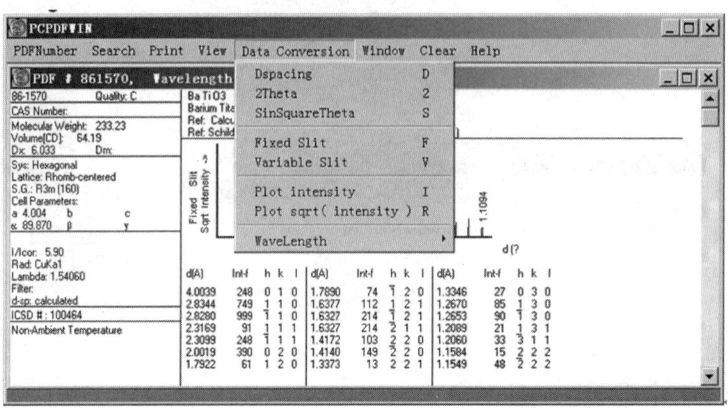

图 4-16 Data Conversion 菜单

4.2.3 PCPDFWIN 的检索示例

① 找出矿物锂辉石(Spodumene)的卡片数据。

点击菜单「Search」→“Names”子菜单→“Mineral Names”命令,在弹出的窗口中键入“Spodumene”进行检索,检索结果有 14 个(图 4-17)。点击“Search Result”命令,在弹出的检索结果中,选择卡片“PDFNumber #79-0921”,然后按“OK”查看检索结果,如图 4-18 所示。

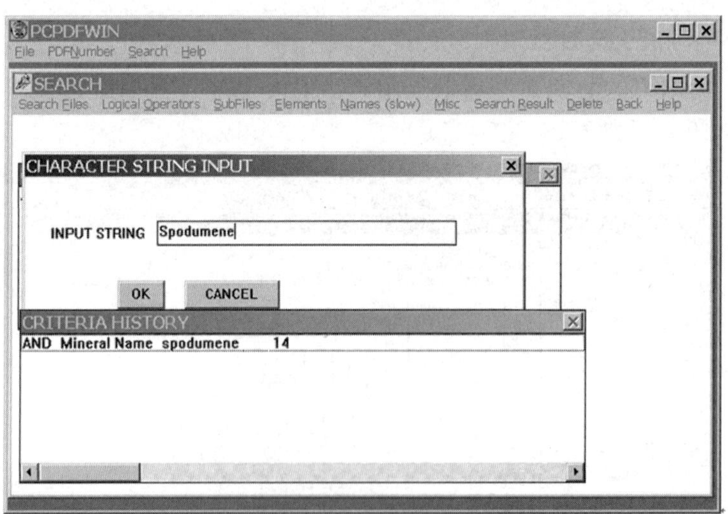

图 4-17 检索结果

② 某一化合物具有“StrongLines”范围介于 5～5.1 Å,另外具有爆炸性,熔点介于 173～174 ℃,请确定该化合物为何物。

点击菜单「Search」→“Misc”子菜单→“StrongLines”命令,在弹出的窗口中输入上限“5.1”,下限“5”,然后按“OK”进行检索,检索结果如图 4-19 所示。

接着点击“SubFiles”子菜单→“Explosive”命令,则检索结果由 3 128 个筛选至剩 9 个,

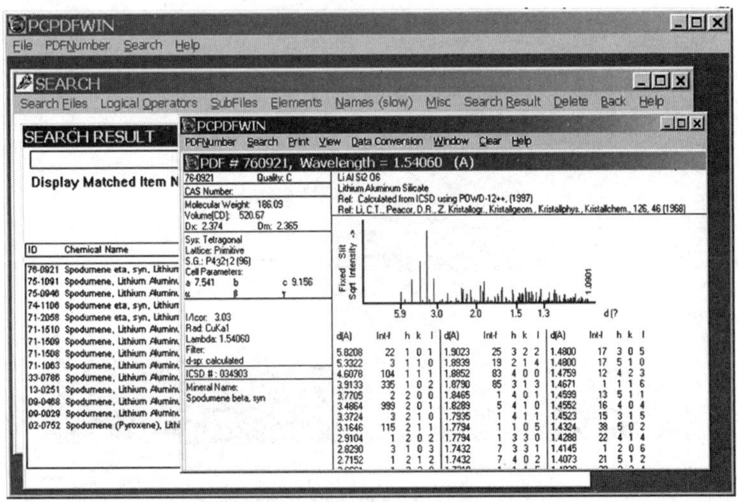

图 4-18　检索到的 PDF 卡片

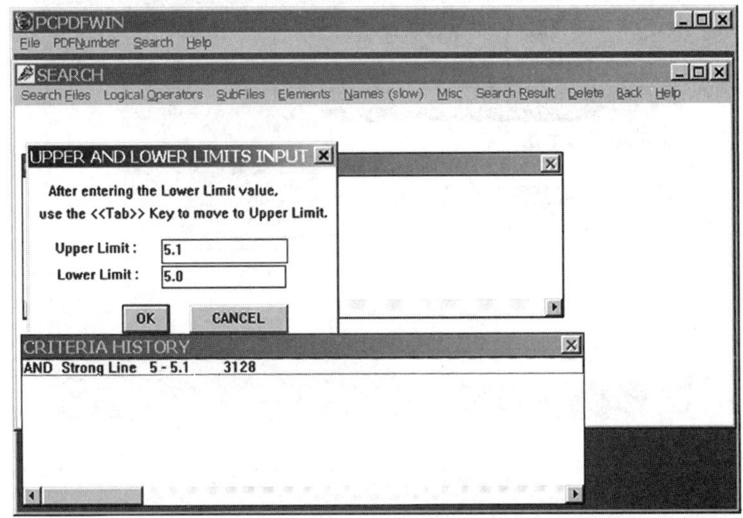

图 4-19　面间距检索设置

如图 4-20 所示。

再进一步点击“Misc”子菜单→“Melting Point”命令，在弹出的窗口(图 4-21)中输入上限“174”，下限“173”，然后按“OK”，最后的检索结果只有 1 笔，将结果选取然后执行「Search Result」即得到化合物为“Ferrocene”($C_{10}H_{10}Fe$)，如图 4-22 所示。

③ 物理气相沉积 Fe 和 Pt 形成薄膜，在 450 ℃进行热处理半小时，然后使用 XRD 进行结构分析，要求标定 XRD 衍射峰。

点击菜单「Search」→“Elements”子菜单→“Select Elements”→“Only”命令，在弹出的窗口中选择“Fe”和“Pt”然后按“Go”按钮(图 4-23)，得到 7 个检索结果。

点击“Search Result”命令，依次选择检索到的 PDF 卡片，与 XRD 检测结果进行对照，对衍射峰进行标定，如图 4-24 所示。

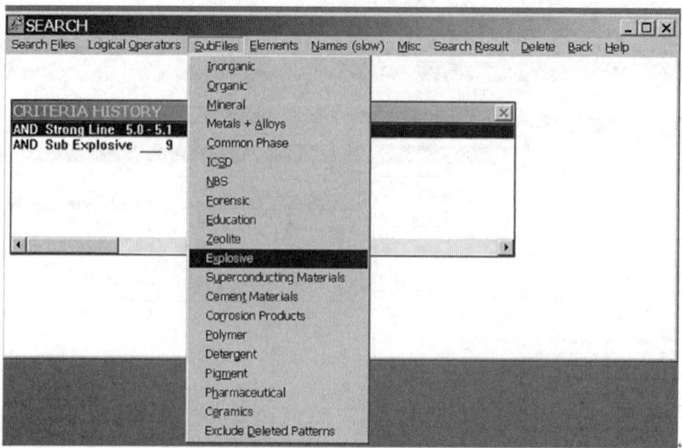

图 4-20 限定“Explosive”条件检索

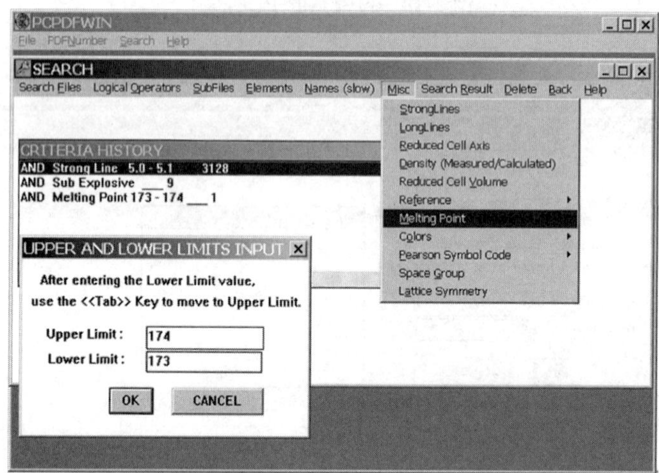

图 4-21 限定“Melting Point”条件检索

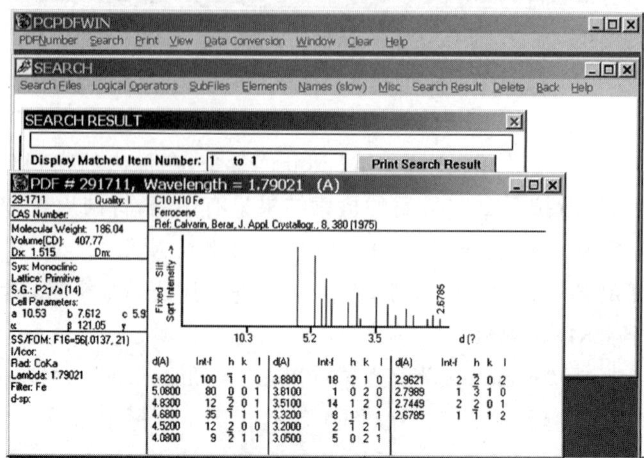

图 4-22 检索到的 PDF 卡片

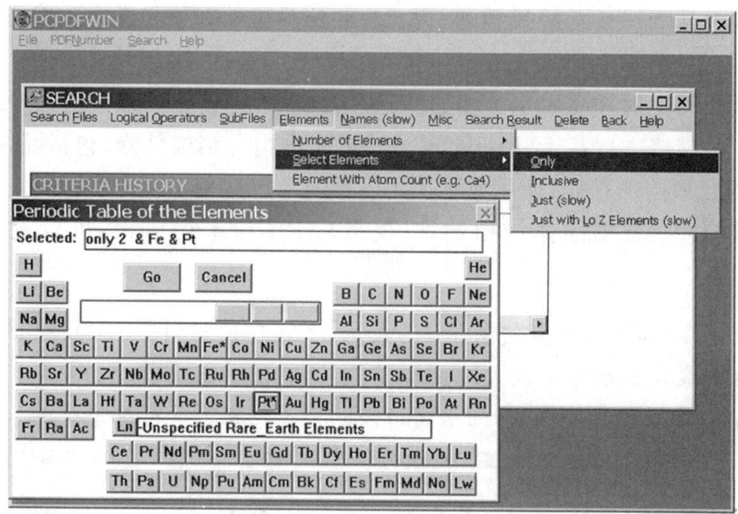

图 4-23　限定“Elements”条件检索

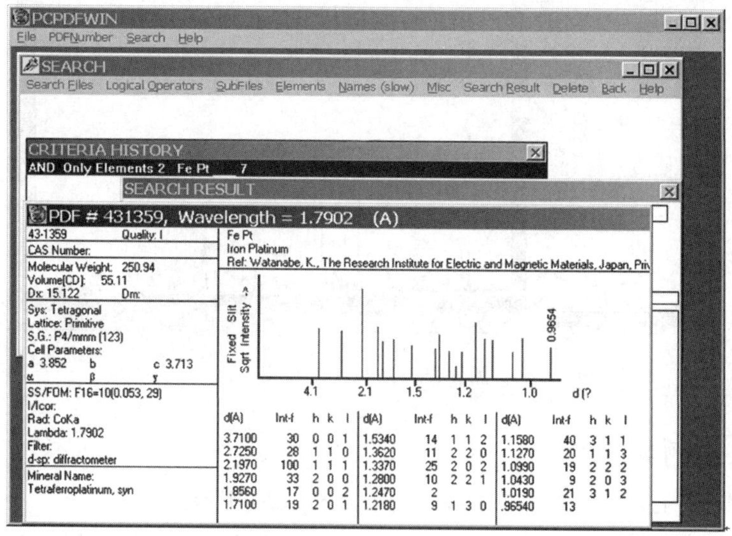

图 4-24　检索到的 PDF 卡片

4.3　MDI Jade 6 在材料物相分析中的应用

Jade 是一个用于处理 X 射线衍射数据的软件，其主要功能还有：

① 物相检索——通过建立 PDF 文件索引，可以实现物相检索。

② 图谱拟合——可以按照不同的峰形函数对单衍射峰或全衍射谱进行拟合，拟合过程是结构精修、微观应变和残余应力计算等功能的必要步骤。

③ 计算晶粒大小和微观应变——适合晶粒尺寸小于 100 nm 时的晶粒大小计算，如果样品中存在微观应变，也可以计算出来。

④ 计算残余地力——测量不同 ψ 角下某(hkl)晶面的单衍射峰，可以计算残余应力。

⑤ 物相定量计算——通过K值法、内标法和绝热法计算物相在多相混合物中的质量分数和体积分数。

⑥ 晶胞精修——对样品中单个相的晶胞参数精修，完成点阵常数的精确计算。

⑦ 全谱拟合精修——基于“Rietveld”方法的全谱拟合结构精修，包括晶体结构、原子坐标、微结构和择优取向的精修；使用或不使用内标的无定型相定量分析。

⑧ 图谱模拟——根据晶体结构计算（模拟）XRD粉末衍射谱，可以直接访问FIZ－ICSD数据库。

当Jade 6安装完成后，点击图标进入Jade 6工作窗口（图4-25）。如果软件使用过，那么进入Jade时会显示最近一次关闭Jade前窗口中显示的文件，此时窗口内的菜单栏和工具栏都是亮的，如果没有使用过，那么窗口内的菜单栏和工具栏都是暗的。

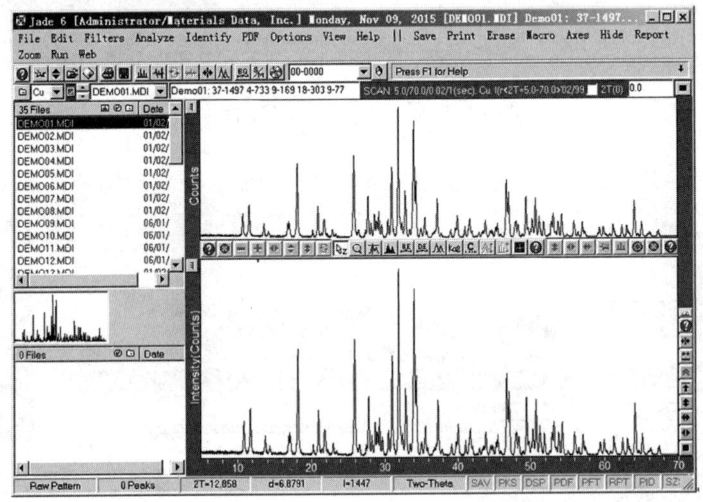

图 4-25 Jade 6 工作窗口

4.3.1 Jade 6 的菜单栏

(1) 菜单「File」：用于数据的输入和输出，如图4-26所示。

① “Patterns”子菜单：打开一个读入文件的对话窗口，在这里可以选择读入文件的格式、显示读入文件所在的目录、读入文件的缩略图。双击对话窗口内的文件，文件所代表的图谱将出现在Jade软件的工作窗口中，如图4-27所示。

② “Thumbnails”子菜单：显示文件所在目录下所有文件所代表XRD衍射谱的缩略图。双击对话窗口内的文件，文件所代表的图谱将出现在Jade软件的工作窗口中；在图谱缩略图左上角“□”内打“√”，可以同时读入多个衍射谱，如图4-28所示。

③ “Save”子菜单：选择“Primary Pattern as *.txt”命令：将当前窗口中显示的图谱数据以文本格式（*.txt）保存，以方便用其他作图软件处理，比如Origin。该命令保存的是窗口中显示的图谱，如果窗口中显示的是某一个衍射谱的一部分，那么保存的只有那么一部分，如图4-29所示。

保存前注意设置显示为全部衍射谱(Full Range)（点击菜单「View」→“Zoom Window”子菜单→“Full Range”命令进行设置）。

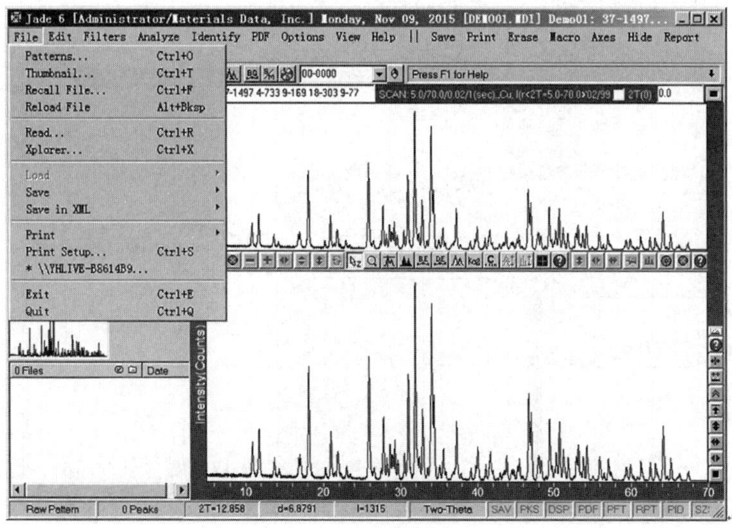

图 4-26　File 菜单窗口

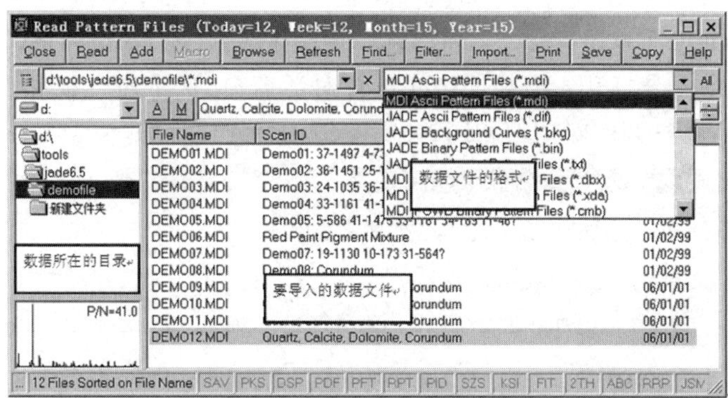

图 4-27　Patterns 子菜单窗口

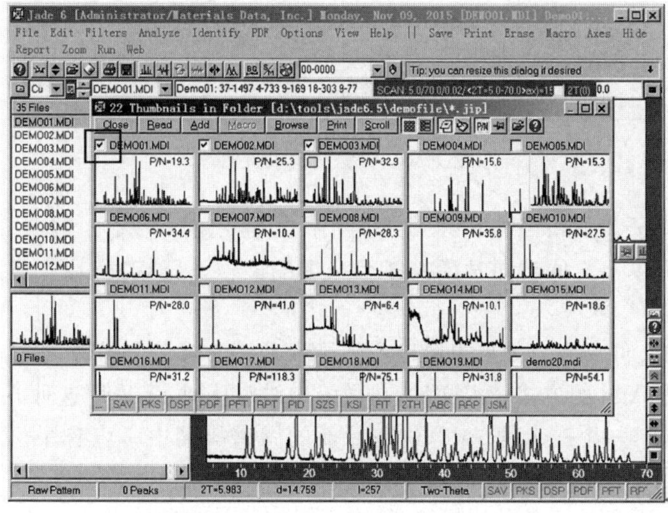

图 4-28　Thumbnails 子菜单窗口

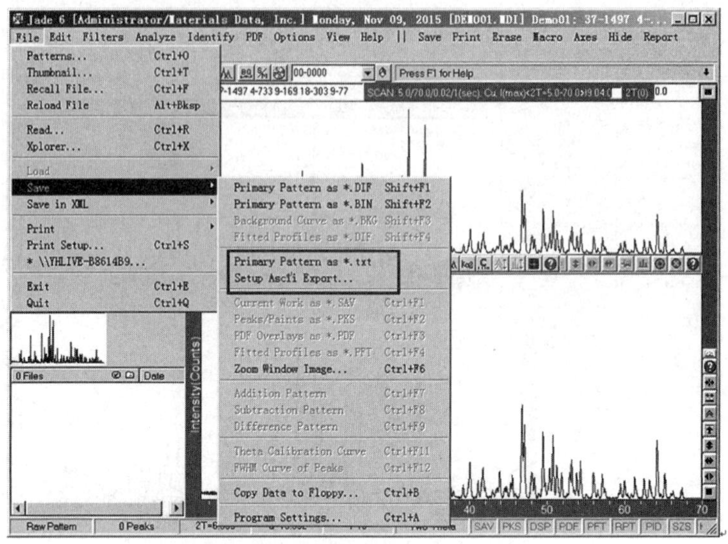

图 4-29 Save 子菜单窗口

选择“Setup Ascii Export”命令:是设置 Jade 保存数据(Export)的格式和读入数据(Import)的格式。这个命令打开一个数据格式设置对话窗口,这个对话框和点击“Patterns”子菜单→“Import”命令打开的对话框相同,如图 4-30 所示。

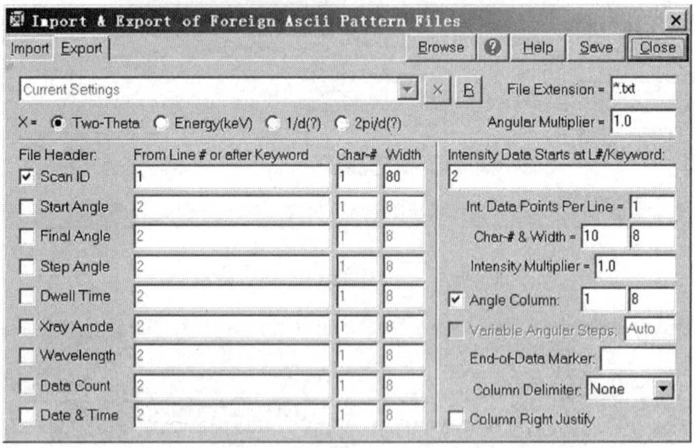

图 4-30 数据格式设置窗口

在“Patterns”子菜单和“Thumbnails”子菜单中,常用的命令:

“Read”:读入单个文件或同时读入多个选中的文件。读入时,原来显示在主窗口中的图谱被清除。

“Add”:增加文件显示。如果主窗口中已显示了一个或多个图谱,为了不被新添加的文件清除,可以使用 Add 的方式读入文件,在做多谱线对比时,多采用这种方式。如果需要有序地排列多个图谱,一个一个地 Add,这在后面的图谱排列中一直有序,否则,Jade 按默认的方式排列衍射谱。

“Browse”:显示所选文件的数据格式,在不同的菜单中所代表的意义不同。

Jade 可读取的数据类型很多,常用的有:

RINT－2000 Binary pattern files(*. raw)：日本理学仪器数据二进制格式；

Jade import ascii pattern files(*. TXT)：通用文本格式，这种格式的文件可由 Jade 产生，也可读入到 Jade 中。

如果不知道文件类型，或者不愿意选择文件类型，可选文件类型为“ *. * ”，如果文件类型不能被识别，需要对数据格式进行转化。

(2) 菜单「Edit」：主要用于图谱的复制(Copy)、粘贴(Paste)和参数(Preferences)设置，如图 4-31 所示。

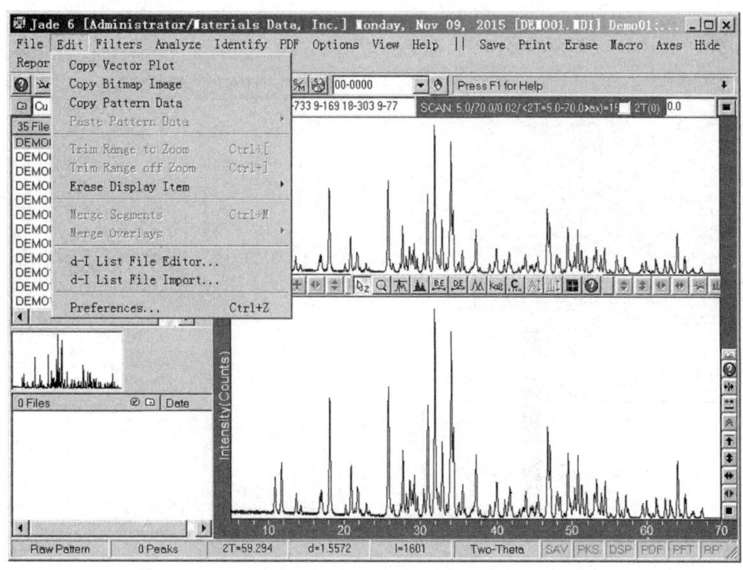

图 4-31　Edit 菜单窗口

“Preferences”子菜单：设置显示、仪器、报告和个性化参数，如图 4-32 所示，其中：“Constant FWHM”是关于仪器半高宽曲线的设置。在计算晶粒尺寸和微观应变时都要用到一个参数，即仪器固有的半高宽。Jade 的做法是测量一个无应变和晶粒细化的标准样品，绘

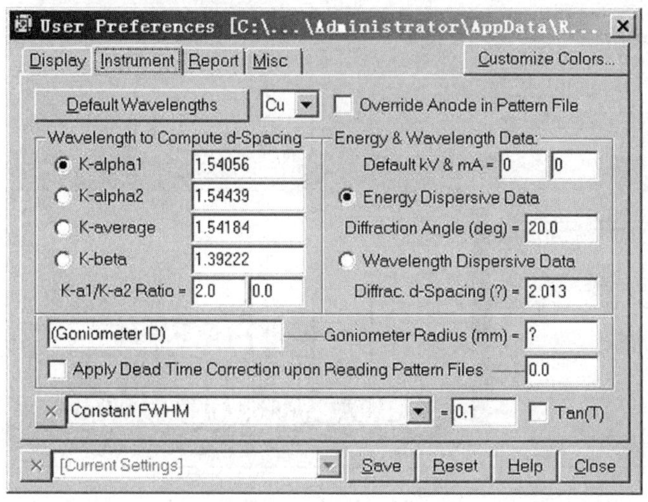

图 4-32　Preferences 子菜单窗口

出它的半高宽—衍射角曲线,保存下来,以后在计算晶粒尺寸时,软件会自动扣除仪器宽度。

"Display"标签:"Display-Keep PDF overlays for New Pattern File"选项,保存前一个图谱的物相检索结果到下一个打开的文件窗口,可以减少同批样品物相检索的工作量。

"Report"标签:"Estimate Crystallite Size from FWHM Values"选项,在计算衍射峰面积时显示该物相的晶粒尺寸。

(3) 菜单「Fileters」:主要用来校准、校正衍射峰角度、峰位,去除异常衍射峰,如图 4-33 所示。

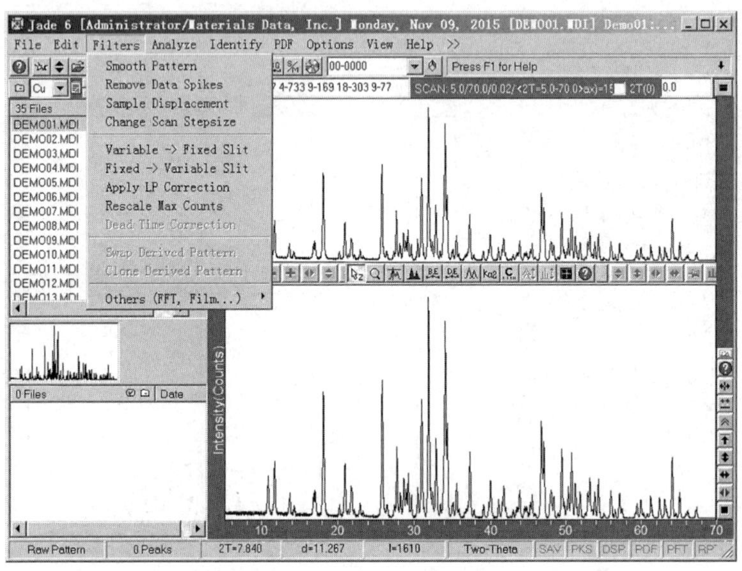

图 4-33　Fileters 菜单窗口

(4) 菜单「Analyze」:主要用来寻峰和峰形拟合设置,如图 4-34 所示。

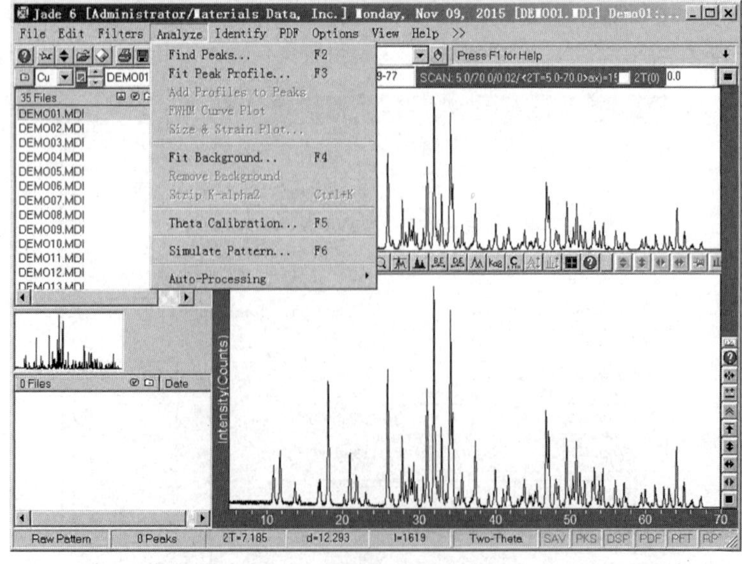

图 4-34　Analyze 菜单窗口

(5) 菜单「Identify」:主要用于物相检索的参数设置,如图 4-35 所示。

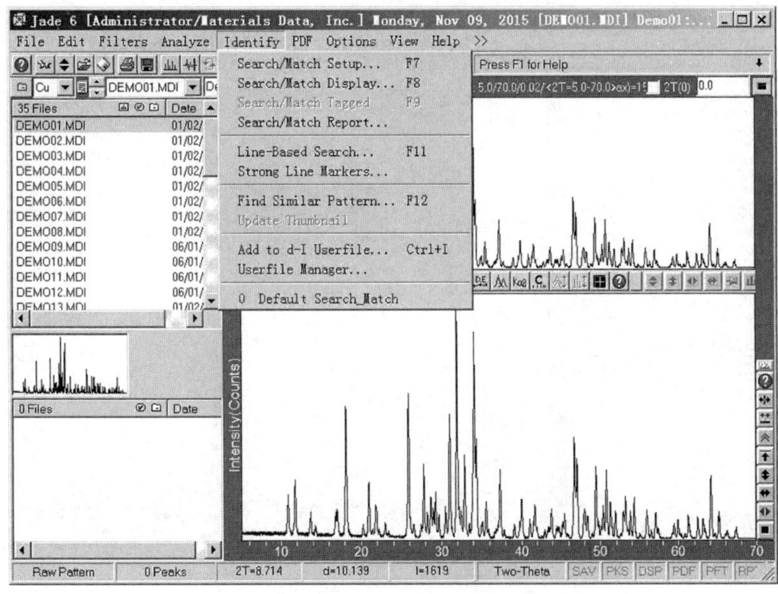

图 4-35　Identify 菜单窗口

(6) 菜单「PDF」:主要用于粉末衍射卡片的相关设置,如图 4-36 所示。

“Setup”命令:这个命令的作用是导入 ICDD PDF 卡片索引。在 Jade 作物相检索前,必须将 ICDD PDF 卡片库导入 MDI Jade 软件。

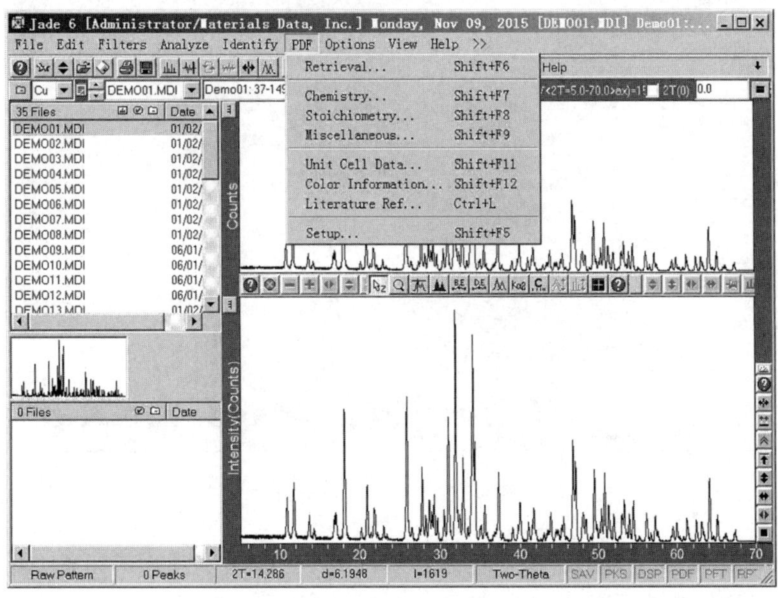

图 4-36　PDF 菜单窗口

(7) 菜单「Options」:主要用来做一些计算,如图 4-37 所示。

“Calculate Stress”命令:残余应力计算;

“Cell Refinement”命令:晶胞精修,即点阵常数精确测量。

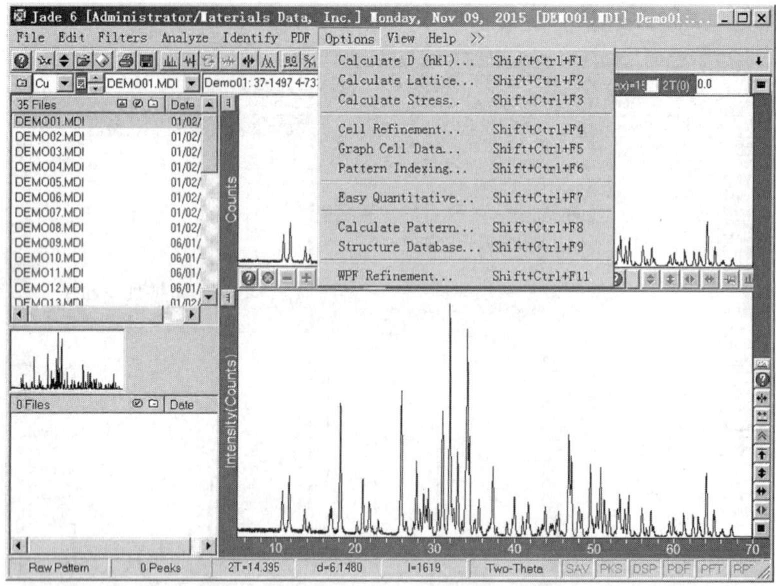

图 4-37 Options 菜单窗口

(8)「View」菜单：主要进行衍射谱的显示设置，如图 4-38 所示。

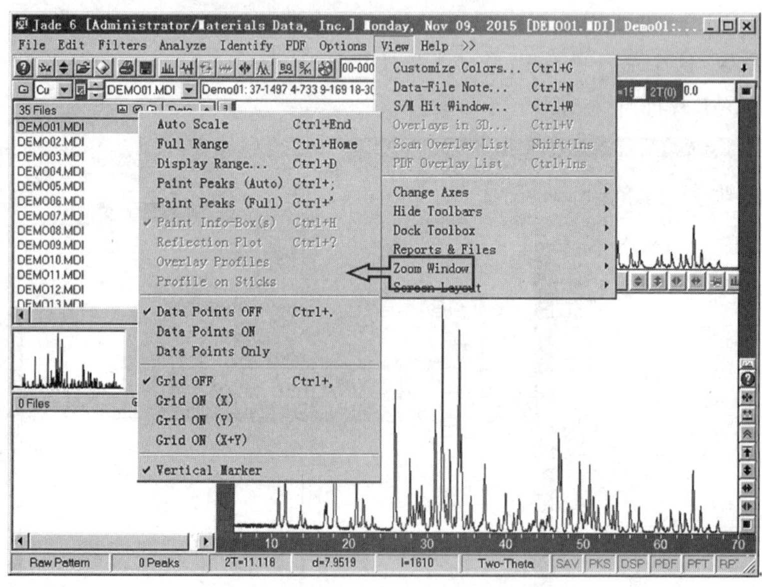

图 4-38 View 菜单窗口

(9) Jade 6 的工具栏：Jade 6 的操作通常通过工具栏快速实现。鼠标对工具栏内快捷键的操作，左右键的功能是不同的，右键打开一个对话窗口对操作的内容进行设定，左键执行设定内容。表 4-1 列举了工具栏中常用的快捷键所代表的功能。

表 4-1　　**工具栏中的快捷键**

常用工具栏		手动工具栏	
	打开文件		手动寻峰
	寻峰		计算峰面积
	平滑图谱		编辑背景线
	峰型拟合		删除衍射峰
	扣除背景		手动拟合
	物相检索		
	检索 PDF 卡片		
图谱调整工具栏		图谱标定工具栏	
	调整图谱标记高度		调整显示图谱标记大小
	多谱显示时，调整图谱间距		图谱标记是否显示 d 值
	调整图谱适合窗口大小		显示 I_1/I 的比值
	调整图谱高度		显示 HKL 指数
	调整图谱的显示范围		给予衍射峰编号
	左右移动图谱		是否显示峰位
	取消上一次操作		调整标记方向

4.3.2　寻峰

寻峰就是把衍射谱中的峰位标定出来，鉴别出衍射谱的某个起伏是否是一个真正的衍射峰。每一个衍射峰都有许多数据来说明，如峰高、峰面积、半高宽、对应的物相、衍射面指数、由半高宽计算出来的晶粒大小等，这些数据在样品的研究过程中用来计算可以得到样品的一些信息。

(1) 寻峰

鼠标右键单击常用工具栏中的寻峰“”快捷键，打开寻峰对话窗口(图 4-39)，我们主要目的是对物相进行标定，因而对寻峰的参数设置一般不做修改，点击“Apply”进行寻峰，寻峰完毕后，点击“Report”查看寻峰结果。Jade 是按一定的数学计算方法来标定峰，一般来说，是按数学上的“二阶导数”是否为 0 来确定一个峰是否存在。因此，只要符合这个条件的衍射谱上的起伏都会判定为峰，而有些衍射峰不是那么精确符合这个条件，因而被漏掉，所以在寻峰之前，一般只作一次“平滑”处理，以减少失误。

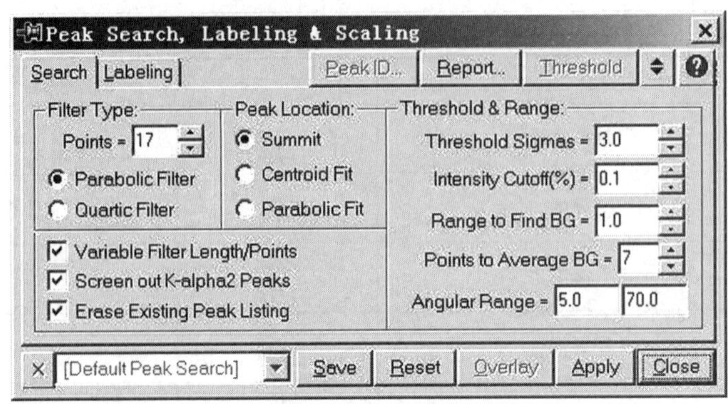

图 4-39　寻峰设置窗口

鼠标右键点击图谱平滑快捷键“”，打开平滑参数设置对话窗口(图 4-40)，可选择二次函数拟合或四次函数拟合，一般选用二次函数拟合。数据平滑的原理是将连续多个数据点求和后取平均值作为数据点的新值，因此，每平滑一次，数据就会失真一次，一般采用 9～15 点平滑为好。设置好平滑参数后，点击“Close”关掉设置对话窗口，再点击一次平滑快捷键“”，对图谱进行平滑。

此外，样品在做 X 射线衍射过程中由于样品的荧光效应造成获得的图谱具有背景。在寻峰的过程中一般也要扣除背景。鼠标右键单击“BG”按钮，弹出背景线扣除方式设置对话窗口，如图 4-41 所示。

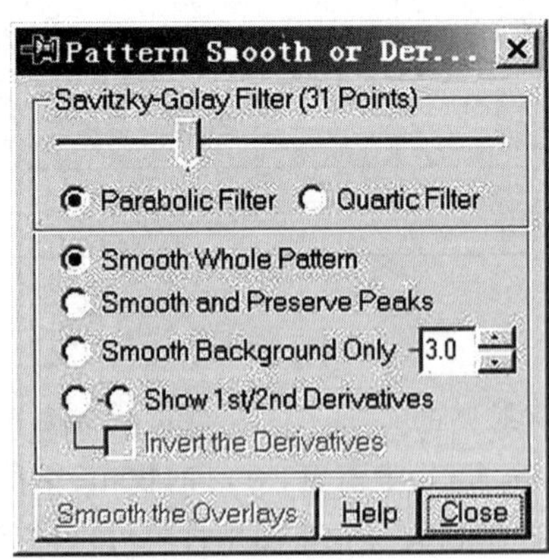

图 4-40　图谱平滑设置窗口

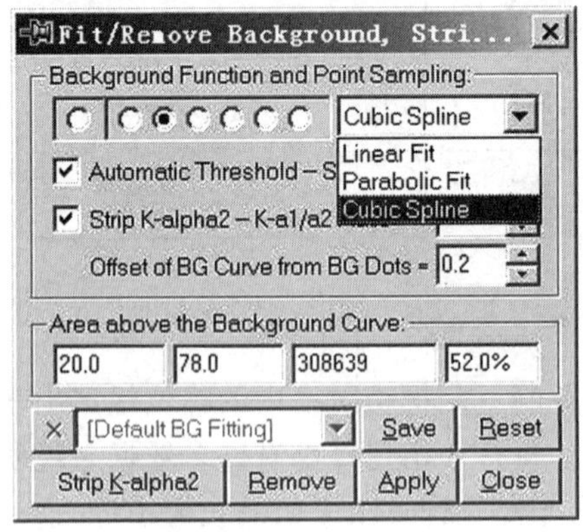

图 4-41　扣除背景设置窗口

在此，可选择扣除背景线的线形，线形一般选择“Cubic Spline”，此时在测得图谱底部出现一条背景线，如图 4-42 所示。鼠标左键单击“BG”扣除背景。如果需要在扣除背景时进行调整，鼠标右键点击手动扣除背景键“BG”，拖动线上的圆点对背景线进行调整并扣除。另外，在此还可以设置是否扣除 $K_{\alpha 2}$ 的影响(Strip K－$alpha_2$－Ka_1/Ka_2 Ratio 2.0)，如果选择了该项，在扣除背景的同时扣除了 $K_{\alpha 2}$ 的影响。$K_{\alpha 2}$ 的影响是由 X 射线衍射本身造成的，现在 X 射线衍射仪采用的都是 K 系辐射，K 系辐射中包括了两小系，即 K_α 和 K_β 辐射，由于两者的波长相差较大，K_{β}辐射一般通过“石墨晶体单色器”或“滤波片”被仪器滤掉了，接收到的只有 K_{α}辐射。但是，K_{α}辐射中又包括两种波长差很小的 $K_{\alpha1}$和 $K_{\alpha2}$辐射，它们的强度比一般情况下是 2∶1。

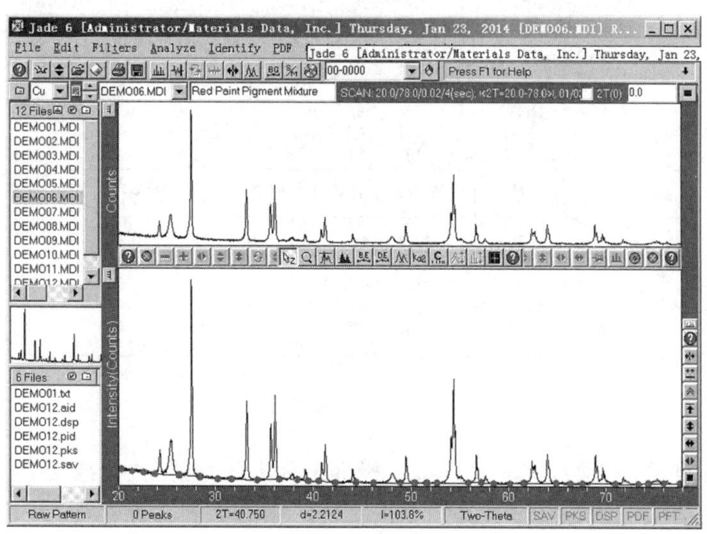

图 4-42　扣除背景线

在寻峰之后，一定要仔细检查是否有漏掉的衍射峰，并用手动工具栏中的手动寻峰“”来增加漏判的峰(鼠标左键在峰下面单击)或清除误判的峰(鼠标右键单击)。

(2) 寻峰报告

寻峰之后，就可以输出和察看“寻峰报告”了，通过寻峰设置对话窗口中“Report”按钮查看寻峰结果，并可以通过“Labeling”设置衍射峰的标记，如图 4-43 所示。

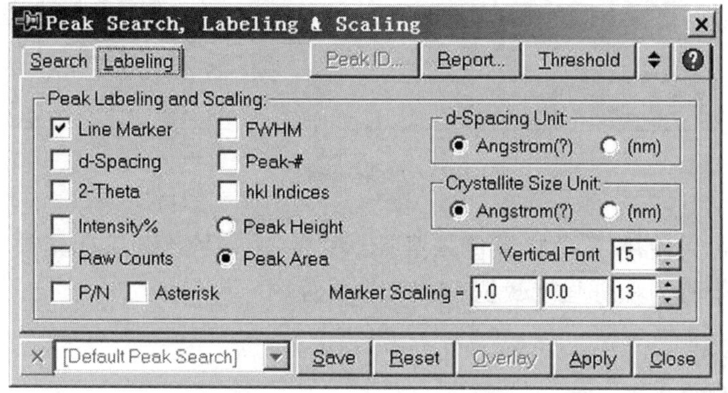

图 4-43　寻峰报告设置窗口

通过点击菜单「Report」→“Peak Search Report”命令同样可以查看寻峰报告，如图 4-44 所示。点击“Save”报告保存为“样品名. IDE”，这是一个纯文本文件，图中的峰面积可用于计算相的相对含量。

在物相检索后，点击菜单「Report」→“Peak ID(Extended)” 命令，可以打开衍射峰检索报告，如图 4-45 所示。在这个报告里列出了每一个峰的衍射角、面间距、测量的峰强度(峰

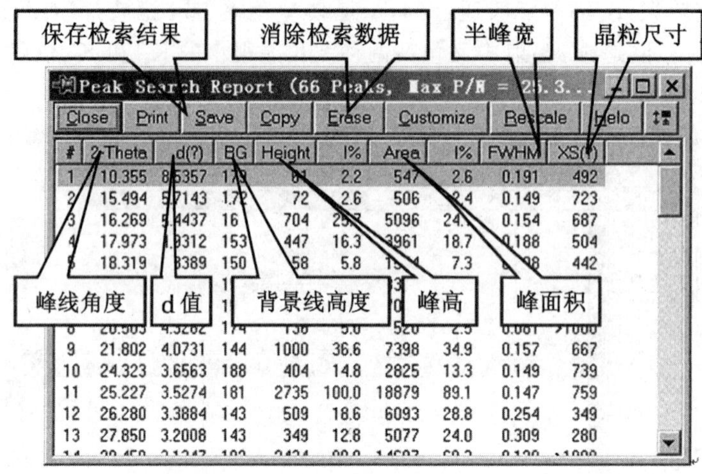

图 4-44　寻峰报告

高)、对应的物相和晶面指数,同时也列出了标准卡片上的衍射角、标准衍射角与测量值之间的差值。这个报告没有积分强度数据。单击“Save”报告内容被保存为“. PID”文件,也是一种纯文本类型的文件,可以用记事本打开。

Peak ID Extended Report (51 Peaks, Max P/N = 27.5) - [DEMO1...

#	2-Theta	d(?)	Height	Height%	Phase ID	d(?)	I%	(h k l)	2-Theta	Delta
1	20.843	4.2584	515	16.9	Quartz, syn	4.2550	16.0	(1 0 0)	20.859	0.017
2	22.068	4.0246	23	0.8	Ammonium Hydrogen Phosphate	3.9823	3.0	(-1 3 0)	22.306	0.238
3	23.056	3.8543	129	4.2	Calcite	3.8548	8.9	(0 1 2)	23.053	-0.003
4	24.074	3.6935	37	1.2	Ammonium Hydrogen Phosphate	3.6750	1.0	(1 1 1)	24.198	0.123
5	25.560	3.4821	389	12.8	Ammonium Hydrogen Phosphate	3.5064	4.0	(2 2 0)	25.381	-0.179
6	26.639	3.3435	3044	100.0	Quartz, syn	3.3435	100.0	(1 0 1)	26.639	0.000
7	28.122	3.1705	34	1.1	Ammonium Hydrogen Phosphate	3.1590	2.0	(-2 0 1)	28.226	0.105
8	29.382	3.0373	2085	68.5	Calcite	3.0355	100.0	(1 0 4)	29.400	0.017
9	30.941	2.8877	897	29.5	Ammonium Hydrogen Phosphate	2.8829	4.0	(-2 3 0)	30.994	0.053
10	31.403	2.8463	58	1.9	Calcite	2.8435	2.2	(0 0 6)	31.435	0.032
11	33.503	2.6725	53	1.7	Ammonium Hydrogen Phosphate	2.6901	1.0	(1-5 0)	33.278	-0.226
12	35.142	2.5516	531	17.4						
13	35.942	2.4965	171	5.6	Calcite	2.4948	14.7	(1 1 0)	35.968	0.026
14	36.540	2.4570	216	7.1	Quartz, syn	2.4569	9.0	(1 1 0)	36.543	0.003
15	37.434	2.4004	57	1.9						
16	37.777	2.3794	211	6.9						
17	39.421	2.2839	349	11.5	Calcite	2.2846	20.2	(1 1-3)	39.408	-0.013
18	40.282	2.2370	112	3.7	Quartz, syn	2.2361	4.0	(1 1 1)	40.299	0.017
19	41.121	2.1933	187	6.1						
20	42.442	2.1280	122	4.0	Quartz, syn	2.1277	6.0	(2 0 0)	42.449	0.007

图 4-45　衍射峰检索报告

不同的物相可以使用不同的颜色来显示,注意每一种物相都有其最大的衍射强度峰(100%),以及这个峰的积分强度数据(在. IDE 文件中)。

4.3.3　物相检索

(1) 物相检索的基本原理

对物相进行定性分析是 Jade 6 的主要功能。物相定性分析的基本原理是基于 XRD 衍射的基本理论:

① 任何一种物相都有其特征的衍射谱;

② 任何两种物相的衍射谱不可能完全相同;

③ 多相样品的衍射峰是各物相的机械叠加。

(2) 物相检索的步骤

通过检索 ICDD PDF 卡片库,将所测样品的图谱与 PDF 卡片库中的“标准卡片”进行对照，就能标定出检测样品中的全部物相，物相检索的步骤包括：

① 指定检索条件：检索哪个卡片库（有机还是无机、矿物还是金属等），样品中可能存在的元素等；

② 计算机按照给定的检索条件进行检索，将最可能存在的物相按照匹配率从高到低排列；

③ 把列表中的标准卡片与样品检测的图谱进行对照，标定出一定存在的物相。

（3）判断一个相是否存在的条件

① 标准卡片中的峰位与测量峰的峰位是否匹配，一般情况下，标准卡片中出现峰的位置，样品谱中必须有相应的峰与之对应。即使三条强线对应得非常好，也不能确定存在该相，样品中必须有其他的峰位与标准卡片中三强线之外的峰对应，当样品存在明显的择优取向时除外（比如单晶），此时需要另外考虑择优取向的问题。

② 标准卡片的峰强比与样品峰的峰强比要大致相同，一般情况下，检测样品的峰强比与标准卡片有所出入，因此，峰强比在标定物相的过程中仅作参考。

③ 检索出来的物相包含的元素在样品中必须存在，如果检索出一个 FePt 相，但样品中根本不可能存在 Pt 元素，则即使其他条件完全吻合，也不能确定样品中存在该相，此时可考虑样品中存在与 FePt 晶体结构大体相同的某相。如果不能确定样品的元素，最好先做元素分析。

此外，在对样品物相进行标定的过程中可能没有标准卡片与之相对应，或者检索到的卡片的成分与检测样品不相符，这时候要考虑实验设备误差，绘图软件在作图时是否存在错误，可以把样品的衍射谱平移一定角度与标准卡片按照以上 3 条进行比对，如果能对的上，也可以确定样品中存在标准卡片所代表的物相；对于绝大多数的检测样品，一般参考“特征峰”来确定物相，而不要求全部峰都能一一对应，在样品检测过程中可能部分衍射峰检测不出来。

（4）Jade 中物相检索的几种情况

① 不知道样品任何信息的检索

打开图谱“DEMO006. MDI”，扣除背景，平滑衍射谱，鼠标右键点击“S/M”按钮，打开检索条件设置对话窗口，如图 4-46 所示。点击标签“Advanced”中的“Reset”按钮，使用默认设置，然后点击标签“General”，去掉“Use chemistry filter”选项前的对号“√”，同时选择 PDF 子库，检索对象选择为主相（S/M Focus on Major Phases），如图 4-47 所示，再点击“OK”按钮，进入“Search/Match Display”窗口。

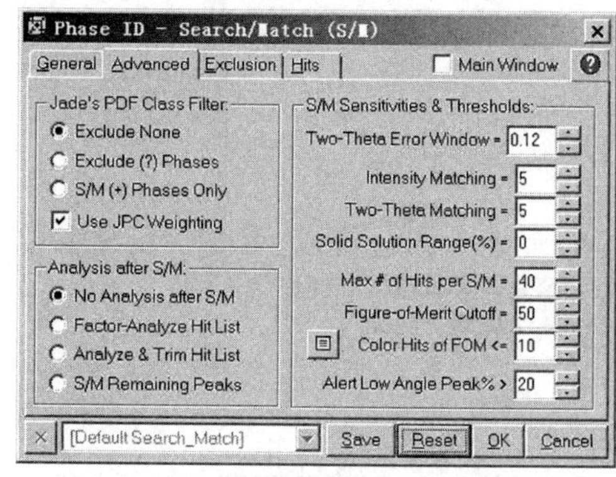

图 4-46　检索条件设置对话窗口

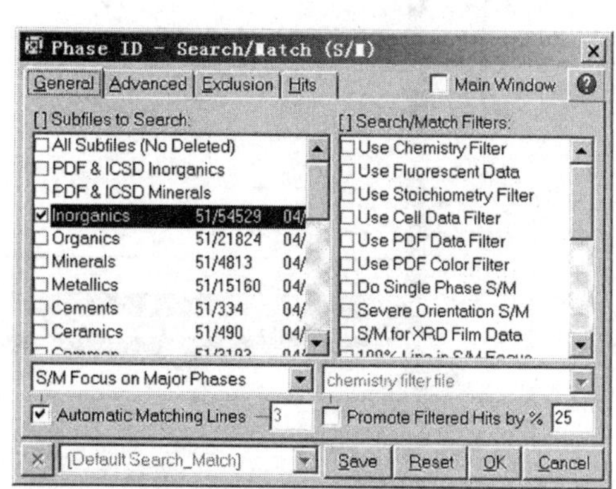

图 4-47　检索的卡片库设置

"Search/Match Display"窗口分为三块，如图 4-48 所示。最上面是全谱显示窗口，可以观察全部 PDF 卡片的衍射线与测量谱的匹配情况，中间是放大窗口，可观察局部匹配的细节，通过右边的按钮可调整放大窗口的显示范围和放大比例，以便观察得更加清楚。窗口的最下面是检索列表，从上至下列出最可能的物相，一般按"FOM"由小到大的顺序排列，FOM 是匹配率的倒数，数值越小，表示匹配性越高。

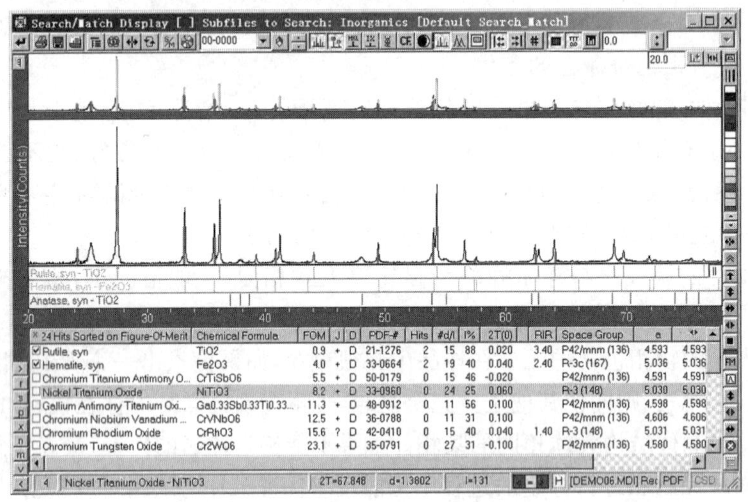

图 4-48 "Search/Match Display"窗口

根据"三强线"原则对衍射峰进行标定，得到衍射谱中含有"Rutile"和"Hematite"相，在对应列表前"□"内打"√"，然后点击图标"⊗"清除列表中不存在的物相。

点击图标"A"查看是否存在没有标定的衍射峰，如果有，在列表中双击峰强比较高的，比如 25.339°的未标定峰进行检索，如图 4-49 所示。根据匹配度的高低在"Anatase"相前打"√"，点击"■"回到主窗口，查看"Anatase"其他谱线是否和检测谱线相对应，也可以点击其他角度的未标定峰进行检索，直到所有衍射峰都被标定，所有物相都检索出来。

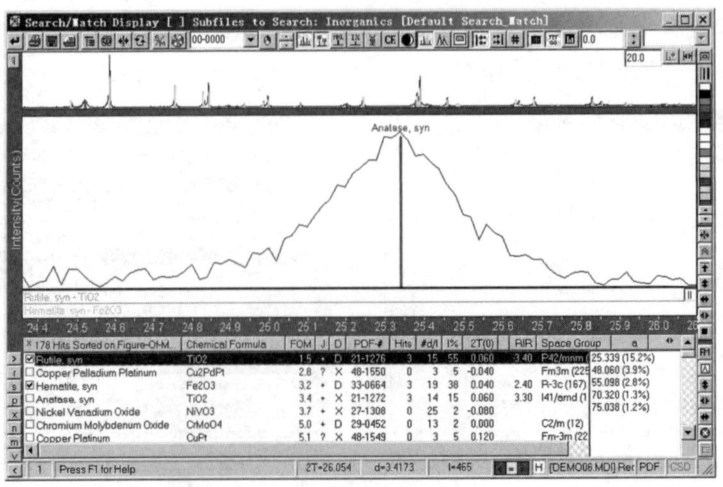

图 4-49 未标定的衍射峰检索

或者点击“”回到主窗口，点击“”选择未标定的衍射峰，然后点击“”进行检索，根据匹配度的高低在“Anatase”相前打“√”，点击图标“”清除列表中不存在的相，此时所有衍射峰都被标定，所有物相都检索出来，如图 4-50 所示。

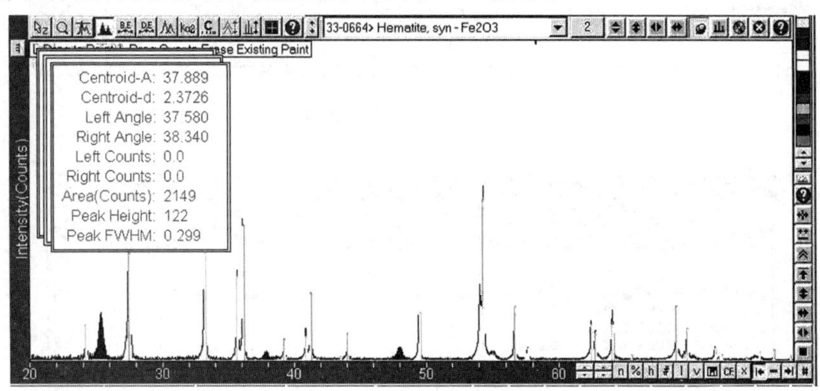

图 4-50　所有物相的检索结果

点击“”回到主窗口(图 4-51)，点击“3”查看检索到的所有物相的简要说明，如图 4-52 所示。点击菜单「Report」→“Peak Id(Extended)”命令查看检索结果，点击“Export”按钮将输出一个“ *.IDE”的文档，如图 4-53 所示，列表中列出了所有衍射峰所对应的物相。

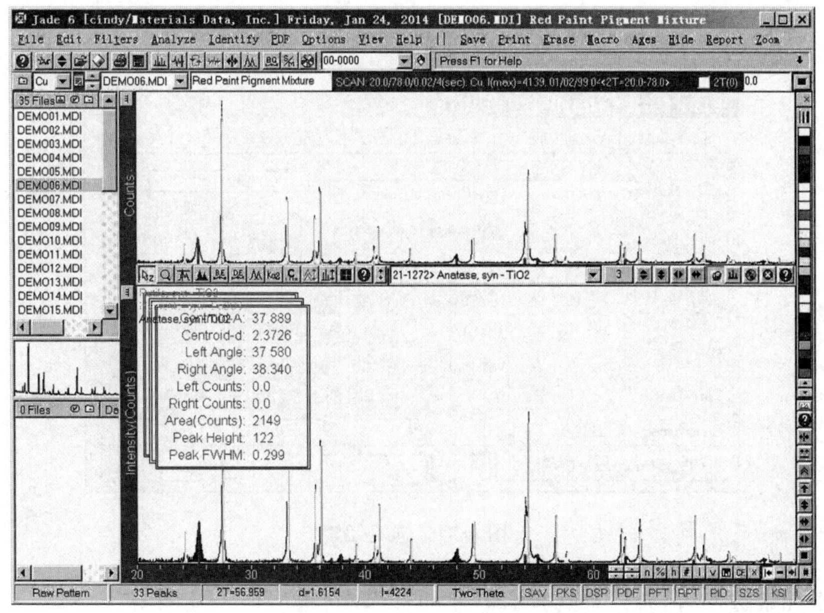

图 4-51　主窗口

② 限定条件的检索

限定条件的原因是已经确定样品中存在的“元素”或化学成分，在图 4-46 中，点击标签“General”，在“Use chemistry filter”选项前打上“√”，打开一个元素周期表对话窗口(图 4-54)。

PDF Overlay List (drag to shuffle, click on its column header to ...

Close | d-I Peak | d-I File | CF | X | 8 | 0 | 0

All | Phase ID | File ID | d(?) | 2-Theta | I% | hkl | Seq-# | Line Marker | Vertical Font

Phase ID (3 Overlays)	Chemical Formula	File ID	I%	2T(0)	d/d(0)	RIR	Wt%	Tag	XS(?)	#
☑Rutile, syn	TiO2	PDF#21-1276	89.0	0.020	1.0000	3.40	0.0	Major	>1000	
☑Hematite, syn	Fe2O3	PDF#33-0664	39.0	0.040	1.0000	2.40	0.0	Major	>1000	
☑Anatase, syn	TiO2	PDF#21-1272	15.0	0.060	1.0000	3.30	0.0	Major	>1000	

图 4-52 物相简要说明

Peak ID Extended Report (33 Peaks, Max P/N = 32.1) - [DEMO06.MDI] Re...

Close | Print | Export | Copy | Erase | Color Phases | Color Entire Row

#	2-Theta	d(?)	Height	Height%	Phase ID	d(?)	I%	(h k l)	2-Theta	Delta
1	24.183	3.6772	457	11.1	Hematite, syn	3.6780	30.0	(0 1 2)	24.178	-0.005
2	25.339	3.5120	629	15.2	Anatase, syn	3.5118	100.0	(1 0 1)	25.341	0.002
3	27.479	3.2432	4128	100.0	Rutile, syn	3.2447	100.0	(1 1 0)	27.466	-0.013
4	31.391	2.8474	21	0.5						
5	33.182	2.6976	1680	40.7	Hematite, syn	2.6968	100.0	(1 0 4)	33.192	0.010
6	35.661	2.5156	1206	29.2	Hematite, syn	2.5163	70.0	(1 1 0)	35.651	-0.009
7	36.101	2.4859	1917	46.4	Rutile, syn	2.4857	50.0	(1 0 1)	36.105	0.004
8	37.863	2.3742	101	2.4	Anatase, syn	2.3744	20.0	(0 0 4)	37.860	-0.003
9	38.605	2.3302	34	0.8	Anatase, syn	2.3285	10.0	(1 1 2)	38.635	0.030
10	39.222	2.2950	246	6.0	Rutile, syn	2.2959	8.0	(2 0 0)	39.207	-0.015
11	40.882	2.2056	418	10.1	Hematite, syn	2.2049	20.0	(1 1 3)	40.894	0.012
12	41.260	2.1862	859	20.8	Rutile, syn	2.1870	25.0	(1 1 1)	41.245	-0.015
13	43.541	2.0769	38	0.9	Hematite, syn	2.0761	3.0	(2 0 2)	43.558	0.017
14	44.062	2.0535	302	7.3	Rutile, syn	2.0531	10.0	(2 1 0)	44.070	0.009
15	48.060	1.8916	162	3.9	Anatase, syn	1.8898	35.0	(2 0 0)	48.109	0.049
16	49.479	1.8406	605	14.7	Hematite, syn	1.8392	40.0	(0 2 4)	49.519	0.040
17	53.321	1.7167	27	0.7						
18	54.080	1.6944	1020	24.7	Hematite, syn	1.6929	45.0	(1 1 6)	54.129	0.050
19	54.324	1.6873	2340	56.7	Rutile, syn	1.6868	60.0	(2 1 1)	54.342	0.017
20	55.098	1.6654	116	2.8	Anatase, syn	1.6648	20.0	(2 1 1)	55.120	0.022

图 4-53 物相检索结果

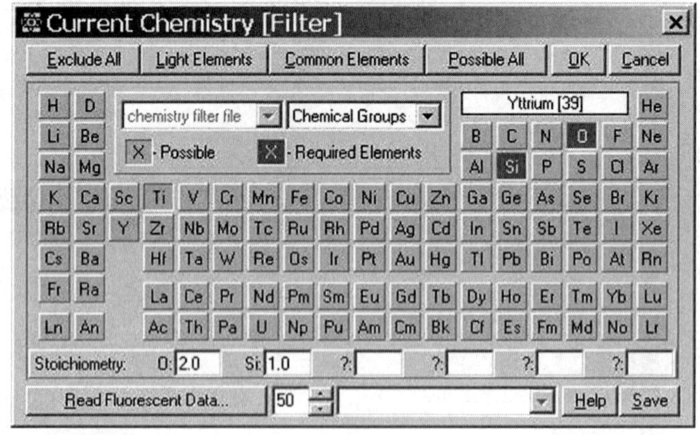

图 4-54 选定元素

在化学元素选定时，有三种选择，即“不可能”、“可能”和“一定存在”。“不可能”就是不存在，也就是不选该元素。“可能”就是被检索的物相中可能存在该元素，也可以不存在该元素。比如选择了三个元素“Li、Mn、O”三种元素都为“可能”，则在这三种元素的任意组合中去检索。“一定存在”表示了被检索的物相中一定存在该元素，如选定了“Fe”为“一定存在”，而“O”为可能，则检索对象为“Fe”和“O”的全部氧化物相。“可能”的标记为蓝色，“一定存在”的标记为绿色。

将样品中可能存在的元素全部选定，点击“OK”，返回到图 4-46 的对话窗口，此时可以依次选择检索对象为主要、次要相或微量相(S/M Focus on Major Phases、S/M Focus on Minor Phases 或 S/M Focus on Trace Phases)。

此检索方法一般能将全部物相都检索出来，根据三强线原则对衍射峰进行标定。有些情况下，虽然材料中不含有 Fe、O 等一些元素，但由于样品制备过程中与 Fe 制品接触或者可能被氧化，在多种尝试后尚不能确定物相的情况下，应当考虑加入这些元素。

在列表右边的按钮中，上下双向箭头⬍用来调整标准线的高度，左右双向箭头⬌则可调整标准线的左右位置，这个功能在合金的物相分析中很有用。固溶原子的半径与溶质原子半径不同，导致晶格畸变，造成固溶体的晶胞参数与标准卡片的谱线对比有所偏移；合金在热处理后发生晶型转变，当晶型转变不彻底，两种晶型同时存在导致衍射峰展宽或者新晶型衍射峰与原晶型衍射峰对应角度不同，通过调整标准线的左右位置，可以有效进行物相标定。

4.3.4　图谱拟合及结晶度计算

衍射峰一般都可以用一种“钟罩函数”来表示，拟合的意义就是把测量的衍射曲线表示为一种函数形式。在作“结晶度计算”、“物相质量分数”、“点阵常数精确测量”、“晶粒尺寸和微观应变测量”和“残余应力测量”等工作前都要经过“扣背景”→“图形拟合”的步骤。常用工具栏中的拟合命令将全衍射谱拟合，但有时因为窗口中衍射峰太多，计算受阻而不能进行，此时需要用到手工拟合按钮。

样品的“结晶度”即样品中物相结晶的完整程度，结晶完整的晶体，晶粒较大，内部质点的排列比较规则，衍射线强、尖锐且对称，衍射峰的半高宽接近仪器测量的宽度，结晶度差的晶体，往往是晶粒过于细小，晶体中有位错等缺陷，使衍射线峰形宽而弥散。结晶度越差，衍射能力越弱，衍射峰越宽，直到消失在衍射背景之中。

X 射线总的散射强度，或者说，除康普顿散射外的相干散射强度不管晶态和非晶态的数量比如何，总是一个常数。因此，从 100%的非晶态标样或 100%的晶体标样着手，用以下的一个计算公式都可以求得结晶度：

$$结晶度 = \frac{1 - 全部非晶峰的强度}{100\%\ 完全非晶态标样的散射强度} \times 100\% \quad 或者$$

$$结晶度 = \frac{试样全部晶体衍射峰的强度}{100\%\ 完全晶态标样的散射强度} \times 100\%$$

Jade 软件中，没有采用标样，由一个样品就能计算出结晶度来，采用了一个简单的计算公式：

$$结晶度 = \frac{衍射峰强度}{总强度} \times 100\%$$

例如，一个样品的衍射谱中，晶体部分的衍射强度加上非晶体的散射强度之和为 100，而所有衍射峰的强度之和为 75，那么结晶度为 75%。

(1) 单衍射谱的拟合及结晶度计算

① 单衍射谱拟合操作步骤

a. 打开 Jade 6 自带的 XRD 一个衍射谱文件，扣除衍射背景，一般同时要扣除 $K_{\alpha2}$；

b. 作一次图谱平滑，使谱线变得光滑一些，便于精确拟合；

c. 进行物相检索；

d. 点击常用工具栏中的拟合快捷键“”，Jade 软件开始作“全谱拟合”，如图 4-55 所示。

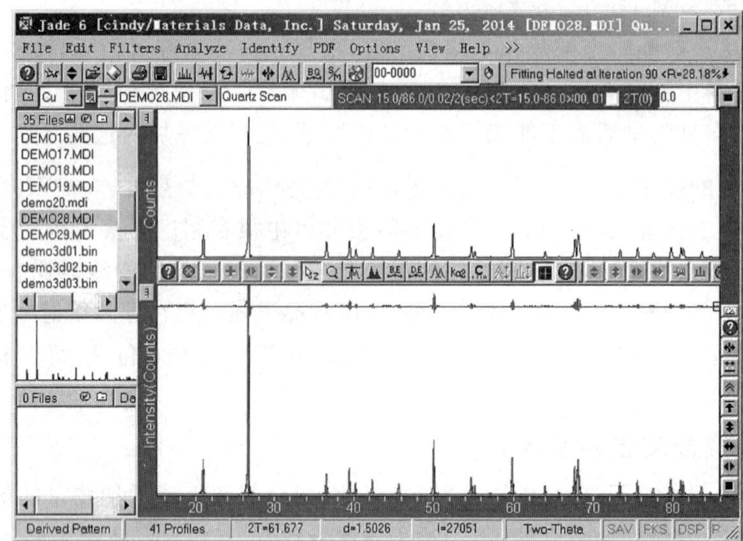

图 4-55　全谱拟合窗口

拟合是一个复杂的数学计算过程，需要较长的时间，在拟合过程中，放大窗口上部出现一条红线，红线的光滑度表示了拟合的程度，如果红线出现很大的起伏，说明拟合得不好，需要进一步拟合，可以重新点击“拟合”按钮重新拟合一次。在菜单栏的下面显示了拟合的进程，其中 $R=\cdots$，表示拟合的误差，R 值越小，表示拟合得越好。有时候在拟合过程中，有时因为窗口中的峰数太多，拟合进行不下去，会出现“Too Many Profiles in Zoom Window !”的提示，此时，需要缩小角度范围，或者进行人工拟合。

拟合结束后，点击菜单「View」→“Reports & Files”子菜单→“Peak Profile Reports”命令输出拟合结果，或者点击菜单「Analyze」→“Fit Peak Profile”命令显示拟合设置对话窗口，点击“Report”输出拟合结果，鼠标右键点击常用工具栏中的拟合快捷键“”，显示拟合设置对话窗口，在窗口中点击“Report” 按钮同样输出拟合结果。

从输出结果(图 4-56)中可以查询检测样品物相的“结晶度”和“非晶峰”，Jade6 默认衍射峰半峰宽的角度大于 3°为非晶峰，如果没有非晶峰，“结晶度”显示为“?”。

② 选定衍射峰的人工拟合操作步骤

进行人工拟合前，如果曾做过拟合，先用鼠标右键点击放大窗口的空白位置，弹出一个快捷菜单，点击其中的“Fitted Profiles”命令，删除已做的拟合。

鼠标左键点击“”选择需要拟合的衍射峰，然后扣除背景。

鼠标右键点击手动工具栏中拟合快捷键“”和快捷键“”，对手动拟合进行设置；在需要拟合的衍射峰上单击，鼠标左键控制拟合峰的上下，“Ctrl”键控制拟合峰的半峰宽，对拟合曲线进行调整；有选择性地拟合一个或选定的几个峰，其他未被选定的峰不作处理，如果要取消一个峰的拟合，在该峰上用鼠标右键单击。选中所有的待拟合峰后，再点击一次拟合快捷键“”，进行拟合。

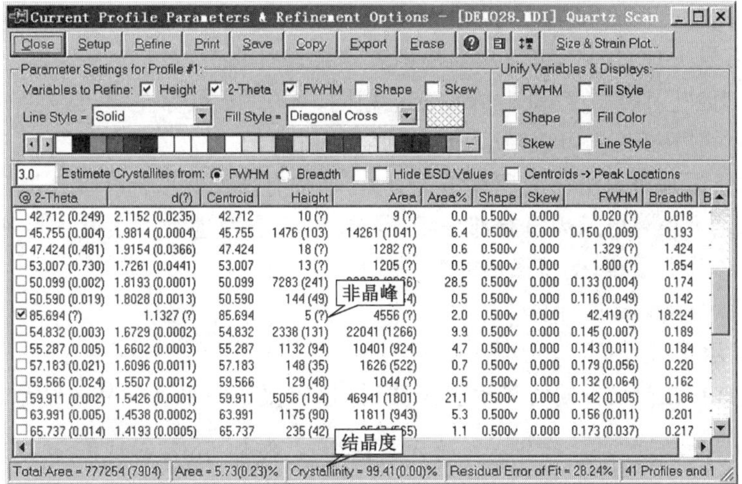

图 4-56　拟合结果

图 4-57　进行设置窗口

鼠标右键点击常用工具栏中的拟合快捷键"⋀⋀",显示拟合设置对话窗口,如图 4-57 所示,点击"Report"按钮输出拟合结果,如图 4-58 所示。

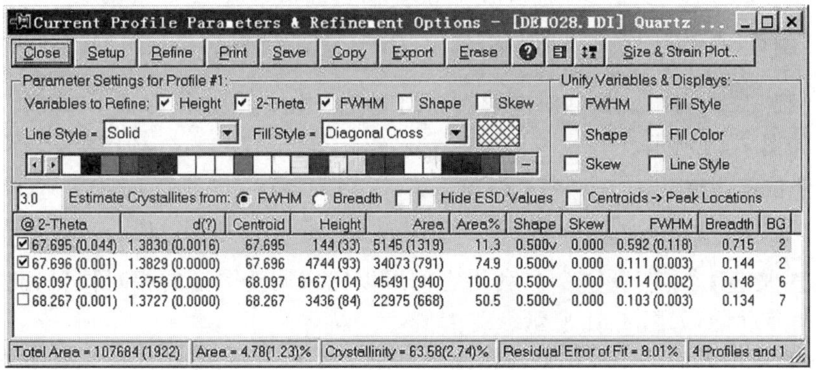

图 4-58　拟合结果

当“Skew”前“□”打“√”，此时倾斜度为固定值，“Ctrl”＋鼠标左键，点击“Skew”，输入一定数值，然后点击“Refine”，可以对输出拟合结果进行修正。

当“Shape”前“□”打“√”，此时峰位变量相同，“Ctrl”＋鼠标左键，点击“Shape”，输入一定数值，然后点击“Refine”，可以对输出拟合结果进行修正。

修正的结果看是否对结晶度计算结果有益，这种有选择的拟合会提高拟合误差 R，在修正时应注意。增大误差的原因是有部分峰没有参与拟合而进入了误差。另外，那些没有参与拟合的峰会作为背景线，使得图谱的背景线提高。

（2）多谱拟合及结晶度计算

① 多谱显示

Jade 6 允许在在窗口中同时显示多个图谱，这样便于同系列样品的结果比较。鼠标左键点击打开文件快捷键“ ”打开文件读入对话窗口，按住 Shift 键或 Ctrl 键选中从“DEMO09. MDI”到“DEMO12. MDI”一共 4 个文件，单击“Read”按钮，被选中的文件同时在窗口中重叠地显示出来，如图 4-59 所示。

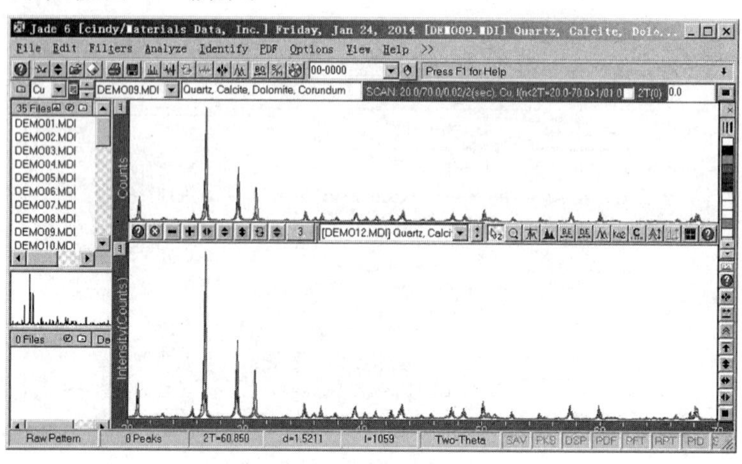

图 4-59　多谱显示

a. 图谱分离

单击窗口右下角的“ ”按钮，图谱开始分离，每点击一次，增加分离度。左键点击表示图谱“向上”偏移、右键点击“向下”偏移，按下“Ctrl＋ ”代表 Reset，图谱回到初始状态。鼠标点击快捷键“ ”，可以使鼠标对图形在纵向上任意拖拽，如果同时按下“Shift”键，则可以横向移动，如图 4-60 所示。

b. 图谱位置调整

当多个图谱显示在窗口中时，在窗口中出现一组新的按钮 3 ，利用它们可以完成调整图谱的相对位置、高度、左右位置、颜色设置等功能，如图 4-61 所示。

单击工具栏中的数字“3”（表示现在同时显示了三条谱线，最底层的不计算在内），打开图谱列表框，若选定一个文件，然后点击“Offset%”，输入 20，图象之间都以纵向 20％的间隔错开显示。

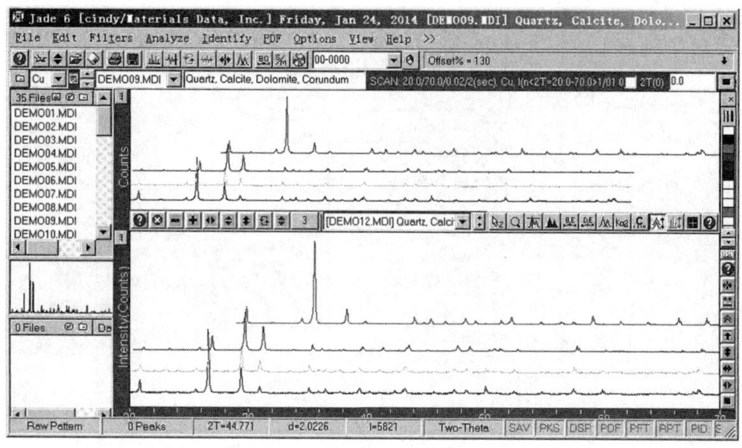

图 4-60　图谱分离

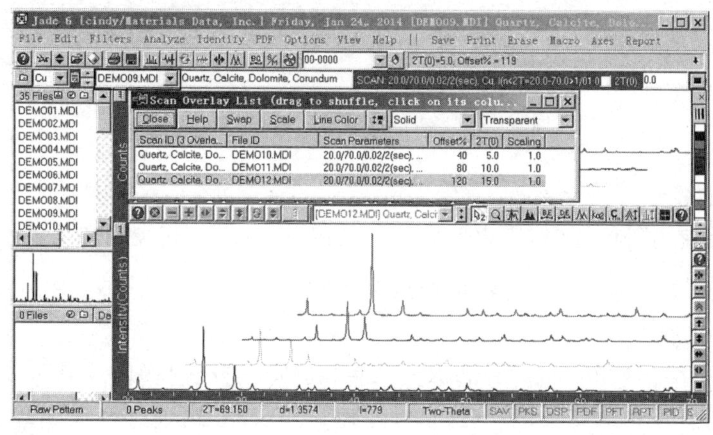

图 4-61　图谱位置调整

点击 2T(0)，对不同的 ID 选择不同的 2θ 偏移量，图谱按设置的偏移量在水平方向右错开显示。

“　　　　　　”内显示的是最底层衍射谱，通过“swap”命令可以在四个图像之间进行调整。

c. 图谱显示与打印

多衍射谱图可采用普通的显示或打印方式。如果同时显示的谱线数大于 2，还可以采用 3D 显示方式。点击菜单「View」→“Overlays in 3D”命令，出现 3D 显示窗口(图 4-62)。

鼠标左键按住：拖拽；

按住 Ctrl 键：改变大小；

按住 Shift 键：移动；

按住 Alt 键：视角远近；

鼠标右键：弹出设置窗口。

在图上用鼠标右键点击，出现图 4-62 中所示的参数设置对话窗口，可以按需要设置各种显示参数。

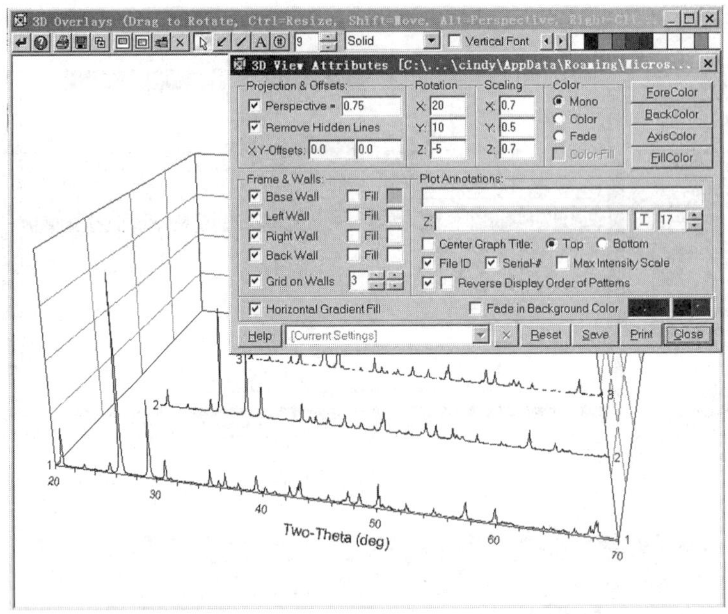

图 4-62　XRD 衍射谱 3D 显示窗口

② 多谱拟合。

在计算残余应力等问题时，需要对多个衍射谱进行拟合，其步骤如下：

a. 鼠标左键点击“ ”，打开衍射谱所在文件夹，读入 5 个 JADE Binary Pattern Files (＊.bin)类型的文件。

b. 拟合第一个衍射谱，此衍射谱称为基底，其他所有衍射谱的多峰分离都要依靠它的数据。对衍射谱进行扣除背景、适当的平滑处理、对拟合方式进行设置等基本处理，然后点击常用工具栏中的拟合快捷键“ ”进行拟合，如图 4-63 所示。

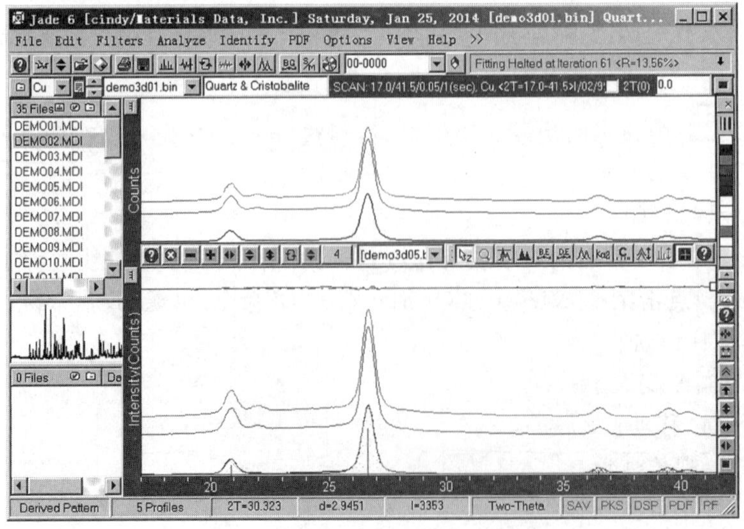

图 4-63　多谱基底拟合

c. 鼠标右键点击常用工具栏中的拟合快捷键"M",弹出拟合设置对话窗口,单击"Fit All Overlays",对全部图谱作拟合,如图 4-64 所示。

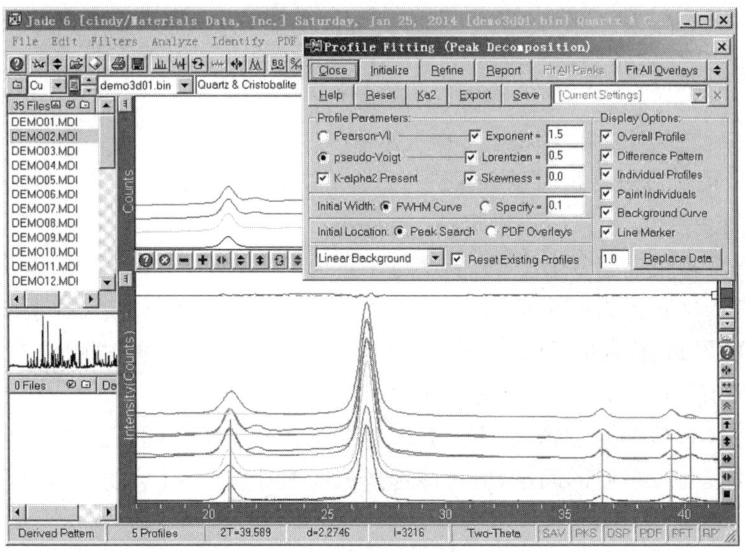

图 4-64　多谱拟合

d. 单击图 4-64 中的"Report"按钮,打开拟合报告窗口(图 4-65)。可以看到 5 个样品的拟合数据按 1、2、3、4、5 的顺序排列。点击不同样品的衍射峰,可以得到不同样品的"Crystallinity"数据,这就是每个样品的"结晶度"。

Current Profile Parameters & Refinement Options - [demo3d01.bin] Quartz &...

Close | Setup | Refine | Print | Save | Copy | Export | Erase | Size & Strain Plot...

Parameter Settings for Profile #1:
Variables to Refine: Height 2-Theta FWHM Shape Skew
Line Style = Solid　Fill Style = Diagonal Cross

Unify Variables & Displays: FWHM　Fill Style　Shape　Fill Color　Skew　Line Style

3.0 Estimate Crystallites from: FWHM　Breadth　Hide ESD Values　Centroids -> Peak Locations

@ 2-Theta	d(?)	Centroid	Height	Area(a1)	Area%	Shape	Skew	FWHM	Breadth	BG	#
20.839 (0.009)	4.2591 (0.0037)	20.839	118 (4)	2316 (64)	20.0	0.500v	0.000	0.564 (0.015)	0.981	57	2
26.624 (0.004)	3.3454 (0.0010)	26.624	720 (9)	11577 (144)	100.0	0.500v	0.000	0.593 (0.006)	0.804	50	2
36.520 (0.016)	2.4584 (0.0021)	36.520	26 (3)	733 (36)	6.3	0.500v	0.000	0.524 (0.029)	1.410	37	2
39.411 (0.022)	2.2845 (0.0024)	39.411	26 (3)	771 (41)	6.7	0.500v	0.000	0.573 (0.042)	1.483	34	2
40.252 (0.036)	2.2386 (0.0038)	40.252	0 (?)	394 (27)	3.4	0.500v	0.000	0.581 (0.067)	—	32	2
20.890 (0.028)	4.2488 (0.0111)	20.890	254 (16)	4533 (334)	22.4	0.500v	0.000	0.712 (0.047)	0.892	87	3
26.647 (0.010)	3.3425 (0.0026)	26.647	1144 (31)	20192 (570)	100.0	0.500v	0.000	0.686 (0.016)	0.883	70	3
36.516 (0.044)	2.4586 (0.0057)	36.516	84 (12)	914 (173)	4.5	0.500v	0.000	0.450 (0.077)	0.544	41	3
40.258 (0.071)	2.2383 (0.0075)	40.258	42 (10)	413 (144)	2.0	0.500v	0.000	0.425 (0.134)	0.492	30	3
39.460 (0.045)	2.2817 (0.0050)	39.460	83 (12)	883 (181)	4.4	0.500v	0.000	0.442 (0.084)	0.532	33	3
20.903 (0.030)	4.2463 (0.0119)	20.903	242 (16)	4285 (341)	21.5	0.500v	0.000	0.708 (0.050)	0.885	86	4
26.647 (0.011)	3.3425 (0.0027)	26.647	1126 (32)	19918 (589)	100.0	0.500v	0.000	0.687 (0.017)	0.884	70	4
36.518 (0.044)	2.4585 (0.0058)	36.518	87 (13)	967 (182)	4.9	0.500v	0.000	0.461 (0.078)	0.556	41	4
40.266 (0.071)	2.2379 (0.0076)	40.266	44 (11)	425 (151)	2.1	0.500v	0.000	0.415 (0.135)	0.483	30	4
39.467 (0.046)	2.2813 (0.0051)	39.467	84 (13)	913 (189)	4.6	0.500v	0.000	0.451 (0.087)	0.543	32	4

Total Area = 26508 (745) | Area = 16.16(1.36)% | Crystallinity = ? | Residual Error of Fit = 23.56% | 5 Profiles and 17 Variables to R

图 4-65　拟合报告窗口

使用这种方法来计算同一系列多个样品的结晶度,使用的拟合参数完全相同,在这个报告中,一次只能看到一个样品的结晶度,在查看报告时注意记录不同衍射谱线代表的样品结晶度。

4.3.5 RIR 法计算物相质量分数

从 1978 年开始，ICDD 发表的 PDF 卡片上开始附加有 RIR 值，这就是通常所讲的 K 值。它是按样品与 Al_2O_3（刚玉）按 1∶1 的质量分数混合后，测量样品最强峰的积分强度/刚玉最强峰的积分强度，可写为 $K_{Al_2O_3}^{A} = \dfrac{K^{A}}{K^{Al_2O_3}} = \dfrac{I_A}{I_{Al_2O_3}}$，称为以刚玉为内标时 A 相的 K 值。

通过 XRD 衍射谱对物相质量分数进行计算存在以下问题：

（1）PDF 卡片上的 RIR 的不确定性

① 目前很多物相都有多个 PDF 卡片与之对应，而且同一物相的 PDF 卡片中，有的有 RIR，有的没有。这是因为两个原因：一是先有 PDF 卡片，后来才有人提出来在 PDF 卡片上加上 RIR 值，因此，较老的 PDF 卡片上都没有 RIR 值；二是有些物相结构过于复杂，或者变化较大，RIR 值不确定，因此也没有 RIR 值。

② 有些有 RIR 值的同一物相 PDF 卡片上所标 RIR 值不相同，这可能是 PDF 卡片出版先后问题，也可能是可信度的问题，应可能选择那些编号较新、可信度较高的 PDF 卡片上的 RIR 数据。

③ 无论选择哪个卡片上的 RIR 值，都只能作为一个参考，因为影响 RIR 值的因素较多，任何物相的 RIR 值并非单一确定。

（2）定量分析的方法的可靠性

① 定量分析的困难在于物相的相对含量并非与衍射峰的强度线性地变化。也就是说，在含量与强度之间有一个比例因子，而这个因子的计算是非常困难的。目前采用的方法有内标法、K 值法、绝热法、直接对比法、外标法、联立解方程法、增量法、无标法。这里多种方法都含有“标”，即需要使用“标准物相”掺入到待测样品，或先用标来制作定标直线。

② 严格的定量分析应当使用内标法或 K 值法，需要自己来测量 RIR 值。

③ 一般情况下，要找到“纯物相”很困难，要在待测样品中加入标准样品并使其均匀化也很困难，因此研究不使用“标”的定量分析方法。但是，也只有在特定的条件下才能使用不带标的方法，比如在 JADE 中提到的方法。这种方法适用于块体合金样品，要求样品中不含有任何非晶相和未知相，而且每一个相的 RIR 值已知，这个已知的 RIR 值选用的也是 PDF 卡片上的 RIR 数据，导致最终计算结果会有偏差。

综合以上原因，通过 XRD 衍射谱计算物相的质量分数准确性欠佳，为“半定量”计算方法。现举例说明 RIR 法计算物相质量分数过程：

① 读取数据“DEM006. MDI”，如图 4-66 所示。

② 扣除背景。

③ 查找 PDF 卡片。右键点击常用工具栏上检索 PDF 卡片的快捷方式“”，弹出检索设置对话窗口，选择 PDF 卡片子库，进行检索，如图 4-67 所示。标定的衍射谱中包含物相“Rutile”、“Anatase”和“Hematite”，在物相前打“√”，点选“”返回主界面。

④ 鼠标右键点击常用工具栏上峰型拟合快捷键“”，点击“Fit All Peaks”，也可以通过手动进行峰型拟合，如图 4-68 所示。

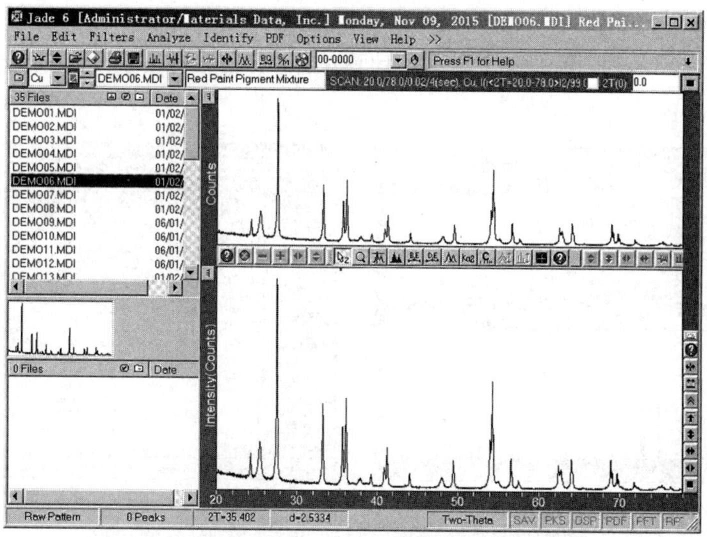

图 4-66　XRD 衍射谱

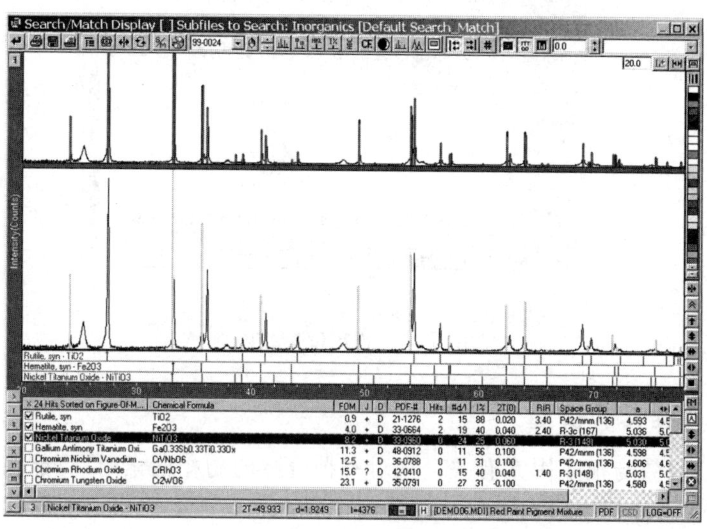

图 4-67　物相检索

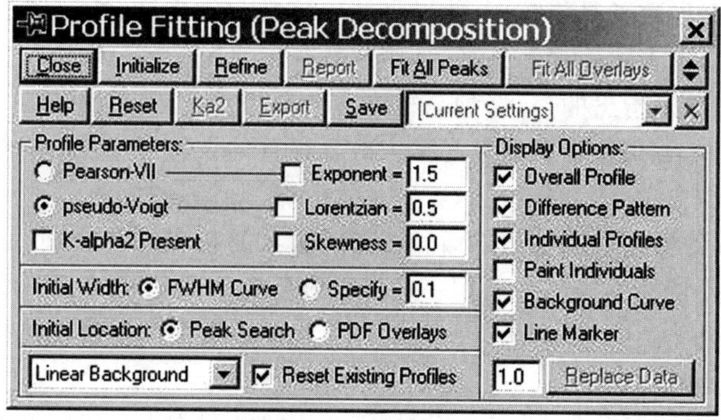

图 4-68　图谱拟合

⑤ 定量分析。点击菜单「Options」→"Easy Quantitative from Profile-Fitted Peaks"子菜单→"Calc Wt%"名利，得到物相含量的计算结果，在窗口中按照选定的显示方式进行显示，如图 4-69 所示。

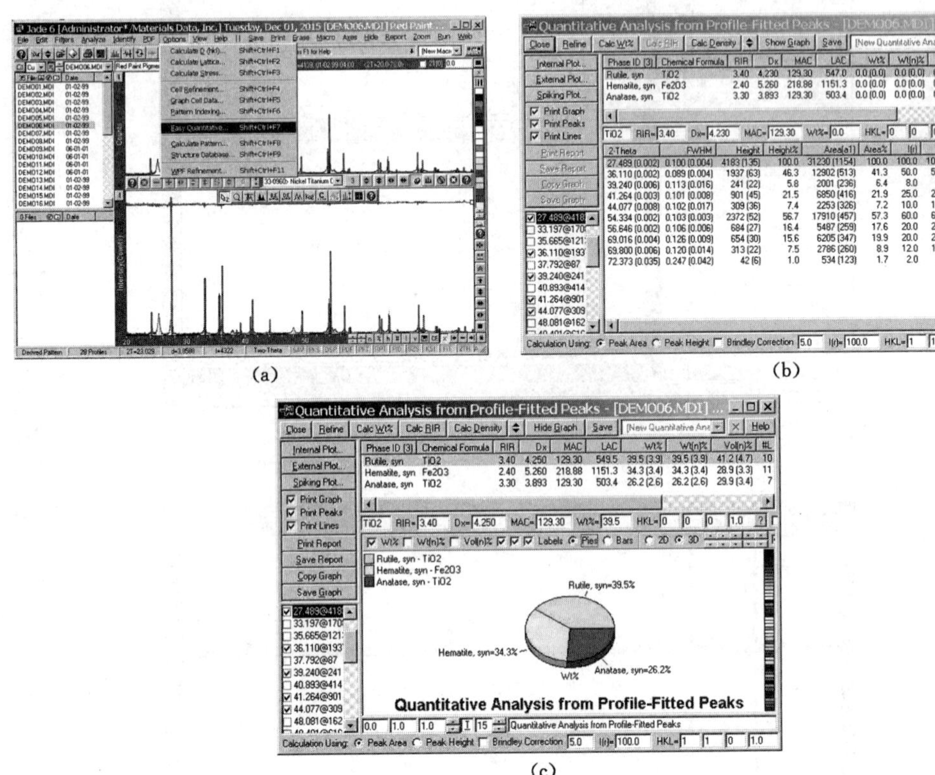

(a)

(b)

(c)

图 4-69　物相定量分析

4.3.6　晶体点阵常数计算

晶胞的点阵常数与很多因素有关。在对一种合金的物相检索时，可能会发现，很难精确将衍射谱与 PDF 卡片标准谱对应起来。角度位置上总有那么一点点差异，因为合金通常情况下都是固溶体，由于固溶体中溶入了异类原子，而这些异类原子的原子半径与基体的原子半径存在差异，从而导致了晶格畸变，使得晶体点阵常数发生变化。另外，点阵常数还与温度有关，多数材料会出现随着温度升高，晶格常数变大的现象，当然，由于掺杂的原因也可以使晶格常数变化。必须指出的是，这种晶格常数变化通常是很微小的，一般反映在 10^{-2}～10^{-3}nm 的数量级上，如果仪器的误差足够大或者计算的误差足够大，完全可以把这种变化掩盖或视而不见。

点阵常数计算的误差来源于多方面。在点阵常数的精确计算之前，必须校正仪器的角度系统误差，Jade 使用标准样品来制作一条随衍射角变化的角度补正曲线。当该曲线制作完成后，保存到参数文件中，以后测量所有的样品都使用该曲线消除仪器的系统误差。

(1) 角度补正曲线的制作

标准样品必须是无晶粒细化、无应力(宏观应力或微观应力)、无畸变的完全退火态的样品，一般采用 NIST－LaB_6 和 Silicon－640 作为标准样品。

① 鼠标左键点击“”，读入文件“DEMO08. MDI”，假设此样品为标准样品，以其 XRD 衍射谱制作角度补正曲线，如图 4-70 所示。

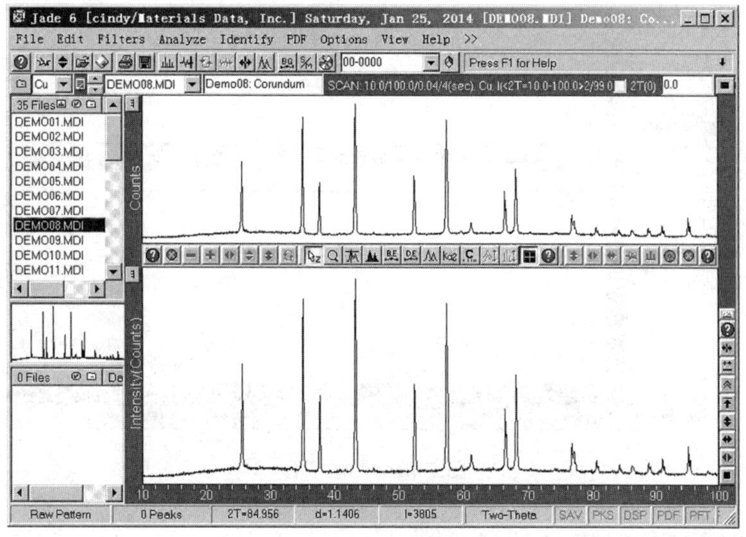

图 4-70　XRD 衍射谱

② 扣除背景。

③ 鼠标右键点击物相检索快捷键“”，设置检索条件，进行物相检索，在“Corundum”前面“□”中打“√”，点击“”回到主界面，如图 4-71 所示。

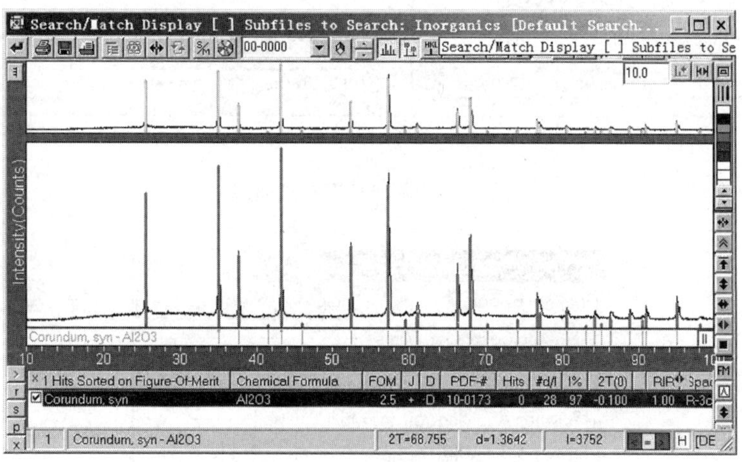

图 4-71　物相检索

④ 鼠标右键点击峰型拟合快捷“”，在拟合设置对话窗口中选择“Fit All Peaks”。实际上较复杂的衍射谱采用手动拟合比较好，如图 4-72 所示。

⑤ 鼠标右键点击“”按照图 4-73 的条件进行设置，点击“Calibrate”，角度补正曲线就制作完毕，输入曲线的名称，点击“Save Curve”，保存制作好的角度补正曲线，如图 4-74 所示。

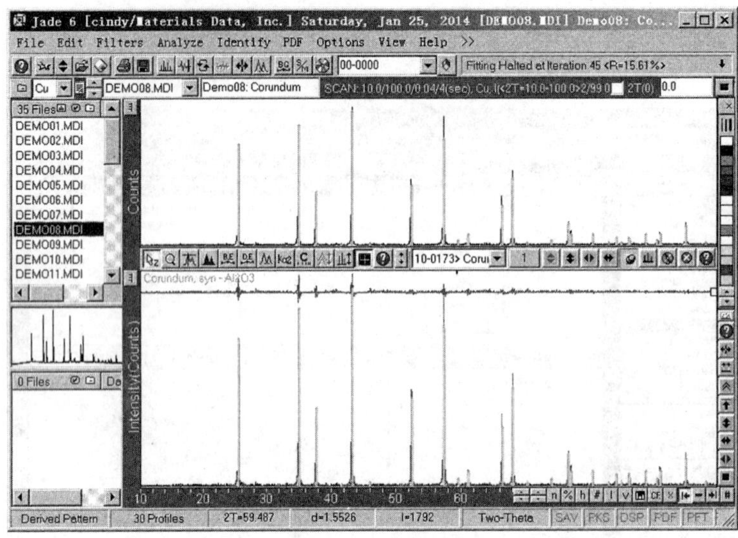

图 4-72　图谱拟合

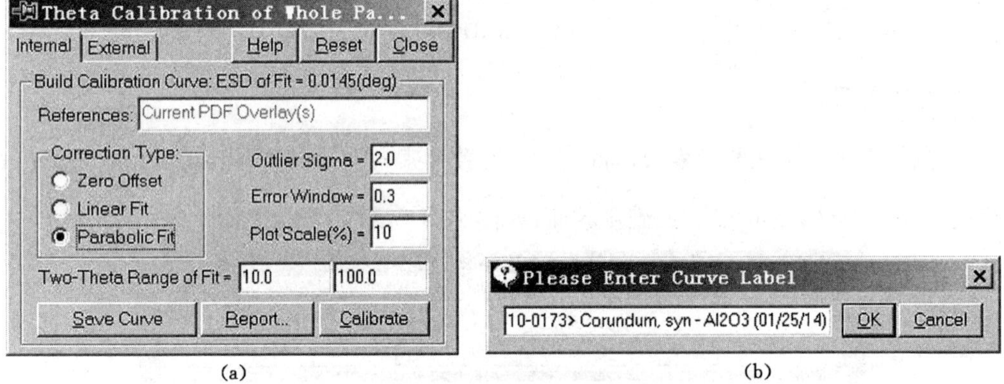

(a)　　　　　　　　　　　　　　(b)

图 4-73　制作角度补正曲线

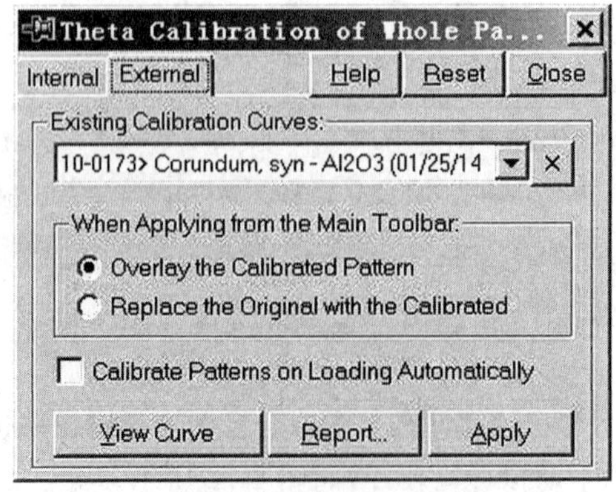

图 4-74　载入补正曲线

⑥ 点击“Extemal”标签，显示制作的角度补正曲线，并点击“Apply”按钮应用。

(2) 计算晶体点阵常数

① 鼠标左键点击“ ”，读入文件“DEMO19. MDI”，如图 4-75 所示。

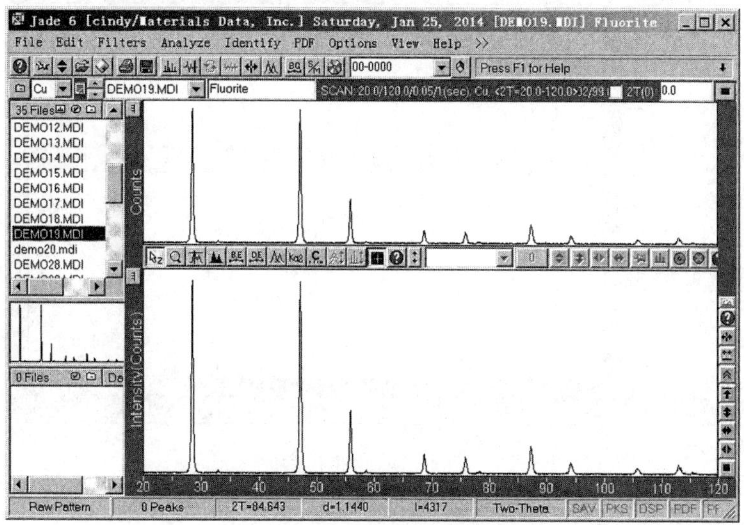

图 4-75　XRD 衍射谱

② 鼠标右键点击“ ”按钮，弹出角度修正设置对话窗口，或者点击菜单「Analyze」→“Theta Calibration”命令也可以弹出度修正设置对话窗口，选中制作的角度补正曲线“＜10-0173＞Corundu，syn-Al_2O_3(01/25/14)”并点击“Apply”应用，如图 4-76 所示。

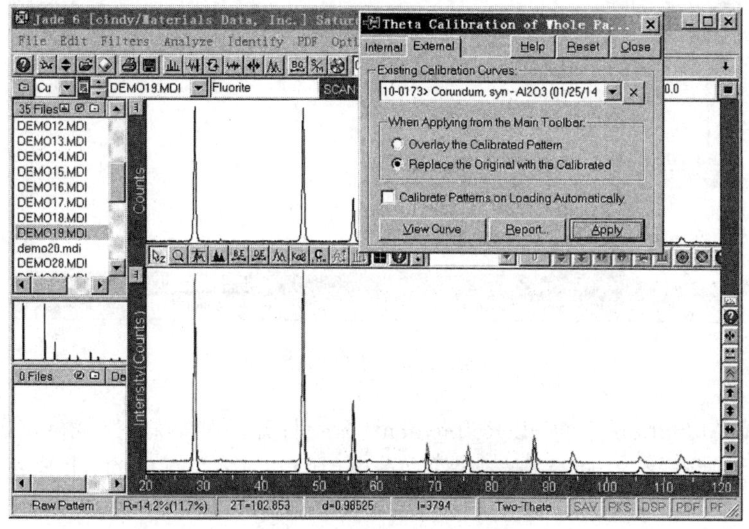

图 4-76　载入角度补正曲线

③ 再点击“ ”即可转化为补正后的衍射谱。

④ 进行物相检索，在“Fluorite”前面“□”中打“√”，点击“ ”回到主界面，如图 4-77 所示。

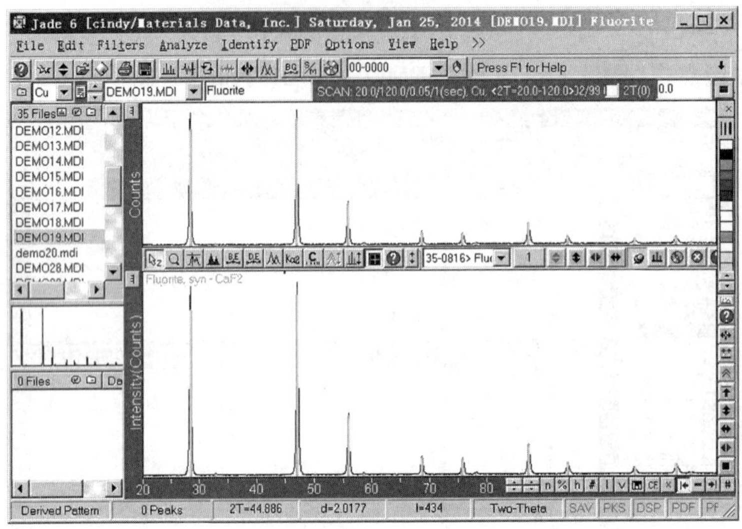

图 4-77　物相检索

⑤ 扣除背景，进行峰型拟合，点击“Fit All Peaks”，如图 4-78 所示。

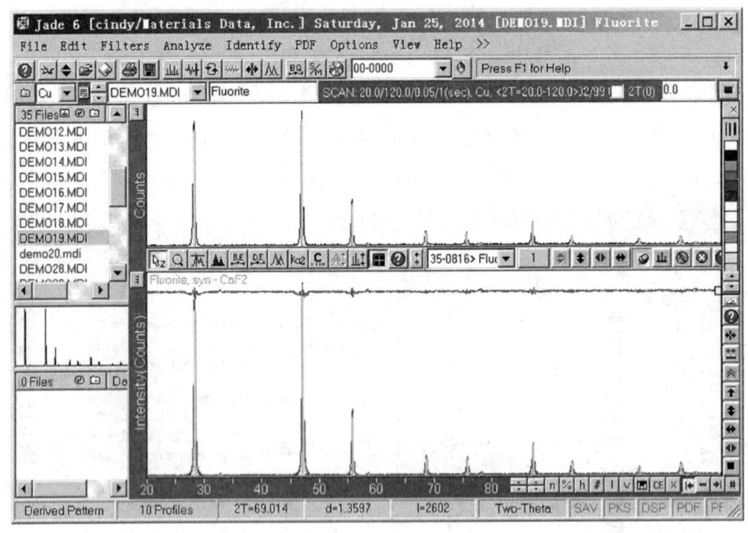

图 4-78　图谱拟合

⑥ 点击菜单「Option」→“Cell Refinement”命令打开晶胞精修对话窗口（图 4-79），点击“Refine”开始晶胞精修，晶胞参数的初始值会根据“Fluorite”的 ICDD 卡片自动调整，如图 4-80 所示。

⑦ 观察并保存结果。结果保存为纯文本文件格式，文件扩展名为“ *.abc”。

如果需要计算同一样品中其他某相的点阵常数，在物相检索列表中其他物相名称前面“□”中打“√”，重复上面的步骤即可。

如果测量过程中存在较大的误差，或者晶体结构发生了变化，导致晶粒常数变化非常大，此时“Refine”按钮变成灰色不可用，需要先计算晶体类型（Calc）。

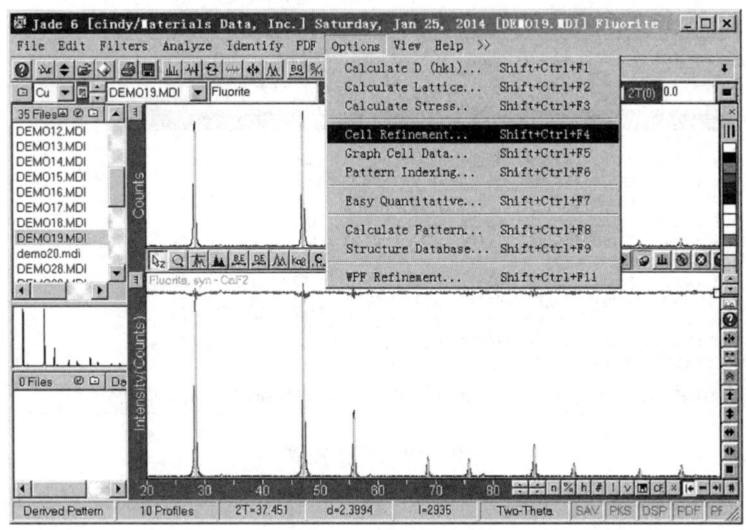

图 4-79　晶胞精修

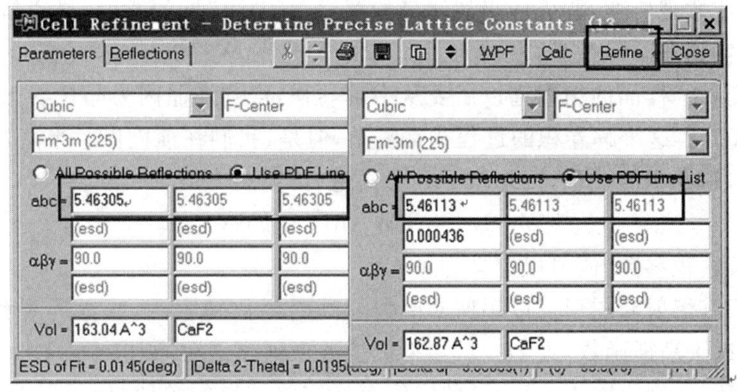

图 4-80　精修前后晶胞的常数

⑧ 点击“Reflections”标签给出精密化后的晶格常数的数值，其中带“×”的数据表示不正确，不予采信，如图 4-81 所示。

4.3.7　晶粒大小及微观应变计算

由于粉末多晶衍射仪使用的是多晶粉末样品，因此，其衍射谱不是由一条条衍射线组成，而是由具有一定宽度的衍射峰组成，每个衍射峰下面都包含了一定的面积。如果把衍射峰简单地看作一个三角形，那么峰的面积等于峰高乘以一半高处的宽度。这个半高处的宽度即“半高宽”或“半峰宽”，英文写法是“Full width at half maximum”(FWHM)。如果采用的实验条件完全一样，那么测量不同样品在相同衍射角的衍射峰的 FWHM 应当是相同的，这种由实验条件决定的衍射峰宽度称为“仪器宽度”。仪器宽度并不是一个常数，它随衍射角有所变化，一般随衍射角变化表现为抛物线形。

有些情况下，会发现衍射峰变得比常规的要宽。有多种因素引起这种峰形变宽，主要有两种：一种是由于样品的晶粒比常规样品的晶粒小(对合金样品，严格称为亚晶粒大小)，导致倒易球变大，使衍射峰加宽；另一种是由于材料被加工或冷热循环等，在晶粒内部产生了

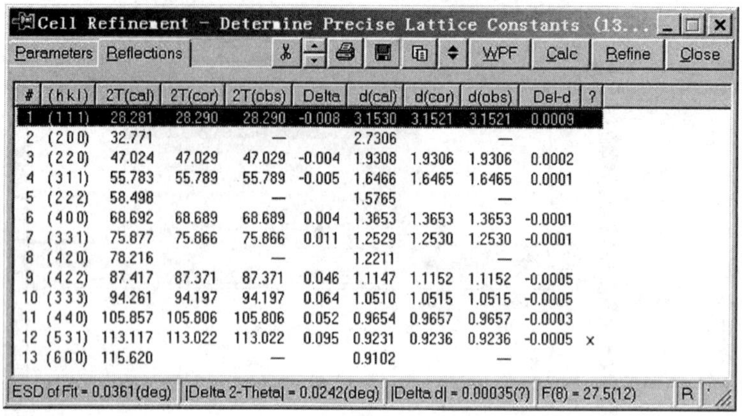

Cell Refinement - Determine Precise Lattice Constants (13...

Parameters Reflections WPF Calc Refine Close

#	(hkl)	2T(cal)	2T(cor)	2T(obs)	Delta	d(cal)	d(cor)	d(obs)	Del-d	?
1	(111)	28.281	28.290	28.290	-0.008	3.1530	3.1521	3.1521	0.0009	
2	(200)	32.771		—		2.7306		—		
3	(220)	47.024	47.029	47.029	-0.004	1.9308	1.9306	1.9306	0.0002	
4	(311)	55.783	55.789	55.789	-0.005	1.6466	1.6465	1.6465	0.0001	
5	(222)	58.498		—		1.5765		—		
6	(400)	68.692	68.689	68.689	0.004	1.3653	1.3653	1.3653	-0.0001	
7	(331)	75.877	75.866	75.866	0.011	1.2529	1.2530	1.2530	-0.0001	
8	(420)	78.216		—		1.2211		—		
9	(422)	87.417	87.371	87.371	0.046	1.1147	1.1152	1.1152	-0.0005	
10	(333)	94.261	94.197	94.197	0.064	1.0510	1.0515	1.0515	-0.0005	
11	(440)	105.857	105.806	105.806	0.052	0.9654	0.9657	0.9657	-0.0003	
12	(531)	113.117	113.022	113.022	0.095	0.9231	0.9236	0.9236	-0.0005	x
13	(600)	115.620		—		0.9102		—		

ESD of Fit = 0.0361(deg) |Delta 2-Theta| = 0.0242(deg) |Delta d| = 0.00035(?) F(8) = 27.5(12) R

图 4-81 晶格常数

微观的应变。当然,还有因为晶体内的位错、孪晶等因素造成的峰形变宽和峰形不对称,在此不做赘述。

这样,知道了仪器本来有个峰形宽,由于晶体细化和微观应变的原因会导致峰形更宽。计算晶粒尺寸或微观应变,首先应当从测量的宽度中扣除仪器的宽度,得到晶粒细化或微观应变引起的真实加宽。但是,这种峰形加宽效应不是简单的机械叠加,而是它们形成的卷积。所以,得到一个样品的衍射谱以后要从中解卷积,得到样品因为晶粒细化或微观应变引起的加宽 FW(S)。这个解卷积的过程非常复杂,但是,我们在前面做了半高宽补正曲线,并已保存了下来,解卷积的过程,Jade 按下列公式进行计算:

$$\mathrm{FW}\,(S)^{D} = \mathrm{FWHM}^{D} - \mathrm{FW}(I)^{D}$$

式中,D 称为反卷积参数,值可以定义为 1~2。

一般情况下,衍射峰图形可以用柯西函数或高斯函数来表示,或者是两者的混合函数。如果峰形更接近于高斯函数,设 $D=2$,如果更接近于柯西函数,则取 $D=1$。另外,当半高宽用积分宽度代替时,则应取 $D=1$。D 的取值影响实验结果的单值,但不影响系列样品的规律性。

因为晶粒细化和微观应变都产生相同的结果,那么必须分三种情况来说明如何分析。

① 如果样品为退火粉末样品,则无应变存在,衍射峰的宽化完全由晶粒比常规样品的小而产生。这时可用谢乐方程来计算晶粒的大小:

$$\mathrm{Size} = \frac{K\lambda}{\mathrm{FW}(S) * \cos(\theta)}$$

式中,Size 表示晶体尺寸,nm;K 为常数,一般取 $K=1$;λ 为 X 射线的波长,nm;FW(S)为试样半高宽,Rad;θ 为衍射角,Rad。

计算晶体尺寸时,一般采用低角度的衍射峰,如果晶体尺寸较大,可用较高衍射角的衍射峰来代替。晶粒尺寸在 30 nm 左右时,计算结果较为准确,此式适用范围为 1~100 nm。超过 100 nm 的晶体尺寸不能使用此式来计算,可以通过其他的照相方法计算。

② 如果样品为合金块状样品,结晶完整,而且加工过程中无破碎,则峰形的宽化完全由微观应变引起。

$$\mathrm{Strain}(\frac{\Delta d}{d}) = \frac{\mathrm{FW}(S)}{4\tan(\theta)}$$

式中，Strain 表示微观应变，是应变量与面间距的比值，用百分数表示。

③ 如果样品中同时存在以上两种因素，需要同时计算晶粒尺寸和微观应变，情况就变得复杂了。因为这两种峰形加宽效应不是简单的机械叠加，而是它们形成的卷积。使用与前面解卷积类似的公式解出两种因素的大小，由于同时要求出两个未知数，因此靠一条谱线不能完成。一般使用 Hall 方法：测量 2 个以上的衍射峰的半高宽 FW(S)，由于晶体尺寸与晶面指数有关，所以要选择同一方向衍射面，如(111)和(222)，或(200)和(400)。以 $\sin(\theta)/\lambda$ 为横坐标，作 $FW(S) * \cos(\theta)/\lambda - \sin(\theta)/\lambda$ 图，用最小二乘法作直线拟合，直线的斜率为微观应变的 2 倍，直线在纵坐标上的截距即为晶体尺寸的倒数。

Jade 软件用来计算晶粒大小和微观应变的步骤如下：

(1) 制作仪器半高宽补正曲线

在晶粒大小计算之前，必须校正好仪器的半高宽，Jade 使用标准样品来制作一条随衍射角变化的半高宽曲线，当该曲线制作完成后，保存到参数文件中，以后测量所有的样品都使用该曲线所表示的半高宽作为仪器宽度。

标准样品必须是无晶粒细化、无应力(宏观应力或微观应力)、无畸变的完全退火态样品，一般采用 NIST-LaB_6，Silicon-640 作为标准样品。

下面以 CaF_2 作为标准样品，介绍半高宽曲线的制作方法。

① 鼠标左键点击“[icon]”，读入文件“DEMO19. MDI”，如图 4-82 所示。

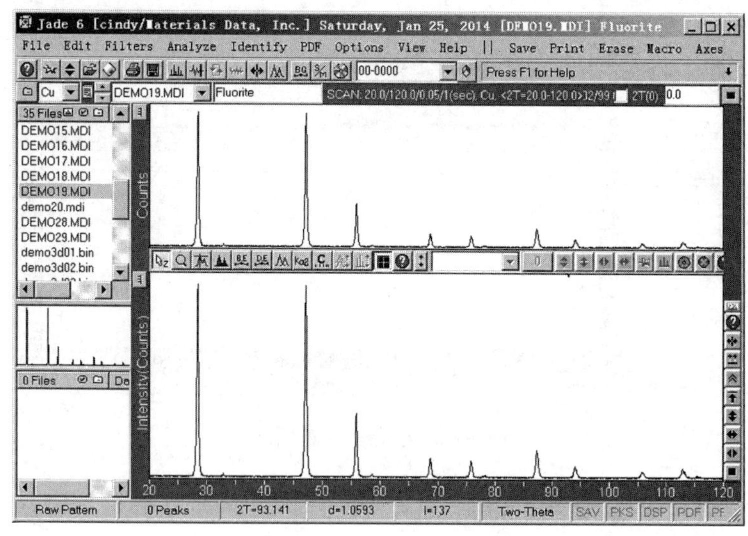

图 4-82　CaF_2 的 XRD 衍射谱

② 进行物相检索，在“Fluorite” 前面“□”中打“√”，点击“[icon]”回到主界面，如图 4-83 所示。

③ 扣除背景，进行峰型拟合，点击“Fit All Peaks”；

④ 点击菜单「Analyze」→“FWHM Curve Plot”命令，制作半峰宽补正曲线，然后点击菜单「File」→“Save”子菜单→“FWHM Curve Peaks”命令，然后点击“OK”按钮，保存制作的半峰宽补正曲线，如图 4-84 所示；

⑤ 点击菜单「Edit」→“Preferences”子菜单→“Instrument”命令，打开设备参数窗口，查

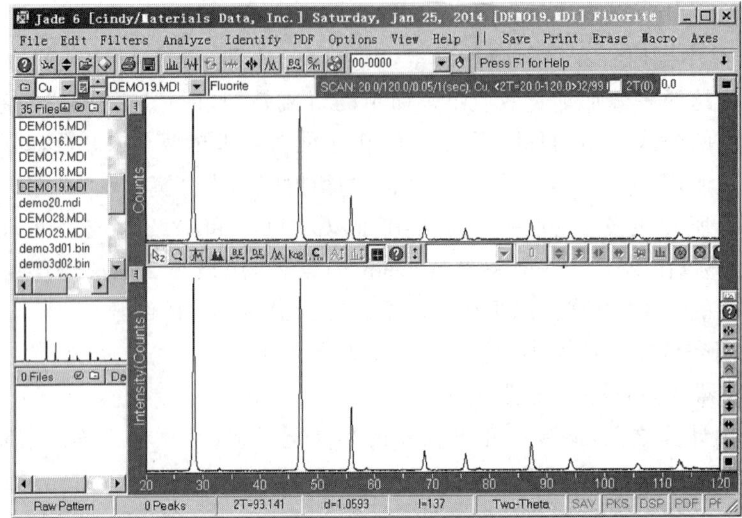

图 4-83　物相检索

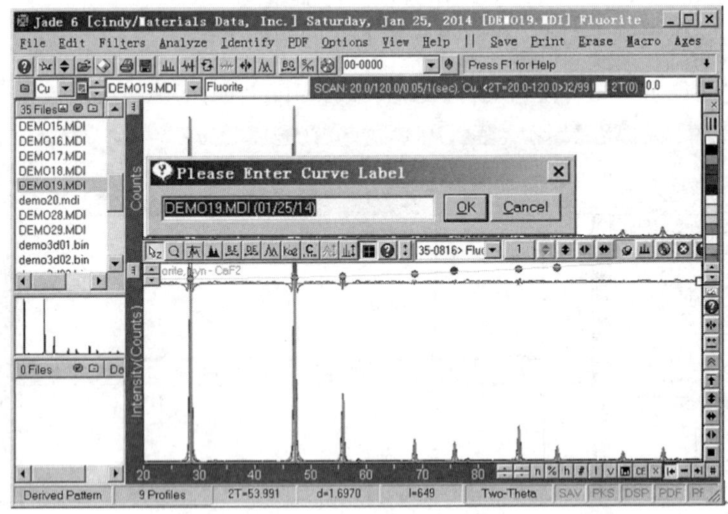

图 4-84　半峰宽补正曲线

看制作的半峰宽补正曲线，如图 4-85 所示。

⑥ 点击“Report”标签，在“Estimate Crystallite Size from FWHM’s”前打勾，载入制备的半峰宽补正曲线，确认即可，如图 4-86 所示。

(2) 计算晶粒大小和微观应力

① 鼠标左键点击“”，读入文件“DEMO18. MDI”，如图 4-87 所示。

② 扣除背景，鼠标右键点击“”进行峰型拟合，点击“Fit All Peaks”，如果拟合结果不理想，可以点击“Refine”按钮，重新拟合，如图 4-88 所示。

③ 点击“Report”按钮查看多峰拟合结果，XS(Å)这一栏表示晶粒尺寸，点击“Size & Strain Plot”按钮，就可以显示应力和尺寸的关系，如图 4-89 和图 4-90 所示。

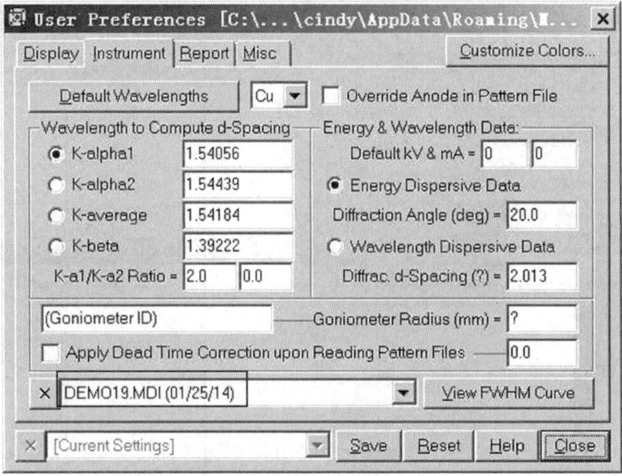

图 4-85　设备参数窗口

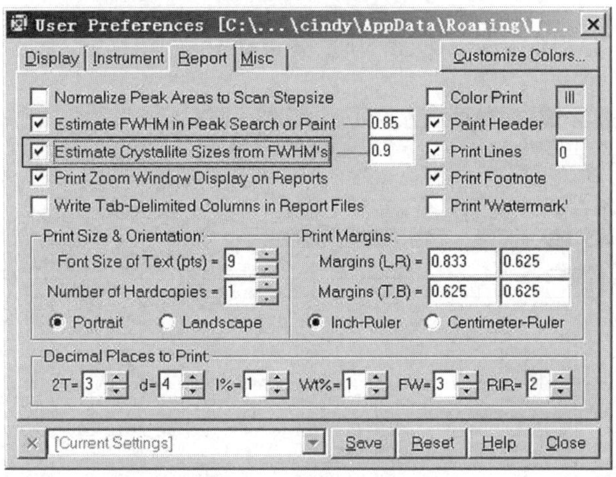

图 4-86　载入半峰宽补正曲线

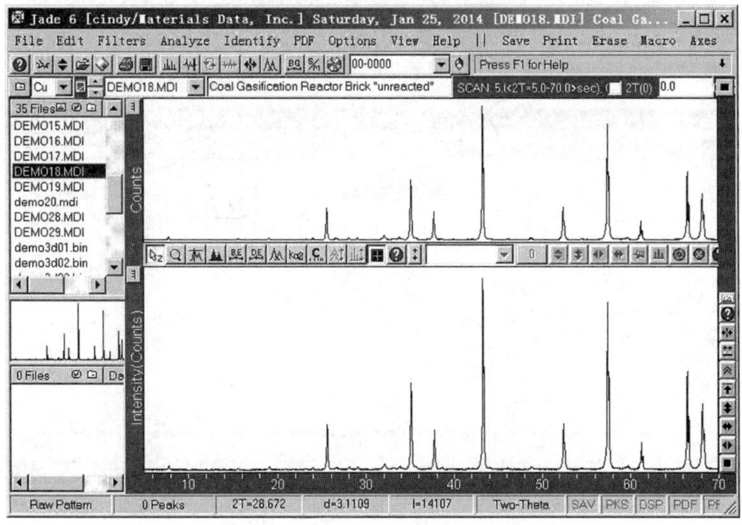

图 4-87　待分析的 XRD 衍射谱

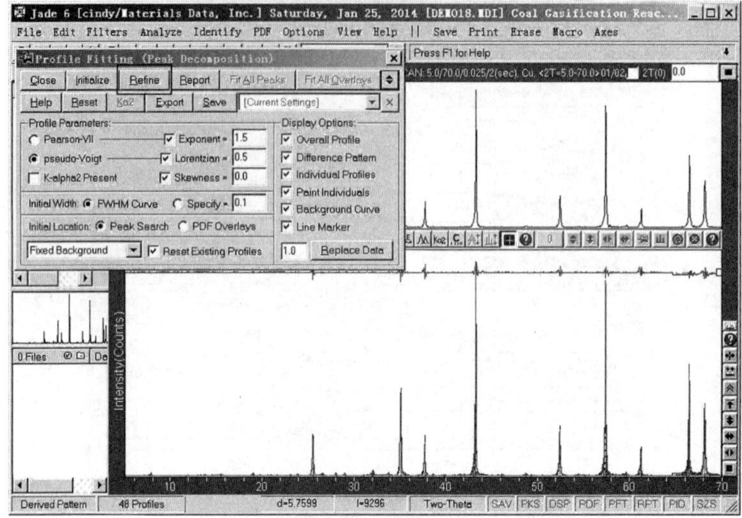

图 4-88　图谱拟合

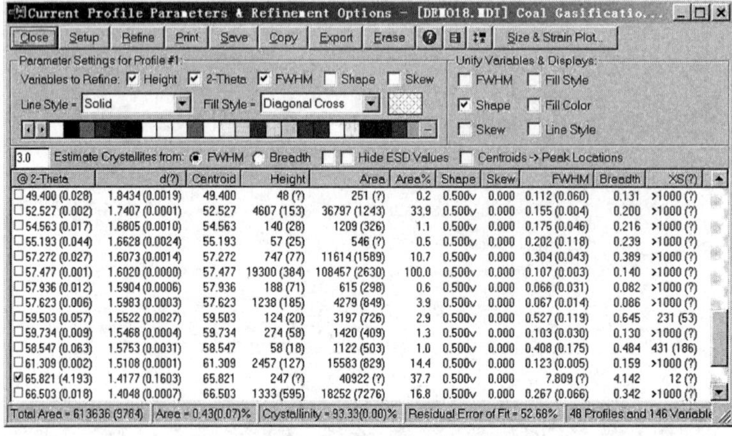

图 4-89　图谱拟合结果

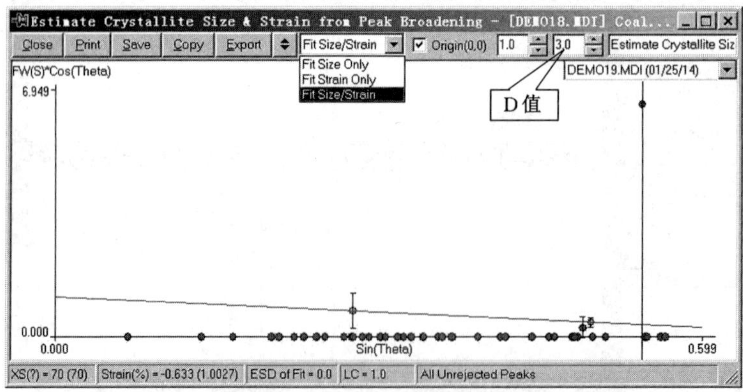

图 4-90　计算晶粒尺寸和应力

使用这种方法计算的是平均晶粒尺寸。实际上,不同晶面的面间距是不同的,计算结果是各衍射方向晶粒度的大小的平均。如果需要计算单一晶面的晶粒尺寸,可以点击窗口手动工具栏中的计算峰面积快捷键“”。

点击窗口手动工具栏中的计算峰面积快捷键“”,然后在峰的下面选择适当背景位置画一横线,所画横线和峰曲线所组成部分的面积被显示出来,这一功能同时显示了峰位、峰高、半高宽和晶粒尺寸(需点击菜单「Edit」→“Preferences”命令,在弹出的窗口中“Report—Estimate Crystallite Size from FWHM Values” 前面“□”中打“√”。画峰时,注意要适当选择好背景位置,一般以两边与背景线能平滑相接为宜,如图 4-91 所示。

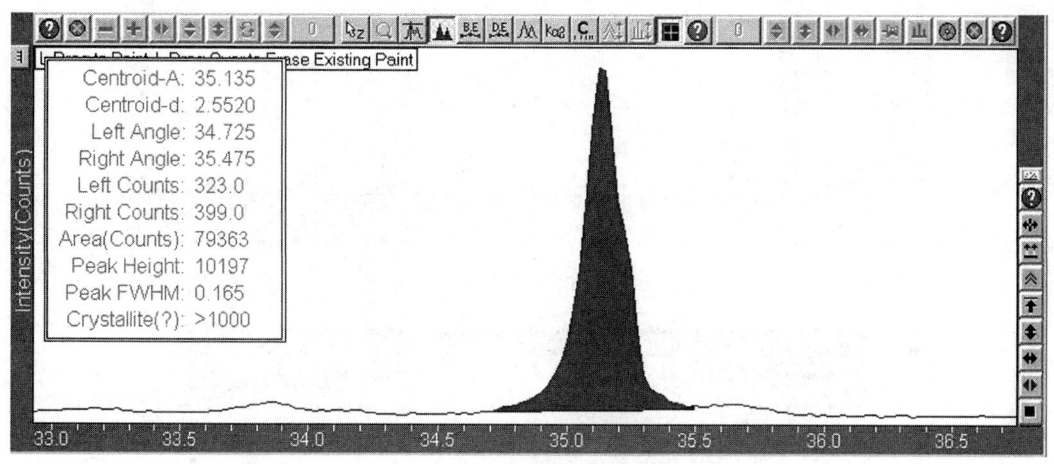

图 4-91　手动就算晶粒大小

如果要分别计算多个晶面的晶粒尺寸,上述步骤③打开的列表中显示了各晶面的晶粒尺寸(XS)。

4.3.8　Jade 6 中的 PDF 卡片检索

① 已知卡片号。在常用工具栏检索 PDF 卡片快捷键“”右边的文本框内输入卡片号“26-0311”,然后回车,在全谱窗口和放大窗口显示该卡片的峰位,中间隔条上有一个 PDF 卡片列表组合框,输入的卡片在下面窗口中被加入。点击卡片张数(图中显示为 1),可打开 PDF 卡片列表来查看,如图 4-92 所示。

在物相卡片行上双击,打开 PDF 卡片,点击“Lines”显示衍射卡片的峰位信息,如图 4-93所示。

② 如果已知样品成分,如 SiO_2,则鼠标右键点击常用工具栏检索 PDF 卡片快捷键“”,出现元素周期表,选定 Si 和 O 为“一定存在”,再单击“OK”按钮,则出现一个列表,显示了所有 Si—O 化合物的物相,在物相卡片行上双击,就会打开 PDF 卡片,点击“Lines”显示衍射卡片的峰位信息,如图 4-94 所示。

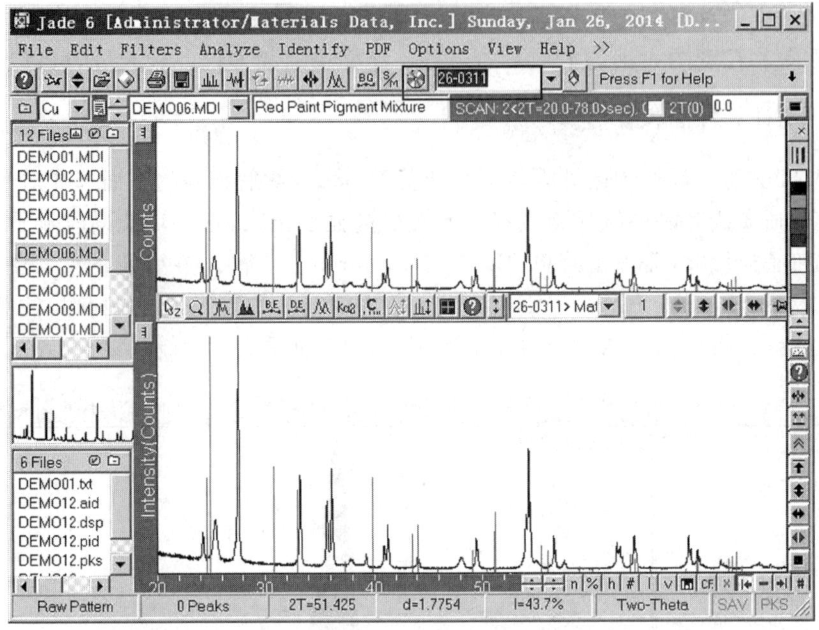

图 4-92　已知 PDF 卡片号的检索

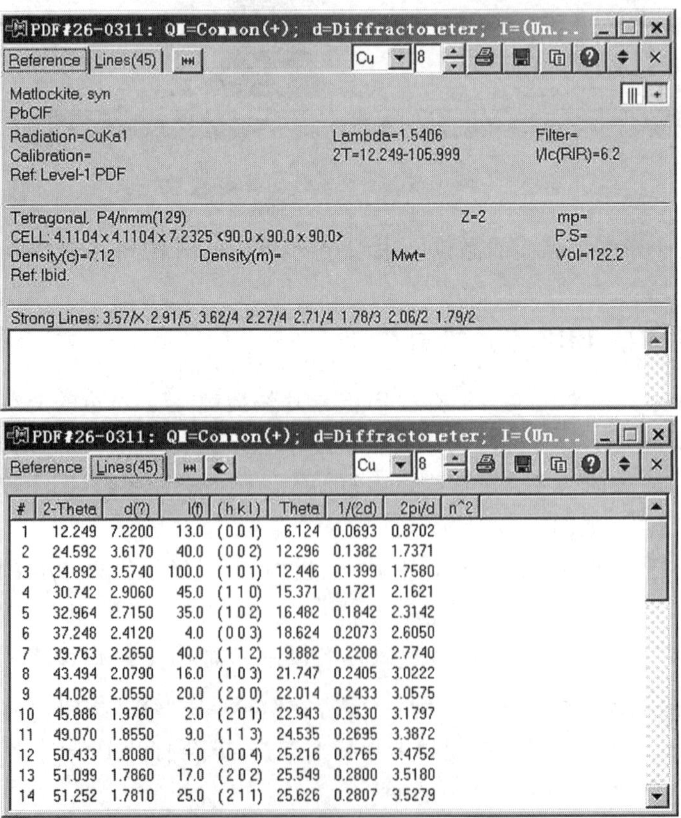

#	2-Theta	d(?)	I(f)	(h k l)	Theta	1/(2d)	2pi/d	n^2
1	12.249	7.2200	13.0	(0 0 1)	6.124	0.0693	0.8702	
2	24.592	3.6170	40.0	(0 0 2)	12.296	0.1382	1.7371	
3	24.892	3.5740	100.0	(1 0 1)	12.446	0.1399	1.7580	
4	30.742	2.9060	45.0	(1 1 0)	15.371	0.1721	2.1621	
5	32.964	2.7150	35.0	(1 0 2)	16.482	0.1842	2.3142	
6	37.248	2.4120	4.0	(0 0 3)	18.624	0.2073	2.6050	
7	39.763	2.2650	40.0	(1 1 2)	19.882	0.2208	2.7740	
8	43.494	2.0790	16.0	(1 0 3)	21.747	0.2405	3.0222	
9	44.028	2.0550	20.0	(2 0 0)	22.014	0.2433	3.0575	
10	45.886	1.9760	2.0	(2 0 1)	22.943	0.2530	3.1797	
11	49.070	1.8550	9.0	(1 1 3)	24.535	0.2695	3.3872	
12	50.433	1.8080	1.0	(0 0 4)	25.216	0.2765	3.4752	
13	51.099	1.7860	17.0	(2 0 2)	25.549	0.2800	3.5180	
14	51.252	1.7810	25.0	(2 1 1)	25.626	0.2807	3.5279	

图 4-93　查看 PDF 卡片信息

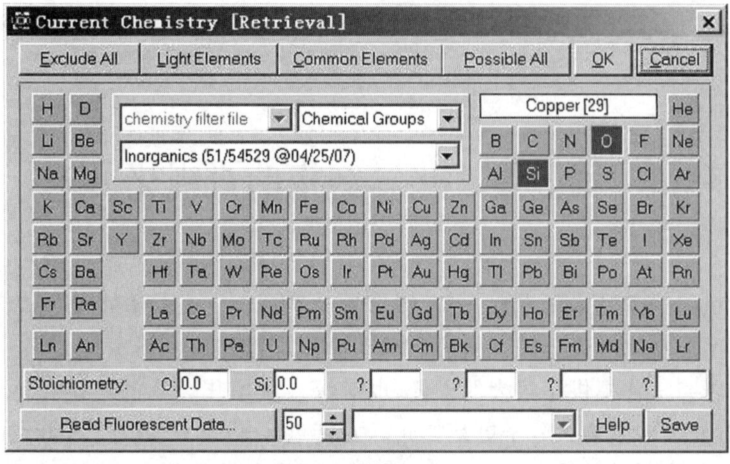

(a)

ICDD/JCPDS PDF Retrievals [Level-1 PDF, Sets 1-51 (04/25/07)]

Inorganics (51/54529 @04, 26-0311 (Matlock SiO2 3 100

69 Hits Sorted on Pha...	Chemical Formula	PDF-#	J	D	#d/I	RIR	P.S.	Space Group	a	
$GB-quartz	SiO2	47-1144	+	D	11		hP9	P	4.996	4.
Calcined ITQ-3	Si64O128	49-0623	+	C	135		oC	Cmcm (63)	20.622	9.
Calcined ITQ-4	Si32O64	49-0619	+	C	102		mI	I2/m (12)	18.652	13.
CIT-1	Si56O112	50-1694	+	D	34		mC	C2/m (12)	22.620	13.
CIT-1	Si56O112	50-1703	+	C	133		mC	C2/m (12)	22.624	13.
CIT-5	SiO2	51-1382	+	D	85		oI186	Im2a (46)	13.671	5.
Clathrasil	(SiO2)x	42-0005	+	V	16		mP210	P*/* (10)	9.910	20.
Coesite, syn	SiO2	14-0654		D	25		mP48	P21/a (14)	7.170	12.
Cristobalite, high	SiO2	27-0605	?	D	22		cF24	Fd3m (227)	7.130	7.
Cristobalite, syn	SiO2	39-1425	+	D	40		tP12	P41212 (92)	4.973	4.
Deca-dodecasil-3R	SiO2	38-0651	+	X	19		hR240	R	13.887	13.
High quartz	SiO2	11-0252	?	D	18		hP9	P3221 (154)	5.002	5.
High Silica Zeolite SS...	Si16O32	49-0629	+	C	104	3.64	a?48		11.414	11.
ITQ-1	Si72O144	49-0627	+	C	136		hP	P6/mmm (191)	14.208	14.
ITQ-3	SiO2	51-1381	+	D	68		oC420	Cmcm (63)	20.615	9.

(b)

图 4-94 已知成分 PDF 卡片检索

第5章 化学结构的可视化

随着计算机图形学技术的发展，分子图形学已经成为一门重要的新兴学科。分子图形学采用计算机图形技术处理分子结构的显示和操作，可以直观、形象地表示分子结构，这为科研工作者的研究工作提供了很大的方便，也对深入认识化合物的结构和化学反应的本质带来了可能，对复杂的生物大分子更是如此。尤其近年来分子建模技术得到广泛的发展和应用，更推动了分子图形学的发展，一些公司着重开发了功能强、速度快、价格低、图形质量高且具有友好用户界面的分子图形软件。分子图形学已经成为有机化学、物理化学、生物化学和医药化学等基础研究及技术开发的常用工具。

5.1 化学结构的表示

现在化学物质已经超过1亿种以上，高分子学科使得化学物质进一步的丰富，科学和有效的化学结构表示是化学家面临的重要问题。因此，化学结构的表示要具体说明组成分子的原子数目、原子种类、各原子间的相对位置和连接性，这些化学结构信息可以使用图形方式表示，也可使用结构代码的命名法表示。

分子的二维平面结构、三维空间结构和分子表面结构等表示方法都属于化学结构的可视化表示方法。常用的化学结构表示方法有命名法、线型编码法、二维结构、三维结构、表面结构等方法。例如苯基丙氨酸(Phenylalanine)的各种化学结构表示：

① 命名法。

IUPAC:2－amino－3－phenylpropanoic acid

Formula:$C_9H_{11}NO_2$,$C_6H_5CH_2CH(NH_2)CO_2H$

Systematic name:phenylalanine

② 线型编码法。

WLN:VQYZ1R

ROSDAL:1O－2＝3O,2－4－5N,4－6－7＝－12－7

SMILES:NC(Cc1ccccc1)C(O)＝O

③ 二维结构(图5-1)。

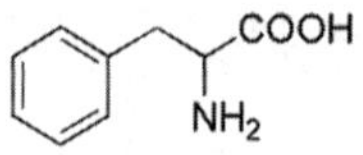

COOH
NH2

图5-1 二维结构

④ 三维结构(图5-2)。

⑤ 表面结构(图5-3)。

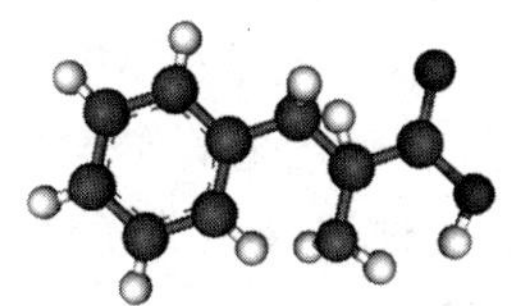

图 5-2　三维结构

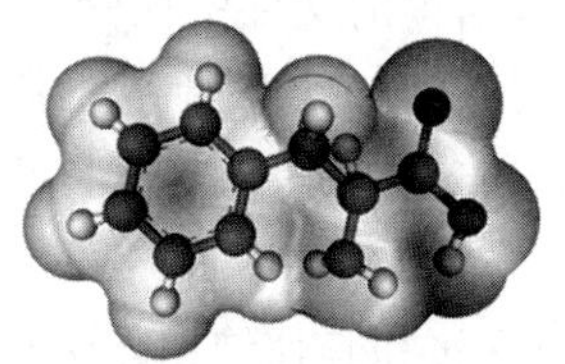

图 5-3　表面结构

化学结构的表示应该是准确、简洁和单义的，并且可以方便地进行计算机的存储、检索和显示，但化合物有很多同分异构体，使用分子式无法准确地表示其结构。

为了适应计算机检索的要求，有关科学工作者正在大力研究和设计化学结构信息的表示方法。IUPAC(International Union of Pure and Applied Chemistry)法是无机和有机化合物常用的命名法，它给化合物定义唯一的名称，但其表达冗长、复杂且难以记忆。化合物结构线性代码是采用线性顺序数字、字母的字符串表示化学物结构，制定了许多线型编码方法，如 WLN(Wiswesser Line Nation)法、SLN(Sybyl Line Notation)法、ROSDAL(Representation of Organic Structure)、SMILES(Simplified Molecular Input Line Entry Specification)法等。SMILES 是一种应用广泛的相当重要的表示法，它可以将复杂的有机结构以字符串方式表示，已经广泛应用于化学结构数据库搜索中，许多著名的化学结构数据库都可使用 SMILES 字符串进行检索。

虽然线型编码可用于化学数据库的输入、存储和检索，但线性结构代码缺少直观性，需要专门学习其编码规则；许多用户进行化学结构检索时，更愿意使用二维化学结构的输入方式，使用二维图形表示化学结构是化学家最常用的方式之一，这些结构图形形象地代表了分子模型，使得分子表示更直观，在二维结构图形中，原子以元素符号表示，化学键以线条表示，然而二维化学结构只能简单地表示分子中化学键的拓扑结构；三维化学结构的表示需要分子中原子在三维空间的位置信息，它可形象、逼真地表示分子的真正结构，如果在分子的表面增加了更复杂的分子性质信息(例如静电势等)，则化学结构可以使用分子三维表面结构图形表示。

5.1.1　二维化学结构的表示

分子结构的绘制，是化学研究的重要工具。现今化学结构图不仅可以在纸张上绘制，也可以使用计算机软件绘制。采用计算机绘制结构图形，需要先对化学结构图形进行转换，建立与分子结构对应的计算机内部表达方式，分子中不同的原子和成键类型可使用不同形式的矩阵表示：连接矩阵、距离矩阵、关联矩阵、成键矩阵、键—电子矩阵。

典型二维结构式的图形方式：以节点代表原子，以边代表化学键。绘制二维化学结构的软件有：ISIS Draw、ChemWindows、Chemoffice、ChemSketch 等。

5.1.2　三维化学结构的表示

二维化学结构描述了分子中原子的连接，三维化学结构则是描述分子中原子在三维空间的排列位置。在计算分子性质、分子可视化和定量构效研究等方面，三维化学结构表示更是不用，不同几何构型的三维分子结构对深入的化学研究可能产生很大的影响。基本的分子三维表示法有坐标表和距离矩阵，分子的原子空间排列可使用直角坐标和内坐标(Z—矩阵)来描述。

三维化学结构的文件中存储了分子中各原子的坐标、成键连接表等信息。三维化学结构文件的格式很多,MOL 是一种典型的化学 MIME 文件格式,最先是由 MDL 公司(MDL Information Systems Inc.)定义使用,现已成为化学绘图软件和网络化学分子结构出版的标准文件格式,支持 MOL 文件格式的化学软件很多。MOL 文件记录了分子结构的原子坐标、成键原子连接和其他结构化学信息,它以 ASCII 文本格式保存。

三维化学结构能真实、有效地表示分子空间结构,它具有多种显示模式:

① 线状表示法(Line)——用定长的直线表示化学键,直线的交点为原子,是三维分子结构显示最简单的一种。不过这种显示方法类似于二维化学结构的空间连接关系,只突出了分子的骨架,缺少立体感。

② 棒状表示法(Stick)——由线状表示方法演化而来,化学键用较粗的圆棒表示,原子用棒与棒的交接处表示,已经具有一定的空间立体感。

③ 球棒表示法(Ball and Stick)——圆球表示原子,圆棒表示化学键,同元素的原子以不同颜色区分,圆球大小可按原子半径的比例显示,是最常用的分子结构表示方法之一。

④ 电子云空间填充表示法(Space Fill)——又称 CPK 表示法,首次由 Corey,Pauling 和 Koltun 使用,使用原子范德华半径的圆球来表示原子,它可体现分子中原子的拥挤程度和分子体积,更接近分子的实际形状,更容易理解分子的空间结构。

三维化学结构绘制的软件有:Chem3D(Chemoffice)、HyperChem、DS ViewerPro、Alchemy 2000 等。ACD/3D Viewer、RasMol、Chime 等具有显示三维功能。在这些软件中,DS ViewerPro 的显示功能最佳,Chem3D 的综合功能最全面,HyperChem 的建模和计算功能最强,Chime 是由 MDL 公司开发的功能强大的优秀浏览器插件,能直接在 Web 页面上模拟三维分子模型结构,显示分子表面图形、分子性质图形(如静电势等)和分子轨道图等。

5.1.3 分子表面的显示

二维化学结构、三维化学结构是描述化合物的化学和物理性质的基础,但是它只能表示分子的三维骨架,而无法表示分子真实的空间状况。在量子化学中,构成分子的原子是原子核(质子和中子)和电子组成的,电子在空间以“电子云”形式分布,电子的分布对分子的相互作用和分子的性质具有显著的影响。分子表面的表示源于扫描隧道电子显微镜对分子外形的观察,基本上代表分子的真实形状。分子表面的表示和计算对于分子的稳定性、分子间的相互作用、化学反应、分子性质以及分子三维结构的预测都起着十分重要的作用。

分子表面显示可用于表示分子轨道、电子密度、范德华半径等。分子表面的图形显示模式主要有网格状、立体状和半透明等三种,如图 5-4 所示。目前已经提出多种分子表面的定义,最主要的定义类型有范德华表面(Van der Waals Surface)、Connolly 表面和溶剂可及表面(Solvent-Accessible Surface)等。

范德华表面是表示原子的范德华半径堆积形成的表面;Connolly 表面是一个通过优化得到的平滑的表面;溶剂可及表面则是表示假想的溶剂分子球沿范德华表面运动时,其球心的运动轨迹所得到的表面。

本章针对化学结构绘制的常用软件,如 ISISDraw、Chemwindows,Chemoffice,从软件的功能到具体的应用,通过典型案例深入浅出、循序渐进地逐一说明其在化学结构绘制过程中的实际操作。

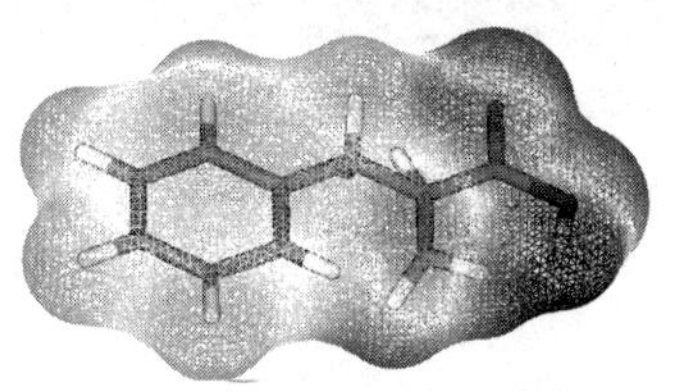

(a) 苯基丙氨酸的溶济可及表面网格图

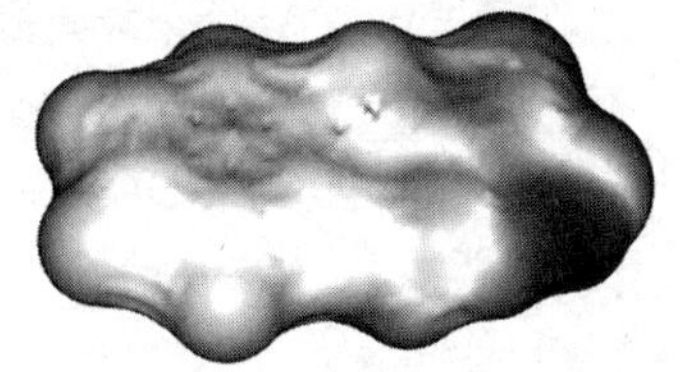

(b) 苯基丙氨酸的溶济可及表面立体图

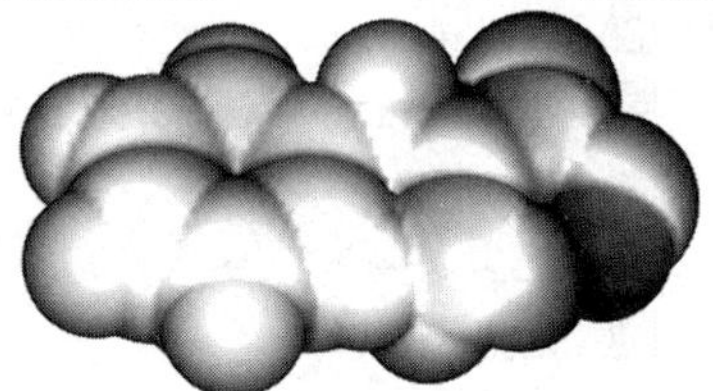

(c) 苯基丙氨酸的范德华表面立体图

图 5-4　分子表面图

5.2　ISIS/Draw 2.5 的使用

ISIS/Draw 是由美国 MDL Information Systems Inc 信息系统公司开发的二维化学结构输入软件。使用简单方便，比如分子式的下角标能根据化学规则自动设定，可以绘制电荷状态、电荷转移等结构示意图，可以使绘制的分子结构在三维空间内任意旋转，内设多种结构模板可供选择，所画的结构式等可直接插入 Word 等文件中，对于复杂的有机化合物，可以快捷地计算其相对分子质量，对于给定的化学反应，还可以给出该反应的原料及产物的理论物质的量比，并具有构型检测功能等特点。ISIS Draw 现在最高版本是 2.5，用户在网上注册后，就可以免费下载(http://www.mdli.com)。

ISIS/Draw 是标准 Windows 应用软件，它具有 Windows 软件的特征、使用方法和工作窗口，如图 5-5 所示。

其工作窗口主要分为 4 个区域：菜单选项、模板和绘图栏、工具栏、工作区。

5.2.1　菜单栏

(1)「File」：用于图形文件的操作和打印。

使用菜单下的“Save”和“Save as”命令将分子图形保存为以“ *.skc”为扩展名的文件；用户也可以通过“Export”命令，将分子结构图形以“Molfile”、“CPSS Rxnfile”、“REACCS Rxnfile”、“TGFfile”、“BSD file”和“Sequence”等格式存盘，以方便其他图形软件的使用。

“Open”和“Insert”命令，只能输入 ISIS/Draw 2.5 格式的文件(*.skc)，使用“Import”命令可以输入 “Molfile”，“Rxnfile”，“TGFfile”，“BSD file”和“Sequence”等格式的分子结构图形文件。

(2)「Edit」：用于图形文件的选择、复制和粘贴操作。

ISIS/Draw 2.5 与多数 Windows 应用软件具有良好的兼容性，所绘制图形和反应式可以通过剪贴板粘贴到大多数 Windows 应用程序，比如以图形的形式插入到 Word、WPS 文档中，便于化学论文的书写。而大多数 Windows 应用程序输出的图形和文字也可以通过剪

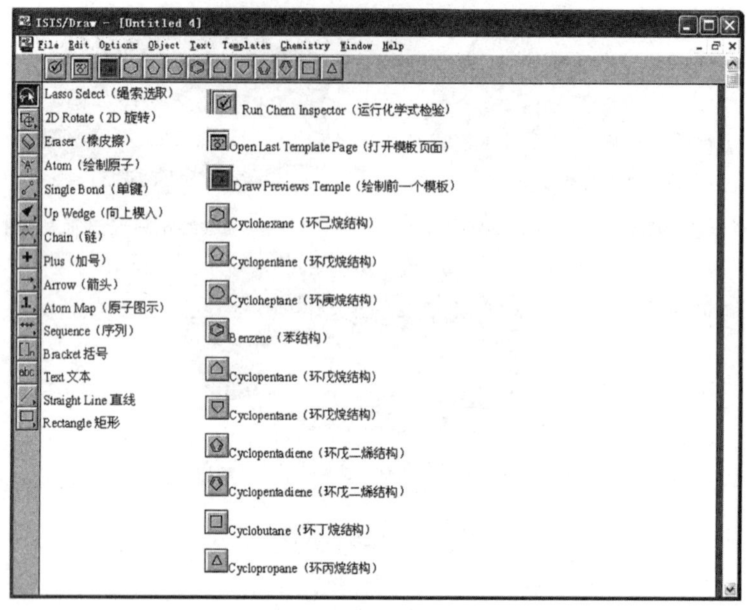

图 5-5　ISIS/Draw 工作窗口

贴板粘贴到 ISIS/Draw 2.5 中。

（3）「Options」:设置软件的工作环境。

“Zoom”命令:绘制图形的放大或缩小;

“Show/Snap Grid”命令:显示/关闭网格;

“Show Ruler”命令:显示/关闭标尺;

“Setting…”命令:软件的显示格式设置,可分别对字体、化学键、结构式、线条、箭头、原子等进行格式设置,如图 5-6 所示。

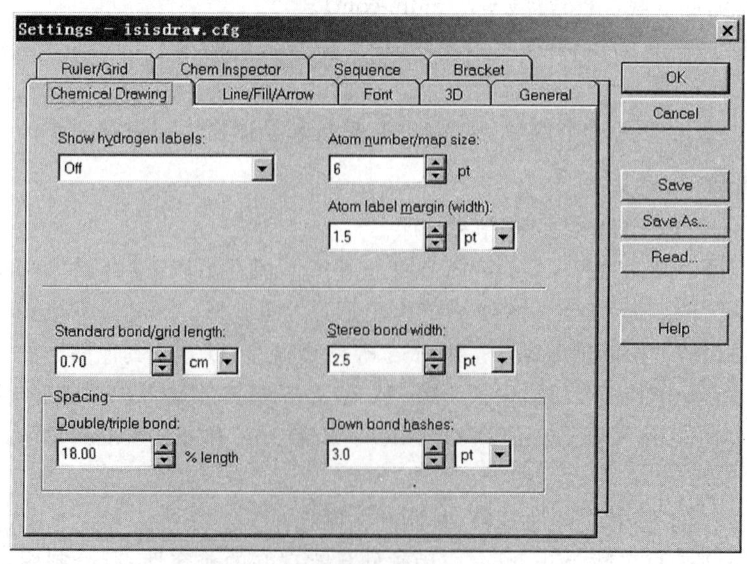

图 5-6　软件显示格式设置窗口

(4)「Text」:设置字体尺寸、下划线、上下标等。

(5)「Templates」:提供分子构型、箭头格式或轨道图像等常用模板,还可以对模板菜单进行定制。

"Templates"中提供了 23 种常用模板菜单选项,从芳环、杂环、多元环到糖类、氨基酸及轨道等,如图 5-7 所示。

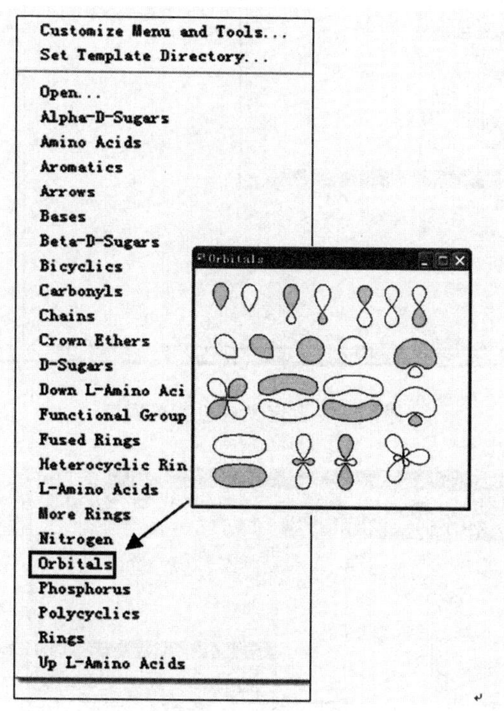

图 5-7　模板菜单

除了常用的模板之外,ISIS/Draw 还提供了约 279 个模板文件,这些模板带有丰富的分子结构、子结构、官能团等模板和化学符号素材,通过这些模板和素材的调用,用户可快速地绘制复杂的大分子结构。通过点击菜单「Templates」→"open"命令可将软件自带的模板文件调入。

用户可以根据需要,自行定义常用的模板菜单和模板工具。点击菜单「Templates」→"Customize Menu and Tools"命令,在弹出的对话窗口中(图 5-8)选择"Templates Menu"标签,"Templates Menu"标签包含各种用于绘图的模板,选中模板后点击"Insert"按钮,可将模板文件添加到模板菜单中,点击"Rename"按钮可更改模板名称,点击"Remove"按钮可删除选定的模板;在"Templates Tools"标签中,可以进行程序默认模板工具的替换,更改模板工具中的分子结构。

(6)「Chemistry」:提供相对分子质量计算、显示 3D 构型以及构型检测等功能。

"Calculate Mol Values"命令:计算绘制图形中分子的相对分子质量,如图 5-9 所示。

"Run Chem Inspector"命令:检查反应式的正确性。对于复杂的有机化合物,可以快捷检查给定化学反应是否正确,还可以给出该反应的原料及产物的理论物质的量比,并具有构型检测功能。

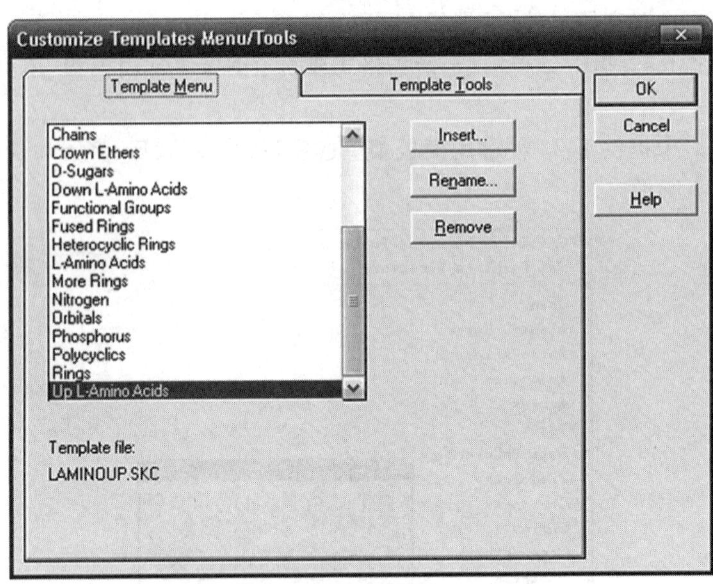

图 5-8　自定义模板菜单窗口

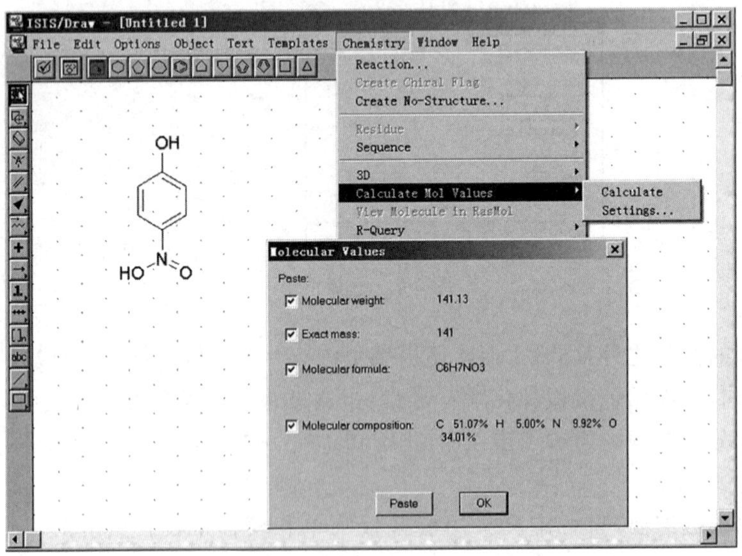

图 5-9　相对分子质量计算

“View Molecule in RasMol”命令：可调用分子模型显示程序“RasMol”显示该结构的三维分子模型，如图 5-10 所示。

RasMol 提供了三维分子模型的多种显示方式：Wireframe（线式）、Stick（棍式）、Spacefill（填充式）和 Ball & Stick.（球棍式）等。例如，冠醚的几种显示模式如图 5-11 所示。

（7）「Window」：多窗口方式时安排窗口排列方式。

5.2.2　工具栏

（1）常用工具栏

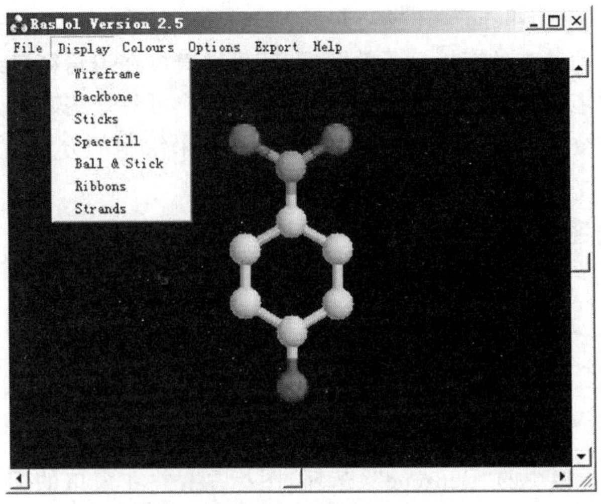

图 5-10　三维分子模型

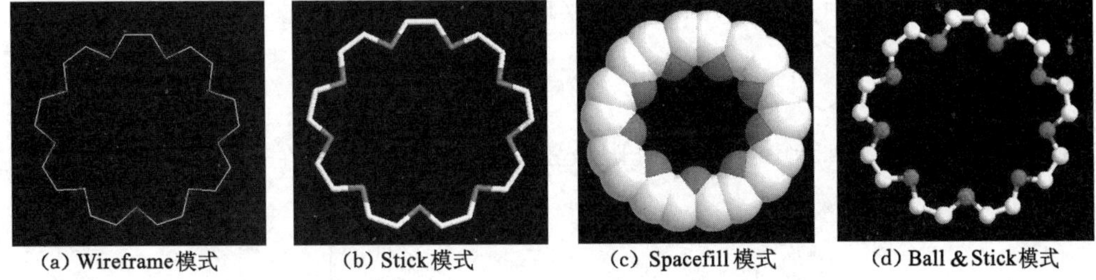

图 5-11　三维分子模型显示模式

工作窗口左边的常用工具栏有 15 个图标(图 5-5):分别是“Lasso Select”(绳索选取)、“2D Rotate”(2D 旋转)、“Eraser”(橡皮擦)、“Atom”(绘制原子)、“Single Bond”(单键)、“Up Wedge”(向上楔入)、“Chain”(链)、“Plus”(加号)、“Arrow”(箭头)、“Atom-Atom Map”(原子—原子图示)、“Sequence”(序列)、“Bracket”(括号)、“Text”(文本)、“Straight Line”(直线)、“Rectangle”(矩形)。

鼠标左键点击图标并按住不动,在图标的右方会弹出操作方法和工具图标作用的提示信息框,在图标右方的作图区域可以直接点击,就会出现相应的图标。有些图标的右下角有“▶”符号,表示该图标有多重选项,鼠标左键点击图标并按住不动时,在帮助信息上方还会出现多重选项的全部图标,按住鼠标左键向右边拖动,选择所需要的图标,再放松鼠标,此时选中的图标显示在工具栏上。选中的工具图标是以黑色背景显示,用户在绘图工作区内的操作就是选中工具的操作。

(2) 常用模板工具栏

菜单栏下方是模板工具栏(图 5-5):它提供了常用的官能团与分子模板的 13 个图标,主要用来加快分子结构的绘制。它们分别是“Run Chem Inspector”(运行化学式检验)、“Open Last Template Page”(打开最近一个模板页面)、“Draw Previews Template”(绘制前一个模板)、“Cyclohexane”(环己烷)、“Cyclopentane”(环戊烷)、“Cycloheptane”(环庚烷)、“Benzene"(苯环)、"Cyclopentadiene"(环戊二烯)、"Cyclobutane"(环丁烷)、"Cyclopropane"(环丙烷)。点击后面十种基本的有机分子的图标,就可以直接在编辑窗口绘制出相应的分子结构,如果按住鼠标再拖动,可以旋转分子结构图形。用户可将这些有机分子结构作为结构碎片,进行多次选取和叠加,组成复杂的有机大分子。如果绘制的分子结构有错误,软件还可给出提醒警告。

5.2.3 分子结构图绘制

例如 N O O O 结构,绘制步骤如下:

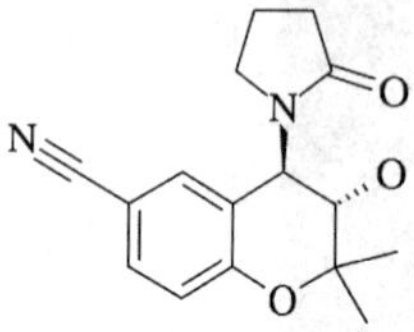

① 点击模板工具栏中的"Benzene"(苯环)图标,并在窗口的适当位置点击,生成一个苯环。

② 在模板工具栏中点击"Cyclohexane"(环己烷)图标,点击苯环最右边键的中点,可并接一个六元环。

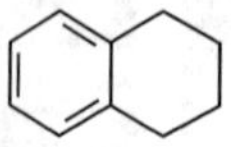

③ 在屏幕左侧工具栏中点击"Single Bond"(单键)图标,在苯环和六元环的特定位置点击鼠标左键并向一定方向拖拉,建立侧链结构。

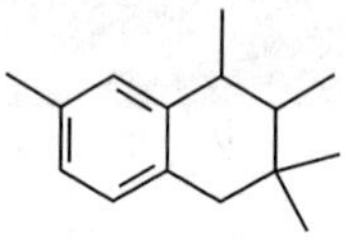

④ 在模板工具栏中点击"Cyclopentane"(环戊烷)图标,在六元环上方的侧链上点击,在其上连接一个五元环。

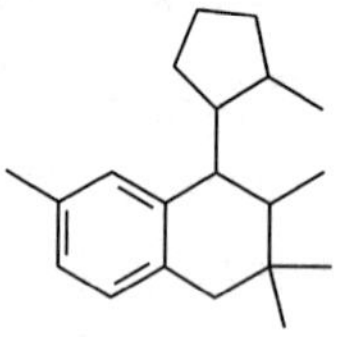

⑤ 在屏幕左侧工具栏中分别点击"Double Bond"(双键)、"Triple Bond"(三键)图标,在两个单键的中部点击,将其改变为双键、三键。

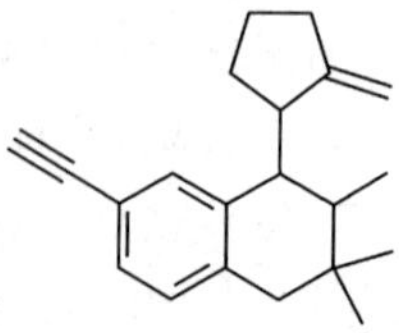

⑥ 在屏幕左侧工具栏中点击"Atom"(绘制原子)图标,在需要添加显示原子或官能团的位置点击,并用键盘输入该原子或官能团符号,或者在下拉菜单选择元素符号 N N O O。

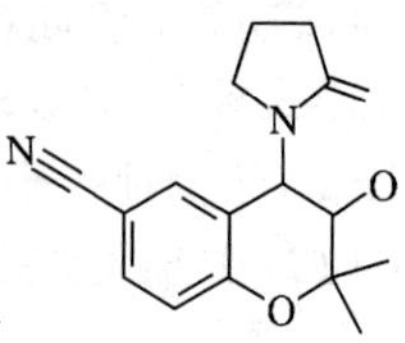

⑦ 在屏幕左侧工具栏中点击“Up Wedge”(向上楔入)图标，点击六元环上方碳原子并向 N 原子拖动，生成的实心楔形键表示化学键朝向平面外；点击“Down Wedge”(向下楔入)图标，点击六元环侧方碳原子并向 O 原子拖动，生成的虚线楔形键表示化学键朝向平面内 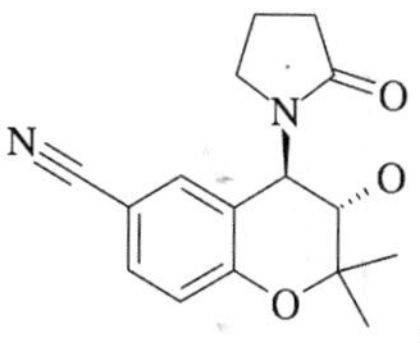　　。

5.2.4　化学反应式绘制

化学反应式主要是反应物、产物、反应条件和相关符号构成的。首先绘制反应物和产物，然后使用相关符号将其连接起来，并加注反应条件。例如，绘制乙酰氯与苯进行酰化反应生成乙酰苯的简单化学反应(图 5-12)，其操作步骤如下：

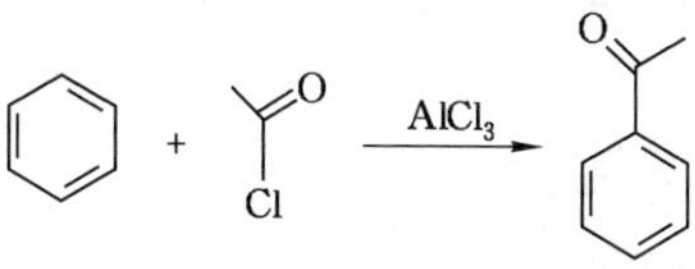

图 5-12　化学反应式图示

① 依次绘制苯、乙酰氯和乙酰苯分子的结构等，并按反应物及生成物的顺序排列(图5-13)。

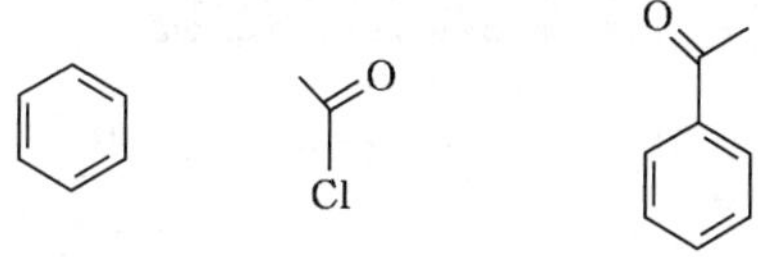

图 5-13　依次绘制分部的结构

② 点击“Arrow”和“Plus”图标，在窗口合适位置绘制箭头符号和“+”符号，建立一个化学反应式(图 5-14)。

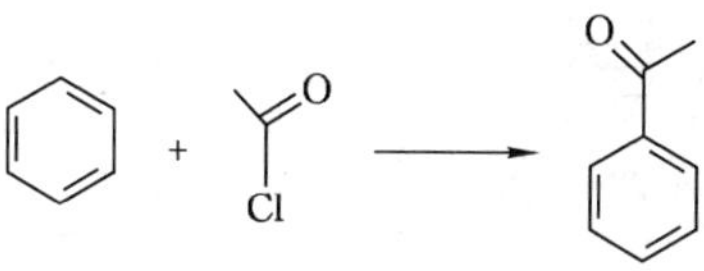

图 5-14　增加符号构成化学反应式

③ 文字的输入可以使用文字工具“Text”实现。分子式可使用原子工具“Atom”来实现，在反应式箭头上方或下方适当位置点击，然后在矩形框内键入文字和符号。从键盘输入“AlCl3”，程序会自动调整为“$AlCl_3$”。

④ 点击“Select”工具图标，选择所有与反应式有关的图形，包括结构式、箭头，符号等，点击菜单「Object」→“Align”命令，在弹出的对话窗口(图 5-15)中选择“Horizontal”标签，然后点击“Top/Bottom Centers”选项，点击“OK”按钮，反应式就按上下居中的水平对齐

方式排列。

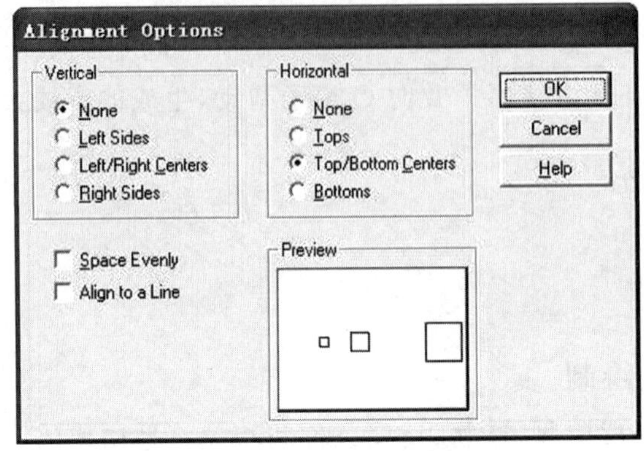

图 5-15 反应式排列窗口

⑤ 选中所有反应物、生成物、加号和箭头等，点击菜单「Object」→“Group”命令，将它们组合为一个整体图形。

5.2.5 化学反应机理示意图绘制

ISIS/Draw 可绘制简单几何图形及曲线，其中可利用“Continuous Line”工具绘制连续折线(图 5-16)，然后采用菜单「Object」中的“Smooth”命令对折线进行平滑处理。

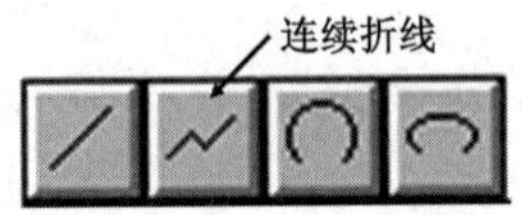

图 5-16 Continuous Line 工具

例如，绘制图 5-17 所示反应机理，其步骤如下：

① 点击工作窗口左边工具栏中的“Arrow”图标，并在窗口的适当位置点击，生成一个直角坐标系(图 5-18)。

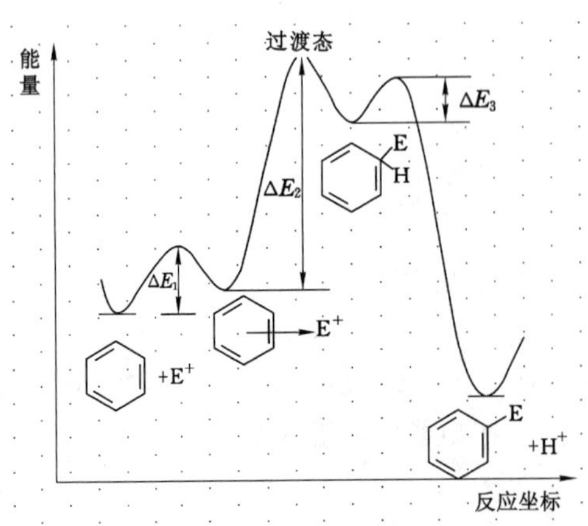

图 5-17 反应机理

图 5-18 生成直角坐标

② 点击工具栏中的“Continuous line tool”图标，点击直角坐标系中左侧一点，绘制连续曲线(图 5-17)。

③ 点击菜单「Object」→“Smooth”命令，折线自动圆滑(图 5-20)。

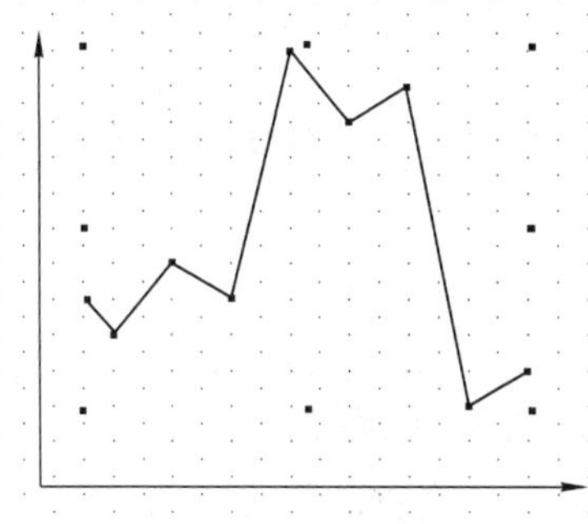

图 5-19　绘制连续曲线

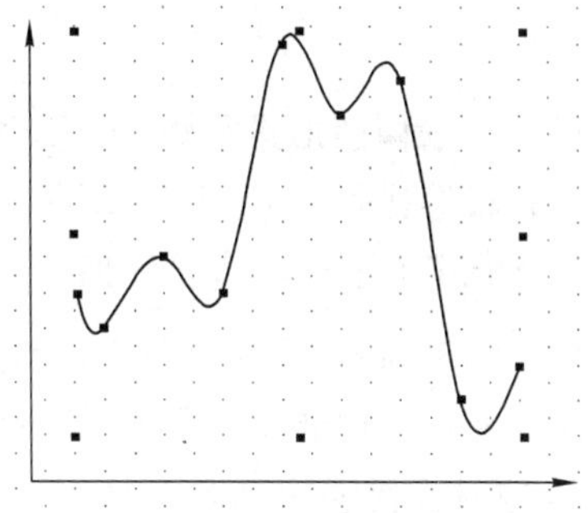

图 5-20　折线圆滑

④ 点击模板工具栏中的“Benzene”图标、左侧工具栏中点击“Single Bond”(单键)图标、“Atom”(绘制原子)图标、点击“Arrow”和“Plus”工具图标，完成反应示意图绘制，如图 5-17 所示。

5.2.6　ISIS/Draw 的其他功能

(1) 电子转移特征的表示

① 绘制对硝基苯酚的分子结构；② 在工具栏中选择带弧形箭头图标；③ 在窗口适当位置按下鼠标左键并拖动，并改变弧形的大小和方向，形成一段弧形箭头，如图 5-21 所示。

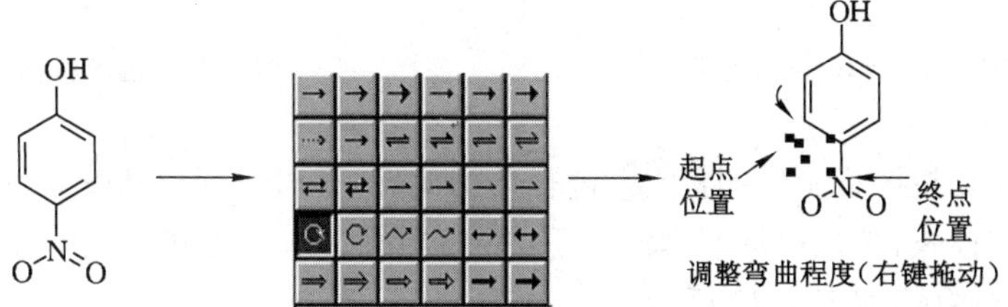

图 5-21　电子转移特征的表示示例

(2) 原子编号的表示

① 使用鼠标选择需要编号的原子；② 使用菜单「Object」→“Edit Molecule”命令，在弹出的窗口中，点击“Atom”标签，在“Number position”下拉选项中选择“Auto position”项，点击“OK”按钮后原子编号将自动完成。③ 需要去掉编号只需重复前述过程，在“Number position”下拉选项中选择“off”项，原子编号将全部消除，如图 5-22 所示。

(4) 电荷的表示

分子中的原子所带电荷用“电荷正或负”+“数量”表示。例如：硝基苯酚分子中 N 原子带 1 个正电荷，选择 N 原子，使用「Object」→“Edit Molecule”命令，在 Charge 输入框中输入“1”，如果带 1 个负电荷，则在 Charge 输入框中输入“－1”，如图 5-23 所示。

(5) 图形编辑功能

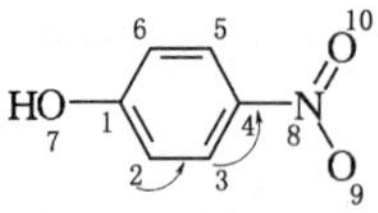

图 5-22　原子编号的表示示例 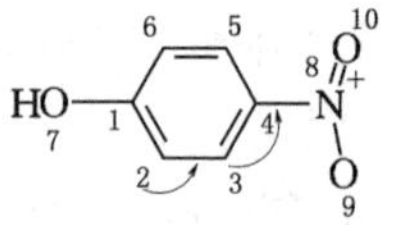　　　　图 5-23　电荷的表示示例

可对分子结构图形进行组合或分块处理，支持图文混排。可对分子整体或局部进行放大、缩小、旋转等操作，如图 5-24 所示。

(6) 分子式上下标的自动转换

S 工具为 Superscript(上角标，大写的 S)，用来控制上角标的输入。使用工具在工作窗口中输入文本“H2SO4”，系统自动的转变为“H_2SO_4”，但输入“SO42－”，系统自动的转变为 SO_{42-}，这时候需要用到 S 工具，输入“SO4\S2－”，系统才会自动变成“SO_4^{2-}”。

(7) 分子图形的二维和三维旋转

点击左边工具栏“2D Rotate”图标，鼠标形状变为带弯曲箭头，点击屏幕上某一位置，此时出现了“＋”符号(旋转轴心点)，拖拉鼠标选中欲旋转的结构式，按住鼠标左键向顺、反时针拖动，所选的结构式会以“＋”为轴心旋转。如果要改变“＋”轴心位置，可拖拉“＋”轴心符号至需要的位置。

通过按住 Shift 键不放结合套索工具一次选择多个目标，如图 5-25 所示。

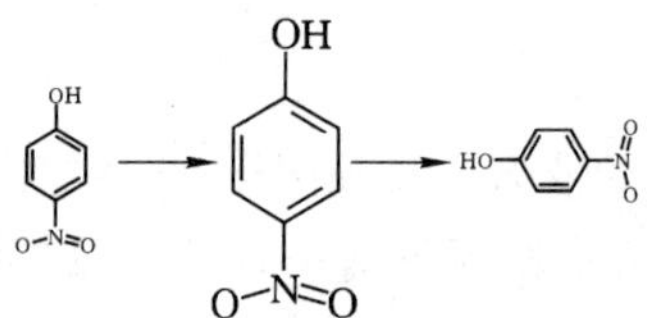

图 5-24　图形编辑功能示例

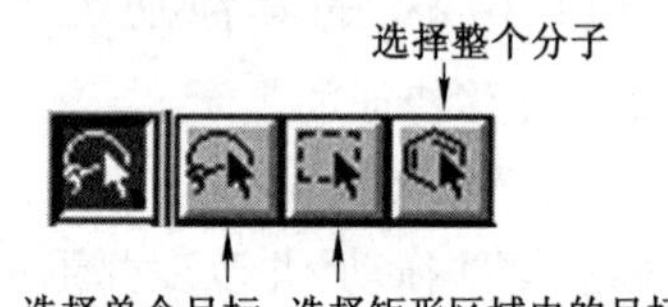

图 5-25　选择目标图标

点击左边工具栏图形旋转图标，进行结构旋转，此时鼠标形状变为旋转图形，将鼠标指向欲旋转的结构式，按住鼠标左键向上下或左右方向拖拉，旋转至满意角度，分子结构图形就具有空间立体感，如图 5-26 所示。

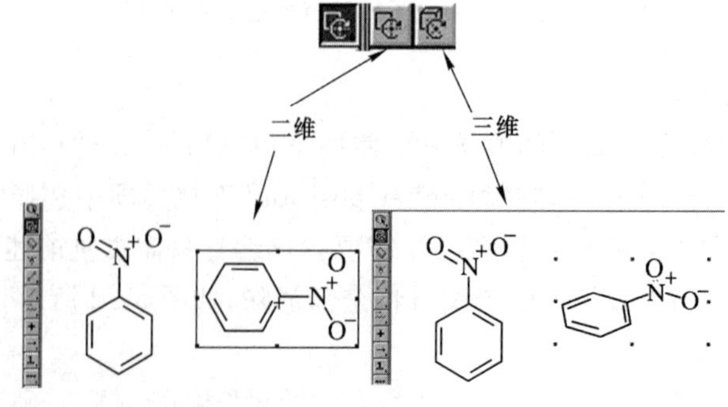

图 5-26　图形旋转示例

5.3　Chemwindow 的使用

ChemWindow(CW)由美国 Softshell Intern Ltd. 公司于 1989 年推出首版。

该软件的特点如下：① 界面友好，操作方便；② 提供模板功能；③ 可以对图形能进行组合、翻转、任意角度旋转、拉缩、分块处理；④ 提供与 Office 程序（如 Word、Access）的 OLE（对象链接和嵌入）功能；⑤ 提供右键功能；⑥ 提供 Undo 和 Redo 功能；⑦ 智能识别化学分子式输入中的上下标；⑧ 增加了表格功能。

该软件主要功能有 4 个：① 绘制分子结构，可以绘制化学键、环结构、表示化学反应机理和电子云、进行文字说明等功能；② 绘制化学反应装置图，模板中含有各种接口的玻璃仪器的图形；③ 绘制化工工艺流程图，模板中提供了很多化工设备的示意图形库；④ 模板丰富，含有简单分子、复杂分子结构，多环类、构型、构象等通用模板，其工作窗口如图 5-27 所示。

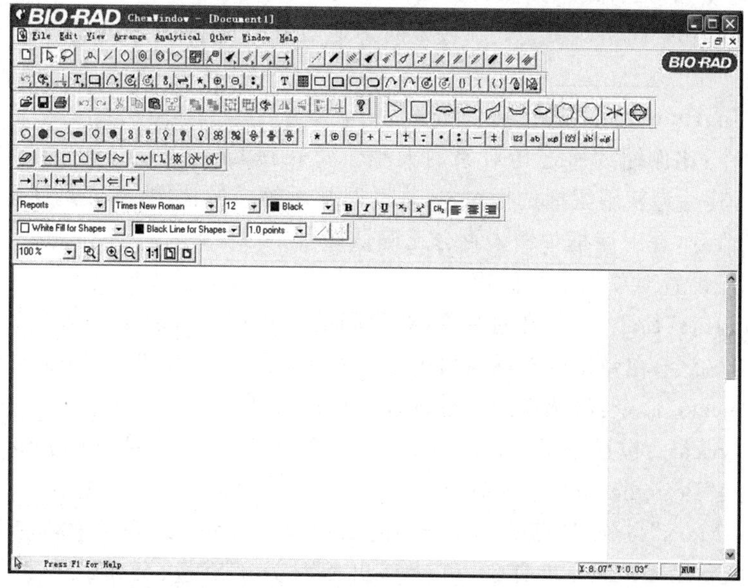

图 5-27　ChemWindow 工作窗口

软件新安装时界面上的一些工具栏没有打开，可以点击菜单「view」，选择其中的一项，选中的项目在菜单中用“√”显示。在工作窗口空白处点击鼠标右键也可以得到这些常用的工具按钮，如图 5-28 所示，使用时，将鼠标移动到该功能处即可。

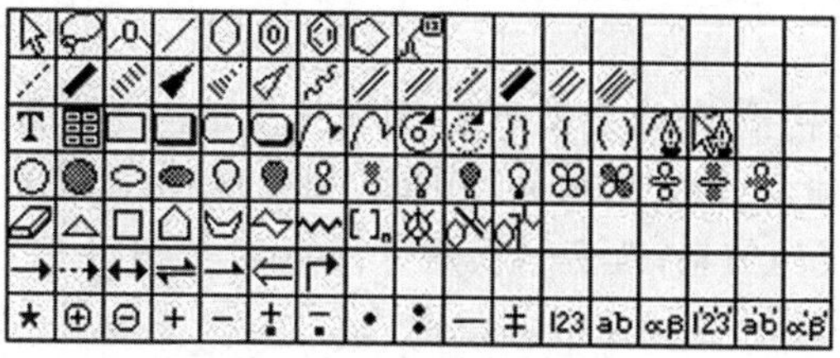

图 5-28　快捷按钮

5.3.1 菜单栏

(1)「File」:文件管理、打印等。默认保存文件的扩展名为“. cwg” 的文件,可用“Save As”命令将文件存为 Standard Chemistry Format(* . scf)、MDL MolFile(* . mol)、ChemDraw(* . chm)等其他格式。

(2)「Edit」:包括“Undo”(撤消)、“Redo”(重复)、“Copy”(拷贝)、“Paste”(粘贴)、“Select All”(全选)等命令;如果打开的是库文件,可以使用“Find in Library”命令在库中查找结构或仪器;“Override Style”命令可改变当前样式默认的参数值,如键长度、宽度、字体和字号等。

(3)「View」:决定显示哪些工具栏,是否显示标尺和状态栏等。

(4)「Arrange」:包括前后位置设置(Bring to Front,Send to Back)、组(Group,Ungroup)、旋转(Rotate,Free Rotate)、缩放(Scale)、翻转(Flip Horizontal,Flip Vertical)和对象排列(Space Objects,Align Objects)等命令。

“Rotate”命令:将选择的对象旋转指定角度,使用该命令时,产生一对话窗口,输入欲旋转的角度并单击“OK”确认即可。其旋转方向为逆时针方向,如欲顺时针旋转,角度值可以输入负数。

“Group,Ungroup”命令:进行组合和解组合。

“Scale”命令:比例缩放所选择对象的大小。所有在 ChemWindow 中的对象均可以用两种方法缩放,其一为使用鼠标选择对象,拖动时显示缩放的比例;其二是使用键盘,选择对象后用“Scale”命令,在对话框中输入百分比确认即可。

“Size”命令:设置对象大小及位置。

“Space Objects”命令:等距排列对象,对象间的距离用点数表示。选择多个对象,使用“Space Objects”命令,在弹出的对话窗口中选择对象间隔的点数和排列方式,确认即可。

“Align Objects”命令:将选择的对象排成一行或一列。

(5)「Analytical」:包括分子量计算“Calculate Mass”、质量计算“Formula Calculator”、显示元素周期表“Periodic Table”等命令。

“Calculate Mass”命令:计算所选择结构的相对分子质量。选择一个结构或一个结构的一部分,选择“Calculate Mass”命令,可计算出相对分子质量、分子式和组成百分比,按“Paste”按钮可将计算结果粘贴到 ChemWindow 的窗口中。

“Formula Calculator”命令:计算相对分子质量及不同物质的量的分子质量。

“Periodic Table”命令:显示元素周期表。选择原子,其信息显示在中间窗口上,点击“Edit”按钮可显示各同位素参数并可进行编辑。周期表也可用于标记原子,用套索工具选择某结构中的一个或多个原子,从周期表中单击要选的原子,该原子就被加到结构上,相应的氢原子个数也被加上。

(6)「Other」:包括结构检查、自定义热键、显示三维结构等功能。

“Check Chemistry”命令:检查结构是否正确,如发现错误,其光标将移到错误位置,检查窗口的上部将提供错误的信息;改变错误后,“Ignore”按钮将变为“Continue”,单击继续检查。

“Edit User's Chemistry”命令:用户可根据自己需要加入基团或分子的简写,在计算相对分子质量等操作中程序可以辨认。

"Edit Hot Keys"命令:用户可自己增加基团的热键,软件默认中 4 代表 Ph,在刚加上一单或双键时,按热键软件可以自动加入相应基团。

"Symapps"命令:对选择的分子直接打开 Symapps 程序显示三维结构。

(7)「window」:提供窗口、图标的排列方式等功能。

5.3.2　工具栏

(1) 常用工具栏(Standard Tools):提供了选择、套索、化学标记、键、环、模板以及可选择工具按钮,如图 5-29 所示。

图 5-29　常用工具栏

:用于建新页面。

:选取绘图区中的某一分子结构,可以改变大小、移动、旋转、复制、删除、改变对象等。①移动:可用鼠标拖动到任意位置或使用键盘上的光标逐点移动键。移动过程中如果按 Ctrl 键则可以复制。②改变大小和旋转:用鼠标选中边上的控制点后可以水平或垂直放大或缩小;选择角上的控制点可以对整个对象放大或缩小;如在选择角上的控制点时按住 Shift 键则可水平、垂直方向拉伸;如果选择边上的控制点时按 Shift 键则产生旋转标志,可以旋转所选对象,进行以上操作时如按 Ctrl 键则复制对象。

:套索工具,选取整体中的部分。① 用于复制、删除或移动一个结构的一部分;② 可以用来移动原子标记而不移动键,可以改变键的前后位置;③ 可以在套索选择的位置加标记;④ 用鼠标单击选择一个原子或用拖动的方式选择多个原子,按住 Shift 键可以进行多次选择;⑤ 用套索工具选择某键,在菜单「Arrange」中选择"Bring to Front /Send to Back"命令可以改变与交迭键的前后位置;⑥ 用套索选定部分结构后,按 Ctrl 键拖动,可复制选定部分;⑦ 用套索选定部分结构后,按"Backspace"键、"Delete"键或选择菜单「Edit」中的"Clear"命令可清除选定部分;⑧ 用于标记原子,用套索工具选择后,选择周期表或使用快捷方式标记原子,可以用空格键除去不想标记的原子;⑨ 旋转结构中的一部分:单击旋转工具或选择菜单「Arrange」中"Free Rotate"命令,可以用拖动的方式旋转结构中的一部分。

:用于书写分子式等。① 单击选中的位置,产生插入符,输入原子或基团的名称即可;② 以取代基形式插入(按 Shift 键可以改变键长);③ 直接在空位输入分子式;④ 可以改变键级:单击键中部可以改变为双键或三键,按住 Alt 键后单击可以改为短双键,再次单击可以改变短键的位置;⑤ 鼠标选中后单击欲编辑的位置即可编辑。

:用于绘制单键,在键中点击可以获得双键,三键。

:各类环。① 单击鼠标左键,水平方向上产生一个环;按住鼠标拖动可翻转,至所需方向松开鼠标即可得到所要方向的环。按 Shift 键为不同键长,按 Alt 键添加不饱和环;② 单击某原子,将原子与新画环以单键连接;按住某原子拖动,至所需方向松开鼠标得到与原子直接连接的环;单击欲连接的键中央:会产生粘贴,形成稠环;③ 按住键可以获得更多环状结构物质,有 Aromatics(芳香族)、Bicyclics(双环)、Conformers(构型)、Cycloalkanes(环烃)、Polyhedra(多方体)和 Templetes(模板)。

:标注工具,可打开相应的标注工具栏,可对选定的原子进行标注。打开标注栏,可以看到前 5 个为文本框样式、中间 5 个为连线样式、后 4 个为标注原子的样式(图 5-30)。

图 5-30 标注工具栏

(2) 键工具栏(Bond Tools):提供化学键按钮(图 5-31)。

图 5-31 键工具栏

用于绘制单键、双键、三键、锲形键、虚键或其他键。单击鼠标左键,新产生的键将出现在能量最低的方向,单独的键将出现在水平方向。单击鼠标左键,采用拉伸的方式也可以产生键,同时按住 Shift 键则产生任意长的键,按住 Ctrl 键则可至任意方向。基团上的氢数自动给出,多次按键则给出不同氢原子数的集团。

:单击键中央可以改变键方向。

:绘制后,单击键中央转换为短双键;短双键单击可以改变短键的位置;鼠标移到键中央按住鼠标左键左右拖动,可改变双键的宽度;上下拖动改变短键的长短。

:按住鼠标左键拖动可以产生长链多键,右方数字代表键的个数,松开鼠标则确定。同时按 Shift 键为任意键长;按 Ctrl 键为任意方向。

(3) 图形工具栏(Graphic Tools):提供文字、表格、箭头和自由绘图工具等按钮(图 5-32)。

图 5-32 图形工具栏

:文字工具,用于在图形中加文字说明,可以使用各种字体(包括中文),也可以使用 Windows 支持的所有符号。该说明文字可以是普通文本、粗体或斜体,字体和样式等可以在菜单上选择。编辑方式与 Word 相似。注意:不可用 Caption 方式加化学标记;该工具所写的文本无法与化学键相连。

:用于绘制表格,一般不提倡使用。

:框类型,用鼠标拖出框,松开鼠标即可。用鼠标拖动左上角改变角的弧度;

用鼠标拖动右下角改变框线的阴影大小，使用选择工具 放大或缩小。

：机理及电子转移箭头，通过拖动鼠标划出弯箭头。欲改变箭头，单击箭头可以激活，单击箭头两端可以改变箭头的类型。按 Shift 键，在箭头上的箭头点和 2 个箭头的侧翼点拖动鼠标可改变箭头的形状。弯箭头有两个方框，可以通过调整方框的位置改变曲线的形状，也可以拖动箭头的首尾改变箭头的形状。拖动鼠标时通过原点可以使弯箭头翻转。

：用于绘制实或虚线的圆、椭圆、圆弧、椭圆弧及相应带箭头的弧。在文档中用拖动的方式可以产生相应大小的圆，如按 Shift 键，则产生椭圆。单击弧箭头，可改变箭头的式样。拖动弧的两端，可改变弧长。并且，按 Shift 键拖动箭头的两翼，可改变箭头的大小及式样。

：划线及编辑工具，单击产生一个点，移动光标至下一位置，单击产生一条线段，单击工具图标结束。继续单击可以连续划折线。单击一点，移至第二点拖到第三点，拖动至合适位置松开鼠标产生曲线。按 Shift 键可限定线段为水平、垂直或 45°斜线。使用编辑工具可编辑所划的曲线和折线。

(4) 自定义工具栏(Custom Palette)：提供可选择工具按钮。按住这些工具按钮均可得到和在文档空白处点击鼠标右键得到相同的菜单(图 5-33)。

图 5-33　自定义工具栏

(5) 轨道工具栏(Orbital Tools)：提供各种轨道图形按钮。按 Shift 键可改变大小；按 Ctrl 键改变方向；使用 Arrange 中的前后变换命令可改变对象间的前后位置(图 5-34)。

图 5-34　轨道工具栏

(6) 其他工具栏(Other Tools)：提供橡皮擦、环、长链等工具按钮(图 5-35)。

图 5-35　其他工具栏

：橡皮擦功能，单击可以删除键、原子、箭头等，按 Ctrl 键单击，可以删除结构。

：质谱碎片工具，拖动穿过分子可将分子沿线分作两部分(自由基)，分别给出相对分子质量和分子式。

：质谱标记工具，在相应键上单击可将断开后两部分的相对分子质量和分子式标出。

：Newman 投影式，可绘制 Newman 投影式，选中后在文档区拖动，选定前面三个原子的位置，松开鼠标，可得到 Newman 投影式。

(7) 反应工具栏(Reaction Tools)：提供反应箭头工具按钮(图 5-36)。

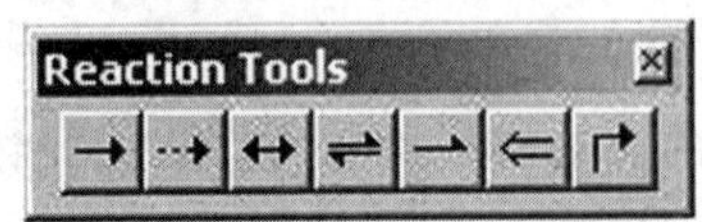

图 5-36　反应工具栏

使用时，单击产生水平箭头，拖动，可以产生各方向箭头。单击箭头中央，可以改变箭头种类、方向等。按 Shift 键，拖动鼠标可以改变箭头长度。双线箭头，若按住箭头中央黑块拖动，可改变箭头宽度。

(8) 符号工具栏(Symbol Tools)：提供电荷、自由基和其他符号标记按钮(图 5-37)。

图 5-37　符号工具栏

使用时，在某原子上单击产生此符号，拖动则可绕该原子决定符号位置，按 Shift 键可改变符号与原子间距离；任意点单击产生单独的符号对象；符号与该原子相关联；符号可使用套索或板擦删除。

(9) 模板工具栏(Template Tools)：提供一些模板按钮(图 5-38)。

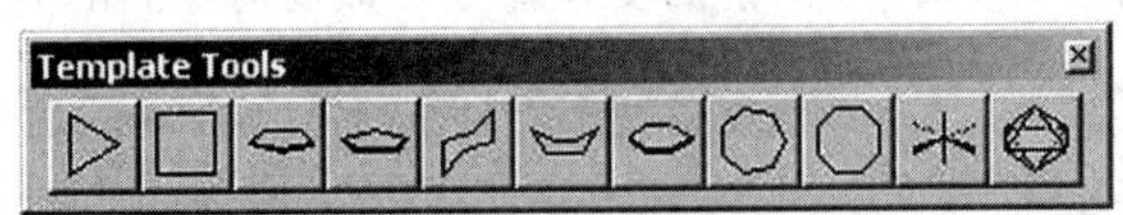

图 5-38　模板工具栏

使用时，选择相应的图形按钮，单击鼠标左键，水平方向上产生一个环；按住鼠标拖动可翻转，至所需方向松开鼠标即可得到所要方向的环。

(10) 格式工具栏(Style Bar)：提供分子结构样式、字体、字号、颜色以及其他格式按钮(图 5-39)。

图 5-39　格式工具栏

(11) 图形格式工具栏(Graphic Style Bar)：提供图形样式按钮(图 5-40)。

(12) 缩放工具栏(Zoom Bar)：提供缩放工具按钮(图 5-41)。

图 5-40　图形格式工具栏

图 5-41　缩放工具栏

5.3.3　分子结构图绘制

(1) 简单线型结构的绘制

最简单的分子结构表示方法，省去所有碳原子和氢原子，用锯齿形状的角和端点表示碳原子，键线表示碳原子的结合次序。

① 绘出丙酮的结构：用单键线和双键绘出，点击工具，将光标移到双键的上部，出现黑色方块后单击，在光标出输入“O”，同样在单键两端输入甲基(图 5-42)。

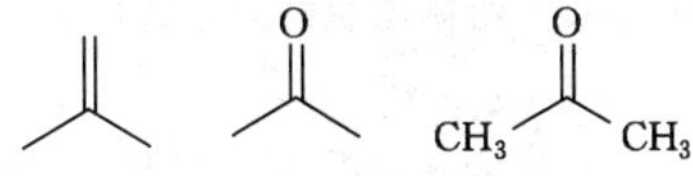

图 5-42　绘丙酮结构

② 绘制 1,3—丁二烯结构：用工具绘出 4 个碳的键线；选择双键工具，将光标移到第1 个 C—C双键的中间，出现黑色小方块后单击，若希望另一键线在上面，则再次点击；同理绘出另一双键，如图 5-43 所示。

图 5-43　绘制 1,3—丁二烯

两化学键之间如果不特别标明化学元素，程序默认为碳元素。

(2) 构象结构的绘制

构象包括：锯架透视结构、锲形透视结构和纽曼结构。

① 锯架透视结构：主要用于表示两个或者两个以上碳原子的有机化合物的立体结构。以绘制乙烷锯架透视式为例：选择单键工具，在文档中点击 3 下，得到一个甲基；选中这个甲基，点击自由旋转工具，将其转到正放的位置：将其复制一份，选中，用垂直翻转工具将其翻转，得到一个倒放的甲基；用单键工具为正放的甲基添加一条键，并用套索工具将键线拖动到合适的位置，并将倒放的甲基移动到单键上，用文字工具加上氢元素 H，最后同时选中全部，点击组合按钮(或按 Ctrl+G 键，或 Group)将其组合，如图 5-44 所示。

自由旋转工具用后，再次点击，使其处于未选中状态，否则将影响其他工具的使用。

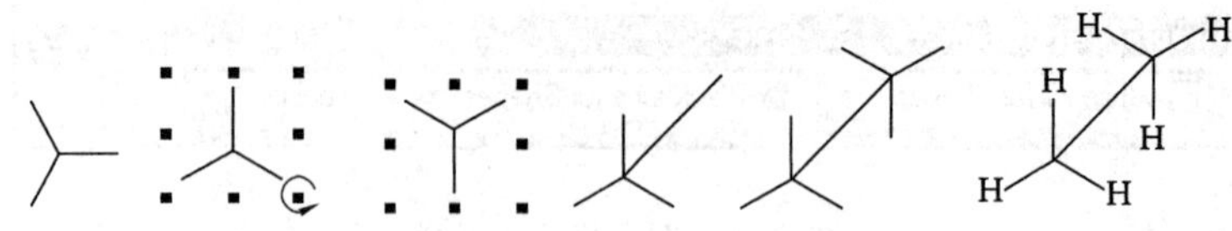

图 5-44 绘制乙烷锯架透视线

② 楔形透视式结构：实线表示纸平面内的键，虚线表示伸向纸后方的键，楔形表示伸向纸平面前方的键。以乙烷的楔形透视式为例：用工具绘出 4 个碳的键线，选择虚线键工具，将光标移到第 3 个碳，按住鼠标左键拖放，绘制出表示伸向纸后方的键；用楔形键绘出表示伸向纸平面前方的键；绘制出另外两个键，注意楔形将与对面的虚线键平行，最后添加氢元素后全选、组合，如图 5-45 所示。

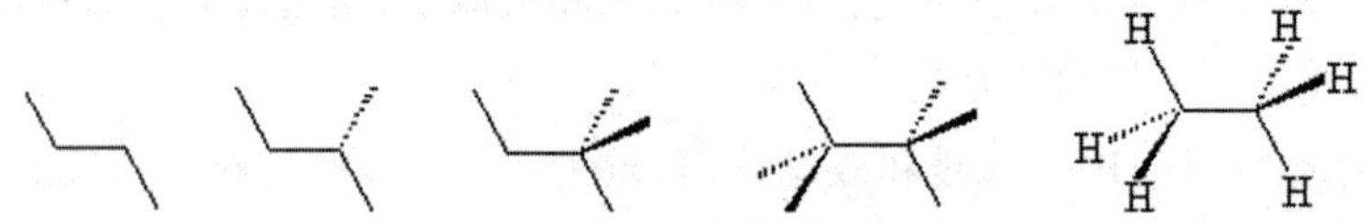

图 5-45 绘制乙烷的楔形透视线

③ 纽曼投影式：将分子模型放在纸面内，沿 C—C 键的轴线投影，以⅄表示前面的碳原子及其键，以表示后面的碳原子及其键。以乙烷为例：在文档空白出单击右键，选择工具，即可得到一个交叉式纽曼投影，用选择工具选中，将光标移到 4 角的控点上，光标变成“十”时拖动鼠标将其扩大到合适的大小，最后加上氢元素，全选，组合即可。其中，在松开鼠标之前，移向不同的方向拖动将得到不同构像的纽曼式(虚线箭头表示鼠标移动的方向)，如图 5-46 所示。

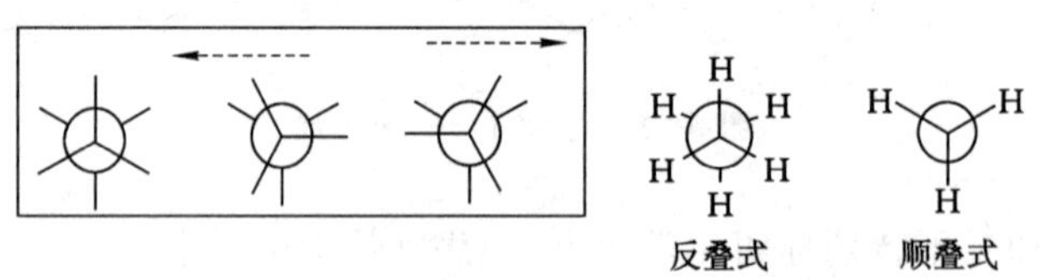

图 5-46 绘制乙烷纽曼投影式

(3) 复杂结构的绘制

利用该软件提供的模板就可完成常用的环状分子结构式的输入。同时，按住“Shift”键作图还可调整环的大小，按住鼠标左键后并转动鼠标可旋转环的方向。

多种环状结构组合，例如蒽、茚、苯并芘等，可以在一个环状结构的基础上，点击环上的结点和键上的结点得到不同的物质。例如，① 点击环上的结点，会以一根键连接另一个环；② 点击环上的边，则共边连接一个环。或者采用键可以获得更多环状结构物质，如图 5-47所示。

(4) 杂环和支链结构的绘制

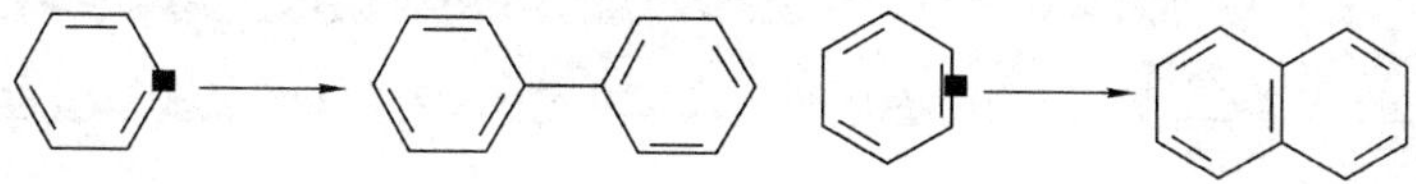

图 5-47　复杂结构的绘制示例

① 杂环：构成环的原子除了碳原子外还有 N、O、S 等其他原子。一般先绘制一个环，再点击 ，移动鼠标至环状结构上的端点，等出现一个小黑方块后单击鼠标，再输入杂原子元素符号，如吡咯的结构绘制(图 5-48)。

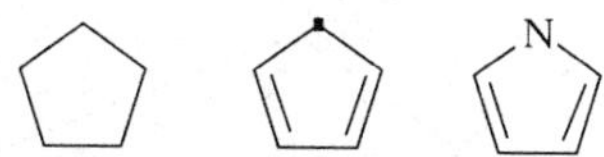

图 5-48　吡咯的结构绘制

② 支链：一般先画出所需的环状结构，再将文字或基团加在相应的环状结构位置上。例如，苯甲醇，画出苯环的结构，利用单键工具 ，后用文字工具 添加“CH_2OH”。注意当光标在连接的地方出现黑色方块后再点击，使得整体连接得更好，如图 5-49 所示。

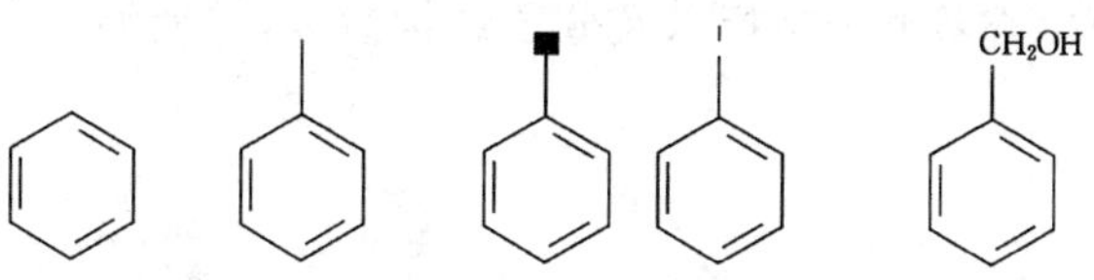

图 5-49　支链结构的绘制

5.3.4　附加库的使用

(1) 化学反应装置图的绘制

选择菜单「File」→“Open”命令，打开 Chem Window 安装目录下，“Libraries”文件夹内的库文件 “LabGlass. cwl”，选择所需图形拖动到文档区或通过剪贴板复制，各种标准接口可以自动连接成反应装置图，在文档区内可对产生的装置进行有关修改。

(2) 化工流程图的绘制

选择菜单「File」→“Open”命令，打开 Chem Window 安装目录下，“Libraries”文件夹内的库文件 “CESymbol. cwl”，选择所需图形拖动到文档区或通过剪贴板复制，在文档区内可对产生的装置进行有关修改。

(3) 其他

“OtherLib. Cwl”库文件和“StrucLib. cwl” 库文件提供化学物质的结构式，使用时，进入进行拖动或者复制即可。

5.3.5　结构的立体模型展示

绘制好结构式后，从菜单「Other」中执行“SymApps”命令，就可以进入到结构的立体模型窗口，如图 5-50 所示。在该页面内，可以实现对分子结构进行旋转、左右或上下平移，并能够进行放大缩小。

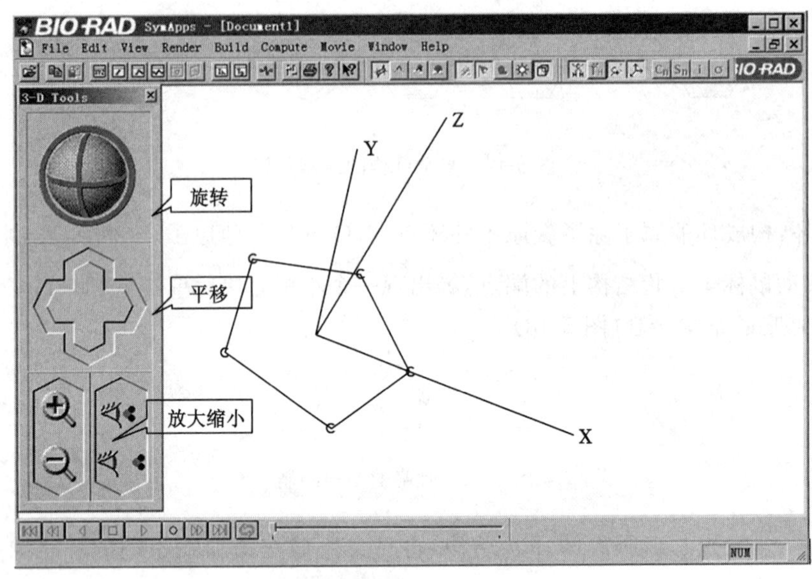

图 5-50　结构的立体模型窗口

在该窗口内，也可以查看原子坐标以及分子结构参数，并能够进行多种三维结构展示，如图 5-51 所示。

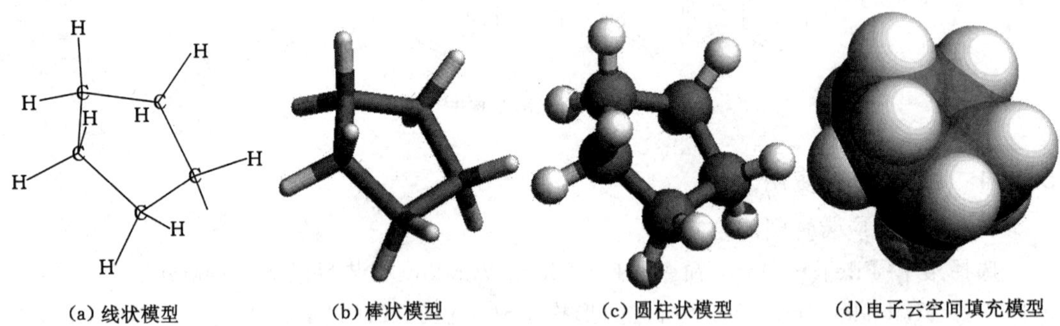

图 5-51　三维结构

5.4　ChemOffice 的使用

ChemOffice 是由美国 CambridgeSoft 公司开发的一套功能强大的优秀化学应用软件包（http://www. cambridgesoft. com/）。ChemOffice 有三个重要组件 ChemDraw、Chem3D、ChemFinder。

ChemDraw 模块：是世界上最受欢迎的化学结构绘图软件，是各论文期刊指定的格式。Chem3D 模块：提供了多种模型表现分子结构，可以利用单键、双键、三键工具直接绘制 3D 模型，可以将分子式转化成 3D 模型，也可以利用 Chem 3D 提供的子结构或模板建立模型。ChemFinder 模块：化学信息搜寻整合系统，可以建立化学数据库、储存及搜索，或与 ChemDraw、Chem3D 联合使用，也可以使用现成的化学数据库。

5.4.1 Chemdraw

ChemDraw 是目前最优秀的的分子二维图形软件之一，其特点有：① 结构输入方便快捷；② 可以通过输入化合物的名称直接输入结构；③ 可以将化学结构转化成标准命名；④ 可以进行 1H－NMR 和 13C－NMR 谱图预测。其工作窗口如图 5-52 所示，主要分为编辑区、菜单区、常用工具栏区。在常用工具栏上提供了如套索、各种键工具、模版、符号等功能，如图 5-53 所示。

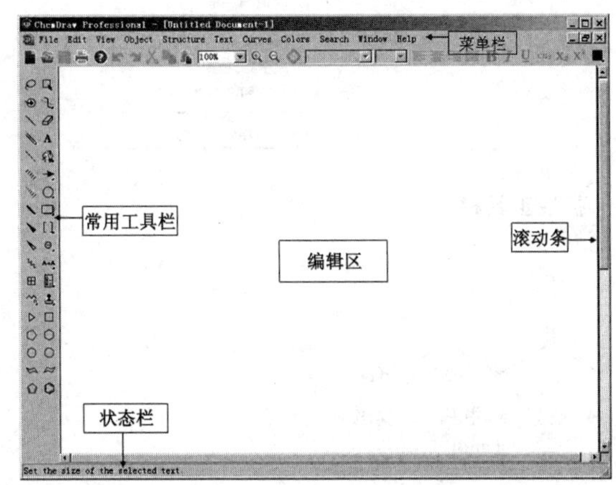

图 5-52　ChemDraw 工作窗口

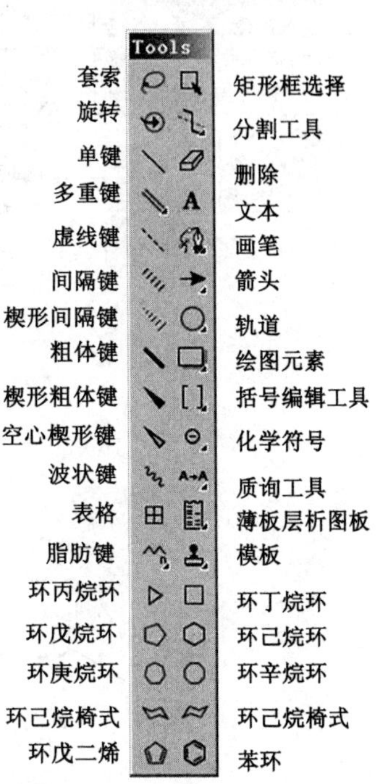

图 5-53　ChemDraw 常用工具栏

在常用工具栏某些功能按钮的右下角有小黑色三角形“▶”，点击就可以看到大量的工具模版供选择，如图 5-54 所示。

(1) 化学反应式绘制

例如绘制(图 5-55)：

① 在常用工具栏上选择单键工具，鼠标(单键，鼠标显示为十字形)放在文件窗口的任意合适的位置(定位)，单击鼠标，向右上角拖动鼠标，放开鼠标时，键与 X 轴成 30°角，伸展的键长为固定键长。用鼠标指向键右面的原子，单击原子加一个键，形成的键与第一个键成 120°角(图 5-56)。

② 用鼠标指向三键中心原子，单击原子加一个键。选中鼠标沿单键从三键中心向上移动到，然后放开鼠标，即可建立一个双键。用鼠标指向顶端原子，进行双击，在文本框中输入“O”，使用矩形框选择工具选中绘制的结构，按下 Ctrl 键，移动选择框，选中的结构便被复制，原结构保持在原位置(图 5-57)。

③ 在常用工具栏上选择单键工具，用鼠标指向最右端原子，单击原子加键，单击原

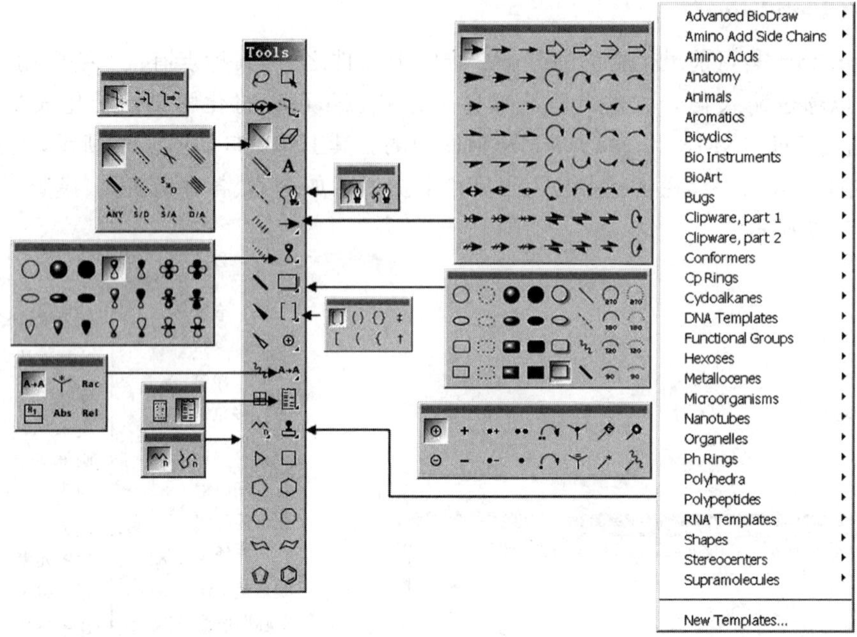

图 5-54　扩展工具栏

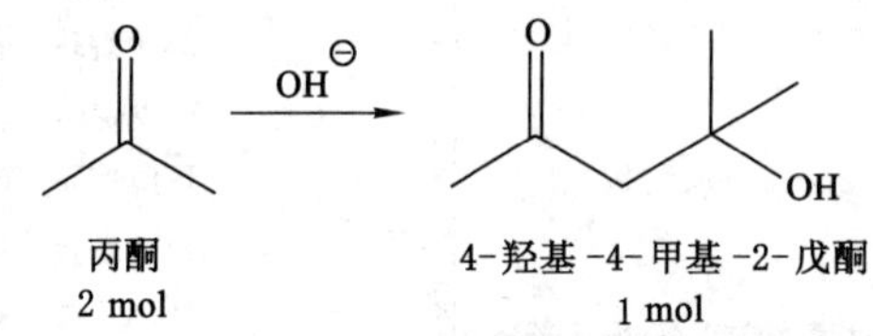

图 5-55　示例化学反应式

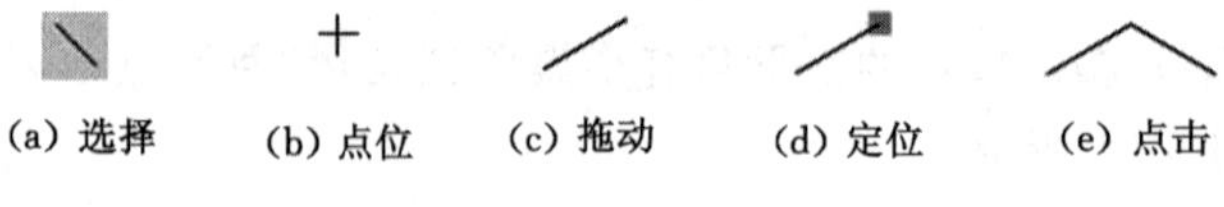

图 5-56　常用工具

图 5-57　示例化学反应式绘制分过程一

子三次，每次间隔停顿一下，总计加上三个键。若改变某一个键的角度，按下"Shift"键，点击键的端点，拖动键到指定的方位，放开鼠标和"Shift"键。完成键的绘制后，用鼠标指向右端原子，用键盘输入"OH"(图 5-58)。

④ 选中常用工具栏上的箭头工具，把箭头定位在反应物的末端，用鼠标把箭头拖动

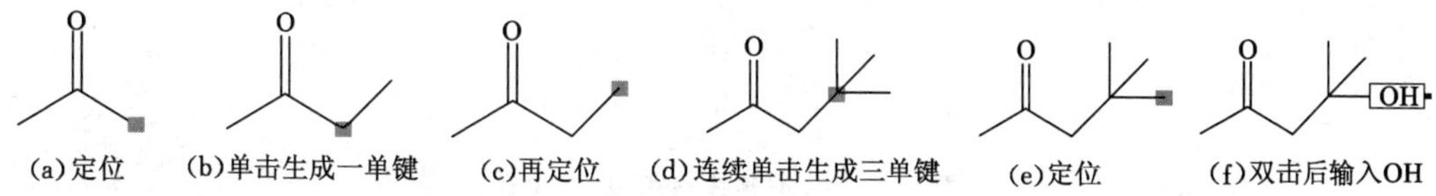

图 5-58　示例化学反应式绘制分过程二

到所需要的长度，选择常用工具栏上选择文本工具 **A**，在箭头上方建立文本框，并输入“OH”(图 5-59)。

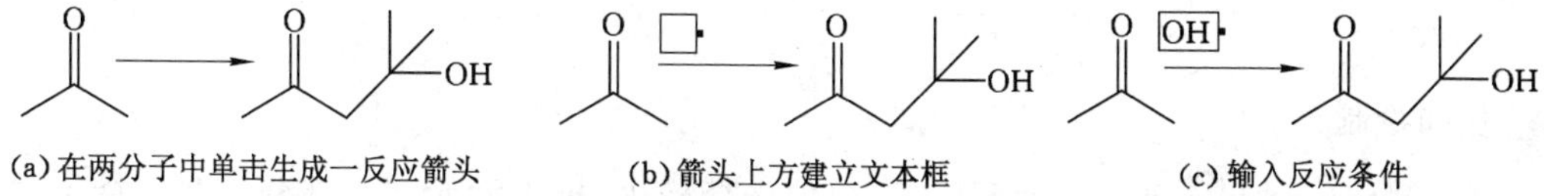

(a) 在两分子中单击生成一反应箭头　(b) 箭头上方建立文本框　(c) 输入反应条件

图 5-59　示例化学反应式绘制分过程三

⑤ 选中常用工具栏上的化学符号工具 ⊖，鼠标放在“OH”符号的右面，单击建立负电荷符号。利用矩形选择工具，按下 Shift 键，然后分别选中箭头、OH 和负电荷，用「Object」菜单的“Group”命令把符号相互集中在一起(图 5-60)。

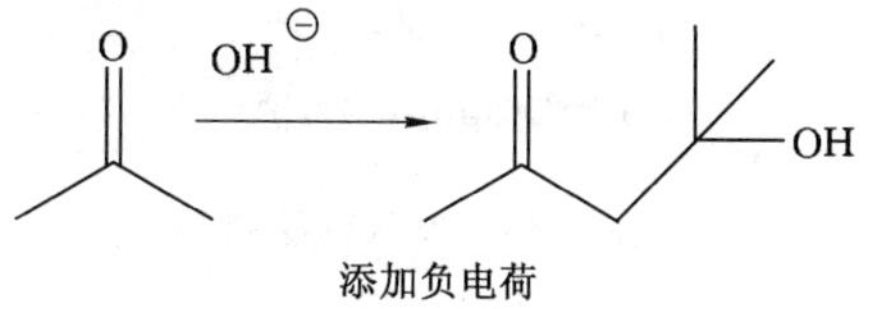

添加负电荷

图 5-60　示例化学反应式绘制分过程四

⑥ 在结构下建立含有名字、反应物数量及其他信息。从常用工具栏上选择文本工具 **A**，在结构下面建立文本框，在「Text」菜单中选择“Centered”命令，使文本居中。如果在结构下的文本说明位置不合适，用左右箭头键来调整(图 5-61)。

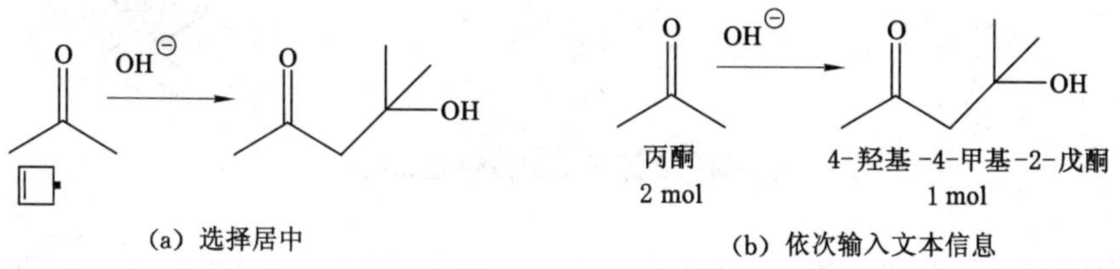

图 5-61　示例化学反应式绘制分过程五

⑦ 选择常用工具栏上的阴影工具，把鼠标放在反应式左上角，向对角线下方拖动阴影框，直到把反应过程式全部罩上，在「File」菜单中选择“Save”命令，存储完整的图形(图 5-62)。

(2) 中间体结构绘制

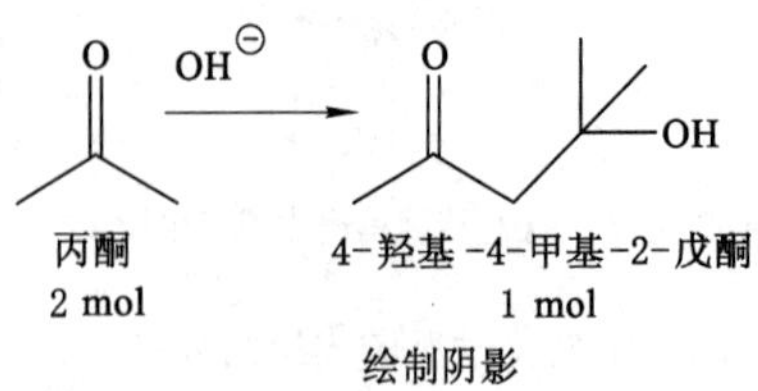

图 5-62　示例化学反应式绘制分过程六

例如绘制： 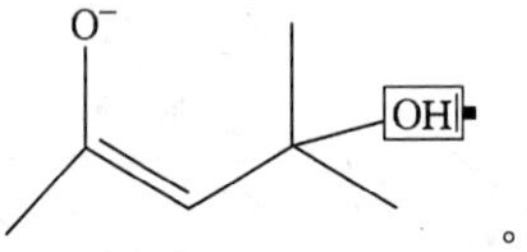　　　　。

① 选择环己烷建立六元环模型，接着选择橡皮，擦去六元环一部分。并选择单键工具连续单击生成新的单键，单击单键中央，生成双键(图 5-63)。

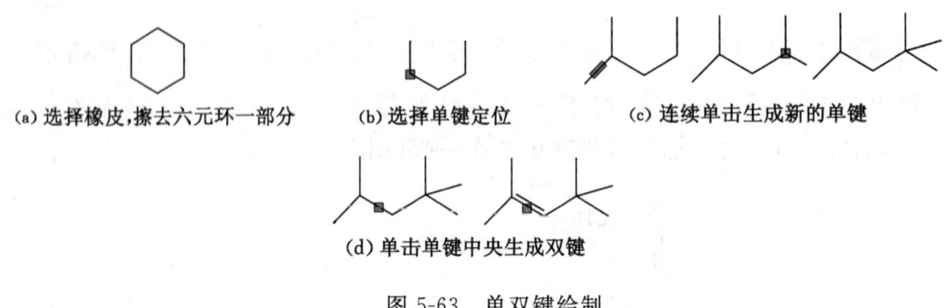

图 5-63　单双键绘制

② 在原子上定位建立标记。在左边原子上定位，选择常用工具栏上选择文本工具 **A**，点击原子打开文本框，输入“O”，在「Text」菜单中“style”子菜单中选上角标命令“Superscript”，并输入“—”符号。最右面原子上定位，双击原子打开文本框，输入“OH”，如图5-64所示。

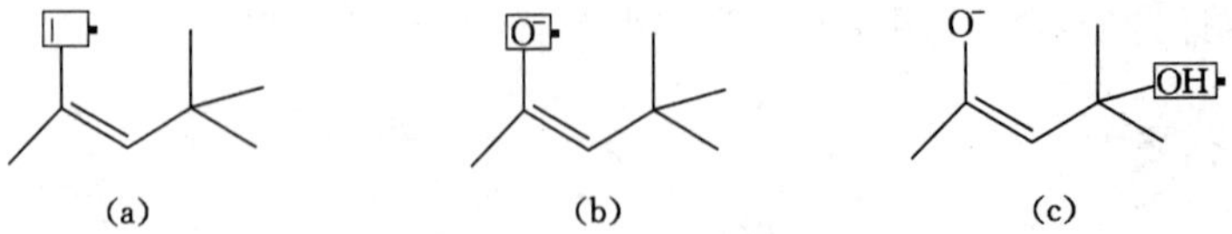

(a)　　(b)　　(c)

图 5-64　在原子上定位建立标记

③ 在常用工具栏上选择笔工具，然后从「Curves」菜单中选择“Arrow at End”命令，在双键附近定位，此点是电子开始指向的起点；向右下拖曳，然后放开鼠标，此时出现笔工具虚线，把光标定位在箭头停止的位置。单击则建立一条曲线箭。按“Esc”键退出绘制模式，曲箭旁的笔工具虚线消失。用相同的方法在结构上添加其余的曲线箭，并加上电子标记。如图 5-65 所示。

若想调整曲线：首先曲线箭的中心定位(出现选择块)，单击曲线会出现笔工具虚线，用、手形光标选中箭头尖移动，放开鼠标，出现另一条笔工具虚线，拖动两下端虚线柄，此时曲线箭随移动方向变化，当达到理想形状时，按“Esc”键退出绘制模式。如图 5-66 所示。

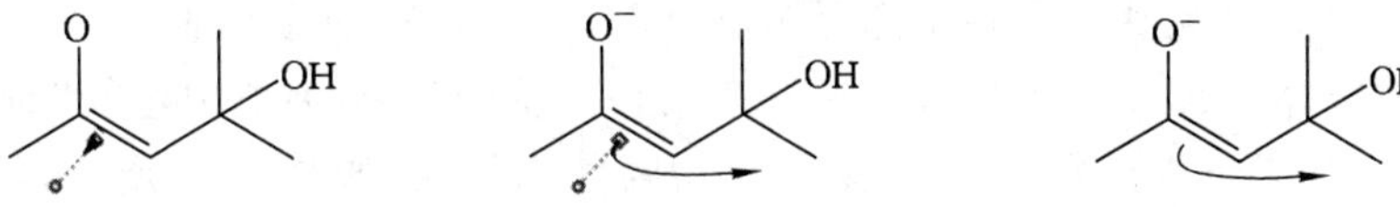

(a) 定位拖动鼠标左键　(b) 定位单击形成曲线箭　(c) 按 Esc 键退出绘制模式

图 5-65　绘制曲线箭

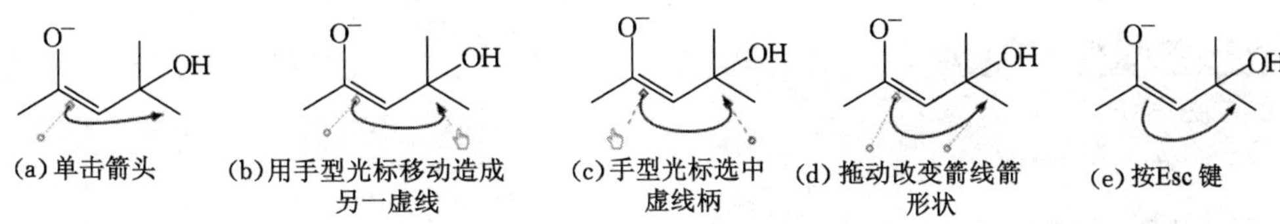

(a) 单击箭头　(b) 用手型光标移动造成另一虚线　(c) 手型光标选中虚线柄　(d) 拖动改变箭线箭形状　(e) 按 Esc 键

图 5-66　调整曲线箭

(3) Fischer 结构图绘制

以葡萄糖线性结构图为例，绘制“Fischer”结构图。

① 建立一条五连键。首先从常用工具栏上选择单键工具，并在工作窗口定位。然后从菜单「Object」中选择“Fixed lengths”命令，接着垂直向下拖动鼠标建立第一个键，在第一个键的下端原子点定位，垂直向下拖动鼠标建立第二个键，重复操作建立一条五连键。最后，在五连键两侧建立 8 个与其垂直的水平键，如图 5-67 所示。

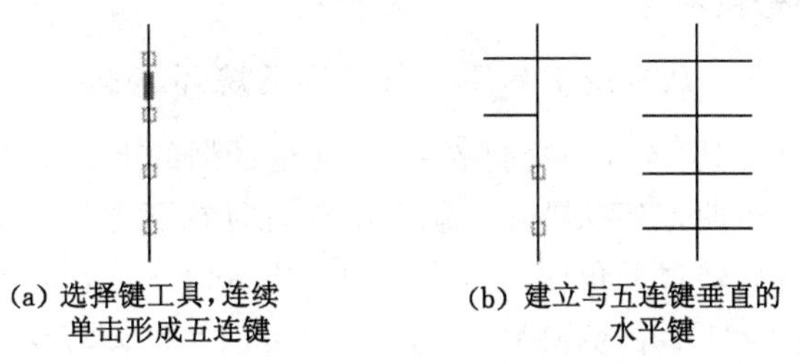

(a) 选择键工具，连续单击形成五连键　(b) 建立与五连键垂直的水平键

图 5-67　建立一条五连键

② 在骨架上加标记。在最上面碳原子定位，在常用工具栏上选择文本工具，点击建立文本框，然后输入“CHO”。同样，在最下面碳原子定位，输入“CH2OH”。在第二个碳原子左边加 H 原子标记，右边加 OH 标记，依此操作，完成骨架加标记操作。使用阴影工具框起图形，完成绘制，如图 5-68 所示。

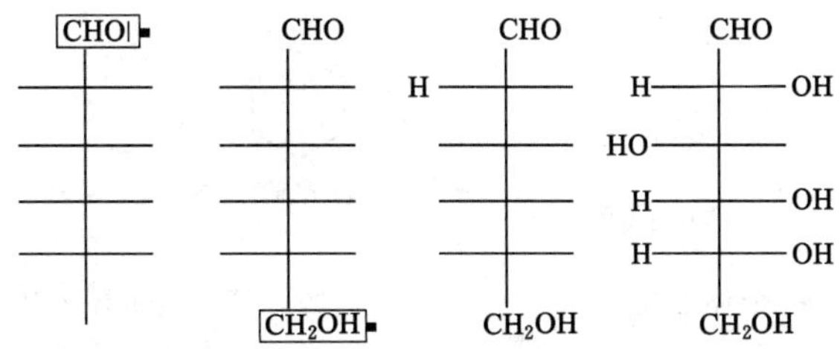

图 5-68　在原子上定位建立标记

③ 检查结构。从常用工具栏上选择矩形框选择工具，最后绘制的图形自动被选择。如果结构未被选择，双击结构图形，选择整个结构。从「View」菜单中选择“Show Analysis Window”命令，如果绘制正确，将出现来自结构的计算信息，如图 5-69 所示，如果绘制不正确，将提供问题所在。在“Analyze Window”对话窗口中，关闭所有的项目，只留下“Formula”和“Molecular Weight”文本框。把“Formula”和“Molecular Weight”信息拷贝到结构式下，如图 5-70 所示。

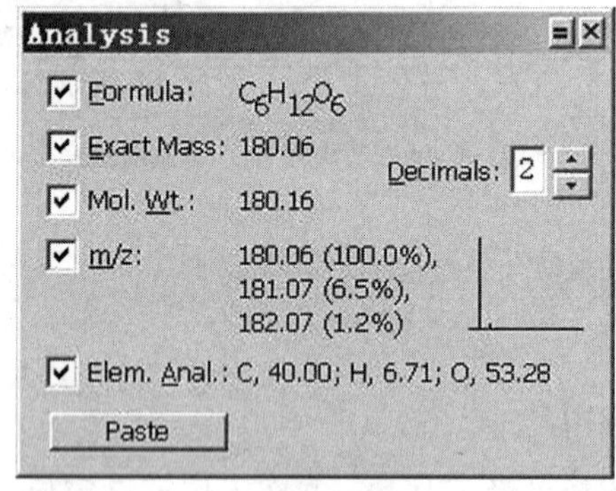

图 5-69 结构信息

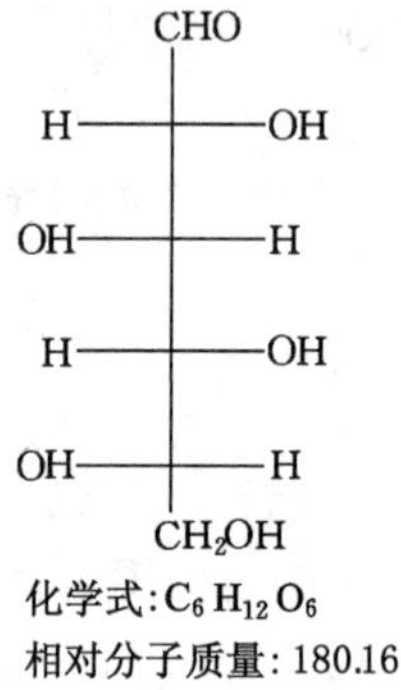

图 5-70 结构信息标注

(4) 透视图绘制

以 D—葡萄糖结构透视图为例。

① 建立一个环己烷环。从常用工具栏上选择环己烷环工具，在文件窗口单击建立一个环；使用矩形框选择工具选中绘制的结构，在选择框的上方出现旋转柄，将鼠标移动到这个旋转柄端部，出现弯曲双箭头光标，拖动旋转柄向右下方旋转 30°，在结构旋转过程中，在旋转柄旁边会出现旋转过的角度。点击菜单「Object」→“Rotate…”命令，在弹出的快捷窗口中输入旋转的角度 30°，并选择顺时针旋转，也可以实现旋转操作。如图 5-71 所示。

② 定位环上的“O”原子，并添加垂直键。在环已烷右上角原子点处定位，选择常用工具栏上的文本工具 A，点击生成文本框，输入“O”。接着在 O 下面 C 原子处定位，从常用工具栏上选择单键工具，向上拖动建立一个向上的键，回到该 C 原子再次定位，向下按动建立一个向下的键，最后，对其他 C 原子重复以上操作，建立上、下垂直键，如图 5-72 所示。

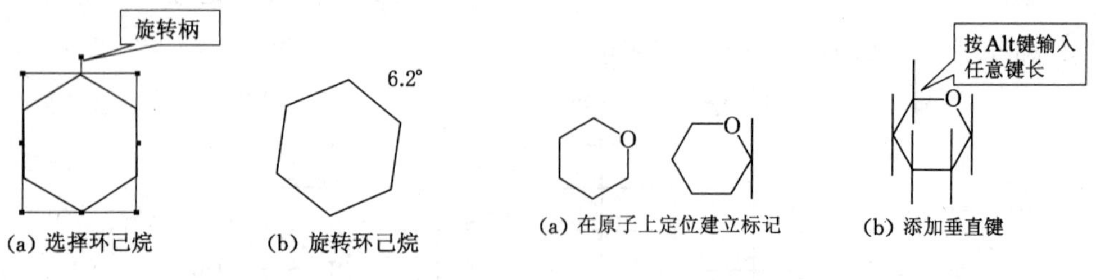

(a) 选择环己烷　　(b) 旋转环己烷

图 5-71 建立一个环已烷环

(a) 在原子上定位建立标记　　(b) 添加垂直键

图 5-72 定位环上“O”原子并添加垂直键

③ 把结构图形转变成沿 Z 轴的透视图形。在常用工具栏上选择矩形选择工具，选

中绘制的图形，在图形右下角的调整点处，按 shift 键，向上拖动直到结构垂直缩小 50%，如图 5-73 所示。

④ 建立“OH”、“CH_2OH”原子标记。从常用工具栏上选择文本工具 **A**，在结构的键端原子处定位，点击建立文本框，并输入“OH”、“CH_2OH”，如图 5-74 所示。

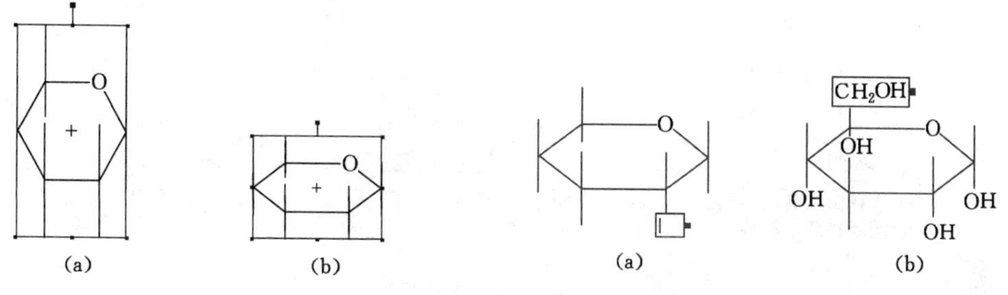

图 5-73　结构垂直缩小

图 5-74　在原子上定位建立标记

⑤ 改变键的形状。在常用工具栏上选择黑体楔键，单击下部两侧键的中心，此时两单键变为两黑体楔键，接着在常用工具栏上选择黑体键，单击底键的中心，变为黑体键。如果两楔键的方向是错误的，只要在中心处重新单击即可，如图 5-75 所示。

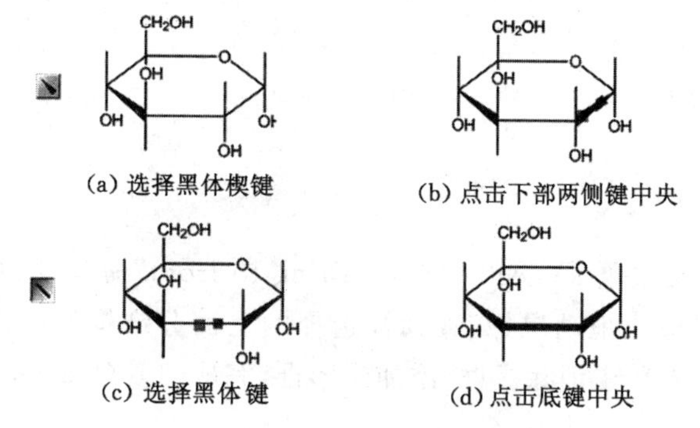

图 5-75　改变键的形状

(5) Newman 结构的绘制

① 建立一个三键对称结构：从常用工具栏上选择单键工具，在文件窗口定位，向下按动建立第一个键。在单键下面的原子点处定位，单击建立第二个键，再在相同的原子点定位，单击一次建立第三键，此时结构为三键对称结构。使用矩形框选择工具，选中绘制的结构，按下 Ctrl 键，移动选择框，结构的被复制，如图 5-76 所示。

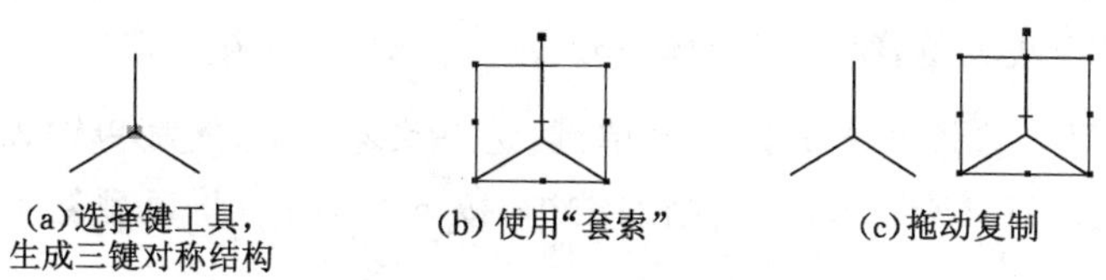

图 5-76　建立一个三键对称结构

② 使用一个单键连接两个结构,并加空轨道。在工具栏选择单键工具,在一结构中心定位,点击 Alt 键,同时按下鼠标键,当另一个结构中心出现光标块时,放开鼠标,两个结构建立连接。

用鼠标单击轨道工具,出现子工具栏,选中空轨道。点击下面分结构的中心原子建立轨道。如图 5-77 所示。

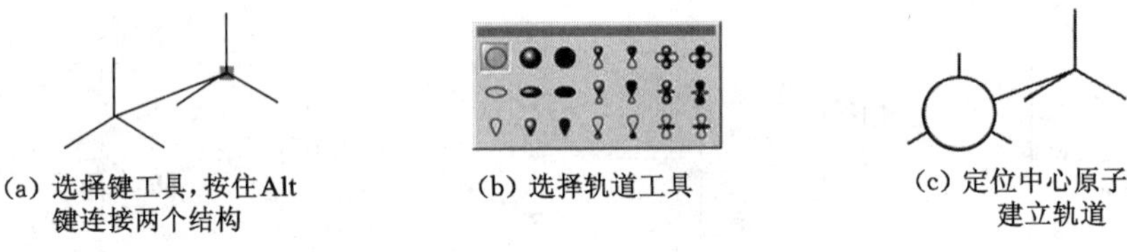

(a) 选择键工具,按住Alt键连接两个结构　(b) 选择轨道工具　(c) 定位中心原子,建立轨道

图 5-77　建立轨道

③ 旋转上面的分结构。点击矩形框选择工具,最后绘制的结构会自动被选择,双击旋转柄,在弹出的"Rotation"对话窗口中 180,然后单击"Rotate"按钮,旋转结构,如图 5-78 所示。

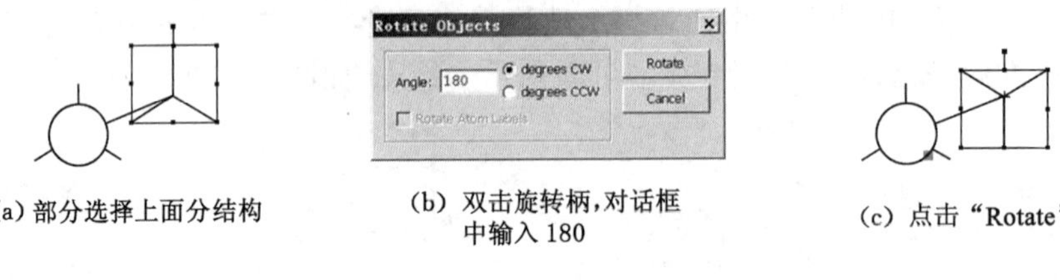

(a) 部分选择上面分结构　(b) 双击旋转柄,对话框中输入 180　(c) 点击"Rotate"

图 5-78　旋转分结构

④ 层次结构转变。从菜单「Object」中选择"Bring to front"命令,同时把光标放在选择框中,直到光标变为手光标。拖动鼠标,直到被选择的上面分结构的中心原子定位在轨道中。放开鼠标,在选择框外单击消除虚框,添加阴影框,完成纽曼(Newman)结构绘制,如图 5-79 所示。

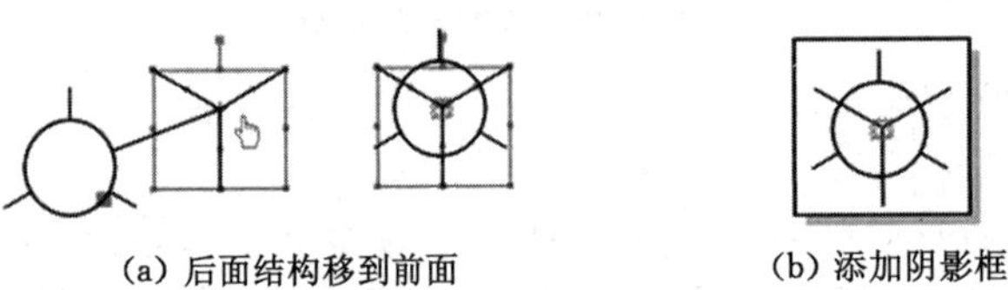

(a) 后面结构移到前面　(b) 添加阴影框

图 5-79　层次结构转变

(6) 立体结构化学体的绘制

① 以间硝基苯甲酸为例,绘制结构体。建立一个苯环,接着在常用工具栏上选择单键工具,在相间的两个 C 原子上分别绘制单键,选择文本工具 **A** 在单键顶端点击,在出现的文本框中输入 COOH、NO_2。选中绘制的结构,按下 Ctrl 键,将模型复制拖动,如图 5-80 所示。

② 结构体旋转。采用矩形框选择工具选中绘制的结构,点击菜单「Object」→"Flip Horizontal"命令,进行水平翻转,然后点击"Flip Vertical"命令,再进行垂直翻转,并利用单键进

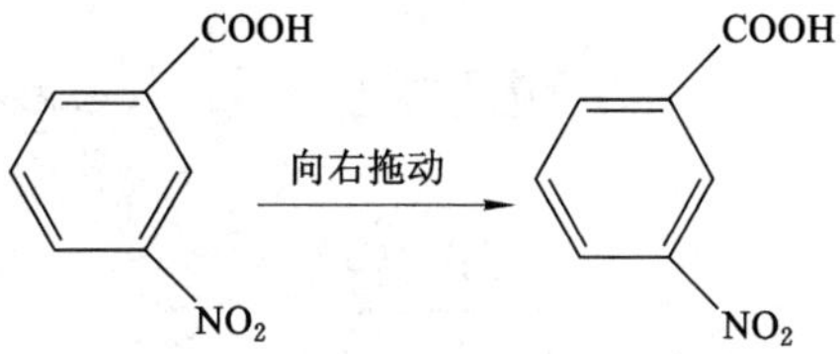

图 5-80　绘制硝基苯甲酸结构体

行连接。将得到的结构利用三维旋转工具，绕 X 轴旋转，得到立体结构。如图 5-81 所示。

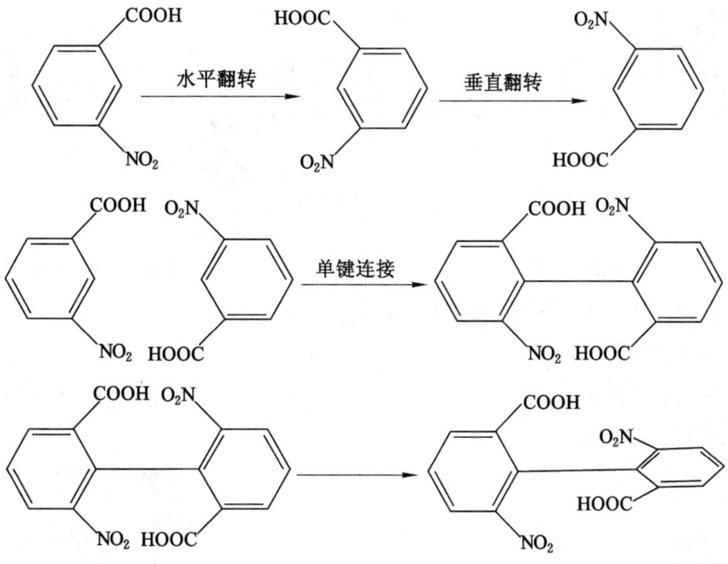

图 5-81　结构体旋转

（7）电子轨道的绘制

以顺丁二烯分子的环化反应为例。

① p 轨道的添加和键的调整。从常用工具栏中选择环己烷工具建立六元环模型；点击菜单「Object」→“Rotate…”命令，在弹出的快捷窗口中输入旋转的角度 90°，并选择顺时针旋转；选择橡皮工具，擦去六元环下面部分；并选择双键工具单击图形两端单键生成双键；单击轨道工具，在子工具栏中选中 p 轨道，添加到图形当中；用矩形框选择工具选中绘制的结构调节到合适的位置，如图 5-82 所示。

② 轨道旋转。选中 p 轨道，在菜单「Object」中选择“Rotate”命令，输入旋转角度进行旋转；点击常用工具栏中的化学符号工具，在绘制的图形中添加电荷；最后添加条件，完成绘制，如图 5-83 所示。

（8）ChemDraw 的其他功能

① 查看化学结构信息。

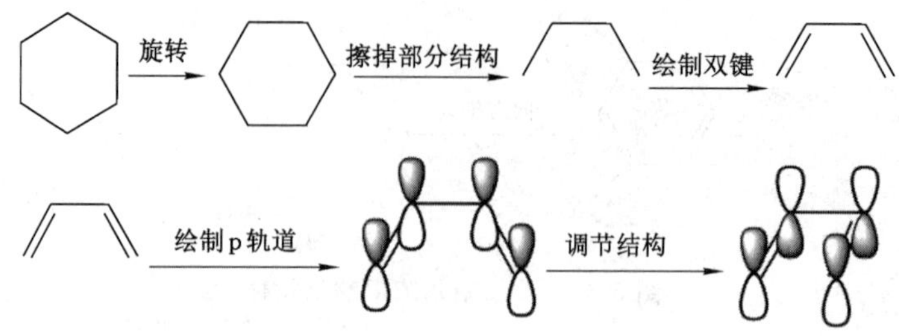

图 5-82　P 轨道的添加和键的调整

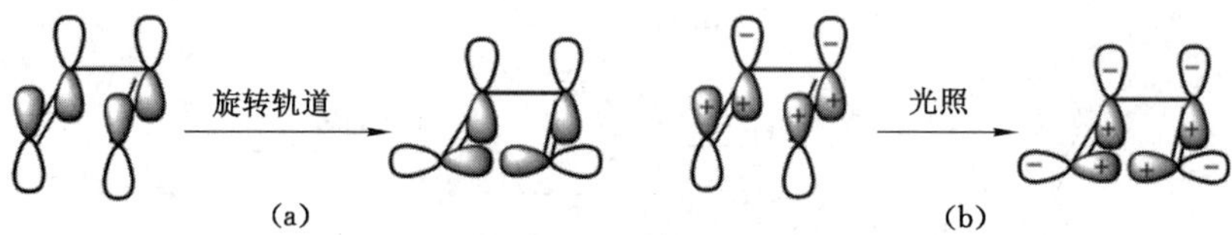

图 5-83　轨道旋转

以间苯二酚为例，利用菜单「view」→“Show Analysis Window”对其化学结构信息进行分析，并且可以对分析结果进行复制粘贴，如图 5-84 所示。

② 化学性质的报告。

以间苯二酚为例，利用菜单「view」→“Show Chemical Properties window”对其化学信息进行分析，如图 5-85 所示。

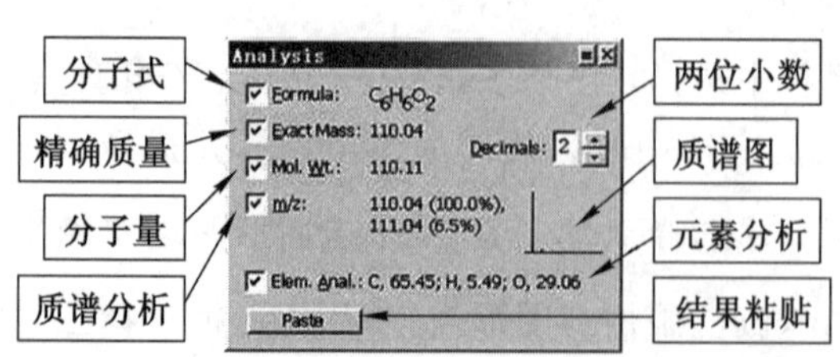

图 5-84　化学结构信息分析及结果

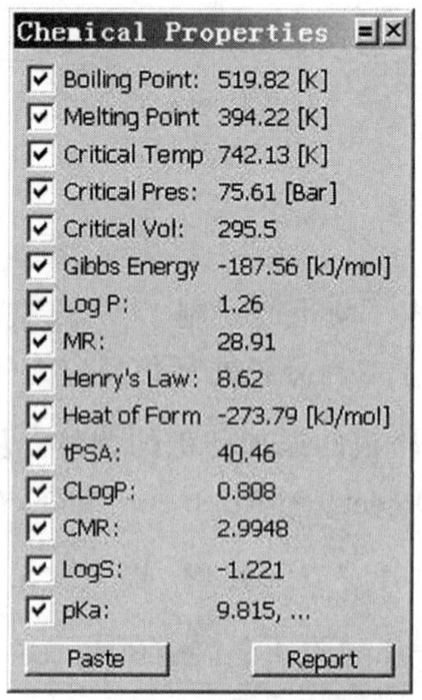

图 5-85　化学信息分析

③ 名称与结构相互转换。

Chemdraw 采用“IUPAC”系统命名法命名化学结构，它能自动识别杂环结构，同时也支持“Cahn-Ingold-Prelog”规则，能对结构式命名，还可将一个化合物的英文名称直接转化为化学结构式。

以“N-苯乙基乙酰胺”的化学结构为例，单击菜单「Structure」→“Convert Name to

Structure"命令，弹出"Insert Structure"对话框，在对话框的空白处输入名称"N-phenethyl-acetamide"，单击"OK"按钮，即可获得"N-苯乙基乙酰胺"的结构，如图 5-86 所示。

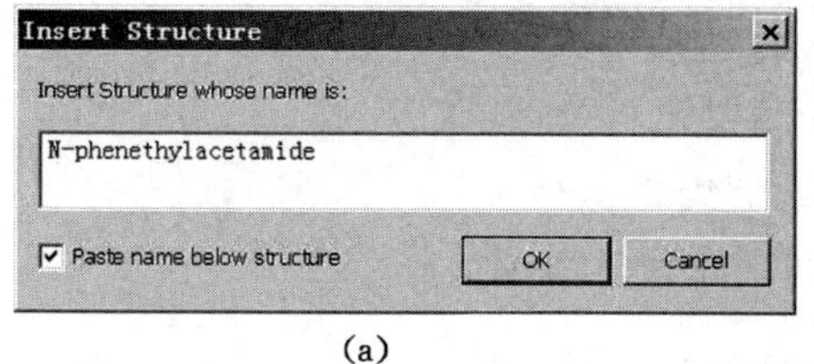

(a)

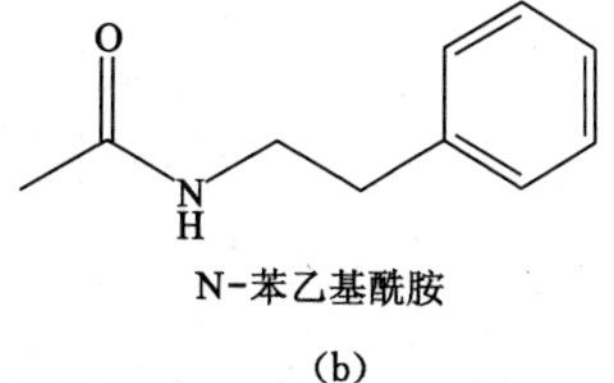

(b)

图 5-86　名称与结构相互转换示例

同样，以"N-苯乙基乙酰胺"的化学结构为例，选取整个结构式，单击菜单「Structure」→"Convert Structure to Name"命令，此时在结构式的正下方显示出 N-苯乙基乙酰胺的 IUPAC 名称为"N-phenethylacetamide"。

④ NMR 谱预测。

绘制出物质的结构式，利用套索选取此结构式，选择 "Predict ^{1}H-NMR Shifts"，即可出现此物质的 1H－NMR 谱图。同样，选择菜单「Structure」→ "Predict ^{13}C－NMR Shifts"，即可出现此物质的^{13}C－NMR 谱图。这些给出的信息会有所偏差，但可以作为参考，对于分析有很大的作用。例如：对诺氟沙星药物分子做^{1}H－NMR 分析，如图 5-87 所示。

(9) 实验仪器的绘制

点击常用工具栏中的" "模板工具，其中"Clipware，Part 1"和"Clipware，Part 2"内存放的为常用的实验装置。先将需要的实验装置从模板中调用出来，在工作窗口单独放置，然后用矩形框选择工具 选中绘制的装置，移动到指定的位置，如图 5-88 所示。

5.4.2　Chem3D Ultra

Chem3D Ultra 是 ChemOffice 的重要组件，是目前最优秀的分子三维图形软件之一，其具有：① 以多种方法快速构建分子模型；② 图形显示模式多，图形显示质量高；③ 能进行分子动力学和量子化学的计算等特点。

Chem3D Ultra：提供工作站级的 3D 分子模拟图形，能够转变 ChemDraw 和 ISIS/Draw 图为 3D 模拟图，观测分子表面、轨道、静电势场、电荷密度和自旋密度，用嵌入的扩展 Hückel 计算局部原子电荷，用 MM2 快速完成能量最小化和分子动力学模拟，可执行能量最小化和分子动力学计算，与 CS MOPAC，GAMESS 以及 Gaussian 软件结合，进行电子结构计算；还可观察分子表面，轨道，静电势场等。其包含的 ChemProp 控件可计算分子表面积、体积和其他物理性质，如：logP、摩尔折射率、临界温度、临界气压。用 ChemSAR 和专用服务器，可建立结构与活性之间的关系，用于科学研究，其工作窗口如图5-89 所示。

(1) 菜单栏

Chem3D Ultra 功能强大，在分子结构绘制过程中菜单下的常用命令如图 5-90 所示。

Chem3D Ultra 所显示的分子结构类型较多，单击菜单「View」→"Setting"子菜单→"Model Display"命令，或者单击 F6 键可选择分子结构显示的方式。分子结构显示的方式

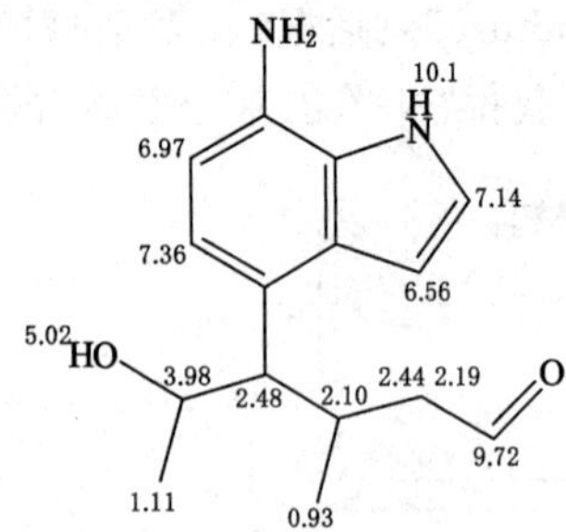

Estimation quality is indicated by color:good,medium,rough

ChemNMR H Estimation

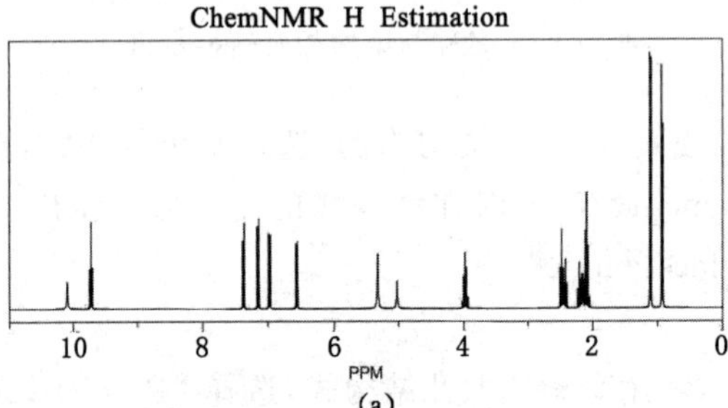

(a)

Protocol of the H-1 NMR Prediction (Lib=SU Solvent=DMSO 300 MHz):

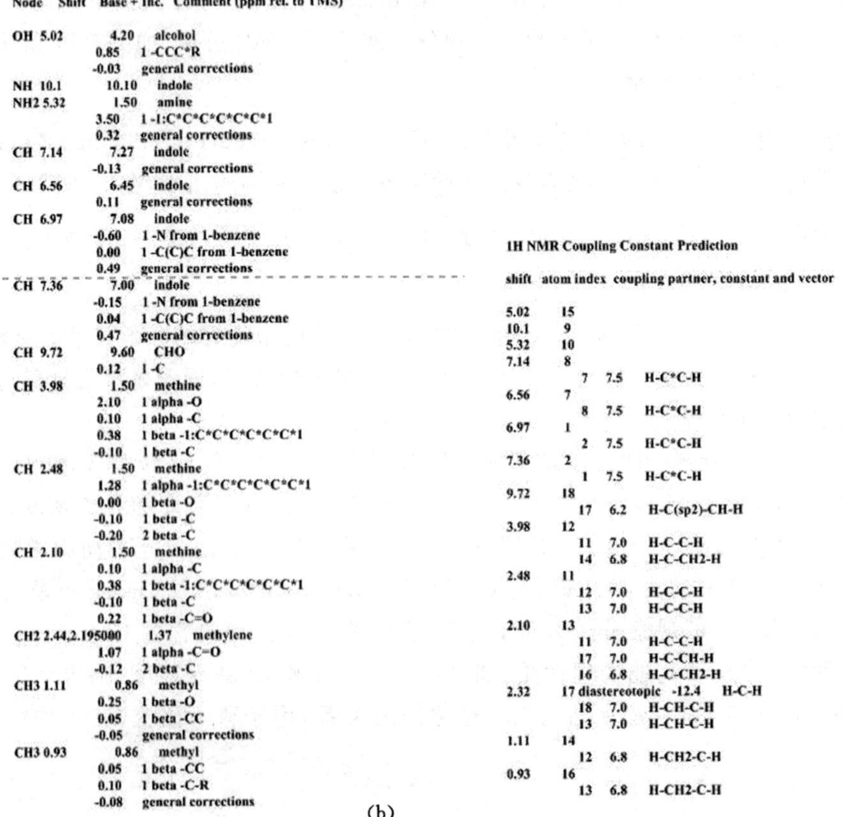

Node	Shift	Base + Inc.	Comment (ppm rel. to TMS)
OH	5.02	4.20	alcohol
		0.85	1 -CCC*R
		-0.03	general corrections
NH	10.1	10.10	indole
NH2	5.32	1.50	amine
		3.50	1 -1:C*C*C*C*C*C*1
		0.32	general corrections
CH	7.14	7.27	indole
		-0.13	general corrections
CH	6.56	6.45	indole
		0.11	general corrections
CH	6.97	7.08	indole
		-0.60	1 -N from 1-benzene
		0.00	1 -C(C)C from 1-benzene
		0.49	general corrections
CH	7.36	7.00	indole
		-0.15	1 -N from 1-benzene
		0.04	1 -C(C)C from 1-benzene
		0.47	general corrections
CH	9.72	9.60	CHO
		0.12	1 -C
CH	3.98	1.50	methine
		2.10	1 alpha -O
		0.10	1 alpha -C
		0.38	1 beta -1:C*C*C*C*C*C*1
		-0.10	1 beta -C
CH	2.48	1.50	methine
		1.28	1 alpha -1:C*C*C*C*C*C*1
		0.00	1 beta -O
		-0.10	1 beta -C
		-0.20	2 beta -C
CH	2.10	1.50	methine
		0.10	1 alpha -C
		0.38	1 beta -1:C*C*C*C*C*C*1
		-0.10	1 beta -C
		0.22	1 beta -C=O
CH2	2.44,2.195000	1.37	methylene
		1.07	1 alpha -C=O
		-0.12	2 beta -C
CH3	1.11	0.86	methyl
		0.25	1 beta -O
		0.05	1 beta -CC
		-0.05	general corrections
CH3	0.93	0.86	methyl
		0.05	1 beta -CC
		0.10	1 beta -C-R
		-0.08	general corrections

1H NMR Coupling Constant Prediction

shift	atom index	coupling partner, constant and vector		
5.02	15			
10.1	9			
5.32	10			
7.14	8			
		7	7.5	H-C*C-H
6.56	7			
		8	7.5	H-C*C-H
6.97	1			
		2	7.5	H-C*C-H
7.36	2			
		1	7.5	H-C*C-H
9.72	18			
		17	6.2	H-C(sp2)-CH-H
3.98	12			
		11	7.0	H-C-C-H
		14	6.8	H-C-CH2-H
2.48	11			
		12	7.0	H-C-C-H
		13	7.0	H-C-C-H
2.10	13			
		11	7.0	H-C-C-H
		17	7.0	H-C-CH-H
		16	6.8	H-C-CH2-H
2.32	17	diastereotopic	-12.4	H-C-H
		18	7.0	H-CH-C-H
		13	7.0	H-CH-C-H
1.11	14			
		12	6.8	H-CH2-C-H
0.93	16			
		13	6.8	H-CH2-C-H

(b)

图 5-87　NMP 谱预测

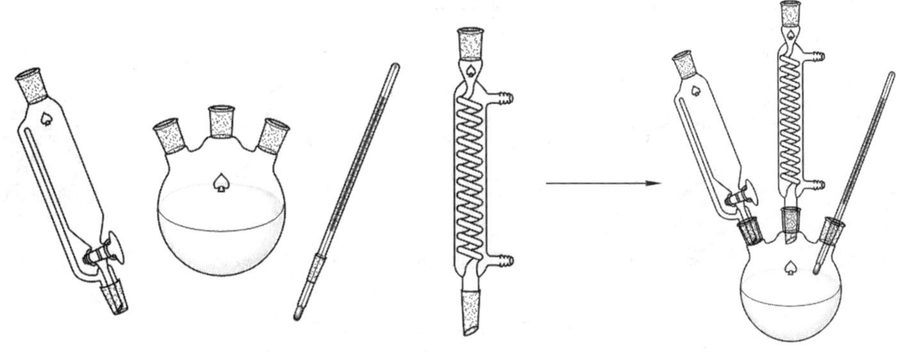

图 5-88　实验仪器绘制

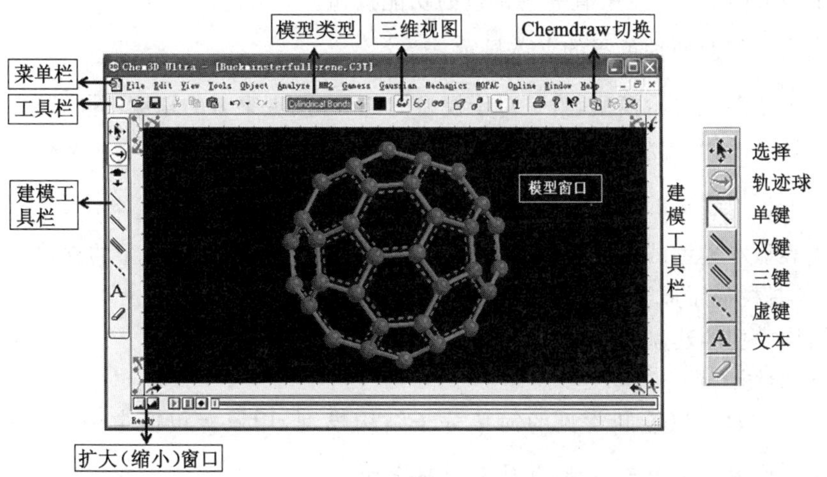

图 5-89　Chem3D Ultra 工作窗口

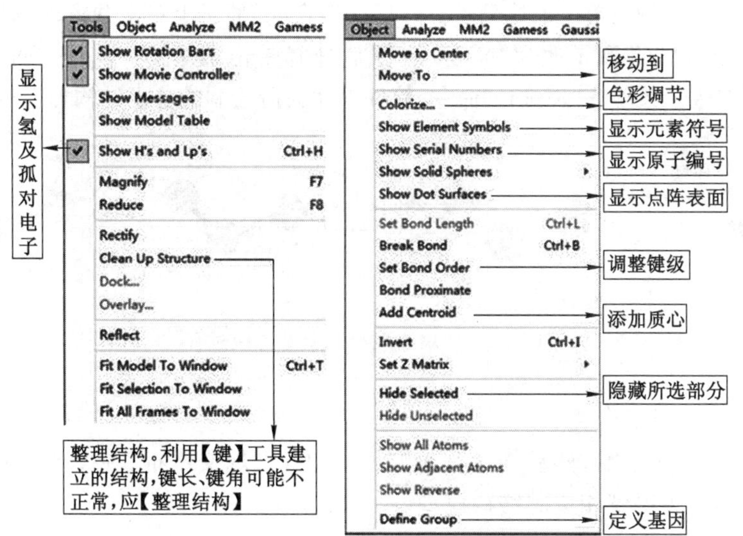

图 5-90　常用命令

有五种，分别是：线状模型、棒状模型、球棒模型、圆柱键模型、电子云空间填充模型，如图5-91所示。

图 5-91　分子结构显示的五种方式

（2）工具栏

Chem3D Ultra 工具栏中有一些特色的功能按钮。

：代表用红蓝两种色彩的立体显示。

：代表用深色显示模型，就是对于模型的部分，按观察者的角度不同着色。

：代表显示两个立体结构完全相同的模型。

：代表模拟现实的角度观察模型，使模型更接近真实。

：代表显示模型的时候将后面的部分以阴影形式表示，这样模型的立体感更强。

：工具栏显示原子的符号和标号。

（3）结构模型的建立

① 利用绘图工具。

利用键型工具可以绘制常见的简单分子结构模型，用鼠标单击常用工具栏的键工具，然后在工作窗口中单击左键，并从左向右拖动。

例如利用乙烷绘制氨基乙烷。在工具栏选择单键工具，将鼠标移动至工作窗口，按住鼠标左键拖动鼠标即可绘制简单的乙烷分子。然后在任意"C"原子上单击并拖动，则添加上一个甲基，将任意一个端基"C"原子改为"N"原子，最后选择单击菜单「View」→"Setting"子菜单→"Model Build"二级子菜单→"Rectify"命令，软件自动为所绘制的分子结构加上氢原子。

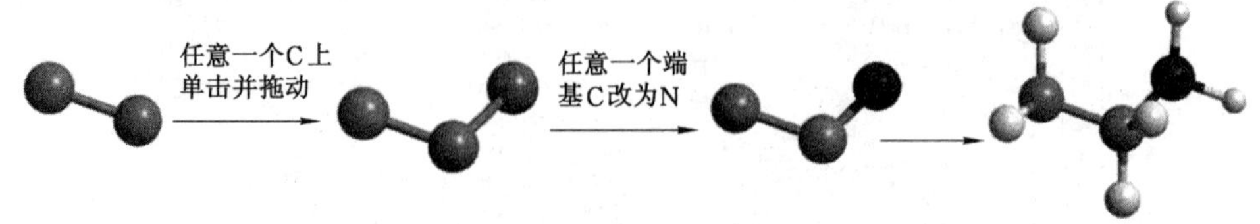

图 5-92　利用乙烷绘制氨基乙烷过程

② 利用文本工具输入。

单击文本工具按钮，然后在工作窗口中单击，出现文本框，在文本框中输入结构简式，按"Enter"键便可得到相应的结构模型。

例如：建立 Ibuprofen（布洛芬）模型。在文本框中输入"CH3CH（CH3）CH2p－PhenyleneCH（CH3）COOH"，然后点击"Enter"键，即出现如图 5-93 所示结构。

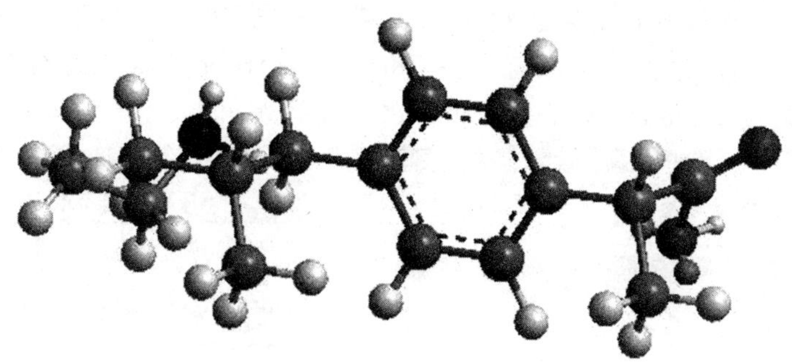

图 5-93　建立布洛芬模型

③ 利用绘图模板绘制。

对于比较复杂的分子模型，用文本输入就显得比较麻烦，这时就需要用“绘图模板”来绘制模型。例如：选择冠醚模板，绘制冠醚(15－冠－5)。

使用单击菜单「File」→“Tempelates”命令，选择模板“18－crown－6K＋ salt”，点击“Ctrl＋H”键，隐藏氢原子；单击“Delete”键，删除“K^+、14O、17C、18C”原子；单击菜单「Structure」→“Clean Up”命令调整结构；选择单键工具，在 15C 和 10O 原子之间拖动，重新成环；对分子进行“MM2”和“MOPAC”优化，显示氢原子，如图 5-94 所示。

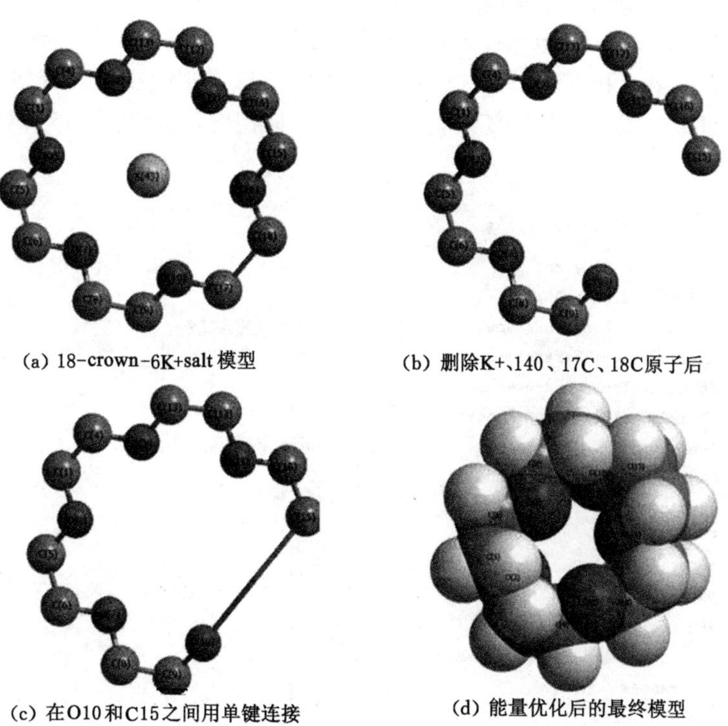

(a) 18-crown-6K+salt 模型　(b) 删除K+、14O、17C、18C原子后

(c) 在O10和C15之间用单键连接　(d) 能量优化后的最终模型

图 5-94　绘制冠醚

(4) ChemDraw 和 Chem3D 信息转换

对于更复杂的分子，可以利用 ChemDraw 先将其平面图画出，然后利用“ChemDraw-

3D”的转换功能，将平面图形转换为立体结构。需要事先在 Chem3D Ultra 的工作界面上嵌入了 ChemDraw 面板，这样就可以直接在 Chem3D Ultra 的界面上进行 ChemDraw 的操作，不必再另外启动 ChemDraw 程序。如图 5-95 所示。

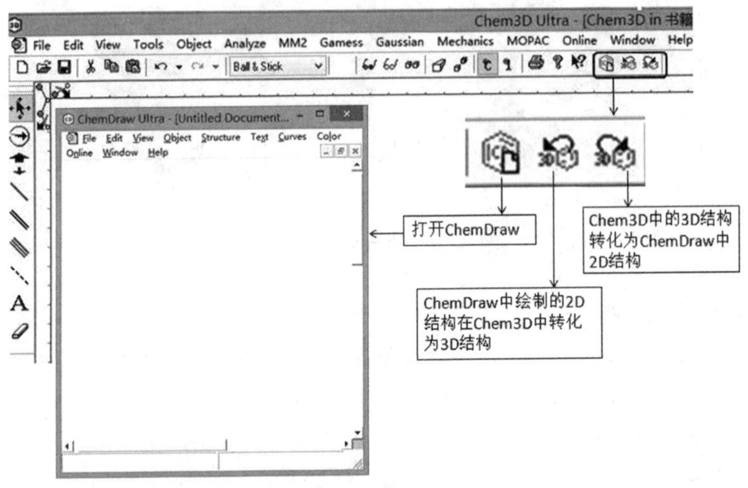

图 5-95　ChemDraw 和 Chem3D 信息转换

(5) 子结构模型建立分子结构

点击菜单「View」→“Parameter Tables”子菜单→“Substructures”命令，打开模型窗口，选中需要的模型，然后按“Ctrl+C”键，转换到工作窗口，按“Ctrl+V”键便可以得到需要的模型，然后就可以根据自己的需要编辑分子结构。模型窗口提供了 256 种模型可供选择，如图 5-96 所示。

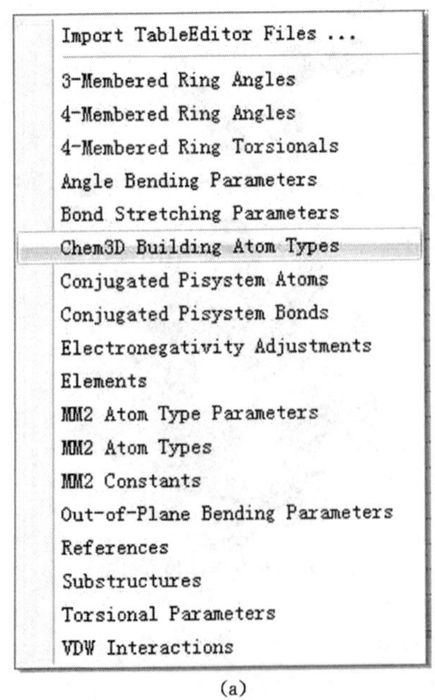

(a)

Substructures

	Name	Model	Color
1	Ac		-
2	Acetamido		-
3	1-Adamantyl		-
4	Ala		-
5	ß-Ala		-
6	Allyl		-

(b)

图 5-96　分子结构模型窗口

（6）模型的旋转与平移

分子模型的平移包括：整个分子模型的平移和单个原子的平移。分子的旋转，可以达到精确角度的旋转。① 选择“轨迹球”工具，使分子模型在模型窗口沿 X、Y 轴旋转。② 选择“轨迹球”工具并按“Alt”键，使分子模型在模型窗口沿 Z 轴旋转，如图 5-97 所示。

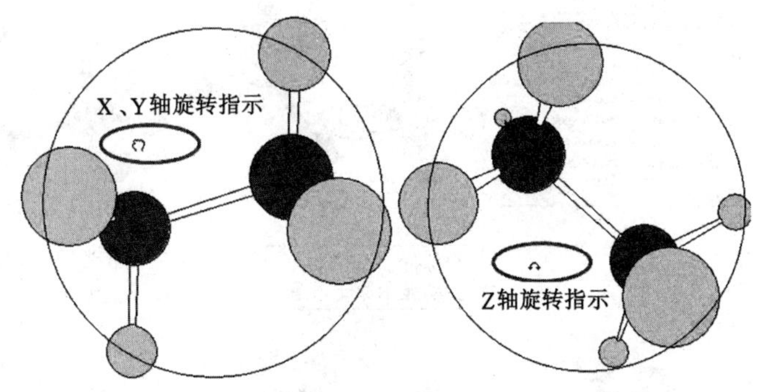

图 5-97　模型的旋转和平移

（7）模型的优化

① 使用菜单「Structure」→“Clean up”命令进行优化，如图 5-98 所示。

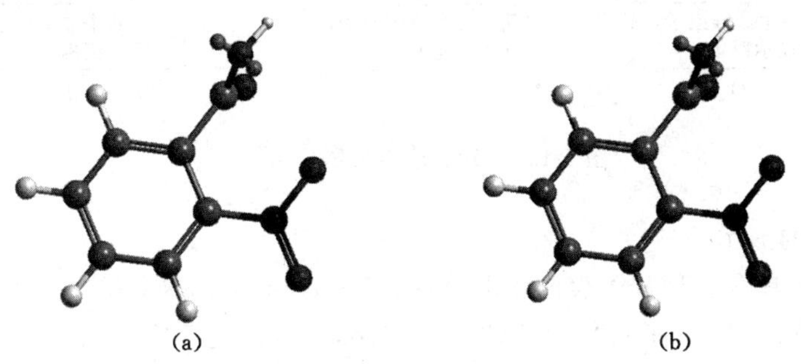

图 5-98　邻硝基苯甲酸初始图与结构调整后的图

② MM 优化：菜单「MM2」→“Minimize Energy”命令进行优化，如图 5-99 所示。

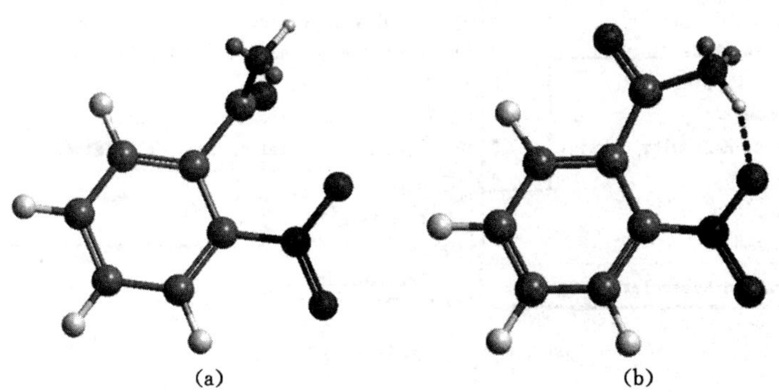

图 5-99　邻硝基苯甲酸初始图与能量最小化优化后的图

（8）分子结构数据的显示

使用菜单「Structure」→“Measurement”子菜单→“Bond Lengths”、“BondAngles”、“Dihedral Angles”命令。可以显示：① 光标位于原子上，自动显示原子信息；② 光标位于键上，自动显示键信息；③ 选中 3 个成键原子，显示键角；④ 选中 4 个成键原子，显示二面角；⑤ 显示两个非键原子的距离。

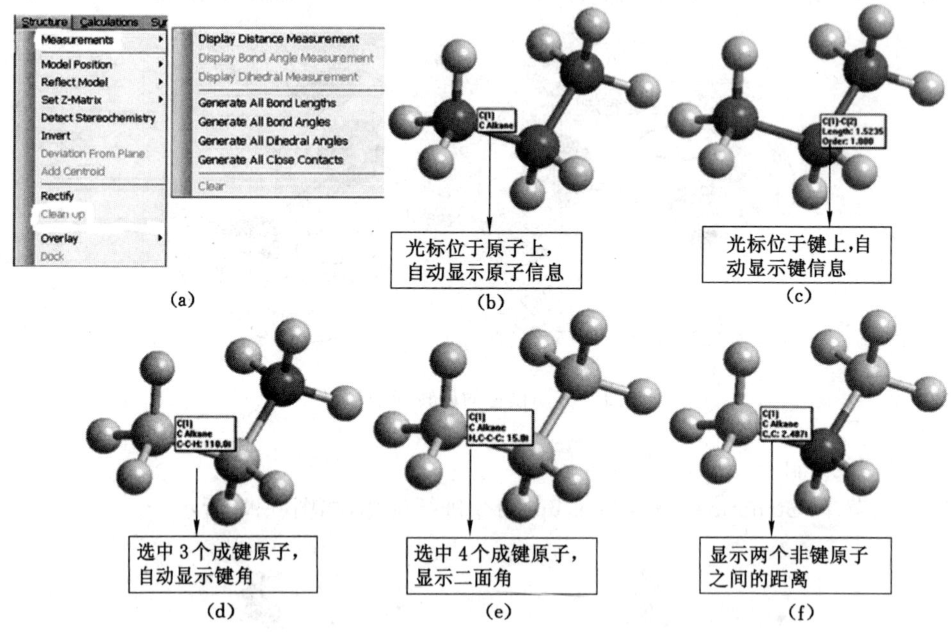

图 5-100　分子结构数据显示

(9) 分子表面的显示

Chem3D Ultra 具有多种分子表面图形：包括：“Solvent Accessible”（溶剂可及）、“Connoly Molecular”（Connoly 分子）、“Total Charge Density”（总电荷密度）、“Total Spin Density”（总自旋密度）、“Molecular Electrostatic Potential”（分子静电势），如图 5-101 所示。

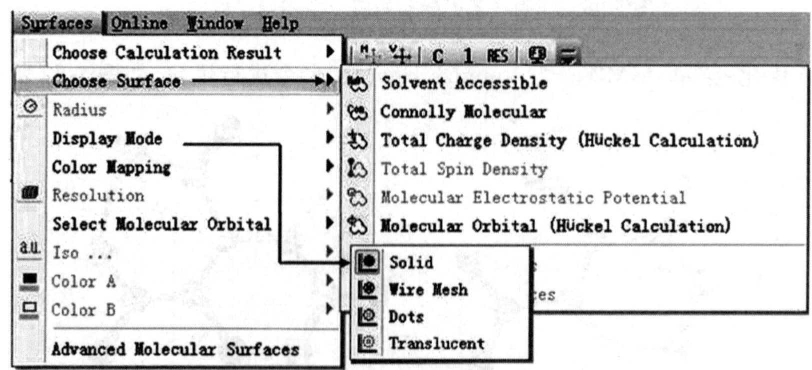

图 5-101　多种分子表面图形

多种显示模式：“Solid”（实心）、“Wire Mesh”（网格）、“Dots”（点状）、“Translucent”（透明），如图 5-102 所示。

(10) 分子轨道图形的显示

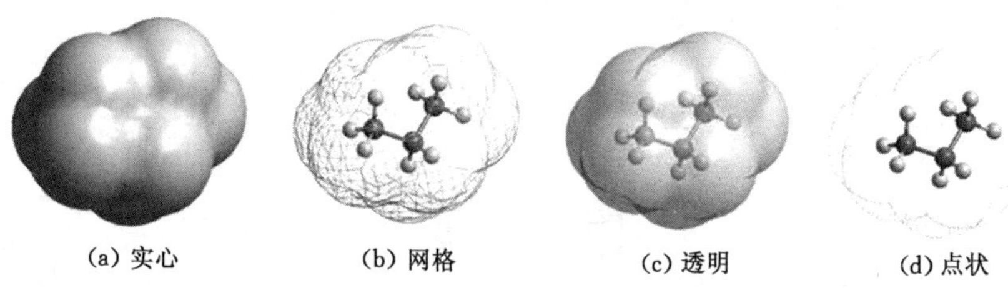

(a) 实心　(b) 网格　(c) 透明　(d) 点状

图 5-102　多种显示模式

先进行量子化学计算，点击菜单「Calculation」→“Extended Huckel”子菜单→“Calculate Surfaces”命令进行表面计算；然后点击菜单「Surfaces」→“Choose Surfaces”子菜单→“Molecular Orbital”命令显示分子轨道，如图 5-103 所示。

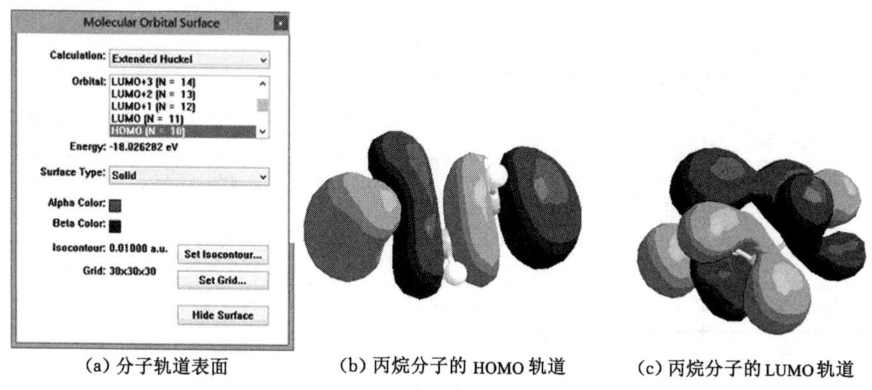

(a) 分子轨道表面　(b) 丙烷分子的 HOMO 轨道　(c) 丙烷分子的 LUMO 轨道

图 5-103　分子轨道图形的显示

(11) 查找原子的范德瓦尔斯半径

点击菜单「View」→“Parameter Tables”子菜单→“Chem3D Building Atom Tyoes”命令，找到各种元素在不同环境的半径，如图 5-104 所示。

Import TableEditor Files ...
3-Membered Ring Angles
4-Membered Ring Angles
4-Membered Ring Torsionals
Angle Bending Parameters
Bond Stretching Parameters
Chem3D Building Atom Types
Conjugated Pisystem Atoms
Conjugated Pisystem Bonds
Electronegativity Adjustments
Elements
MM2 Atom Type Parameters
MM2 Atom Types
MM2 Constants
Out-of-Plane Bending Parameters
References
Substructures
Torsional Parameters
VDW Interactions

(a)

Chem3D Building Atom Types

	Name	Symbol	VDW	Text	Charge	Max Ring	Rectification	Geometry	Double	Triple	D
1	Ag Tetrahedral	Ag	1.980	474			H	Tetrahedral			
2	Ag Trig Planar	Ag	1.980	473			H	Trigonal pl			
3	Al Tetrahedral	Al	2.050	134	-1.000		H	Tetrahedral			
4	Al Trig Planar	Al	2.050	133			H	Trigonal pl			
5	As Trig Pyr	As	2.050	333			H	Trigonal py			
6	At	At	2.250	851			H	1 Ligand			
7	Au Tetrahedral	Au	1.790	794			H	Tetrahedral			
8	Au Trig Planar	Au	1.790	793			H	Trigonal pl			
9	B Tetrahedral	B	1.461	27	-1.000		H	Tetrahedral			
10	B Trig Planar	B	1.461	26			H	Trigonal pl			
11	Ba	Ba	2.780	560	2.000			0 Ligand			
12	Be Bent	Be	1.930	99			H	Bent			
13	Bi Trig Pyr	Bi	2.300	833			H	Trigonal py			
14	Br	Br	1.832	13				1 Ligand			
15	Br Anion	Br	2.037	350	-1.000			0 Ligand			
16	C Alkane	C	1.431	1			H	Tetrahedral			
17	C Alkene	C	1.462	2			H	Trigonal pl	1		
18	C Alkyne	C	1.462	4			H	Linear		1	
19	C Carbanion	C	1.462	30	-1.000		H	Trigonal pl			
20	C Carbocation	C	1.462	30	1.000		H	Trigonal pl			
21	C Carbonyl	C	1.462	3			H	Trigonal pl	1		
22	C Carboxylate	C	1.462	3				Trigonal pl			2
23	C Cumulene	C	1.462	4				Linear	2		
24	C Cyclopentadien	C	1.462	63	-0.200	5	H	Trigonal pl			2
25	C Cyclopropane	C	1.431	22		3	H	Tetrahedral			
26	C Cyclopropene	C	1.462	38		3	H	Trigonal pl	1		
27	C Epoxy	C	1.431	64		3	H	Tetrahedral			

(b)

图 5-104　查找原子的范德瓦尔斯半径

附　　录

Ⅰ. 正交表

附表 1　　$L_4(2^3)$

实验号＼列号	1	2	3
1	1	1	1
2	1	2	2
3	2	1	2
4	2	2	1

附表 2　　$L_8(2^7)$

实验号＼列号	1	2	3	4	5	6	7
1	1	1	1	1	1	1	1
2	1	1	1	2	2	2	2
3	1	2	2	2	1	2	2
4	1	2	2	2	2	1	1
5	2	1	1	2	1	1	2
6	2	1	1	2	2	2	1
7	2	2	2	1	1	2	1
8	2	2	2	1	2	1	2

附表 3　　$L_{12}(2^{11})$

实验号＼列号	1	2	3	4	5	6	7	8	9	10	11
1	1	1	1	1	1	1	1	1	1	1	1
2	1	1	1	1	1	2	2	2	2	2	2
3	1	1	2	2	2	1	1	1	2	2	2

续附表 3

实验号 \ 列号	1	2	3	4	5	6	7	8	9	10	11
4	1	2	1	2	2	1	2	2	1	1	2
5	1	2	2	1	2	2	1	2	1	2	1
6	1	2	2	2	1	2	2	1	2	1	1
7	2	1	2	2	1	1	2	2	1	2	1
8	2	1	2	1	2	2	2	1	1	1	2
9	2	1	1	2	2	2	1	2	2	1	1
10	2	2	2	1	1	1	1	2	2	1	2
11	2	2	1	2	1	2	1	1	1	2	2
12	2	2	1	1	2	1	2	1	2	2	1

附表 4　　$L_{16}(2^{15})$

实验号 \ 列号	1	2	3	4	5	6	7	8	9	10	11	12	13	14	15
1	1	1	1	1	1	1	1	1	1	1	1	1	1	1	1
2	1	1	1	1	1	1	1	2	2	2	2	2	2	2	2
3	1	1	1	2	2	2	2	1	1	1	1	2	2	2	2
4	1	1	1	2	2	2	2	2	2	2	2	1	1	1	1
5	1	2	2	1	1	2	2	1	1	2	2	1	1	2	2
6	1	2	2	1	1	2	2	2	2	1	1	2	2	1	1
7	1	2	2	2	2	1	1	1	1	2	2	2	2	1	1
8	1	2	2	2	2	1	1	2	2	1	1	1	1	2	2
9	2	1	2	1	2	1	2	1	2	1	2	1	2	1	2
10	2	1	2	1	2	2	1	2	1	2	1	2	1	2	1
11	2	1	2	2	1	2	1	1	2	1	2	2	1	2	1
12	2	1	2	2	1	2	1	2	1	2	1	1	2	1	2
13	2	2	1	1	2	2	1	1	2	2	1	1	2	2	1
14	2	2	1	1	2	2	1	2	1	1		2	1	1	2
15	2	2	1	2	1	1	2	1			1	2	1	1	2
16	2	2	1	2	1	1	2	2	1	1	2	1	2	2	1

附表 5　　$L_{20}(2^{19})$

实验号 \ 列号	1	2	3	4	5	6	7	8	9	10	11	12	13	14	15	16	17	18	19
1	1	1	1	1	1	1	1	1	1	1	1	1	1	1	1	1	1	1	1
2	2	2	1	1	2	2	2	2	1	2	1	2	1	1	1	1	2	2	1

续附表 5

实验号 \ 列号	1	2	3	4	5	6	7	8	9	10	11	12	13	14	15	16	17	18	19
3	2	1	1	2	2	2	2	1	2	1	2	1	1	1	1	2	2	1	2
4	1	1	2	2	2	2	1	2	1	2	1	1	1	1	2	2	1	2	2
5	1	2	2	2	2	1	2	1	2	1	1	1	1	2	2	1	2	2	1
6	2	2	2	2	1	2	1	2	1	1	1	1	2	2	1	2	2	1	1
7	2	2	2	1	2	1	2	1	1	1	1	2	2	1	2	2	1	1	2
8	2	2	1	2	1	2	1	1	1	1	2	2	1	2	2	1	1	2	2
9	2	1	2	1	2	1	1	1	1	2	2	1	2	2	1	1	2	2	2
10	1	2	1	2	1	1	1	1	2	2	1	2	2	1	1	2	2	2	2
11	2	1	2	1	1	1	1	2	2	1	2	2	1	1	2	2	2	2	1
12	1	2	1	1	1	1	2	2	1	2	2	1	1	2	2	2	2	1	2
13	2	1	1	1	1	2	2	1	2	2	1	1	2	2	2	2	1	2	1
14	1	1	1	1	2	2	1	2	2	1	1	2	2	2	2	1	2	1	2
15	1	1	1	2	2	1	2	2	1	1	2	2	2	2	1	2	1	2	1
16	1	1	2	2	1	2	2	1	1	2	2	2	2	1	2	1	2	1	1
17	1	2	2	1	2	2	1	1	2	2	2	2	1	2	1	2	1	1	1
18	2	2	1	2	2	1	1	2	2	2	2	1	2	1	2	1	1	1	1
19	2	1	2	2	1	1	2	2	2	2	1	2	1	2	1	1	1	1	2
20	1	2	2	1	1	2	2	2	2	1	2	1	2	1	1	1	1	2	2

附表 6 **$L_9(3^4)$**

实验号 \ 列号	1	2	3	4
1	1	1	1	1
2	1	2	2	2
3	1	3	3	3
4	2	1	2	3
5	2	2	3	1
6	2	3	1	2
7	3	1	3	2
8	3	2	1	3
9	3	3	2	1

附表 7　　$L_{27}(3^{13})$

实验号＼列号	1	2	3	4	5	6	7	8	9	10	11	12	13
1	1	1	1	1	1	1	1	1	1	1	1	1	1
2	1	1	1	1	2	2	2	2	2	2	2	2	2
3	1	1	1	1	3	3	3	3	3	3	3	3	3
4	1	2	2	2	1	1	1	2	2	3	3	3	3
5	1	2	2	2	2	2	2	3	3	3	1	1	1
6	1	2	2	2	3	3	3	1	1	1	2	2	2
7	1	3	3	3	1	1	1	3	3	3	2	2	2
8	1	3	3	3	2	2	2	1	1	1	3	3	3
9	1	3	3	3	3	3	3	2	2	2	1	1	1
10	2	1	2	3	1	2	3	1	2	3	1	2	3
11	2	1	2	3	2	3	1	2	3	1	2	3	1
12	2	1	2	3	3	1	2	3	1	2	3	1	2
13	2	2	3	1	1	2	3	2	3	1	3	1	2
14	2	2	3	1	2	3	1	3	1	2	1	2	3
15	2	2	3	1	3	1	2	1	2	3	2	3	1
16	2	3	1	2	1	2	3	3	1	2	2	3	1
17	2	3	1	2	2	3	1	1	2	3	3	1	2
18	2	3	1	2	3	1	2	2	3	1	1	2	3
19	3	1	3	2	1	3	2	1	3	2	1	3	2
20	3	1	3	2	2	1	3	2	1	3	2	1	3
21	3	1	3	2	3	2	1	3	2	1	2	1	3
22	3	2	1	3	1	3	2	2	1	3	3	2	1
23	3	2	1	3	2	1	3	3	2	1	1	3	2
24	3	2	1	3	3	2	1	1	3	2	2	1	3
25	3	3	2	1	1	3	2	3	2	1	2	1	3
26	3	3	2	1	2	1	3	1	3	2	3	2	1
27	3	3	2	1	3	2	1	2	1	3	1	3	2

附表 8　　$L_8(4\times2^4)$

实验号＼列号	1	2	3	4	5
1	1	1	1	1	1
2	1	2	2	2	2
3	2	1	1	2	2
4	2	2	2	1	1

续附表 8

列号/实验号	1	2	3	4	5
5	3	1	2	1	2
6	3	2	1	2	1
7	4	1	2	2	1
8	4	2	1	1	2

附表 9 $L_{16}(4\times 2^{12})$

列号/实验号	1	2	3	4	5	6	7	8	9	10	11	12	13
1	1	1	1	1	1	1	1	1	1	1	1	1	1
2	1	1	1	1	1	2	2	2	2	2	2	2	2
3	1	2	2	2	2	1	1	1	1	2	2	2	2
4	1	2	2	2	2	2	2	2	2	1	1	1	1
5	2	1	1	2	2	1	1	2	2	1	1	2	2
6	2	1	1	2	2	2	2	1	1	2	2	1	1
7	2	2	2	1	1	1	1	2	2	2	2	1	1
8	2	2	2	1	1	2	2	1	1	1	1	2	2
9	3	1	2	1	2	1	2	1	2	1	2	1	2
10	3	1	2	1	2	2	1	2	1	2	1	2	1
11	3	2	1	2	1	1	2	1	2	2	1	2	1
12	3	2	1	2	1	2	1	2	1	1	2	1	2
13	4	1	2	2	1	1	2	2	1	1	2	2	1
14	4	1	2	2	1	2	1	1	2	2	1	1	2
15	4	2	1	1	2	1	2	2	1	2	1	1	2
16	4	2	1	1	2	2	1	1	2	1	2	2	1

附表 10 $L_{16}(4^2\times 2^9)$

列号/实验号	1	2	3	4	5	6	7	8	9	10	11
1	1	1	1	1	1	1	1	1	1	1	1
2	1	2	1	1	1	2	2	2	2	2	2
3	1	3	2	2	2	1	1	1	2	2	2
4	1	4	2	2	2	2	2	2	1	1	1
5	2	1	1	2	2	1	2	2	1	2	2
6	2	2	1	2	2	2	1	1	2	1	1
7	2	3	2	1	1	1	2	2	2	1	1

续附表 10

实验号＼列号	1	2	3	4	5	6	7	8	9	10	11
8	2	4	2	1	1	2	1	1	1	2	2
9	3	1	2	1	2	2	1	2	2	1	2
10	3	2	2	1	2	1	2	1	1	2	1
11	3	3	1	2	1	2	1	2	1	2	1
12	3	4	1	2	1	1	2	1	2	1	2
13	4	1	2	2	1	2	2	1	2	2	1
14	4	2	2	2	1	1	1	2	1	1	2
15	4	3	1	1	2	2	2	1	1	1	2
16	4	4	1	1	2	1	1	2	2	2	1

附表 11　　$L_{16}(4^5)$

实验号＼列号	1	2	3	4	5
1	1	1	1	1	1
2	1	2	2	2	2
3	1	3	3	3	3
4	1	4	4	4	4
5	2	1	2	3	4
6	2	2	1	4	3
7	2	3	4	1	2
8	2	4	3	2	1
9	3	1	3	4	2
10	3	2	4	3	1
11	3	3	1	2	4
12	3	4	2	1	3
13	4	1	4	2	3
14	4	2	3	1	4
15	4	3	2	4	1
16	4	4	1	3	2

附表 12　　$L_{16}(4^2 \times 2^9)$

实验号＼列号	1	2	3	4	5	6	7	8	9	10	11
1	1	1	1	1	1	1	1	1	1	1	1
2	1	2	1	1	1	2	2	2	2	2	2

续附表 12

实验号 \ 列号	1	2	3	4	5	6	7	8	9	10	11
3	1	3	2	2	2	1	1	1	2	2	2
4	1	4	2	2	2	2	2	2	1	1	1
5	2	1	1	2	2	1	2	2	1	2	2
6	2	2	1	2	2	2	1	1	2	1	1
7	2	3	2	1	1	1	2	2	2	1	1
8	2	4	2	1	1	2	1	1	1	2	2
9	3	1	2	1	2	2	1	2	2	1	2
10	3	2	2	1	2	1	2	1	1	2	1
11	3	3	1	2	1	2	1	2	1	2	1
12	3	4	1	2	1	1	2	1	2	1	2
13	4	1	2	2	1	2	2	1	2	2	1
14	4	2	2	2	1	1	1	2	1	1	2
15	4	3	1	1	2	2	2	1	1	1	2
16	4	4	1	1	2	1	1	2	2	2	1

附表 13 $L_{18}(2\times3^7)$

实验号 \ 列号	1	2	3	4	5	6	7	8
1	1	1	1	1	1	1	1	1
2	1	1	2	2	2	2	2	2
3	1	1	3	3	3	3	3	3
4	1	2	1	1	2	2	3	3
5	1	2	2	2	3	3	1	1
6	1	2	3	3	1	1	2	2
7	1	3	1	2	1	3	2	3
8	1	3	2	3	2	1	3	1
9	1	3	3	1	3	2	1	2
10	2	1	1	3	3	2	2	1
11	2	1	2	1	1	3	3	2
12	2	1	3	2	2	1	1	3
13	2	2	1	2	3	1	3	2
14	2	2	2	3	1	2	1	3
15	2	2	3	1	2	3	2	1
16	2	3	1	3	2	3	1	2
17	2	3	2	1	3	1	2	3
18	2	3	3	2	1	2	3	1

附表 14　　$L_{16}(4^4 \times 2^3)$

实验号＼列号	1	2	3	4	5	6	7
1	1	1	1	1	1	1	1
2	1	2	2	2	1	2	2
3	1	3	3	3	2	1	2
4	1	4	4	4	2	2	1
5	2	1	2	3	2	2	1
6	2	2	1	4	2	1	2
7	2	3	4	1	1	2	2
8	2	4	3	2	1	1	1
9	3	1	3	4	1	2	2
10	3	2	4	3	1	1	1
11	3	3	1	2	2	2	1
12	3	4	2	1	2	1	2
13	4	1	4	2	2	1	2
14	4	2	3	1	2	2	1
15	4	3	2	4	1	1	1
16	4	4	1	3	1	2	2

附表 15　　$L_{16}(4^3 \times 2^6)$

实验号＼列号	1	2	3	4	5	6	7	8	9
1	1	1	1	1	1	1	1	1	1
2	1	2	2	1	1	2	2	2	2
3	1	3	3	2	2	1	1	2	2
4	1	4	4	2	2	2	2	1	1
5	2	1	2	2	2	1	2	1	2
6	2	2	1	2	2	2	1	2	1
7	2	3	4	1	1	1	2	2	1
8	2	4	3	1	1	2	1	1	2
9	3	1	3	1	2	2	2	2	1
10	3	2	4	1	2	1	1	1	2
11	3	3	1	2	1	2	2	1	2
12	3	4	2	2	1	1	1	2	1
13	4	1	4	2	1	2	1	2	2
14	4	2	3	2	1	1	2	1	1
15	4	3	2	1	2	2	1	1	1
16	4	4	1	1	2	1	2	2	2

附表 16 $L_{25}(5^6)$

实验号 \ 列号	1	2	3	4	5	6
1	1	1	1	1	1	1
2	1	2	2	2	2	2
3	1	3	3	3	3	3
4	1	4	4	4	4	4
5	1	5	5	5	5	5
6	2	1	2	3	4	5
7	2	2	3	4	5	1
8	2	3	4	5	1	2
9	2	4	5	1	2	3
10	2	5	1	2	3	4
11	3	1	3	5	2	4
12	3	2	4	1	3	5
13	3	3	5	2	4	1
14	3	4	1	3	5	2
15	3	5	2	4	1	3
16	4	1	4	2	5	3
17	4	2	5	3	1	4
18	4	3	1	4	2	5
19	4	4	3	5	3	1
20	4	5	2	1	4	2
21	5	1	5	4	3	2
22	5	2	1	5	4	3
23	5	3	2	1	5	4
24	5	4	3	2	1	5
25	5	5	4	3	2	1

附表 17 $L_8(2^7)$的交互作用列表

实验号 \ 列号	1	2	3	4	5	6	7
	(1)	3	2	5	4	7	6
		(2)	1	6	7	4	5
			(3)	7	6	5	4
				(4)	1	2	3
					(5)	3	2
						(6)	1
							(7)

附表 18　　$L_{16}(2^{15})$二列间交互作用列表

列号 / 实验号	1	2	3	4	5	6	7	8	9	10	11	12	13	14	15
	(1)	3	2	5	4	7	6	9	8	11	10	13	12	15	14
		(2)	1	6	7	4	5	10	11	8	9	14	15	12	13
			(3)	7	6	5	4	11	10	9	8	15	14	13	12
				(4)	1	2	3	12	13	14	15	8	9	10	11
					(5)	3	2	13	12	15	14	9	8	11	10
						(6)	1	14	15	13	12	11	10	8	9
							(7)	15	14	13	12	11	10	9	8
								(8)	1	2	3	4	5	6	7
									(9)	3	2	5	4	7	6
										(10)	1	6	7	4	5
											(11)	7	6	5	4
												(12)	1	2	3
													(13)	3	2
														(14)	1

附表 19　　$L_{27}(3^{13})$二列间的交互作用列表

列号 / 实验号	1	2	3	4	5	6	7	8	9	10	11	12	13
	(1)	3	2	2	6	5	5	9	8	8	12	11	11
		4	4	3	7	7	6	10	10	9	13	13	12
		(2)	1	1	8	9	10	5	6	7	5	6	7
			4	3	11	12	13	11	12	13	8	9	10
			(3)	1	9	10	8	7	5	6	6	7	5
				2	13	11	12	12	13	11	10	8	9
				(4)	10	8	9	6	7	5	7	5	6
					12	13	11	13	11	12	9	10	8
					(5)	1	1	2	3	4	2	4	3
						7	6	11	13	12	8	10	9
						(6)	1	4	2	3	3	2	4
							5	13	12	11	10	9	8
							(7)	3	4	2	4	3	2
								12	11	13	9	8	10
								(8)	1	1	2	3	4
									10	9	5	7	6
									(9)	1	4	2	3
										8	7	6	5
										(10)	3	4	2
											6	5	7
											(11)	1	1
												13	12
												(12)	1
													11

Ⅱ. F 分布表($P\{F(n_1, n_2) > F_\alpha(n_1, n_2)\} = \alpha$)

附表 20 $\alpha = 0.10$

n_2 \ n_1	1	2	3	4	5	6	7	8	9	10	12	15	20	24	30	40	60	120	∞
1	39.86	49.50	53.59	55.83	57.24	58.20	58.91	59.44	59.86	60.19	60.71	61.22	61.74	62.00	62.26	62.53	62.79	63.06	63.33
2	8.53	9.00	9.16	9.24	9.29	9.33	9.35	9.37	9.38	9.39	9.41	9.42	9.44	9.45	9.46	9.47	9.47	9.48	9.49
3	5.54	5.46	5.39	5.34	5.31	5.28	5.27	5.25	5.24	5.23	5.22	5.20	5.18	5.18	5.17	5.16	5.15	5.14	5.13
4	4.54	4.32	4.19	4.11	4.05	4.01	3.98	3.95	3.94	3.92	3.90	3.87	3.84	3.83	3.82	3.80	3.79	3.78	3.76
5	4.06	3.78	3.62	3.52	3.45	3.40	3.37	3.34	3.32	3.30	3.27	3.24	3.21	3.19	3.17	3.16	3.14	3.12	3.10
6	3.78	3.46	3.29	3.18	3.11	3.05	3.01	2.98	2.96	2.94	2.90	2.87	2.84	2.82	2.80	2.78	2.76	2.74	2.72
7	3.59	3.26	3.07	2.96	2.88	2.83	2.78	2.75	2.72	2.70	2.67	2.63	2.59	2.58	2.56	2.54	2.51	2.49	2.47
8	3.46	3.11	2.92	2.81	2.73	2.67	2.62	2.59	2.56	2.54	2.50	2.46	2.42	2.40	2.38	2.36	2.34	2.32	2.29
9	3.36	3.01	2.81	2.69	2.61	2.55	2.51	2.47	2.44	2.42	2.38	2.34	2.30	2.28	2.25	2.23	2.21	2.18	2.16
10	3.29	2.92	2.73	2.61	2.52	2.46	2.41	2.38	2.35	2.32	2.28	2.24	2.20	2.18	2.16	2.13	2.11	2.08	2.06
11	3.23	2.86	2.66	2.54	2.45	2.39	2.34	2.30	2.27	2.25	2.21	2.17	2.12	2.10	2.08	2.05	2.03	2.00	1.97
12	3.18	2.81	2.61	2.48	2.39	2.33	2.28	2.24	2.21	2.19	2.15	2.10	2.06	2.04	2.01	1.99	1.96	1.93	1.90
13	3.14	2.76	2.56	2.43	2.35	2.28	2.23	2.20	2.16	2.14	2.10	2.05	2.01	1.98	1.96	1.93	1.90	1.88	1.85
14	3.10	2.73	2.52	2.39	2.31	2.24	2.19	2.15	2.12	2.10	2.05	2.01	1.96	1.94	1.91	1.89	1.86	1.83	1.80
15	3.07	2.70	2.49	2.36	2.27	2.21	2.16	2.12	2.09	2.06	2.02	1.97	1.92	1.90	1.87	1.85	1.82	1.79	1.76
16	3.05	2.67	2.46	2.33	2.24	2.18	2.13	2.09	2.06	2.03	1.99	1.94	1.89	1.87	1.84	1.81	1.78	1.75	1.72
17	3.03	2.64	2.44	2.31	2.22	2.15	2.10	2.06	2.03	2.00	1.96	1.91	1.86	1.84	1.81	1.78	1.75	1.72	1.69

续附表 20

$\alpha=1.0$

n_2 \ n_1	1	2	3	4	5	6	7	8	9	10	12	15	20	24	30	40	60	120	∞
18	3.01	2.62	2.42	2.29	2.20	2.13	2.08	2.04	2.00	1.98	1.93	1.89	1.84	1.81	1.78	1.75	1.72	1.69	1.66
19	2.99	2.61	2.40	2.27	2.18	2.11	2.06	2.02	1.98	1.96	1.91	1.86	1.81	1.79	1.76	1.73	1.70	1.67	1.63
20	2.97	2.59	2.38	2.25	2.16	2.09	2.04	2.00	1.96	1.94	1.89	1.84	1.79	1.77	1.74	1.71	1.68	1.64	1.61
21	2.96	2.57	2.36	2.23	2.14	2.08	2.02	1.98	1.95	1.92	1.87	1.83	1.78	1.75	1.72	1.69	1.66	1.62	1.59
22	2.95	2.56	2.35	2.22	2.13	2.06	2.01	1.97	1.93	1.90	1.86	1.81	1.76	1.73	1.70	1.67	1.64	1.60	1.57
23	2.94	2.55	2.34	2.21	2.11	1.05	1.99	1.95	1.92	1.89	1.84	1.80	1.74	1.72	1.69	1.66	1.62	1.59	1.55
24	2.93	2.54	2.33	2.19	2.10	2.04	1.98	1.94	1.91	1.88	1.83	1.78	1.73	1.70	1.67	1.64	1.61	1.57	1.53
25	2.92	2.53	2.32	2.18	2.09	2.02	1.97	1.93	1.89	1.87	1.82	1.77	1.72	1.69	1.66	1.63	1.59	1.56	1.52
26	2.91	2.52	2.31	2.17	2.08	2.01	1.96	1.92	1.88	1.86	1.81	1.76	1.71	1.68	1.65	1.61	1.58	1.54	1.50
27	2.90	2.51	2.30	2.17	2.07	2.00	1.95	1.91	1.87	1.85	1.80	1.75	1.70	1.67	1.64	1.60	1.57	1.53	1.49
28	2.89	2.50	2.29	2.16	2.06	2.00	1.94	1.90	1.87	1.84	1.79	1.74	1.69	1.66	1.63	1.59	1.56	1.52	1.48
29	2.89	2.50	2.28	2.15	2.06	1.99	1.93	1.89	1.86	1.83	1.78	1.73	1.68	1.65	1.62	1.58	1.55	1.51	1.47
30	2.88	2.49	2.28	2.14	2.05	1.98	1.93	1.88	1.85	1.82	1.77	1.72	1.67	1.64	1.61	1.57	1.54	1.50	1.46
40	2.84	2.44	2.23	2.09	2.00	1.93	1.87	1.83	1.79	1.76	1.71	1.66	1.61	1.57	1.54	1.51	1.47	1.42	1.38
60	2.79	2.39	2.18	2.04	1.95	1.87	1.82	1.77	1.74	1.71	1.66	1.60	1.54	1.51	1.48	1.44	1.40	1.35	1.29
120	2.75	2.35	2.13	1.99	1.90	1.82	1.77	1.72	1.68	1.65	1.60	1.55	1.48	1.45	1.41	1.37	1.32	1.26	1.19
∞	2.71	2.30	2.08	1.94	1.85	1.77	1.72	1.67	1.63	1.60	1.55	1.49	1.42	1.38	1.34	1.30	1.24	1.17	1.00

续附表 20

***α*=0.05**

n_2 \ n_1	1	2	3	4	5	6	7	8	9	10	12	15	20	24	30	40	60	120	∞
1	161.4	199.5	215.7	224.6	230.2	234.0	236.8	238.9	240.5	241.9	243.9	245.9	248.0	249.1	250.1	251.1	252.2	253.3	254.3
2	18.51	19.00	19.16	19.25	19.30	19.33	19.35	19.37	19.38	19.40	19.41	19.43	19.45	19.45	19.46	19.47	19.48	19.49	19.50
3	10.13	9.55	9.28	9.12	9.01	8.94	8.89	8.85	8.81	8.79	8.74	8.70	8.66	8.64	8.62	8.59	8.57	8.55	8.53
4	7.71	6.94	6.59	6.39	6.26	6.16	6.09	6.04	6.00	5.96	5.91	5.86	5.80	5.77	5.75	5.72	5.69	5.66	5.63
5	6.61	5.79	5.41	5.19	5.05	4.95	4.88	4.82	4.77	4.74	4.68	4.62	4.56	4.58	4.50	4.46	4.43	4.40	4.36
6	5.99	5.14	4.76	4.53	4.39	4.28	4.21	4.15	4.10	4.06	4.00	3.94	3.87	3.84	3.81	3.77	3.74	3.70	3.67
7	5.59	4.74	4.35	4.12	3.97	3.87	3.79	3.73	3.68	3.64	3.57	3.51	3.44	3.41	3.38	3.34	3.30	3.27	3.23
8	5.32	4.46	4.07	3.84	3.69	3.58	3.50	3.44	3.39	3.35	3.28	3.22	3.15	3.12	3.08	3.04	3.01	2.97	2.93
9	5.12	4.26	3.86	3.63	3.48	3.37	3.29	3.23	3.18	3.14	3.07	3.01	2.94	2.90	2.86	2.83	2.79	2.75	2.71
10	4.96	4.10	3.71	3.48	3.33	3.22	3.14	3.07	3.02	2.98	2.91	2.85	2.77	2.74	2.70	2.66	2.62	2.58	2.54
11	4.84	3.98	3.59	3.36	3.20	3.09	3.01	2.95	2.90	2.85	2.79	2.72	2.65	2.61	2.57	2.53	2.49	2.45	2.40
12	4.75	3.89	3.49	3.26	3.11	3.00	2.91	2.85	2.80	2.75	2.69	2.62	2.54	2.51	2.47	2.43	2.38	2.34	2.30
13	4.67	3.81	3.41	3.18	3.03	2.92	2.83	2.77	2.71	2.67	2.60	2.53	2.46	2.42	2.38	2.34	2.30	2.25	2.21
14	4.60	3.74	3.34	3.11	2.96	2.85	2.76	2.70	2.65	2.60	2.53	2.46	2.39	2.35	2.31	2.27	2.22	2.18	2.13
15	4.54	3.68	3.29	3.06	2.90	2.79	2.71	2.64	2.59	2.54	2.48	2.40	2.33	2.29	2.25	2.20	2.16	2.11	2.07
16	4.49	3.63	3.24	3.01	2.85	2.74	2.66	2.59	2.54	2.49	2.42	2.35	2.28	2.24	2.19	2.15	2.11	2.06	2.01
17	4.45	3.59	3.20	2.96	2.81	2.70	2.61	2.55	2.49	2.45	2.38	2.31	2.23	2.19	2.15	2.10	2.06	2.01	1.96
18	4.41	3.55	3.16	2.93	2.77	2.66	2.58	2.51	2.46	2.41	2.34	2.27	2.19	2.15	2.11	2.06	2.02	1.97	1.92
19	4.38	3.52	3.13	2.90	2.74	2.63	2.54	2.48	2.42	2.38	2.31	2.23	2.16	2.11	2.07	2.03	1.97	1.93	1.88

续附表 20

$\alpha=0.05$

n_2 \ n_1	1	2	3	4	5	6	7	8	9	10	12	15	20	24	30	40	60	120	∞
20	4.35	3.49	3.10	2.87	2.71	2.60	2.51	2.45	2.39	2.35	2.28	2.20	2.12	2.08	2.04	1.99	1.95	1.90	1.84
21	4.32	3.47	3.07	2.84	2.68	2.57	2.49	2.42	2.37	2.32	2.25	2.18	2.10	2.05	2.01	1.96	1.92	1.87	1.81
22	4.30	3.44	3.05	2.82	2.66	2.55	2.46	2.40	2.34	2.30	2.23	2.15	2.07	2.03	1.98	1.94	1.89	1.84	1.78
23	4.28	3.42	3.03	2.80	2.64	2.53	2.44	2.37	2.32	2.27	2.20	2.13	2.05	2.01	1.96	1.91	1.86	1.81	1.76
24	4.26	3.40	3.01	2.78	2.62	2.51	2.42	2.36	2.30	2.25	2.18	2.11	2.03	1.98	1.94	1.89	1.84	1.79	1.73
25	4.24	3.39	2.99	2.76	2.60	2.49	2.40	2.34	2.28	2.24	2.16	2.09	2.01	1.96	1.92	1.87	1.82	1.77	1.71
26	4.23	3.37	2.98	2.74	2.59	2.47	2.39	2.32	2.27	2.22	2.15	2.07	1.99	1.95	1.90	1.85	1.80	1.75	1.69
27	4.21	3.35	2.96	2.73	2.57	2.46	2.37	2.31	2.25	2.20	2.13	2.06	1.97	1.93	1.88	1.84	1.79	1.73	1.67
28	4.20	3.34	2.95	2.71	2.56	2.45	2.36	2.29	2.24	2.19	2.12	2.04	1.96	1.91	1.87	1.82	1.77	1.71	1.65
29	4.18	3.33	2.93	2.70	2.55	2.43	2.35	2.28	2.22	2.18	2.10	2.03	1.94	1.90	1.85	1.81	1.75	1.70	1.64
30	4.17	3.32	2.92	2.69	2.53	2.42	2.33	2.27	2.21	.16	2.09	2.01	1.93	1.89	1.84	1.79	1.74	1.68	1.62
40	4.08	3.23	2.84	2.61	2.45	2.34	2.25	2.18	2.12	2.08	2.00	1.92	1.84	1.79	1.74	1.69	1.64	1.58	1.51
60	4.00	3.15	2.76	2.53	2.37	2.25	2.17	2.10	2.04	1.99	1.92	1.84	1.75	1.70	1.65	1.59	1.53	1.47	1.39
120	3.92	3.07	2.68	2.45	2.29	2.17	2.09	2.02	1.96	1.91	1.83	1.75	1.66	1.61	1.55	1.50	1.43	1.35	1.25
∞	3.84	3.00	2.60	2.37	2.21	2.10	2.01	1.94	1.88	1.83	1.75	1.67	1.57	1.52	1.46	1.39	1.32	1.22	1.00

续附表 20

$\alpha=0.25$

n_2 \ n_1	1	2	3	4	5	6	7	8	9	10	12	15	20	24	30	40	60	120	∞
1	647.8	799.5	864.2	899.6	921.8	937.1	948.2	956.7	963.3	968.6	976.7	984.9	993.1	997.2	1001	1006	1010	1014	1018
2	38.51	39.00	39.17	39.25	39.30	39.33	39.36	39.37	39.39	39.40	39.41	39.43	39.45	39.46	39.47	39.48	39.40	39.50	
3	17.44	16.04	15.44	15.10	14.88	14.73	14.62	14.54	14.47	14.42	14.34	14.25	14.17	14.12	14.08	14.04	13.99	13.95	13.90
4	12.22	10.65	9.98	9.60	9.36	9.20	9.07	8.98	8.90	8.84	8.75	8.66	8.56	8.51	8.46	8.41	8.36	8.31	8.26
5	10.01	8.43	7.76	7.39	7.15	6.98	6.85	6.75	6.68	6.62	6.52	6.43	6.28	6.23	6.18	6.12	6.07	6.02	
6	8.81	7.26	6.60	6.23	5.99	5.82	5.70	5.60	5.52	5.46	5.37	5.27	5.17	5.12	5.07	5.01	4.96	4.90	4.85
7	8.07	6.54	5.89	5.52	5.29	5.12	4.99	4.90	4.82	4.76	4.67	4.57	4.47	4.42	4.36	4.31	4.25	4.20	4.14
8	7.57	6.06	5.42	5.05	4.82	4.65	4.53	4.43	4.36	4.30	4.20	4.10	4.00	3.95	3.89	3.84	3.78	3.73	3.67
9	7.21	5.71	5.08	4.72	4.48	4.23	4.20	4.10	4.03	3.96	3.87	3.77	3.67	3.61	3.56	3.51	3.45	3.39	3.33
10	6.94	5.46	4.83	4.47	4.24	4.07	3.95	3.85	3.78	3.72	3.62	3.52	3.42	3.37	3.31	3.26	3.20	3.14	3.08
11	6.72	5.26	4.63	4.28	4.04	3.88	3.76	3.66	3.59	3.53	3.43	3.33	3.23	3.17	3.12	3.06	3.00	2.94	2.88
12	6.55	5.10	4.47	4.12	3.89	3.73	3.61	3.51	3.44	3.37	3.28	3.18	3.07	3.02	2.96	2.91	2.85	2.79	2.72
13	6.41	4.97	4.35	4.00	3.77	3.60	3.48	3.39	3.31	3.25	3.15	3.05	2.95	2.89	2.84	2.78	2.72	2.66	2.60
14	6.30	4.86	4.24	3.89	3.66	3.50	3.38	3.29	3.21	3.15	3.05	2.95	2.84	2.79	2.73	2.67	2.61	2.55	2.49
15	6.20	4.77	4.15	3.80	3.58	3.41	3.29	3.20	3.12	3.06	2.96	2.86	2.76	2.70	2.64	2.59	2.52	2.46	2.40
16	6.12	4.69	4.08	3.73	3.50	3.34	3.22	3.12	3.05	2.99	2.89	2.79	2.68	2.63	2.57	2.51	2.45	2.38	2.32
17	6.04	4.62	4.01	3.66	3.44	3.28	3.26	3.06	2.98	2.92	2.82	2.72	2.62	2.56	2.50	2.44	2.38	2.32	2.25
18	5.98	4.56	3.95	3.61	3.38	3.22	3.10	3.01	2.93	2.87	2.77	2.67	2.56	2.50	2.44	2.38	2.32	2.26	2.19
19	5.92	4.51	3.90	3.56	3.33	3.17	3.05	2.96	2.88	2.82	2.72	2.62	2.51	2.45	2.39	2.33	2.27	2.20	2.13

续附表 20

$\alpha = 0.25$

n_2 \ n_1	1	2	3	4	5	6	7	8	9	10	12	15	20	24	30	40	60	120	∞
20	5.87	4.46	3.86	3.51	3.29	3.13	3.01	2.91	2.84	2.77	2.68	2.57	2.46	2.41	2.35	2.29	2.22	2.16	2.09
21	5.83	4.42	3.82	3.48	3.25	3.09	2.97	2.87	2.80	2.73	2.64	2.53	2.42	2.37	2.31	2.25	2.18	2.11	2.04
22	5.79	4.38	3.78	3.44	3.22	3.05	2.73	2.84	2.76	2.70	2.60	2.50	2.39	2.33	2.27	2.21	2.14	2.08	2.00
23	5.75	4.35	3.75	3.41	3.18	3.02	2.90	2.81	2.73	2.67	2.57	2.47	2.36	2.30	2.24	2.18	2.11	2.04	1.97
24	5.72	4.32	3.72	3.38	3.15	2.99	2.87	2.78	2.70	2.64	2.54	2.44	2.33	2.27	2.21	2.15	2.08	2.01	1.94
25	5.69	4.29	3.69	3.35	3.13	2.97	2.85	2.75	2.68	2.61	2.51	2.41	2.30	2.24	2.18	2.12	2.05	1.98	1.91
26	5.66	4.27	3.67	3.33	3.10	2.94	2.82	2.73	2.65	2.59	2.49	2.39	2.28	2.22	2.16	2.09	2.03	1.95	1.88
27	5.63	4.24	3.65	3.31	3.08	2.92	2.80	2.71	2.63	2.57	2.47	2.36	2.25	2.19	2.13	2.07	2.00	1.93	1.85
28	5.61	4.22	3.63	3.29	3.06	2.90	2.78	2.69	2.61	2.55	2.45	2.34	2.23	2.17	2.11	2.05	1.98	1.91	1.83
29	5.59	4.20	3.61	3.27	3.04	2.88	2.76	2.67	2.59	2.53	2.43	2.32	2.21	2.15	2.09	2.03	1.96	1.89	1.81
30	5.57	4.18	3.59	3.25	3.03	2.87	2.75	2.65	2.57	2.51	2.41	2.31	2.20	2.14	2.07	2.01	1.94	1.87	1.79
40	5.42	4.05	3.46	3.13	3.90	2.74	2.62	2.53	2.45	2.39	2.29	2.18	2.07	2.01	1.94	1.88	1.80	1.72	1.64
60	5.29	3.93	3.34	3.01	2.79	2.63	2.51	2.41	2.33	2.27	3.17	2.06	1.94	1.88	1.82	1.74	1.67	1.58	1.48
120	5.15	3.80	3.23	2.89	2.67	2.52	2.39	2.30	2.22	2.16	2.05	1.94	1.82	1.76	1.69	1.61	1.53	1.43	1.31
∞	5.02	3.69	3.12	2.79	2.57	2.41	2.29	2.19	2.11	2.05	1.94	1.83	1.71	1.64	1.57	1.48	1.39	1.27	1.00

续附表 20

$\alpha=0.01$

n_2 \ n_1	1	2	3	4	5	6	7	8	9	10	12	15	20	24	30	40	60	120	∞
1	4052	4999.5	5403	5625	5764	5859	5928	5982	6022	6056	6106	6157	6209	6235	6261	6287	6313	6339	6366
2	98.50	99.00	99.17	99.25	99.30	99.33	99.36	99.37	99.39	99.40	99.42	99.43	99.45	99.46	99.47	99.48	99.49	99.50	
3	34.12	30.82	29.46	28.71	28.24	27.91	27.67	27.49	27.35	27.23	27.05	26.87	26.69	26.60	26.50	26.41	26.32	26.22	26.13
4	21.20	18.00	16.69	15.98	15.52	15.21	14.98	14.80	14.66	14.55	14.37	24.20	14.02	13.93	13.84	13.75	13.65	13.56	13.46
5	16.26	13.27	12.06	11.39	10.97	10.67	10.46	10.29	10.16	10.05	9.89	9.72	9.55	9.47	9.38	9.29	9.20	9.11	9.02
6	13.75	10.93	9.78	9.15	8.75	8.47	8.26	8.10	7.98	7.87	7.72	7.56	7.40	7.31	7.23	7.14	7.06	6.97	6.88
7	12.25	9.55	8.45	7.85	7.46	7.19	6.99	6.84	6.72	6.62	6.47	6.31	3.16	6.17	5.99	5.91	5.82	5.74	5.65
8	11.26	8.65	7.59	7.01	6.63	6.37	6.18	6.03	5.91	5.81	5.67	5.52	5.36	5.28	5.20	5.12	5.03	4.95	4.86
9	10.56	8.02	6.99	6.42	6.06	5.80	5.61	5.47	5.35	5.26	5.11	4.96	4.81	4.73	4.65	4.57	4.48	4.40	4.31
10	10.04	7.56	6.55	5.99	5.64	5.39	5.20	5.06	4.94	4.85	4.71	4.56	4.41	4.33	4.25	4.17	4.08	4.00	3.91
11	9.65	7.21	6.22	5.67	5.32	5.07	4.89	4.74	4.63	4.54	4.40	4.25	4.10	4.02	3.94	3.86	3.78	3.69	3.60
12	9.33	6.93	5.95	5.41	5.06	4.82	4.64	4.50	4.39	4.30	4.16	4.01	3.86	3.78	3.70	3.62	3.54	3.45	3.36
13	9.07	6.70	5.74	5.21	4.86	4.62	4.44	4.30	4.19	4.10	3.96	3.82	3.66	3.59	3.51	3.43	3.34	3.25	3.17
14	8.86	6.51	5.56	5.04	4.69	4.46	4.28	4.14	4.03	3.94	3.80	3.66	3.51	3.43	3.35	3.27	3.18	3.09	3.00
15	8.68	6.36	5.42	4.89	4.56	4.32	4.14	4.00	3.89	3.80	3.67	3.52	3.37	3.29	3.21	3.13	3.05	2.96	2.87
16	8.53	6.23	5.29	4.77	4.44	4.20	4.03	3.89	3.78	3.69	3.55	3.41	3.26	3.18	3.10	3.02	2.93	2.84	2.75
17	8.40	6.11	5.18	4.67	4.34	4.10	3.93	3.79	3.68	3.59	3.46	3.31	3.16	3.08	3.00	2.92	2.83	2.75	2.65
18	8.29	6.01	5.09	4.58	4.25	4.01	3.94	3.71	3.60	3.51	3.37	3.23	3.08	3.00	2.92	2.84	2.75	2.66	2.57
19	8.18	5.93	5.01	4.50	4.17	3.94	3.77	3.63	3.52	3.43	3.30	3.15	3.00	2.92	2.84	2.76	2.67	2.58	2.49

续附表 20

$\alpha=0.01$

n_2 \ n_1	1	2	3	4	5	6	7	8	9	10	12	15	20	24	30	40	60	120	∞
20	8.10	5.85	4.94	4.43	4.10	3.87	3.70	3.56	3.46	3.37	3.23	3.09	2.94	2.86	2.78	2.69	2.61	2.52	2.42
21	8.02	5.78	4.87	4.37	4.04	3.81	3.64	3.51	3.40	3.31	3.17	3.03	2.88	2.80	2.72	2.64	2.55	2.46	2.36
22	7.95	5.72	4.82	4.31	3.99	3.76	3.59	3.45	3.35	3.26	3.12	2.98	2.83	2.75	2.67	2.58	2.50	2.40	2.31
23	7.88	5.66	4.76	4.26	3.94	3.71	3.54	3.41	3.30	3.21	3.07	2.93	2.78	2.70	2.62	2.54	2.45	2.35	2.26
24	7.82	5.61	4.72	4.22	3.90	3.67	3.50	3.36	3.26	3.17	3.03	2.89	2.74	2.66	2.58	2.49	2.40	2.31	2.21
25	7.77	5.57	4.68	4.18	3.85	3.63	3.46	3.32	3.22	3.13	2.99	2.85	2.70	2.62	2.54	2.45	2.36	2.27	2.17
26	7.72	5.53	4.64	4.14	3.82	3.59	3.42	3.29	3.18	3.09	2.96	2.81	2.66	2.58	2.50	2.42	2.33	2.23	2.13
27	7.68	5.49	4.60	4.11	3.78	3.56	3.39	3.26	3.15	3.06	2.93	2.78	2.63	2.55	2.47	2.38	2.29	2.20	2.10
28	7.64	5.45	4.57	4.07	3.75	3.53	3.36	3.23	3.12	3.03	2.90	2.75	2.60	2.52	2.44	2.35	2.26	2.17	2.06
29	7.60	5.42	4.54	4.04	3.73	3.50	3.33	3.20	3.09	3.00	2.87	2.73	2.57	2.49	2.41	2.33	2.23	2.14	2.03
30	7.56	5.39	4.51	4.02	3.70	3.47	3.30	3.17	3.07	2.98	2.84	2.70	2.55	2.47	2.39	2.30	2.21	2.11	2.01
40	7.31	5.18	4.31	3.83	3.51	3.29	3.12	2.99	2.89	2.80	2.66	2.52	2.37	2.29	2.20	2.11	2.02	1.92	1.80
60	7.08	4.98	4.13	3.65	3.34	3.12	2.95	2.82	2.72	2.63	2.50	2.35	2.20	2.12	2.03	1.94	1.84	1.73	1.60
120	6.85	4.79	3.95	3.48	3.17	2.96	2.79	2.66	2.56	2.47	2.34	2.19	2.03	1.95	1.86	1.76	1.66	1.53	1.38
∞	6.63	4.61	3.78	3.32	3.02	2.80	2.64	2.51	2.41	2.32	2.18	2.04	1.88	1.79	1.70	1.59	1.47	1.32	1.00

续附表 20

$\alpha=0.005$

n_2 \ n_1	1	2	3	4	5	6	7	8	9	10	12	15	20	24	30	40	60	120	∞
1	16211	20000	21615	22500	23056	23437	23715	23925	24091	24224	24426	24630	24836	24940	25044	25148	35253	25359	25465
2	198.5	199.0	199.2	199.2	199.3	199.3	199.4	199.4	199.4	199.4	199.4	199.4	199.4	199.5	199.5	199.5	199.5	199.5	199.5
3	55.55	49.80	47.47	46.19	45.39	44.84	44.43	44.13	43.88	43.69	43.39	43.08	42.78	42.62	42.47	42.31	42.15	41.99	41.83
4	31.33	26.28	24.26	23.15	22.46	21.97	21.62	21.35	21.14	20.97	20.70	20.44	20.17	20.03	19.89	19.75	19.61	19.47	19.32
5	22.78	18.31	16.53	15.56	14.94	14.51	14.20	13.96	13.77	13.62	13.38	13.15	12.90	12.78	12.66	12.53	12.40	12.27	12.14
6	18.63	14.54	12.92	12.03	11.46	11.07	10.79	10.57	10.39	10.25	10.03	9.81	9.59	9.47	9.36	9.24	9.12	9.00	8.88
7	16.24	12.40	10.88	10.05	9.52	9.16	8.89	8.68	8.51	8.38	8.18	7.97	7.75	7.65	7.53	7.42	7.31	7.19	7.08
8	14.69	11.04	9.60	8.81	8.30	7.95	7.69	7.50	7.34	7.21	7.01	6.81	6.61	6.50	6.40	6.29	6.18	6.06	5.95
9	13.61	10.11	8.72	7.96	7.47	7.13	6.88	6.69	6.54	6.42	6.23	6.03	5.83	5.73	5.62	5.52	5.41	5.30	5.19
10	12.83	9.43	8.08	7.34	6.87	6.54	6.30	6.12	5.97	5.85	5.66	5.47	5.27	5.17	5.07	4.97	4.86	4.75	4.64
11	12.23	9.43	8.08	7.34	6.87	6.54	6.30	6.12	5.97	5.85	5.66	5.47	5.27	5.17	5.07	4.97	4.86	4.75	4.64
12	11.75	8.51	7.23	6.52	6.07	5.76	5.52	5.35	5.20	5.09	4.91	4.72	4.53	4.43	4.33	4.23	4.12	4.01	3.90
13	11.37	8.19	6.93	6.23	5.79	5.48	5.25	5.08	4.94	4.82	4.64	4.46	4.27	4.17	4.07	3.97	3.87	3.76	3.65
14	11.06	7.92	6.68	6.00	5.56	5.26	5.03	4.86	4.72	4.60	4.43	4.25	4.06	3.96	3.86	3.76	3.66	3.55	3.44
15	10.80	7.70	6.48	5.80	5.37	5.07	4.85	4.67	4.54	4.42	4.25	4.07	3.88	3.79	3.69	3.58	3.48	3.37	3.26
16	10.58	7.51	6.30	5.64	5.21	4.91	4.69	4.52	4.38	4.27	4.10	3.92	3.73	3.64	3.54	3.44	3.33	3.32	3.11
17	10.38	7.35	6.16	5.50	5.07	4.78	4.56	4.39	4.25	4.14	3.97	3.79	3.61	3.51	3.41	3.31	3.21	3.10	2.98
18	10.22	7.21	6.03	5.37	4.96	4.66	4.44	4.28	4.14	4.03	3.86	3.68	3.50	3.40	3.30	3.20	3.10	2.99	2.87
19	10.07	7.09	5.92	5.27	7.85	4.56	4.34	4.18	4.04	3.93	3.76	3.59	3.40	3.31	3.21	3.11	3.00	2.89	2.78
20	9.94	6.99	5.82	5.17	4.76	4.47	4.26	4.09	3.96	3.85	3.68	3.50	3.32	3.22	3.12	3.02	2.92	2.81	2.69
21	9.83	6.89	5.73	5.09	4.68	4.39	4.18	4.01	3.88	3.77	3.60	3.43	3.24	3.15	3.05	2.95	2.84	2.73	2.61
22	9.73	6.81	5.65	5.02	4.61	4.32	4.11	3.94	3.81	3.70	3.54	3.36	3.18	3.08	2.98	2.88	2.77	2.66	2.55
23	9.63	6.73	5.58	4.95	4.54	4.26	4.05	3.88	3.75	3.64	3.47	3.30	3.12	3.02	2.92	2.82	2.71	2.60	2.48
24	9.55	6.66	5.52	4.89	4.49	4.20	3.99	3.83	3.69	3.59	3.42	3.25	3.06	2.97	2.87	2.77	2.66	2.55	2.43

续附表 20

$\alpha=0.001$

n_2 \ n_1	1	2	3	4	5	6	7	8	9	10	12	15	20	24	30	40	60	120	∞
10	21.04	14.91	12.55	11.28	10.48	9.92	9.52	9.20	8.96	8.75	8.45	8.13	7.80	7.64	7.47	7.30	7.12	6.94	6.76
11	19.69	13.81	11.56	10.35	9.58	9.05	8.66	8.35	8.12	7.92	7.63	7.32	7.01	6.85	6.68	6.52	6.35	6.17	6.00
12	18.64	12.97	10.80	9.63	8.89	8.38	8.00	7.71	7.48	7.29	7.00	6.71	6.40	6.25	6.09	5.93	5.76	5.59	5.42
13	17.81	12.31	10.21	9.07	8.35	7.86	7.49	7.21	6.98	6.80	6.52	6.23	5.93	6.78	5.63	5.47	5.30	5.14	4.97
14	17.14	11.78	9.73	8.62	7.92	7.43	7.08	6.80	6.58	6.40	6.13	5.85	5.56	5.41	5.25	5.10	4.94	4.77	4.60
15	16.59	11.34	9.34	8.25	7.57	7.09	6.74	6.47	6.26	6.08	5.81	5.54	5.25	5.10	4.95	4.80	4.64	4.47	4.31
16	16.12	10.97	9.00	7.94	7.27	6.81	6.46	6.19	5.98	5.81	5.55	5.27	4.99	4.85	4.70	4.54	4.39	4.23	4.06
17	15.72	10.36	8.73	7.68	7.02	6.56	6.22	5.96	5.76	5.58	5.32	5.05	4.78	4.63	4.48	4.33	4.18	4.02	3.85
18	15.38	10.39	8.49	7.46	6.81	6.35	6.02	5.76	5.56	5.39	5.13	4.87	4.59	4.45	4.30	4.15	4.00	3.84	3.67
19	15.08	10.16	8.28	7.26	6.62	6.18	5.85	5.59	5.39	5.22	4.97	4.70	4.43	4.29	4.14	3.99	3.84	3.68	3.51
20	14.82	9.95	8.10	7.10	6.46	6.02	5.69	5.44	5.24	5.08	4.82	4.56	4.29	4.15	4.00	3.86	3.70	3.54	3.38
21	14.59	9.77	7.94	6.95	6.32	5.88	5.56	5.31	5.11	4.95	4.70	4.44	4.17	4.03	3.88	3.74	3.58	3.42	3.26
22	14.38	9.61	7.80	6.81	6.19	5.76	5.44	5.19	4.98	4.83	4.58	4.33	4.06	3.92	3.78	3.63	3.48	3.32	3.15
23	14.19	9.47	7.67	6.69	6.08	5.65	5.33	5.09	4.89	4.73	4.48	4.23	3.96	3.82	3.68	3.53	3.38	3.22	3.05
24	14.03	9.34	7.55	6.59	5.98	5.55	5.23	4.99	4.80	4.64	4.39	4.14	3.87	3.74	3.59	3.45	3.29	3.14	2.97
25	13.88	9.22	7.45	6.49	5.88	5.46	5.15	4.91	4.71	4.56	4.31	4.06	3.79	3.66	3.52	3.37	3.22	3.06	2.89
26	13.74	9.12	7.36	6.41	5.80	5.38	5.07	4.83	4.64	4.48	4.24	3.99	3.72	3.59	3.44	3.30	3.15	2.99	2.82
27	13.61	9.02	7.27	6.33	5.73	5.31	5.00	4.76	4.57	4.41	4.17	3.92	3.66	3.52	3.38	3.23	3.08	2.92	2.75
28	13.50	8.93	7.19	6.25	5.66	5.24	4.93	4.69	4.50	4.35	4.11	3.86	3.60	3.46	3.32	3.18	3.02	2.86	2.69
29	13.39	8.85	7.12	6.19	5.59	5.18	4.87	4.64	4.45	4.29	4.05	3.80	3.54	3.41	3.27	3.12	2.97	2.81	2.64
30	13.29	8.77	7.05	6.12	5.53	5.12	4.82	4.58	4.39	14.24	4.00	3.75	3.49	3.36	3.22	3.07	2.92	2.76	2.59
40	12.61	8.25	6.60	5.70	5.13	4.73	4.44	4.21	4.02	3.87	3.64	3.40	3.15	3.01	2.87	2.73	2.57	2.41	2.23
60	11.97	7.76	6.17	5.31	4.76	4.37	4.09	3.87	3.69	3.54	3.31	3.08	2.83	2.69	2.55	2.41	2.25	2.08	1.89
120	11.38	7.32	5.79	4.95	4.42	4.04	3.77	3.55	3.38	3.24	3.02	2.78	2.53	2.40	2.26	2.11	1.95	1.76	1.54
∞	10.83	6.91	5.42	4.62	4.10	3.74	3.47	3.27	3.10	2.96	2.74	2.51	2.27	2.13	1.99	1.84	1.66	1.45	1.00

Ⅲ. OriginPro 8.0 常用函数

abs(x):x 的绝对值;

acos(x):x 的反余弦;

angle(x,y):点(0,0)和点(x,y)的连线与 x 轴之间的夹角;

asin(x):x 的反正弦;

atan(x):x 的反正切;

J0(x):零次贝塞耳函数;

J1(x):一次贝塞耳函数;

Jn(x,n):n 次贝塞耳函数;

beta(z,w):z>0,w>0 的 β 函数;

cos(x):x 的余弦;

cosh(x):双曲余弦;

erf(x):正规误差积分;

exp(x):指数;

ftable(x,m,n):自由度为 m,n 的 F 分布;

gammaln(x):γ 函数的自然对数;

incbeta(x,a,b):不完全的 β 函数;

incf(x,m,n):m,n 自由度上限为 x 的不完全 F 分布;

incgamma(x,a):不完全 γ 函数;

int(x):被截的整数;

inverf(x):反误差函数;

invf(x,m,n):m 和 n 自由度的反 F 分布;

invprob(x):正态分布的反概率密度函数;

Invt(x,n):自由度 n 的反 t 分布;

Ln(x):x 的自然对数;

Log(x):10 为底的 x 对数;

mod(x,y):当整数 x 被整数 y 除时的余数;

nint(x):到 x 最近的整数;

prec(x,p):x 到 p 的显著性;

prob(x):正态分布的概率密度;

qcd2(x):质量控制 D2 因子;

qcd3(x):质量控制 D3 因子;

qcd4(x):质量控制 D4 因子;

rmod(x,y):实数 x 除以实数 y 的余数;

round(x,p):x 环绕 p 的准确度;

sin(x):x 的正弦;

sinh(x):x 的双曲正弦;

sqrt(x):x的平方根;

tan(x):x的正切;

tanh(x):x的双曲正切;

ttable(x,n):自由度为n的学生t分布;

y0(x):第二类型零次贝塞耳函数;

y1(x):第二类型一次贝塞耳函数;

yn(x,n):第二类型n次贝塞耳函数。

参考文献

[1] 陈名旦,谭凯.化学信息学[M].北京:化学工业出版社,2011.
[2] 方安平,叶卫平.Origin8.0实用指南[M].北京:机械工业出版社,2009.
[3] 黄继武,李周.多晶材料X射线衍射实验原理、方法与应用[M].北京:冶金工业出版社,2012.
[4] 金秋颖,韩颖,王园春.数字信息检索技术[M].北京:石油工业出版社,2006.
[5] 刘振学,黄仁和,田爱民.实验设计与数据处理[M].北京:化学工业出版社,2005.
[6] 吕维忠,刘波,韦少慧.化学化工常用软件与应用技术[M].北京:化学工业出版社,2007.
[7] 马江权,杨德明,龚方红.计算机在化学化工中应用[M].北京:高等教育出版社,2005.
[8] 任露泉.试验设计及其优化[M].北京:科学出版社,2009.
[9] 王荣民,杜正银.化学化工信息及网络资源的检索与利用[M].北京:化学工业出版社,2007.
[10] 吴贵生.试验设计与数据处理[M].北京:冶金工业出版社,1997.
[11] 肖信.Origin8.0实用教程——科技作图与数据分析[M].北京:中国电力出版社,2009.
[12] 辛益军.方差分析与实验设计[M].北京:中国财政经济出版社,2001.
[13] 张发爱,赵斌.计算机在材料和化学中的应用[M].北京:化学工业出版社,2012.
[14] 张建伟.Origin9.0科技绘图与数据分析超级学习手册[M].北京:人民邮电出版社,2014.
[15] 周晓兰,金声,谢红.科技信息检索与利用[M].北京:中国电力出版社,2008.